U0239349

高等职业教育工程管理类专业系列教材

建设工程计价与投资控制

主　编　张　英
副主编　石义海　厉　莎
参　编　雷　叶　陈敏芬
主　审　刘学应　张金星

机 械 工 业 出 版 社

本书共分三部分内容——绪论、建设工程计价篇和建设工程投资控制篇。绪论介绍建设工程计价与投资控制相关的基本概念和基础知识。建设工程计价篇首先介绍了造价文件的编制依据——定额和建筑安装工程费用的构成；在此基础上通过大量图例详细介绍了《全国统一建筑工程预算工程量计算规则（土建工程）》（GJD_{GZ}—101—1995）中工程量的计量；最后介绍了目前的两种造价计价模式——“定额计价”和“工程量清单计价”。建设工程定额计价主要介绍定额计价的基本概念、内容、编制方法、编制依据、编制格式和工程工料计价文件的编制实例；工程量清单计价主要介绍工程量清单的概念、清单计价规范、综合单价费用组成、工程量清单的编制以及工程量清单计价实例。建设工程投资控制篇从建设工程投资决策、设计、招投标、施工、竣工等阶段介绍每阶段投资控制的主要内容、控制重点、方法和途径等。

本书在编写过程中兼顾教学用书和读者自学，可作为高职高专院校工程监理、工程管理、工程造价、土木工程、建筑经济等专业的教材和工程造价管理人员在工程计量和计价方面自学的参考书。

图书在版编目（CIP）数据

建设工程计价与投资控制/张英主编．—北京：机械工业出版社，2009.12（2023.8重印）

高等职业教育工程管理类专业系列教材

ISBN 978-7-111-28982-1

Ⅰ．建…　Ⅱ．张…　Ⅲ．①建筑造价管理—高等学校：技术学校—教材　②基本建设投资—控制—高等学校：技术学校—教材　Ⅳ．TU723.3　F283

中国版本图书馆CIP数据核字（2009）第200436号

机械工业出版社（北京市百万庄大街22号　邮政编码100037）

策划编辑：覃密道　责任编辑：李　鑫　版式设计：霍永明

封面设计：张　静　责任校对：刘志文　责任印制：单爱军

北京虎彩文化传播有限公司印刷

2023年8月第1版第10次印刷

184mm×260mm · 21印张 · 516千字

标准书号：ISBN 978-7-111-28982-1

定价：55.00元

电话服务

客服电话：010-88361066

010-88379833

010-68326294

网络服务

机　工　官　网：www.cmpbook.com

机　工　官　网：weibo.com/cmp1952

机　工　官　博：www.golden-book.com

机工教育服务网：www.cmpedu.com

序

本书根据中华人民共和国住房和城乡建设部颁布的《建筑安装工程费用项目组成》（建标［2003］206 号文件）、《建设工程工程量清单计价规范》（GB50500—2008）、《全国统一建筑工程预算工程量计算规则（土建工程）》（GJD_{GZ}—101—1995）、《建筑工程建筑面积计算规范》（GB/T 50353—2005）、《全国统一建筑工程基础定额》（GJD—101—1995）等为依据编写。

本书在编写过程中本着系统、实用、整合的原则，从内容引入（基本知识）、实例教学，到工程造价文件的编制，强调知识体系的完整性和体系结构的合理性，注重理论与工程实践的紧密结合，全面构建造价知识体系，突出能力培养。全书具有以下特点：

1）模块化知识体系构建合理清晰，结构划分合理——全书共分为三大模块，即基础知识模块、建设工程计价模块与投资控制模块。计价编制模块又分为计量与计价两大模块。

2）理论与实践并重，突出能力培养——本书在编写过程中引入大量工程实例，强化和便于读者对规则的理解。本书实用性和可读性强，适应高职高专院校教学过程中对学生技能培养的需求。建设工程造价文件编制案例来源于实际工程，强调对学生实践技能的培养。

3）工程量清单计价采用了《建设工程工程量清单计价规范》（GB50500—2008）中的规定编制清单，报价中的“量”采用《全国统一建筑工程基础定额》（GJD—101—1995）和某企业定额数据，“价”全部采用信息价，例题中涉及的所有企业定额数据和信息价均以表格形式反映，读者可清晰、方便、全面地学习此部分内容。

本书由浙江水利水电专科学校张英担任主编，由安徽铜陵学院石义海和浙江同济科技职业学院厉莎任副主编。张英编写第 1 章、第 2 章、第 4 章；张英和桐庐水利水电局陈敏芬合作编写第 5 章；陕西杨凌职业技术学院雷叶编写第 3 章；石义海编写第 6 章和第 9 章；厉莎编写第 7 章和第 8 章。全书由张英总纂统稿，由浙江水利水电专科学校刘学应和浙江省造价管理总站副站长张金星主审。

本书在编写过程中，参考了大量的文献资料，在此向所参考资料的作者们表示衷心的感谢！

由于编写时间仓促，加上编者水平有限，书中难免有不妥之处，敬请各位同行专家和广大读者批评指正，以便我们不断改进。

编　者

目　录

上篇　建设工程计价

下篇　建设工程投资控制

第1章　绪　　论

学习目标

通过本章学习，应掌握工程造价的含义、特点；建设工程投资构成及其每部分的组成内容。熟悉并掌握建设项目的划分和工程建设基本程序，明确与建设基本程序所对应的各阶段工程造价文件。熟悉工程造价管理的内容，工程造价的合理确定以及建设基本流程中各阶段造价控制的主要内容和关键控制环节；掌握工程造价计价特征和计价基本方法。

1.1　工程造价概述

1.1.1　价格理论

列宁指出："价格是价值规律的表现，价值是价格的规律，即价格现象的概括表现。"与社会必要的物化劳动消耗和活劳动消耗相适应，商品的价值分为两部分：一是过去劳动创造的价值，即已消耗的生产资料的价值，也叫转移价值，通常用 C 表示；二是活劳动创造的价值，即新创造的价值，包括劳动者为自己的劳动所创造的价值 V 和劳动者为社会的劳动所创造的价值 m。价格既然是以价值为基础，就应当是价值三个组成部分的全面货币表现，故其构成也可分为三部分：物质消耗支出——转移价值的货币表现；劳动报酬（工资）支出——劳动者为自己的劳动所创造价值的货币表现；盈利——劳动者为社会的劳动所创造价值的货币表现。商品价值的货币表现，通常也用 C、V 和 m 来表示它与价值相适应的三个组成部分。$C+V$ 构成产品成本，是商品价值主要部分的货币表现；m 则表现为价格中所含的企业利润和税金。

1.1.2　工程造价的含义

工程造价本质上属于价格范畴。在市场经济条件下，工程造价有两种含义。

第一种含义从投资者和业主的角度来定义，它是一个广义的概念。建设工程造价是有计划地建设某项工程，预期开支或实际开支的全部固定资产投资费用。工程造价的第一种含义表明：投资者选定一个投资项目，为了获得预期的效益，就要通过项目评估进行决策，然后进行设计、工程施工、直至竣工验收等一系列投资管理活动。在投资管理活动中所支付的全部费用就形成了固定资产和无形资产，所有这些开支就构成了工程造价。从这个意义上说，工程造价就是工程投资费用，建设项目造价就是建设项目固定资产投资。

第二种含义从承包商、供应商、设计市场供给主体来定义，是一个狭义的概念。建设工程造价是指为建设某项工程，预计或实际在土地市场、设备市场、技术劳务市场、承包市场等交易活动中，形成的工程的承发包（交易）价格。

工程造价的第二种含义是以市场经济为前提，以工程、设备、技术等特定商品形式作为交易对象，通过招投标或其他交易方式，在各方进行反复测算的基础上，最终由市场形成的价格。其交易的对象，可以是一个建设项目、一个单项工程，也可以是建设的某一阶段，如可行性研究报告阶段、设计工作阶段等，还可以是某个建设阶段的一个或几个组成部分，如建设前期的土地开发工程、安装工程、装饰工程、配套设施工程等。随着经济发展和技术进步，分工的细化和市场的完善，工程建设中的中间产品会越来越多，产品交易会更加频繁，工程造价的种类和形式也会更加丰富。特别是投资体制的改革，投资主体多元化和资金来源的多渠道，使相当一部分建筑产品作为商品进入了流通渠道。住宅作为商品已经为人们所接受，普通工业厂房、仓库、写字楼、公寓、商业设施等建筑产品，一旦投资者推向市场就成为真正的商品而流通。无论是采取购买、抵押、拍卖、租赁，还是企业兼并的形式，其性质都是相同的。

工程造价的第二种含义通常把工程造价认定为工程承发包价格。它是在建筑市场通过招投标，由需求主体（投资者）和供给主体（建筑商）共同认可的价格。建筑安装工程造价在项目固定资产投资中占有的份额，是工程造价中最活跃的部分，也是建筑市场交易的主要对象之一。土地使用权拍卖或设计招标等所形成的承包合同价，也属于第二种含义的工程造价。

1.1.3 工程造价的特点

1. 工程造价的大额性

任何一项建设工程，不仅实物形体庞大，而且造价高昂，需投资几百万元、几千万元甚至上亿元的资金。工程造价的大额性关系到多方面的经济利益，同时也对社会宏观经济产生重大影响。

2. 工程造价的个别性

任何一项建设工程都有特殊的用途，其功能、用途各不相同。因而，使得每一项工程的结构、造型、平面布置、设备配置和内外装饰都有所不同。工程内容和实物形态的个别差异性决定了工程造价的个别性。

3. 工程造价的动态性

任何一项建设工程从决策到竣工交付使用，都有一个较长的建设期。在这一期间，材料价格、费率、利率、汇率等均会发生变化，这种变化必然会影响工程造价的变动，直至竣工决算后才能最终确定工程造价。

4. 工程造价的层次性

一项建设项目往往含有多个单项工程，一个单项工程又是由多个单位工程组成。与此相对应，工程造价有三个层次，即建设项目总造价、单项工程造价和单位工程造价。

5. 工程造价的兼容性

造价的兼容性首先表现在它具有两种含义，其次表现在造价构成因素的广泛性和复杂性。在工程造价中，首先，是成本因素非常复杂；其次，为获得建设工程用地支出的费用、项目可行性研究和规划设计费用、与政府一定时期政策（特别是产业政策和税收政策）相关的费用占有相当的份额；再次，盈利的构成也较为复杂，资金成本较大。

1.2 建设工程投资构成

建设工程总投资指项目建设期用于项目的设备及工器具购置费用、建筑安装工程费用、工程建设其他费用、预备费、建设期贷款利息、固定资产投资方向调节税和流动资金的总和。我国现行工程造价的构成主要为设备及工器具购置费用、建筑安装工程费用、工程建设其他费用、预备费、建设期贷款利息和固定资产投资方向调节税。建设项目总投资构成如图1-1所示。

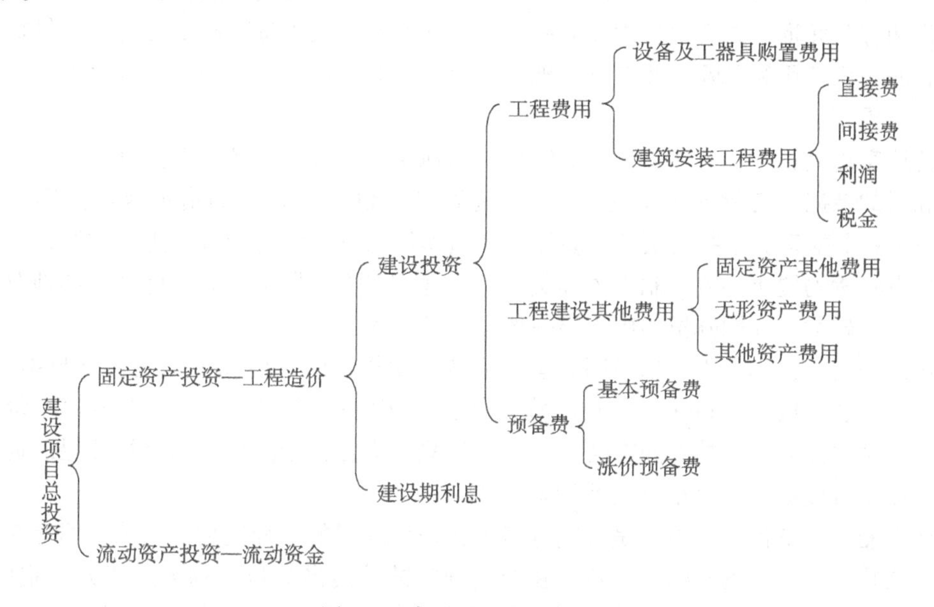

图1-1 建设项目总投资构成

1.2.1 设备及工器具购置费用的构成

设备及工器具购置费用是由设备购置费和工具、器具及生产家具购置费组成的，它是固定资产投资中的积极部分。在生产性工程建设中，设备及工器具购置费用占工程造价比重的增大，意味着生产技术的进步和资本有机构成的提高。

1. 设备购置费

设备购置费是指为建设工程购置或自制的达到固定资产标准的各种国产或进口设备、工具、器具的购置费用。它由设备原价和设备运杂费构成。设备原价指国产设备或进口设备的原价；设备运杂费指除设备原价之外的设备采购、运输、途中包装及仓库保管等方面支出费用的总和。

（1）设备原价

1）国产设备原价。国产设备原价一般指的是设备制造厂的交货价，即出厂价，或订货合同价。国产设备原价分为国产标准设备原价和国产非标准设备原价。

国产标准设备是指按照主管部门颁布的标准图样和技术要求，由我国设备生产厂批量生产的，符合国家质量检测标准的设备。国产标准设备原价有两种，即带有备件的原价和不带有备件的原价。在计算时，一般采用带有备件的原价。

国产非标准设备是指国家尚无确定标准，各设备生产厂不可能在工艺过程中采用批量生产，只能按一次订货，并根据具体的设计图样制造的设备。国产非标准设备原价有定额估价法、成本计算估价法、分部组合估价法、系列设备插入估价法等。但无论采用哪种方法都应该使非标准设备计价接近实际出厂价，并且计算方法要简便。

2）进口设备原价。进口设备原价是指进口设备的抵岸价，即抵达买方边境港口或边境车站，且交完关税等税费后形成的价格。进口设备抵岸价的构成与进口设备的交货类别有关。进口设备的交货类别可分为内陆交货类、目的地交货类和装运港交货类。

内陆交货类：即卖方在出口国内陆的某个地点交货。在交货地点，卖方及时提交合同规定的货物和有关凭证，并负担交货前的一切费用和风险；买方按时接受货物，交付货款，负担接货后的一切费用和风险，并自行办理出口手续和装运出口。货物的所有权也在交货后由卖方转移给买方。

目的地交货类：即卖方在进口国的港口或内地交货。有目的港船上交货价、目的港船边交货价和目的港码头交货价（关税已付）及完税交货价（进口国的指定地点）等几种。它们的特点是：买卖双方承担的责任、费用和风险是以目的地约定交货点为分界线，只有当卖方在交货点将货物置于买方控制下才算交货，才能向买方收取货款。这种交货类别对卖方来说承担的风险较大，在国际贸易中卖方一般不愿意采用。

装运港交货类：即卖方在出口国装运港交货，主要有装运港船上交货价（FOB），习惯称离岸价；运费在内价（C&F）以及运费、保险费在内价（CIF），习惯称为到岸价。它们的特点是：卖方按照约定的时间在装运港交货，只要卖方把合同规定的货物装船后提供货运单据便完成交货任务，可凭单据收回货款。

装运港船上交货价（FOB）是我国进口设备采用最多的一种交货价。采用船上交货价时卖方的责任是：在规定的时间内，负责在合同规定的装运港口将货物装上买方指定的船只，并及时通知买方；负担货物装船前的一切费用和风险；负责办理出口手续；提供出口国政府或有关方面签发的证件；负责提供有关装运单据。买方的责任是：负责租船定舱，支付运费，并将船期、船名通知卖方；负责货物装船后的一切费用和风险；负责办理保险及支付保险费，办理在目的港的进口和收货手续；接受卖方提供的有关装运单据，并按合同规定支付货款。其抵岸价的构成为：

进口设备抵岸价 = 货价 + 国际运费 + 运输保险费 + 银行财务费 + 外贸手续费 + 进口关税 + 增值税 + 消费税 + 海关监督手续费 + 车辆购置附加费

① 进口设备的货价：进口设备的货价一般指装运港船上交货价（FOB）。进口设备货价通过向有关生产厂商询价、报价、定货合同价计算。

② 国际运费：国际运费即从装运港到达抵达港的运费。计算公式为：

国际运费(海、陆、空) = 离岸价(FOB 价) × 运费费率

国际运费(海、陆、空) = 运量 × 单位运价

其中，运费费率或单位运价参照有关部门或进口公司的规定执行。

③ 运输保险费：运输保险费是由保险人（保险公司）与被保险人订立保险契约，在被保险人交付议定的保险费后，保险人根据契约的规定对货物在运输过程中发生的承包责任范围内的损失给予经济上的补偿。计算公式为：

运输保险费 = (离岸价 + 国际运费)/(1 − 保险费费率) × 保险费费率

其中保险费费率按照保险公司规定的进口货物保险费费率计算。

④ 银行财务费一般指银行手续费。简化计算公式为：

银行财务费 = 进口设备离岸价 × 银行财务费费率

⑤ 外贸手续费是指我国商务部规定的对进口产品征收的费用（费率一般取 1.5%），计

算公式为：

外贸手续费 =（进口设备离岸价 + 国际运费 + 运输保险费）× 外贸手续费费率

⑥ 进口关税是由海关对进口国境或关境的货物和物品征收的一种税。计算公式为：

进口关税 =（进口设备离岸价 + 国际运费 + 运输保险费）× 进口关税税率

其中，进口关税税率按照我国海关总署发布的进口关税税率计算。

⑦ 增值税是按照我国增值税条例规定，进口应税产品按组成计税价格和增值税税率直接计算应纳税额。计算公式为：

增值税额 = 组成计税价格 × 增值税税率

组成计税价格 = 关税完税价格 + 进口关税 + 消费税

⑧ 消费税是指对部分进口设备（如轿车、摩托车等）征收的一种税种。一般计算公式为：

应纳消费税额 =（到岸价 + 关税）/（1 − 消费税税率）× 消费税税率

其中，消费税税率根据规定的税率计算。

⑨ 海关监督手续费是指海关对进口减免税、保税设备实施监督、管理提供服务的手续费。对全额征收关税的货物不计本项费用。海关监督手续费费率一般取0.3%。计算公式为：

海关监督手续费 =（进口设备离岸价 + 国际运费 + 运输保险费）× 海关监督手续费费率

⑩ 车辆购置附加费是指进口车辆需缴进口车辆购置附加费。其计算公式为：

进口车辆购置附加费 =（到岸价 + 关税 + 消费税 + 增值税）× 进口车辆购置附加费费率

（2）设备运杂费　设备运杂费通常由下列各项构成：

1）运费和装卸费。国产设备由设备制造厂交货地点起至工地仓库（或施工组织设计指定的需要安装设备的堆放地点）止所发生的运费和装卸费；进口设备则由我国到岸港口或边境车站起至工地仓库（或施工组织设计指定的需要安装设备的堆放地点）止所发生的运费和装卸费。

2）包装费。在设备原价中未包含的，为运输而进行的包装支出的各种费用。

3）设备供销部门的手续费。按有关部门规定的统一费率计算。

4）采购与仓库保管费。采购、验收、保管和收发设备所发生的各种费用，包括设备采购人员、保管人员和管理人员的薪酬、办公费、差旅交通费，设备供应部门办公和仓库所占固定资产使用费、工具用具使用费、劳动保护费、检验试验费等。这些费用可按主管部门规定的采购与保管费费率计算。

设备运杂费按设备原价乘以设备运杂费费率计算，其公式为：

设备运杂费 = 设备原价 × 设备运杂费费率

其中，设备运杂费费率按各部门及省、市等规定计取。

【例1-1】 某公司拟从国外进口一套机电设备，重量1500t，装运港船上交货价（FOB）为400万美元。国际运费标准为360美元/t；海上运输保险费费率为2.26%；中国银行财务费费率为0.5%；外贸手续费费率为1.5%；关税税率为22%；增值税税率为17%；美元对人民币的银行牌价为8.27元，设备的国内运杂费费率为2.5%。对该套设备进行估价。

【解】 根据上述各项费用的计算公式，有：

进口设备货价 =（400 × 8.27）万元 = 3308万元

国际运费 =（360 × 8.27）元/t × 1500t = 446.6万元

国外运输保险费 $= \left[\dfrac{(3308+446.6)}{(1-2.26\%)}\times 2.26\%\right]$ 万元 $= 86.82$ 万元

进口关税 $=(3308+446.6+86.82)$ 万元 $\times 22\% = 845.1$ 万元

增值税 $=(3308+446.6+86.82+845.1)$ 万元 $\times 17\% = 796.7$ 万元

银行财务费 $= 3308$ 万元 $\times 0.5\% = 16.5$ 万元

外贸手续费 $=(3308+446.6+86.82)$ 万元 $\times 1.5\% = 57.6$ 万元

进口设备抵岸价 $=(3308+446.6+86.82+845.1+796.7+16.5+57.6)$ 万元 $= 5557.3$ 万元

国内运杂费 $= 5557.3$ 万元 $\times 2.5\% = 138.9$ 万元

进口设备购置费 $=(5557.3+138.9)$ 万元 $= 5696.2$ 万元

2. 工器具及生产家具购置费

工具、器具及生产家具购置费，是指新建或扩建项目初步设计规定的，保证初期正常生产必须购置的没有达到固定资产标准的设备、仪器、工卡模具、器具、生产家具和备品备件等的购置费用。工具、器具及生产家具购置费一般按照设备购置费的一定比率考虑。

1.2.2 建筑安装工程费用构成

按照中华人民共和国建设部（现住房与城乡建设部）及财政部，2003 年 10 月 15 日联合颁布的《关于印发〈建筑安装工程费用项目组成〉的通知》（建标［2003］206 号文件）规定：建筑安装工程费用由直接费、间接费、利润和税金组成。具体组成内容见表 1-1。

表 1-1 建筑安装工程费用构成

费用	分类	项目
直接费	直接工程费	人工费
		材料费
		施工机械使用费
	措施费	环境保护费
		文明施工费
		安全施工费
		临时设施费
		夜间施工增加费
		二次搬运费
		大型机械设备进出场费及安拆费
		混凝土、钢筋混凝土模板及支架费
		脚手架费
		已完工程及设备保护费
		施工排水、降水费
间接费	规费	工程排污费
		工程定额测定费
		社会保障费（包括养老保险费、失业保险费、医疗保险费）
		住房公积金
		危险作业意外伤害保险
	企业管理费	管理人员工资
		办公费
		差旅交通费
		固定资产使用费
		工具用具使用费
		劳动保险费
		工会经费
		职工教育经费
		财产保险费
		财务费
		税金
		其他
利润		施工企业完成所承包工程获得的盈利
税金		营业税
		城乡维护建设税
		教育费附加

1.2.3 工程建设其他费用构成

工程建设其他费用是指应在建设项目的建设投资中开支的，为保证工程顺利完成和交付后能正常发挥效用而发生的固定资产其他费用、无形资产费用和其他资产费用。

1. 固定资产其他费用

固定资产其他费用是固定资产费用的一部分。

（1）建设管理费

建设管理费是指建设单位从项目筹建起直至工程竣工验收合格或交付使用为止发生的项目建设管理费用。建设管理费又可分为建设单位管理费和工程监理费。

1）建设单位管理费。建设单位管理费是指建设单位发生的管理性质的开支。包括：工作人员工资、工资性补贴、施工现场津贴、职工福利费、住房基金、基本养老保险费、基本医疗保险费、失业保险费、工伤保险费、办公费、差旅交通费、劳动保护费、工具用具使用费、固定资产使用费、必要的办公及生活用品购置费、必要的通信设备及交通工具购置费、零星固定资产购置费、招募生产工人费、技术图书资料费、业务招待费、设计审查费、工程招标费、合同契约公证费、法律顾问费、咨询费、完工清理费、竣工验收费、印花税和其他管理性质开支。

建设单位管理费按照工程费用之和（包括设备工器具购置费和建筑安装工程费用）乘以建设单位管理费费率计算。

$$建设单位管理费 = 工程费用 \times 建设单位管理费费率$$

2）工程监理费。工程监理费指建设单位委托工程监理单位实施工程监理的费用。依法必须实行监理的建设工程施工阶段的监理收费实行政府指导价；其他建设工程施工阶段的监理收费和其他阶段的监理与相关服务收费实行市场调节价。

（2）建设用地费

任何一个建设项目都固定于一定地点与地面相连接，必须占用一定量的土地，也就必然要发生为获得建设用地而支付的费用，这就是土地使用费。它是指通过划拨方式取得土地使用权而支付的土地征用及迁移补偿费，或者通过土地使用权出让方式取得土地使用权而支付的土地使用权出让金。

1）土地征用及迁移补偿费。土地征用及迁移补偿费是指建设项目通过划拨方式取得无限期的土地使用权，依照《中华人民共和国土地管理法》等规定所支付的费用。其总和一般不得超过被征土地年产值的30倍，土地年产值则按该地被征用前3年的平均产量和国家规定的价格计算。土地征用及迁移补偿费主要由以下费用构成：

① 土地补偿费。征用耕地（包括菜地）的补偿标准，按政府规定，为该耕地被征用前3年平均年产值的6～10倍，具体补偿标准由省、自治区、直辖市人民政府在此范围内制定。征用园地、鱼塘、藕塘、苇塘、宅基地、林地、牧场、草原等的补偿标准，由省、自治区、直辖市参照征用耕地的土地补偿费制定。征收无收益的土地，不予补偿。

② 青苗补偿费和被征用土地上的房屋、水井、树木等附着物补偿费。这些补偿费的标准由省、自治区、直辖市人民政府制定。征用城市郊区的菜地时，还应按照有关规定向国家缴纳新菜地开发建设基金。

③ 安置补助费。征用耕地、菜地的，其安置补助费按照需要安置的农业人口数计算，

每一个需要安置的农业人口的安置补助费标准，为该耕地被征用前 3 年平均年产值的 4 ~ 6 倍，每公顷耕地的安置补助费最高不得超过被征用前 3 年平均年产值的 15 倍。

④ 缴纳的耕地占用税或城镇土地使用税、土地登记费及征地管理费等。县市土地管理机关从征地费中提取土地管理费的比率，要按征地工作量大小，视不同情况，在 1% ~4% 幅度内提取。

⑤ 征地动迁费。包括征用土地上的房屋及附属构筑物、城市公共设施等拆除、迁建补偿费，搬迁运输费，企业单位因搬迁造成的减产、停工损失补贴费、拆迁管理费等。

⑥ 水利水电工程水库淹没处理补偿费。包括农村移民安置迁建费，城市迁建补偿费，库区工矿企业、交通、电力、通信、广播、管网、水利等的恢复、迁建补偿费，库底清理费，防护工程费，环境影响补偿费用等。

【例 1-2】某一工程建设项目需要征用耕地 100 亩，被征用前第一年平均每亩产值 1200 元，征用前第二年平均每亩产值 1100 元，征用前第三年平均每亩产值 1000 元，该单位人均耕地 2.5 亩，地上附着物共有树木 3000 棵，按照 20 元/棵补偿，青苗补偿按照 100 元/亩计取，现试对该土地进行估价。

【解】根据国家有关规定，取被征用前三年平均产值的 8 倍计算土地补偿费

土地补偿费 = （1200 + 1100 + 1000） 元 ÷ 3 年 × 100 亩 × 8 = 88 万元

取该耕地被征用前三年产值的 5 倍计算安置补助费，则：

需要按照的农业人口数：100 亩 ÷ 2.5 亩/人 = 40 人

人均安置补助费 = （1200 + 1100 + 1000） 元 ÷ 3 年 × 2.5 亩/人 × 5 = 1.375 万元/人

安置补助费 = 1.375 万/人 × 40 人 = 55 万元

地上附着物补偿费 = 3000 棵 × 20 元/棵 = 6 万元

青苗补偿费 = 100 元/亩 × 100 亩 = 1 万元

则该土地费用估价为：（88 + 55 + 6 + 1） 万元 = 150 万元

2） 土地使用权出让金。土地使用权出让金是指建设项目通过土地使用权出让方式，取得有限期的土地使用权，依照《中华人民共和国城镇国有土地使用权出让和转让暂行条例》规定支付的土地使用权出让金。

① 明确国家是城市土地的唯一所有者，并分层次、有偿、有限期地出让、转让城市土地。第一层次是城市政府将国有土地使用权出让给用地者，该层次由城市政府垄断经营。出让对象可以是有法人资格的企事业单位，也可以是外商。第二层次及以下层次的转让则发生在使用者之间。

② 城市土地的出让和转让可采用协议、招标、公开拍卖等方式。

协议方式是由用地单位申请，经市政府批准同意后双方洽谈具体地块及地价。该方式适用于市政工程、公益事业用地以及需要减免地价的机关、部队用地和需要重点扶持、优先发展的产业用地。

招标方式是在规定的期限内，由用地单位以书面形式投标，市政府根据投标报价、所提供的规划方案以及企业信誉综合考虑，择优而取。该方式适用于一般工程建设用地。

公开拍卖方式是指在指定的地点和时间，由申请用地者叫价应价，价高者得。这完全是由市场竞争决定，该方式适用于赢利高的行业用地。

③ 在有偿出让和转让用地时，政府对地价不作统一规定，但应坚持以下原则：地价对

目前的投资环境不产生大的影响；地价与当地的社会经济承受能力相适应；地价要考虑已投入的土地开发费用、土地市场供求关系、土地用途和使用年限。

④ 关于政府有偿出让土地使用权的年限，各地可根据时间、区位等各种条件作不同的规定。

⑤ 土地有偿出让和转让，土地使用者和所有者要签约，明确使用者对土地享有的权利和对土地所有者应承担的义务。

有偿出让和转让使用权，要向土地受让者征收契约；转让土地如有增值，要向转让者征收土地增值税；在土地转让期间，国家要区别不同地段，不同用途向土地使用者征收土地占用费。

（3）可行性研究费

可行性研究费是指建设项目前期工作中，编制和评估项目建议书（或预可行性研究报告）、可行性研究报告所需的费用。

（4）研究试验费

研究试验费是指为建设项目提供和验证设计参数、数据、资料等所进行的必要的试验费用以及设计规定在施工中必须进行试验、验收所需费用。包括自行或委托其他部门研究试验所需人工费、材料费、实验设备及仪器使用费等。

这项费用按照设计单位根据本工程项目提出的研究试验内容和要求计算，在计算时要注意不应包括以下项目：

1）应由科技三项费用（即新产品试制费、中间试验费和重要科学研究补助费）开支的项目。

2）应在建筑安装费用中列支的施工企业对建筑材料、构件和建筑物进行一般鉴定、检查所发生的费用及技术革新的研究试验费。

3）应由勘察设计费或工程费用中开支的项目。

（5）勘察设计费

勘察设计费是指委托勘察设计单位进行工程水文地质勘察、工程设计所发生的各项费用，包括工程勘察费、初步设计费（基础设计费）、施工图设计费（详细设计费）、设计模型制作费。

（6）环境影响评价费

环境影响评价费是指按照《中华人民共和国环境保护法》、《中华人民共和国环境影响评价法》等规定，为全面、详细评价本建设项目对环境可能产生的污染或造成的重大影响所需的费用，包括编制环境影响报告书（含大纲）、环境影响报告表以及对环境影响报告书（含大纲）、环境影响报告表进行评估等所需要的费用。

（7）劳动安全卫生评价费

劳动安全卫生评价费是指按照劳动部《建设项目（工程）劳动安全卫生监察规定》和《建设项目（工程）劳动安全卫生预评价管理办法》的规定，为预测和分析建设项目存在的职业危险、危害因素的种类和危险危害程度，并提出先进、科学、合理可行的劳动安全卫生技术和管理对策所需的费用，包括编制建设项目劳动安全卫生预评价大纲和劳动安全卫生预评价报告书以及为编制上述文件所进行的工程分析和环境现状调查等所需费用。

(8) 场地准备及临时设施费

场地准备费是指建设项目为达到工程开工条件进行的场地平整和对建设场地余留的有碍于施工建设的设施进行拆除清理的费用。

临时设施费是指为满足施工建设需要而供到场地界区的、未列入工程费用的临时水、电、路、气、通信等其他工程费用和建设单位的现场临时建（构）筑物搭设、维修、拆除、摊销或建设期间租赁费用，依据施工期间专用公路或桥梁的加固、养护、维修等费用。

(9) 引进技术和进口设备其他费

1）引进项目图纸资料翻译复制费、备品备件测绘费。引进项目图纸资料翻译复制费、备品备件测绘费可根据引进项目的具体情况计列或按引进货价的比例估列；引进项目发生备品备件测绘费时按具体情况估列。

2）出国人员费用。出国人员费用包括买方人员出国设计联络、出国考察、联合设计、监造、培训等发生的旅费、生活费等。依据合同或协议规定的出国人次、期限以及相应的费用标准计算。生活费按照财政部、外交部规定的现行标准计算，旅费按中国民航公布的票价计算。

3）来华人员费用。来华人员费用包括卖方来华工程技术人员的现场办公费用、往返现场交通费用、接待费用等。依据引进合同或协议有关条款及来华技术人员派遣计划进行计算。来华人员接待费用可按每人次费用指标计算。引进合同价款中已包括的费用内容不得重复计算。

4）银行担保及承诺费。银行担保及承诺费指引进项目由国内外金融机构出面承担风险和责任担保所发生的费用，以及支付贷款机构的承诺费用。应按担保或承诺协议计取。投资估算和概算编制时可以担保金额或承诺金额为基数乘以费率计算。

(10) 工程保险费

工程保险费是指建设项目在建设期间根据需要对建筑工程、安装工程、机器设备和人身安全进行投保而发生的保险费用。包括建筑安装工程一切险、引进设备财产保险和人身意外伤害险等。

根据不同的工程类别，分别以其建筑、安装工程费乘以建筑、安装工程保险费率计算。民用建筑占建筑工程费的2‰~4‰；其他建筑占建筑工程费的3‰~6‰；安装工程占建筑工程费的3‰~6‰。

(11) 联合试运转费

联合试运转费是指新建项目或新增加生产能力的工程。在交付生产前按照批准的设计文件所规定的工程质量标准和技术要求，进行整个生产线或装置的负荷联合试运转或局部联动试车所发生的费用净支出（试运转支出大于收入的差额部分费用）。

试运转支出包括试运转所需的原材料、燃料及动力消耗、低值易耗品、其他物料消耗、工具用具使用费、机械使用费、保险金、施工单位参加试运转人员的工资，以及专家指导费等。试运转收入包括试运转期间的产品销售收入和其他收入。

联合试运转费不包括应由设备安装工程费项下开支的单台设备调试费及试车费用，以及在试运转中暴露出来的因施工原因或设备缺陷等发生的处理费用。

(12) 特殊设备安全监督检验费

特殊设备安全监督检验费是指在施工现场组装的锅炉及压力容器、压力管道、消防设备、燃气设备、电梯等特殊设备和设施，由安全监察部门按照有关监察条例和实施细则以及设计技术要求进行安全检验，应由建设项目支付的、向安全监察部门缴纳的费用。此项费用按照建设项目所在省（自治区、直辖市）安全监察部门的规定标准计算。

2. 无形资产其他费用

无形资产费用指直接形成无形资产的建设投资，主要是指专利及专有技术使用费。

（1）专利及专有技术使用费

1）国外设计及技术资料费，引进有效专利、专有技术使用费和技术保密费。

2）国内有效专利、专有技术使用费。

3）商标权、商誉和特许经营权费等。

（2）专利及专有技术使用费的计算

在专利及专有技术使用费计算时应注意以下问题：

1）按专利使用许可协议和专有技术使用合同的规定计列。

2）专有技术的界定应以省、部级鉴定批准为依据。

3）项目投资中只计需在建设期支付的专利及专有技术使用费。协议或合同规定在生产期支付的使用费应在生产成本中核算。

4）一次性支付的商标权、商誉及特许经营权费按协议或合同规定计列。协议或合同规定在生产期支付的商标权或特许经营权费应在生产成本中核算。

5）为项目配套的专用设施投资，包括专用铁路线、专用公路、专用通信设施、送变电站、地下管道、专用码头等，如由项目建设单位负责投资但产权不归属本单位的，应作无形资产处理。

3. 其他资产费用

其他资产费用是指建设投资中除形成固定资产和无形资产以外的部分，主要包括生产准备及开办费等。

生产准备及开办费指建设项目为保证正常生产（或营业、使用）而发生的人员培训费、提前进厂费以及投产使用必备的生产办公、生活家具用具及工器具等购置费用。

1）生产人员培训费及提前进厂费包括自行组织培训或委托其他单位培训的人员工资、工资性补贴、职工福利费、差旅交通费、劳动保护费、学习资料费等。

2）为保证初期正常生产（或营业、使用）所必需的生产办公、生活家具用具购置费。

3）为保证初期正常生产（或营业、使用）必需的第一套不够固定资产标准的生产工具、器具、用具购置费。不包括备品备件费。

1.2.4 预备费

1. 基本预备费

基本预备费是指在初步设计及概算范围内难以预料的工程费用，费用内容包括：

1）在批准的设计范围内，技术设计、施工图设计及施工过程中所增加的工程费用；设计变更、局部地基处理等增加的费用。

2）一般自然灾害造成的损失和预防自然灾害所采取的措施费用，实行工程保险的工程项目应适当降低。

3）竣工验收时为鉴定工程质量对隐蔽工程进行必要的挖掘和修复费用。

基本预备费按建筑安装工程费、设备及工器具购置费和工程建设其他费用之和乘以基本预备费的费率计算。基本预备费费率的取值应执行国家及部门的有关规定。

2. 涨价预备费

涨价预备费是指建设项目在建设期内由于价格变化引起工程造价变化的预测预留费用。费用内容包括：人工、设备、材料、施工机械的价差费；建筑安装工程费用及工程建设其他费用调整，利率、汇率调整等增加的费用。

涨价预备费以建筑安装工程费、设备及工器具购置费、工程建设其他费用和基本预备费之和为计算基数。

1.2.5 建设期贷款利息

建设期贷款利息包括向国内银行和其他非银行金融机构贷款、出口信贷、外国政府贷款、国际商业银行贷款以及在境内外发行的债券等在建设期间内应偿还的利息。建设期贷款利息实行复利计算。

1.2.6 固定资产投资方向调节税

为了贯彻国家的产业政策，控制投资规模，引导投资方向，调整投资结构，加强重点建设，促进国民经济持续稳定协调发展，对在我国境内进行固定资产投资的单位和个人征收固定资产投资方向调节税。

固定资产投资方向调节税以固定资产投资项目实际完成投资额为计税依据，实际完成投资额包括：设备及工器具购置费、建筑安装工程费、工程建设其他费用及预备费。但更新改造项目是以建筑工程实际完成的投资额为计税依据。

投资方向调节税根据国家产业政策和项目经济规模实行差别税率，税率为0%、5%、10%、15%、30%五个档次。差别税率按两大类设计，一是基本建设项目投资，二是更新改造项目投资。对前者设计了四档税率，即0%、5%、15%、30%；对后者设计了两档税率，即0%、10%。

按国家有关部门规定，自2000年1月起，对新发生的投资额暂停征收固定资产投资方向调节税。

1.3 工程建设基本程序与造价管理

1.3.1 建设项目的划分

为了建设工程管理和确定工程造价的需要，建设项目按传统的工程造价编制层次可划分为建设项目、单项工程、单位工程、分部工程和分项工程五个基本层次。

1. 建设项目

建设项目是指在一个或几个场地上，按照一个总体设计进行施工的各个工程项目的整体。建设项目可由一个工程项目或几个工程项目所构成。建设项目在经济上实行独立核算，在行政上具有独立的组织形式。如新建一个工厂、矿山、学校、农场，新建一个独立的水利工程或一条铁路等，由项目法人单位实行统一管理。

2. 单项工程

单项工程是建设项目的组成部分。单项工程是指具有独立的设计文件、竣工后可以独立发挥生产能力并能产生经济效益或效能的工程。如工业厂房、办公楼和住宅。能独立发挥生产作用或满足工作和生活需要的每个构筑物、建筑物是一个单项工程。

3. 单位工程

单位工程是单项工程的组成部分。单位工程是指竣工后不能独立发挥生产能力或使用效益，但具有独立设计的施工图样和组织施工的工程。如土建工程（包括建筑物、构筑物）、电气安装工程（包括动力、照明等）、工业管道工程（包括蒸汽、压缩空气、煤气等）、暖卫工程（包括采暖、上下水等）、通风工程和电梯工程等。

4. 分部工程

分部工程是单位工程的组成部分。它是按照单位工程的各个部位或按工种进行划分的。如土（石）方工程、桩与地基基础工程、砌筑工程、混凝土和钢筋混凝土工程。

5. 分项工程

分项工程是分部工程的组成部分。它是将分部工程更细地划分为若干部分。如土方工程可划分为基槽开挖、混凝土垫层、砌筑基础、回填土等。

1.3.2 工程建设基本程序

工程建设程序是指建设项目从设想、选择、评估、决策、设计、施工到竣工验收、投入生产等整个建设过程中，各项工作必须遵循的先后次序的法则。工程建设基本程序如图1-2所示。

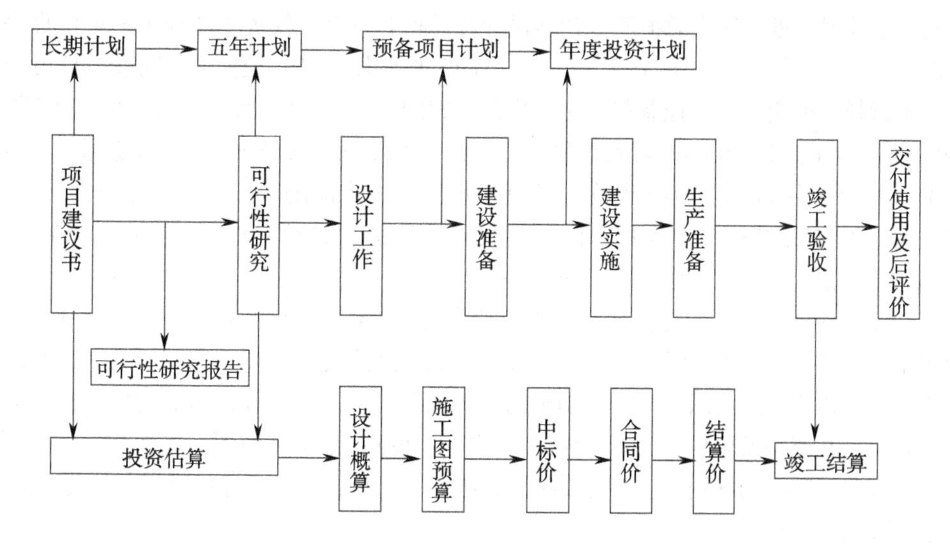

图1-2 工程建设基本程序和各阶段造价（控制）示意图

1. 项目建议书阶段

项目建议书是要求建设某一项具体项目的建议文件，是建设程序中最初阶段的工作，是投资决策前对拟建项目的轮廓设想。项目建议书的主要作用是为了推荐一个拟进行建设项目的初步说明，论述其建设的必要性、条件的可行性和获利的可能性，供基本建设管理部门选择并确定是否进行下一步工作。

项目建议书一般应包括以下几个方面：建设项目提出的必要性和依据，产品方案、拟建规模和建设地点的初步选择，资源情况、建设条件、协作关系等的初步分析，投资估算和资金筹措设想，经济效益和社会效益的估计。

2. 可行性研究阶段

根据国民经济发展规划及项目建议书，运用多种研究成果，对建设项目投资决策前进行的技术经济论证，即可行性研究。由此观察项目在技术上的先进性和适用性，经济上的盈利性和合理性，建设上的可能性和可行性等。可行性研究是由建设项目主管部门或地区委托勘察设计单位、工程咨询单位按基本建设审批规定的要求进行的。

可行性研究的具体内容随行业的不同而有所差别，但一般应包括下列内容：总论，市场需求情况和拟建规模，资源、原材料及主要协作条件，建厂条件和厂址方案环境，项目设计方案，环境保护，生产组织、劳动定员和人员培训，项目实施计划和进度计划，财务和国民经济评价和评价结论。

3. 设计工作阶段

设计文件是安排建设项目和组织施工的主要依据，一般由主管部门或建设单位委托设计单位编制。一般建设项目，按初步设计和施工图设计两个阶段进行；对于技术复杂且缺乏经验的项目，经主管部门指定，按初步设计、技术设计和施工图设计三个阶段进行。当采用两阶段设计的初步设计深度达到技术设计时，此时的初步设计也称为扩大初步设计。

初步设计是根据已批准的设计任务书和初测资料编制的。初步设计由文字说明、图样和总概算组成。其内容包括：建设指导思想，产品方案，总体规划，设备选型，主要建筑物、构筑物和公用辅助设施、“三废”处理，占地面积，主要设备、材料清单和材料用量，劳动定员，主要技术经济指标，建设工期，建设总概算。初步设计和总概算按其规模大小和规定的审批程序，报相关主管部门批准。经批准后，设计部门方可进行施工图阶段设计。经批准的初步设计可作为订购或调拨主要材料、征用土地、控制基本建设投资、编制施工组织设计和施工图设计的依据。

技术设计应根据批准的初步设计及审批意见，对重大、复杂的技术问题通过科学试验、专题研究、加深勘探调查及分析比较，解决初步设计中未能解决的问题。进一步明确所采用的工艺过程、建筑和结构的重大技术问题，设备的选型和数量，并编制修正总概算。批准后则作为编制施工图和施工图预算的依据。

施工图设计应根据批准的初步设计和技术设计进一步对所审核的修建原则、设计方案等加以具体和深化，最终确定各项工程数量，提出文字说明和适用施工需要的图表资料，以及施工组织设计，并且编制相应的施工图预算。编制出的施工图预算要控制在设计概算之内，否则需要分析超概算的原因，并调整预算。施工图设计的主要内容包括：建筑平面图、立面图、剖面图，建筑详图，结构布置图和结构详图等；各种设备的标准型号、规格，各种非标准设备的施工图等。

4. 建设准备阶段

开工前要对建设项目所需要的主要设备和特殊材料申请订货，并组织大型专用设备预安排和施工准备。施工准备的主要内容是：征地拆迁、技术准备、搞好“三通一平”，修建临时生产和生活设施，协调图样和技术资料的供应，落实建筑材料、设备和施工机械，组织施工力量按时进场。

5. 建设实施阶段

按照计划、设计文件的规定，确定实施方案，将建设项目的设计，变成可供人们进行生产和生活活动的建筑物、构筑物等固定资产。为确保工程质量，施工必须严格按照施工图样、施工验收规范等要求进行，按照合理地施工顺序组织施工。施工阶段的主要工作主要由施工单位来实施，其主要工作有以下几项：

（1）前期准备工作

前期的准备工作主要指为使整个建设项目能顺利进行所必须做好的工作。

（2）施工组织设计

施工单位要遵照施工程序合理组织施工，按照设计要求和施工规范，制定各个施工阶段的施工方案和机具、人力配备及全过程的施工计划。

（3）施工组织管理

组织管理工作在整个施工过程中起着至关重要的作用，组织管理的水平反映了施工单位整体水平的高低。特别是在建设市场竞争激烈的情况下，若组织管理得好，可节约工程投资、降低工程造价、提高企业的经济效益。

6．生产准备阶段

建设单位要根据建设项目或主要单项工程的生产技术特点，及时组成专门班子或机构，有计划地抓好生产准备工作，保证项目或工程建成后能及时投产。

生产准备的主要内容有：

（1）招收和培训人员

大型工程项目往往自动化程度比较高，相互关联性强，操作难度大，工艺条件要求严格，而新招收的职工大多数可能以前并没有生产的实践经验。解决这一矛盾的主要途径就是人员培训，通过多种方式培训并组织生产人员参加设备的安装调试工作，掌握好生产技术和工艺流程。

（2）生产组织准备

生产组织是生产厂家为了按照生产的客观要求和有关企业法规规定的程序进行的，主要包括生产管理机构设置、管理制度的制定、生产人员配备等内容。

（3）生产技术准备

生产技术准备主要包括国内装置设计资料的汇总，有关的国外技术资料的翻译、编辑，各种开工方案、岗位操作法的编制以及新技术的准备。

（4）生产物资的准备

生产物资准备主要是落实原材料、协作产品、燃料、水、电、气的来源和其他需要协作配合的条件，组织工（器）具、备品（件）等的制造和订货。

7. 竣工验收阶段

竣工验收是工程建设的最后一个环节，是全面考核基本建设成果、检验设计和工程质量的重要步骤，也是基本建设转入生产或者使用的标志。通过竣工验收，一是检验设计和工程质量，保证项目按设计要求的技术经济指标正常生产；二是有关部门和单位可以总结经验教训；三是建设单位对经验收合格的项目可以及时移交固定资产，使其由基建系统转入生产系统或投入使用。

8. 交付使用及后评价阶段

建设项目后评价是工程项目竣工投产、生产运营一段时间后，再对项目的立项决策、设计施工、竣工投产、生产运营等全过程进行系统评价的一种技术经济活动，是固定资产投资管理的最后一个环节。通过建设项目后评价以达到肯定成绩、总结经验、研究问题、吸取教训、提出建议、改进工作、不断提高项目决策水平和投资效果的目的。

1.3.3 工程造价与基本建设的关系

建设工程项目从立项论证到竣工验收、交付使用的整个周期，是建设工程各阶段工程造价由表及里、由粗到细、初步细化、最终形成的过程。它们之间相互联系、相互验证，具有密不可分的关系。建设工程阶段与造价关系如图 1-3 所示。

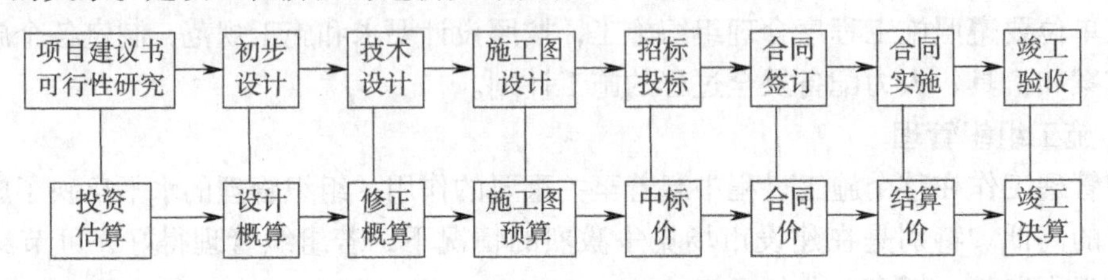

图 1-3 建设工程阶段与造价关系

1.3.4 工程造价的合理确定

所谓工程造价的合理确定，就是在建设程序的各个阶段，合理确定投资估算、概算造价、预算造价、承包合同价、结算价、竣工决算价。

1）在项目建议书阶段，按照有关规定，应编制初步投资估算，经有关部门批准，作为拟建项目列入国家中长期计划和开展前期工作的控制造价。

2）在可行性研究阶段，按照有关规定编制投资估算，经有关部门批准，即为该项目控制造价。

3）在初步设计阶段，按照有关规定编制的初步设计总概算，经有关部门批准，即为拟建项目工程造价的最高限额。对初步设计阶段，实行建设项目招标承包制签订承包合同协议的，其合同价也应在最高限价（总概算）相应的范围以内。

4）在施工图设计阶段，按规定编制施工图预算，用以核实施工图阶段预算造价是否超过批准的初步设计概算。

5）对以施工图预算为基础招标投标的工程，承包合同价也是以经济合同形式确定的建筑安装工程造价。

6）在工程实施阶段要按照承包方实际完成的工程量，以合同价为基础，同时考虑因物价上涨所引起的造价提高，考虑到设计中难以预计的而在实施阶段实际发生的工程和费用，合理确定结算价。

7）在竣工验收阶段，全面汇总在工程建设过程中实际花费的全部费用，编制竣工决算，如实体现该建设工程的实际造价。

1.3.5 建设工程各阶段造价的有效控制

所谓工程造价的有效控制，就是在优化建设方案、设计方案的基础上，在建设程序的各个阶段，采用一定的方法和措施把工程造价控制在合理的范围和核定的造价限额内。具体说，要用投资估算价控制设计方案的选择和初步设计概算造价；用概算造价控制技术设计和修正概算造价；用概算造价或修正概算造价控制施工图设计和预算造价。以求合理使用人力、物力和财力，取得较好的投资效益。控制造价在这里强调的是控制项目投资。

有效控制造价应体现以下三原则：

1. 以设计阶段为重点

以设计阶段为重点的建设全过程造价控制。工程造价控制贯穿于项目建设全过程，但是必须重点突出。很显然，工程造价控制的关键在于施工前的投资决策和设计阶段，而在项目作出投资决策后，控制工程造价的关键就在于设计阶段。建设工程全寿命费用包括工程造价和工程交付使用后的经常开支费用（含经营费用、日常维护修理费用、使用期内大修理和局部修理更新费用）以及该项目使用期满后的报废拆除费用等。据西方一些国家分析，设计费一般只相当于建设工程全寿命费用的1%以下，但正是这少于1%的费用对工程造价影响程度占75%以上。由此可见，设计质量对整个工程建设的效益是至关重要的。

长期以来，我国普遍忽视工程建设项目前期工作阶段的造价控制，而往往把控制工程造价的主要精力放在施工阶段审核施工图预算、建筑安装工程价款结算，算细账。这样做尽管也有效果，但毕竟是“亡羊补牢”，事倍功半。要有效地控制工程造价，就要坚决地把控制重点转到前期阶段上来，尤其应抓住设计这个关键阶段，以取得事半功倍的效果。

2. 主动控制

一般说来，造价工程师的基本任务是对建设项目的建设工期、工程造价和工程质量进行有效地控制，为此，应根据业主的要求和建设的客观条件进行综合研究，实事求是地确定一套切合实际的衡量准则。只要造价控制的方案符合这套衡量的准则，取得令人满意的结果，则应该说造价控制达到了预期的目标。

长期以来，人们一直把控制理解为目标值与实际值的比较以及当实际值偏离目标值时，分析其产生偏差的原因，并确定下一步的对策。在工程项目建设全过程进行这样的工程造价控制当然是有意义的。但问题在于，这种立足于调查——分析——决策基础上的偏离——纠偏——再偏离——再纠偏的控制方法，只能发现偏离，不能使已经产生的偏离消失，不能预防可能发生的偏离，因而只能说是被动控制。自20世纪70年代开始，人们将系统论和控制论研究成果用于项目管理后，将控制立足于实现主动地采取决策措施，以尽可能减少以至避免目标值与实际值的偏离，这是主动的、积极的控制方法，被称为主动控制。也就是说，工程造价控制，不仅要反映投资决策、设计、发包和施工，被动地控制造价，更要能动影响投资决策，影响设计、发包和施工，主动地控制造价。

3. 技术与经济相结合

技术与经济相结合是控制工程造价有效的手段。要有效地控制工程造价，应从组织、技术、经济等多方面采取措施。从组织上采取的措施，包括明确项目组织结构、明确造价者控制及其任务、明确管理职能分工；从技术上采取措施，包括重视设计多方案选择，严格审查监督初步设计、技术设计、施工图设计、施工组织设计，深入技术领域研究节约投资的可能；从经济上采取措施，包括动态地比较造价的计划值和实际值、严格审核各项费用支出、采取对节约投资的有力奖励措施等。

应该看到，技术与经济相结合是控制工程造价最有效的手段。目前我国工程建设领域迫切需要解决的是，以提高工程投资效益为目的，在工程建设过程中把技术与经济有机结合，通过技术比较、经济分析和效果评价，正确处理技术先进与经济合理两者之间的对立统一关系，力求在技术先进条件下的经济合理，在经济合理基础上的技术先进，把控制工程造价观念渗透到各项设计和施工技术措施之中。

工程造价的确定和控制之间，存在相互依存、相互制约的辩证关系。首先，工程造价的确定是工程造价控制的基础和载体，没有造价的确定，就没有造价的控制；没有造价的合理确定，就没有造价的有效控制。其次，造价的控制寓于工程造价确定的全过程，造价的确定过程也就是造价的控制过程，只有通过逐项控制、层层控制才能最终合理确定造价。最后，确定造价和控制造价的最终目的是统一的，即合理使用建设资金，提高投资效益，遵守价值规律和市场运行机制，维护有关各方合理的经济利益，可见二者相辅相成。

1.3.6 工程造价控制的主要内容

1. 各阶段的控制重点

（1）项目决策阶段

根据拟建项目的功能要求和使用要求，做出项目定义，包括项目投资定义，并按照项目规划的要求和内容以及项目分析和研究的不断深入，逐步将投资估算的误差率控制在允许的范围之内。

（2）初步设计阶段

运用设计标准和标准设计、价值工程和限额设计方法等，以可行性研究报告中被批准的投资估算为工程造价目标书，控制和修改初步设计直至满足要求。

（3）施工图设计阶段

以被批准的设计概算为控制目标，应用限额设计、价值工程等方法，以设计概算为控制目标控制和修改施工图设计。通过对设计过程中所形成的工程造价层层限额设计，以实现工程项目设计阶段的工程造价控制目标。

（4）招标投标阶段

以工程设计文件（包括概算、预算）为依据，结合工程施工的具体情况，按照招标文件的制定，编制招标工程的标底价，明确合同计价方式，初步确定工程的合同价。

（5）工程施工阶段

以施工图预算或标底价、工程合同价等为控制依据，通过工程计量、控制工程变更等方法，按照承包人实际完成的工程量，严格确定施工阶段实际发生的工程费用。以合同价为基础，考虑物价上涨、工程变更等因素，合理确定进度款和结算款，控制工程实际费用的支出。

（6）竣工验收阶段

全面汇总工程建设中的全部实际费用，编制竣工决算，如实体现建设项目的工程造价，并总结经验，积累技术经济数据和资料，不断提高工程造价管理水平。

2. 关键控制环节

从各阶段的控制重点看，要有效控制工程造价，关键在于把握以下四个环节：

（1）决策阶段做好投资估算

投资估算对工程造价起到指导性和总体控制的作用。在投资决策过程中，特别是从工程规划阶段开始，预先对工程投资额度进行估算，有助于业主对工程建设各项技术经济方案做出正确决策，从而对今后工程造价的控制起到决定性作用。

（2）设计阶段强调限额设计

设计是工程造价的具体化，是仅次于决策阶段影响投资的关键。为了避免浪费，采取限额设计是控制工程造价的有力措施。强调限额设计并不意味着一味追求节约资金，而是体现尊重科学、实事求是、保证设计科学合理的原则，确保投资估算真正起到工程造价控制的作用。经批准的投资估算作为工程造价控制的最高限额，是限额设计控制工程造价的主要依据。

（3）招投标阶段重视施工招标

业主通过施工招标这一经济手段，择优选择承包商，不仅有利于确保工程质量和缩短工期，更有利于降低工程造价，是工程造价控制的重要手段。施工招标应根据工程建设的具体情况和条件，采取合适的招标形式，编制的招标文件应符合法律法规，内容齐全，前后一致，避免出错和遗漏。评标前要明确评标原则。

（4）施工阶段加强合同管理与事前控制

施工阶段是工程造价的执行和完成阶段。在施工中通过跟踪管理，对承发包双方的实际履约行为掌握第一手资料，经过动态纠偏，及时发现和解决施工中的问题，有效地控制工程质量、进度和造价。事前控制工作重点是控制工程变更和防止发生索赔。施工过程要搞好工程计量与结算，做好与工程造价相统一的质量、进度等各方面的事前、事中、事后控制。

1.4 建设工程造价计价

1.4.1 工程造价计价的特征

工程造价的特点决定了工程造价计价的特征，工程造价计价的特征主要有：

1. 单件性

产品的个体差别性决定了每项工程都必须单独计价。

2. 多次性

建设工程周期长、规模大、造价高，因此按建设程序要分阶段进行，相应的也要在不同阶段多次性计价，以保证工程造价确定和控制的科学性。多次性计价是个逐步深化、逐步细化和逐步接近实际造价的过程。

（1）投资估算

在编制项目建议书和可行性研究阶段，对投资需要量进行估算是一项不可缺少的组成内容。投资估算是指在项目建议书和可行性研究阶段对拟建项目所需投资，通过编制估算文件预先测算和确定的过程。也可表示估算出的建设项目的投资额，或称估算造价。就一个工程项目来说，如果项目建议书和可行性研究分不同阶段，例如分规划阶段、项目建议书阶段、可行性研究阶段、评审阶段，相应的投资估算也可分为四个阶段。投资估算是决策、筹集资金和控制造价的主要依据。

（2）概算造价

概算造价指在初步设计阶段，根据设计意图，通过编制工程概算文件预先测算和确定的工程造价。概算造价较投资估算造价准确性有所提高，但它受估算造价的控制。概算造价的层次性十分明显，分建设项目概算总造价、各个单项工程概算综合造价、各单位工程概算造价。

（3）修正概算造价

修正概算造价指在采用三阶段设计的技术设计阶段，根据技术设计的要求，通过编制修正概算文件预先测算和确定的工程造价。它对初步设计概算进行修正调整，比概算造价准确，但受概算造价控制。

（4）预算造价

预算造价指在施工图设计阶段，根据施工图样通过编制预算文件，预先测算和确定的工程造价。它比概算造价或修正概算造价更为详尽和准确，但同样要受到前一阶段所确定的工程造价的控制。

（5）合同价

合同价指在工程招投标阶段通过签订总承包合同、建筑安装工程承包合同、设备材料采购合同，以及技术和咨询服务合同确定的价格。合同价属于市场价格的性质，它是由承发包双方，也即商品和劳务买卖双方根据市场行情共同议定和认可的成交价格，但它并不等同于实际工程造价。按计价方法不同，建设工程合同有许多类型。不同类型合同的合同价内涵也有所不同。现行有关规定的三种合同价形式是：固定合同价、可调合同价和工程成本加酬金确定合同价。

（6）结算价

结算价是指合同实施阶段，在工程结算时按合同调价范围和调价方法，对实际发生的工程量增减、设备和材料价差等进行调整后计算和确定的价格。结算价是该结算工程的实际价格。

（7）实际造价

实际造价是指竣工决算阶段，通过为建设项目编制竣工决算，最终确定的实际工程造价。

多次性计价是一个由粗到细、由浅入深、由概略到精确的计价过程，也是一个复杂而重要的管理系统。

3. 组合性

工程造价的计算是分部组合而成的。这一特征和建设项目的组合性有关。一个建设项目是一个工程综合体。这个综合体可以分解为许多有内在联系的独立和不能独立的工程，如图1-4所示。从计价和工程管理的角度，分部分项工程还可以分解。建设项目的这种组合性决定了计价的过程是一个逐步组合的过程。这一特征在计算概算和预算造价时尤为明显，所以也反映到合同价和结算价中。其计算过程和计算顺序是：分部分项工程单价→单位工程造价→单项工程造价→建设项目总造价。

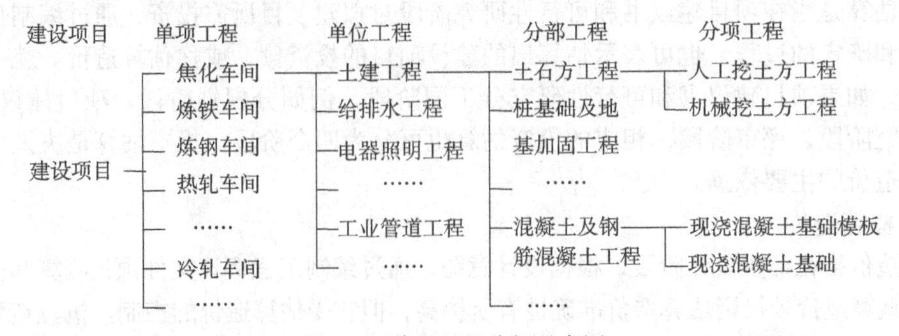

图1-4 建设项目分解示意图

4. 方法的多样性

适应多次性计价有各不相同的计价依据，对造价的精确要求不同，计价方法也有多样性特征。计算和确定概算、预算造价有两种基本方法，即单价法和实物法。计算和确定投资估算的方法有设备系数法、生产能力指数估算法等。不同的方法利弊不同，适应条件也不同，所以计价时要加以选择。

5. 依据的复杂性

由于影响计价的因素多，因此计价的依据复杂，种类繁多，主要可分为以下7类：

1）计算设备和工程量的依据，包括项目建议书、可行性研究报告、设计文件等。

2）计算人工、材料、机械等实物消耗量的依据，包括投资估算指标、概算定额、预算定额等。

3）计算工程单价的价格依据，包括人工单价、材料价格、材料运杂费、机械台班费等。

4）计算设备单价依据，包括设备原价、设备运杂费、进口设备关税等。

5）计算间接费和工程建设其他费用的依据。

6）政府规定的税、费。

7）物价指数和工程造价指数。

依据的复杂性不仅使计算过程复杂，而且要求计价人员熟悉各类依据，并加以正确利用。

1.4.2 工程造价计价的基本方法

工程造价计价的方法有很多，各不相同，但工程造价计价的基本过程和原理是相同的。从工程费用计算角度分析，工程造价计价的顺序是：分部分项工程单价——单位工程造价——单项工程造价——建设项目总造价。影响工程造价的主要因素有两个：即单位价格和实物工程数量，可用以下计算式表示：

$$\text{工程造价} = \sum_{i=1}^{n}(\text{工程量} \times \text{单位价格})$$

式中 i——第 i 个基本子项；

n——工程结构分解得到的基本子项数目。

可见，基本子项的单位价格高，工程造价就高；基本子项的实物工程数量大，工程造价也就高。

对基本子项的单位价格分析，可以有两种形式：

1. 直接费单价

如果分部分项工程单位价格仅仅考虑人工、材料、机械资源要素的消耗量和价格形成，即单位价格 = ∑（分部分项工程的资源要素消耗量 × 资源要素的价格），那么该单位价格是直接费单价。人工、材料、机械资源要素消耗量的数据经过长期的收集、整理和积累形成了工程建设定额，它是工程计价的重要依据，与劳动生产率、社会生产力水平、技术与管理水平密切相关。发包人工程估价定额反映的是社会平均生产力水平，而承包人进行估价的定额反映的是该企业技术与管理水平。资源要素的价格是影响工程造价的关键要素，在市场经济体制下，工程计价时采用的资源要素的价格应该是市场价格。

2. 综合单价

根据我国2008年12月1日起实施的国家标准《建设工程工程量清单计价规范》（GB50500—2008）的规定，综合单价是完成工程量清单中一个规定计量单位项目所需的人工费、材料费、机械使用费、管理费和利润，并考虑风险因素组成。而规费和税金，是在求出单位工程分部分项工程费、措施项目费和其他项目费后再统一计取，最后汇总得出单位工程造价。

1.4.3 工程量清单计价法

工程量清单计价由分部分项工程费、措施项目费、其他项目费、规费和税金组成。工程量清单计价模式采用综合单价法计价，用下式表示：

$$\text{建设项目总造价} = \sum \text{单项工程造价}$$

$$\text{单项工程造价} = \sum \text{单位工程造价}$$

$$\text{单位工程造价} = \text{分部分项工程费} + \text{措施项目费} + \text{其他项目费} + \text{规费} + \text{税金}$$

其中：

$$\text{分部分项工程费} = \sum(\text{分部分项工程量} \times \text{分部分项工程项目综合单价})$$

$$\text{措施项目费} = \sum(\text{措施项目工程量} \times \text{措施项目综合单价})$$

1. 综合单价的概念

综合单价是指完成工程量清单中一个规定计量单位项目所需的人工费、材料费、机械使用费、企业管理费和利润，并考虑风险因素的一种计价方法。

2. 工程量清单计价程序

以浙江省为例，工程量清单计价的工程费用计算程序如表 1-2 所示（人工费加机械费为计算基数）。

表 1-2 工程量清单计价程序

序 号	费 用 项 目		计 算 方 法
一	分部分项工程量清单项目费		Σ（分部分项工程量清单×综合单价）
	其中	1. 人工费	
		2. 机械费	
二	措施项目清单费		（一）+（二）
	（一）施工技术措施费		Σ（技措项目清单×综合单价）
	其中	3. 人工费	
		4. 机械费	
	（二）施工组织措施费		Σ［（1+2+3+4）×相应费率］
三	其他项目清单费		按清单计价要求计算
四	规费		（一+二）×相应费率
五	税金		（一+二+三+四）×相应费率
六	建筑工程造价		一+二+三+四+五

1.4.4 定额计价法

1. 工料单价法的概念

工料单价法是指项目单价采用分部分项工程的不完全价格（即包括人工费、材料费和施工机械台班使用费）的一种计价方法，一般用下式表示：

工料单价 = 规定计量单位的(人工费 + 材料费 + 施工机械使用费)

式中：

人工费 = ∑(预算定额人工消耗量 × 相应人工单价)

材料费 = ∑(预算定额材料消耗量 × 相应材料单价)

机械费 = ∑(预算定额机械台班消耗量 × 相应机械台班单价)

建设项目总造价 = ∑ 单项工程造价

单项工程造价 = ∑ 单位工程造价

单位工程造价 = 直接费 + 间接费 + 利润 + 税金

其中：

直接费 = 直接工程费 + 措施费

直接工程费 = ∑(分部分项工程量 × 分部分项工程项目工料单价)

2. 工料单价法计价程序

以浙江省为例，工料单价法计价的工程费用计算程序见表1-3（人工费加机械费为计算基数）。

表1-3 工料单价法计价程序

序 号	费用项目		计算方法
一	直接工程费		∑（分部分项工程量×工料单价）
	其中	1. 人工费	
		2. 机械费	
二	施工技术措施费		∑（措施项目工程量×工料单价）
	其中	1. 人工费	
		2. 机械费	
三	施工组织措施费		∑［（1+2+3+4）×相应费率］
四	综合费用（企业管理费和利润之和）		（1+2+3+4）×相应费率
五	规费		（一+二+三+四）×相应费率
六	总承包服务费		分包项目工程造价×相应费率
七	税金		（一+二+三+四十+五+六）×相应费率
八	建筑工程造价		一+二+三+四+五+六+七

小 结

工程造价有两种含义。第一种是广义的概念，是从投资者和业主的角度来定义，它是指有计划地建设某项工程预期开支或实际开支的全部固定资产投资费用。第二种含义从承包商、供应商、设计市场供给主体来定义，是一个狭义的概念，是指工程的承发包价格。

工程造价的构成包括设备及工器具购置费用、建筑安装工程费用、工程建设其他费用、预备费、建设期贷款利息和固定资产方向调节税。设备及工器具购置费用是由设备购置费和工器具购置费组成；建筑安装工程费用项目由直接费、间接费、利润和税金组成；工程建设其他费用按其内容可分为土地使用费、与工程建设有关的其他费用和与企业未来生产经营有关的其他费用；预备费包括基本预备费和涨价预备费。

工程建设基本程序为：项目建议书阶段、可行性研究阶段、设计工作阶段、建设准备阶段、建设实施阶段、生产准备阶段、竣工验收阶段和交付使用及后评价阶段。建设工程各阶段与工程造价有着对应关系，与建设工程阶段相对应的工程造价文件有：估算、概算、预算、招投标价、合同价、结算价和决算价。

建设项目按工程造价编制层次可划分为建设项目、单项工程、单位工程、分部工程和分项工程五个基本层次。工程造价管理的主要内容是造价的合理确定和有效控制。工程造价的合理确定，就是在建设程序的各个阶段，合理确定投资估算、概算造价、预算造价、承包合同价、结算价和竣工决算价。有效控制造价应体现以下三原则：以设计阶段为重点，主动控制，技术与经济相结合。工程造价各阶段的控制重点侧重于前期阶段。要有效控制工程造价，关键在于把握以下决策阶段：做好投资估算，设计阶段强调限额设，招投标阶段重视施工招标，施工阶段加强合同管理与事前控制。

工程造价计价基本方法有工程量清单计价法和定额计价法。工程量清单计价中对应的单价为综合单价，综合单价是指完成工程量清单中一个规定计量单位项目所需的人工费、材料费、机械使用费、企业管理费和利润，并考虑风险因素的一种计价方法。定额计价法中对应的单价为工料单价，工料单价法是指项目单价采用分部分项工程的不完全价格（即包括人工费、材料费和施工机械台班使用费）的一种计价方法。工程量清单计价法是我国现行推广的一种计价方法。

思 考 题

1-1 如何理解工程造价的两种含义？

1-2 简述工程造价的构成。

1-3 简述设备及工器具购置费用的构成。

1-4 简述建筑安装工程费用的构成。

1-5 简述工程建设其他费用所包括的内容。

1-6 简述基本预备费包括的内容。

1-7 简述工程建设基本程序，并说明与工程建设各阶段所对应的工程造价分别是什么？

1-8 建设项目是如何划分的？

1-9 工程造价管理的主要内容是什么？

1-10 有效控制造价应体现的三原则是什么？

1-11 要有效控制工程造价的四个关键控制环节是什么？

1-12 建筑工程计价的特征是什么？

1-13 施工图预算计价的基本方法有哪两种？

1-14 工程量清单计价采用的是哪种方法？

1-15 综合单价包括了哪些内容？

上篇　建设工程计价

第2章　建设工程定额

学习目标

通过本章学习，应明确建设工程定额的特性和分类，熟悉和掌握劳动定额、材料消耗量定额和机械台班消耗量定额的概念、形式和制定。了解并熟悉企业定额的概念、作用以及企业定额的编制原则、依据和编制方法。掌握预算定额性质、作用以及编制方法，人工、材料、机械台班消耗量和相应单价的确定方法。掌握定额基价的概念、编制依据和编制方法。

2.1　建设工程定额概述

在社会生产中，为了生产某一合格产品，需要消耗一定数量的人工、材料、机械台班和资金。在一个产品中，这种消耗越大，则产品的成本越高，在产品价格一定的条件下，企业的盈利就会降低，对社会的贡献也就较低，因此降低产品生产过程中的消耗有着十分重要的意义。但是这种消耗不可能无限地降低，它在一定的生产条件下，必有一个合理的数额。因此，根据一定时期的生产力水平和产品的质量要求，规定出一个大多数人经过努力可以达到的合理的消耗标准，这种标准就称为定额。

工程建设定额指在正常的施工条件下和合理的劳动组织、合理使用材料和机械的条件下，完成单位合格产品所必需的人工、材料、机械台班的数量标准。它反映了在一定的社会生产力水平条件下的建设产品生产与生产消费的数量关系。

2.1.1　建设工程定额的产生与发展

1. 定额的产生

19世纪末至20世纪初，资本主义生产日益扩大，生产技术迅速发展，劳动分工和协作也越来越细，对生产消费进行科学管理的要求也就更加迫切。资本家千方百计想降低单位产品中的活劳动和物化劳动的消耗，就必须加强对生产消费的研究和管理，因此定额作为现代化科学管理的一门重要学科也就出现了。

企业管理成为科学应该说是从“泰罗制”开始的。泰罗制的创始人是19世纪末的美国工程师弗·温·泰罗（1856—1915）。当时美国资本主义正处于上升时期，工业发展得很快，但由于采用传统的管理方法，工人劳动生产率低，而劳动强度很高，生产能力得不到充分发挥，在这种背景下，泰罗开始了企业管理的研究，其目的是要解决如何提高工人的劳动效率。泰罗通过研究，提出了一套系统的、标准的科学管理方法，从而形成了有名的“泰罗制”。泰罗制的核心可以归纳为：制定科学的工时定额，实行标准的操作方法，强化和协调职能管理，有差别的计件工资。泰罗给资本主义企业管理带来了根本性变革，使资本家获得了巨额利润，泰罗被资产阶级尊称为“科学管理之父”。

继泰罗制以后，资本主义企业管理又有许多新的发展，对于定额的制定也有许多新的研究。20 世纪 40 年代到 60 年代，出现了所谓资本主义管理科学，实际是泰罗制的继续和发展。一方面，管理科学从操作方法、作业水平的研究向科学组织的研究上扩展，另一方面充分利用现代自然科学的最新成果——运筹学和电子计算机等科学技术手段对其进行科学管理。20 世纪 70 年代进入“最新管理阶段”，出现了行为科学、系统管理理论。前者从社会学、心理学的角度研究管理，强调和重视社会环境和人的相互关系对提高工效的影响；后者把管理科学和行为科学结合起来，以企业为一个系统，从事物的整体出发，对企业中人、物和环境等重要因素进行定性、定量相结合的系统分析与研究，选择和确定企业管理的最优方案，实现最佳的经济效益。

2. 我国建设工程定额的发展历程

建国以后，党和国家对建立和加强定额工作十分重视。最初是吸收劳动定额工作经验结合我国建设工程施工实际情况，编制了适合我国国情并切实可行的定额。1951 年制定了东北地区统一劳动定额，1955 年当时的劳动部和建筑工程部联合编制了全国统一的劳动定额，1956 年在此基础上颁布了全国统一施工定额。

1978 年以来，中央有关部门发出指示，明确指出要加强建筑企业劳动定额工作，全国大多数省、市、自治区先后恢复、建立了劳动定额机构，充实了定额专职人员，同时对原有定额进行了修订，颁布了新的定额，这大大地调动了工人的生产积极性，对提高建筑业劳动生产率起了明显的作用。

1981 年当时的国家建委颁发了《建筑工程预算定额》（修改稿），1986 年当时的国家计委颁发了《全国统一安装工程预算定额》，1988 年当时的建设部颁发了《仿古建筑及园林工程预算定额》，1992 年颁发了《建筑装饰工程预算定额》，1995 年颁发了《全国统一建筑工程基础定额》（土建部分），之后，又逐步颁发了《全国统一市政工程预算定额》和《全国统一安装工程预算定额》以及《全国统一建筑装饰装修工程消耗量定额》（GDY—901—2002）。各省、市、自治区也在此基础上编制了新的地区建筑工程预算定额。为更好地与国际接轨，住房与城乡建设部在 2008 年颁发了国家标准《建设工程工程量清单计价规范》（GB50500—2008），使我国的工程建设定额体系更加完善。

建国 50 多年来，建筑业定额工作的发展过程证明：凡是按客观经济规律办事，用合理的劳动定额组织生产，实行按劳分配，劳动生产率就提高，经济效益就好，建筑生产就向前发展；反之，不按客观经济规律办事，否定定额作用，否定按劳分配，劳动生产率就明显下降，经济效益就很差，生产就大幅度下降。因此，实行科学的定额管理，用定额组织分配和生产，是社会主义生产的客观要求。

3. 定额在市场经济中的地位和作用

（1）定额对提高劳动生产率起保证作用

我国处于社会主义初级阶段，初级阶段的根本任务是发展社会生产力，而发展社会生产力的任务就是要提高劳动生产率。

在工程建设中，定额通过对工时消耗的研究、机械设备的选择、劳动组织的优化、材料合理节约使用等方面的分析和研究，使各生产要素得到最合理的配合，最大限度地节约劳动力和减少材料的消耗，不断地挖掘潜力，从而提高劳动生产率和降低成本。通过工程建设定额的使用，把提高劳动生产率的任务落实到各项工作和每个劳动者，使每个劳动者都能明确各自目标，加快工作进度，更合理有效地利用和节约社会劳动。

（2）定额是国家对工程建设进行宏观调控和管理的手段

市场经济并不排斥宏观调控，利用定额对工程建设进行宏观调控和管理主要表现在以下三个方面：对工程造价进行宏观管理和调控；对资源进行合理配置；对经济结构进行合理的调控。

（3）定额有利于市场公平竞争

在市场经济规律作用下的商品交易中，特别强调等价交换的原则。所谓等价交换，就是要求商品按照价值量进行交换，建筑产品的价值量是由社会必要劳动时间决定的，而定额消耗量标准是建筑产品形成市场公平竞争、等价交换的基础。

（4）定额有利于规范市场行为

建筑产品的生产过程是以消耗大量的生产资料和生活资料等物质资料为基础的。由于工程建设定额制定出以资源消耗量的合理配置为基础的定额消耗量标准，这样一方面制约了建筑产品的价格，另一方面企业的投标报价中必须要充分考虑定额的要求。可见定额在上述两方面规范了市场主体的经济行为，所以定额对完善我国建筑招投标市场起到十分重要作用。

（5）定额有利于完善市场的信息系统

信息是建筑市场体系中不可缺少的要素，信息的可靠性、完备性和灵敏性是市场成熟和市场效率的标志。在建筑产品交易过程中，定额能对市场需求主体和供给主体提供较准确的信息，并能反映出不同时期生产力水平与市场实际的适应程度。所以说，由定额形成建立与完善建筑市场信息系统，是我国社会主义市场经济体制的一大特色。

2.1.2 建筑工程定额的特性和分类

建设工程定额是指工程建设中单位产品上人工、材料、机械等消耗的规定额度。它属于生产消费定额的性质。这种规定的数量额度所反映的是，在一定的社会生产力发展水平条件下，完成工程建设中的某产品与各种生产消费之间的特定数量关系。例如，现行《全国统一建筑工程基础定额》（GJD—101—95）规定：砌筑 10m^3 砖基础，需用 5236 块普通粘土砖，2.36m^3 砂浆，需用 12.18 工日，200L 砂浆搅拌机 0.39 台班。

1. 建筑工程定额的特性

（1）定额的科学性

工程建设定额的制定是在当时的实际生产力水平条件下，经过大量的测定，在综合分析统计、广泛搜集资料的基础上制定出来的，是根据客观规律的要求，用科学的方法确定的各项消耗指标，能正确反映当前工程建设生产力水平。

定额的科学性首先表现在用科学的态度制定定额，尊重客观实际，定额水平合理；其次表现在制定定额的技术方法上，利用现代科学管理的成就，形成一套系统的、完善的、在实践中行之有效的方法；第三表现在定额的制定和贯彻一体化，制定是为了提供贯彻的依据，贯彻是为了实现管理的目标，也是对定额的信息反映。

(2) 定额的权威性

定额的权威性表现在定额是由国家或其授权的机关组织编制和颁发的一种综合性指标。在执行范围之内，任何单位都要严格遵守和执行，未经责权部门的批准，不得任意改变其内容和水平。

应当指出，在社会主义市场经济不断深化的今天，对定额的权威性不应该绝对化。定额毕竟是主观对客观的反映，定额的科学性会受到人们知识的局限。随着多元化投资格局的逐渐形成，业主可自主调整自己的决策行为，定额的权威性标准就弱化了。

(3) 定额的系统性

工程建设定额是由各种内容结合而成的有机整体，有鲜明的层次和明确的目标。建设定额的系统性是由工程建设的特点决定的。工程建设本身的多种类、多层次就决定了它的工程建设定额的多种类、多层次。

(4) 定额的统一性

工程建设的统一性，主要由国家对经济发展有计划的宏观调控职能决定的。工程建设定额的统一性按照其影响力和执行范围来看，有全国统一定额、行业统一定额、地区统一定额等；按照定额的制定、颁布和贯彻使用来看，有统一的程序、统一的原则、统一的要求和统一的用途。

(5) 定额的相对稳定性和时效性

工程建设定额中的任何一种都是一定时期技术发展和管理水平的反映，因而在一定时期内都表现出稳定的状态。稳定地时间有长有短，一般在5~10年之间。社会生产力的发展有一个量变到质变的变动周期，当生产力向前发展了，原有定额已不能适应生产需要时，就会根据新的情况对定额进行修订、补充或重新编制。

随着我国社会主义市场经济不断深化，定额的某些特点也会随着建筑体制的改革发展而变化，如强制性成分会逐步减少，指导性、参考性会更加突出。

2. 建设工程定额的分类

(1) 按定额反映的物质消耗内容分类

按定额反映的物质消耗内容分类，可以把工程建设定额分为劳动消耗定额、机械消耗定额和材料消耗定额三种。

1) 劳动消耗定额。劳动消耗定额是指在正常施工条件下，完成一定生产单位合格产品所需消耗的劳动时间。

2) 机械消耗定额。机械消耗定额是指在正常施工条件下，完成一定合格产品（工程实体或劳务）所必须消耗的机械数量标准。

3) 材料消耗定额。材料消耗定额是指在节约和合理利用材料的条件下，完成一定合格产品所需消耗材料的数量标准。材料是工程建设中使用的原材料、成品、半成品、构配件、燃料以及水、电等资源的统称。材料是构成工程的实体物质，需用数量很大，种类繁多，所以材料消耗定额是各类定额的重要组成部分。

(2) 按定额编制程序和用途分类

按定额的编制程序和用途分类，可以把工程建设定额分为施工定额、预算定额、概算定额、概算指标、投资估算指标等。

1) 施工定额。施工定额是施工企业（建筑安装企业）组织生产和加强管理在企业内部使用的一种定额，属于企业生产定额的性质。施工定额的项目划分很细，是工程建设定额中分项最细、定额子项目最多的一种定额，也是工程建设最基础的定额，是编制预算定额的基础。

2）预算定额。预算定额是在编制工程预结算时计算和确定一个规定计量单位的分项工程或结构构件的人工、材料、机械台班耗用量（或货币量）的数量标准。一般在定额中列有相应地区的单价，是计价性的定额。预算定额在工程建设中占有十分重要的作用。从编制程序看，施工定额是预算定额的编制基础，而预算定额则是概算定额、概算指标或投资估算指标的编制基础，可以说预算定额在计价定额中是基础性定额。

3）概算定额。概算定额以扩大分项工程或扩大结构构件为编制对象，规定某种建筑产品的劳动消耗量、机械台班消耗量和材料消耗量，并列有工程费用，也属于计价性的定额。它的项目划分粗细，与扩大初步设计的深度相适应。它是预算定额的综合和扩大，概算定额是控制项目投资的重要依据。

4）概算指标。概算指标是以整个建筑物和构筑物为对象，规定每$100m^2$建筑面积或每座构筑物体积为计量单位所需要的人工、材料、机械台班消耗量的标准。它比概算定额更进一步综合扩大，更具有综合性。

5）投资估算。投资估算指标以独立的单项工程或完整的工程项目为计算对象，编制和计算投资需要量时使用的一种定额。它综合性和概括性极强，其综合概略程度与可行性研究阶段相适应。投资估算指标是以预算定额、概算定额为基础的综合扩大。

（3）按编制单位和执行范围不同分类

按编制单位和执行范围，工程建设定额可分为全国统一定额、行业统一定额、地区统一定额、企业定额和补充定额五种。

1）全国统一定额。全国统一定额是由国家建设行政主管部门综合我国工程建设中技术和施工组织技术条件的情况编制的，并在全国范围内普遍执行的定额，如《全国统一安装工程预算定额》（2000年版）。全国统一定额是编制地区单位估价表、确定工程造价、编制招标工程标底的基础，也可作为制定企业定额和投标报价的参考。

2）行业统一定额。行业统一定额是根据各行业专业工程技术特点（如生产工艺或其特殊使用要求）以及施工生产和管理水平编制的，一般只在本行业部门内和相同专业性质的范围内使用的定额。如矿井建设工程定额、铁路建设工程定额等。

3）地区统一定额。地区统一定额是指各省、市、自治区在考虑地区性特点和统一定额水平的条件下编制的，只在规定的地区范围内使用的定额。由于各地区气候条件、经济技术条件、物质资源条件和交通运输条件等不同，因此定额内容和水平则有所不同。

4）企业定额。企业定额指由施工企业根据自身具体情况，参照国家、部门或地区定额的水平制定的定额。企业定额只在企业内部使用，也可用于投标报价，是企业素质的一个标志。企业定额水平一般高于国家现行定额，才能满足生产技术发展、企业管理和市场竞争的需要。

5）补充定额。补充定额是指随着设计、施工技术的发展，在现行定额不能满足需要的情况下，为补充现行定额中漏项和缺项所编制的定额。有地区补充定额和一次性补充定额两种。

2.2 人工、材料、机械台班消耗量定额

2.2.1 人工消耗量定额

1. 人工消耗量定额

人工消耗定额也称劳动定额，是指在正常的施工技术组织条件下，为完成一定数量的合格产品或完成一定量的工作所必需的劳动消耗量标准，或规定在单位时间内应完成合格产品或工作任务的数量标准。

2. 劳动定额的表现形式

从劳动定额的概念来分析，生产单位合格产品的劳动消耗量可用劳动时间来表示，同样在单位时间内劳动消耗量也可以用生产的产品数量来表示。因此，劳动定额有两种基本表现形式。

（1）时间定额

时间定额是指在正常生产技术组织条件和合理的劳动组织条件下，完成单位合格产品或完成一定工作任务所必须消耗工作时间的数量标准，也称人工定额。在施工企业一般用工日为计量单位。如：工日/m、工日/m^2、工日/m^3、工日/t 等。一个工日工作时间按 8h 计算。

（2）产量定额

产量定额是指在正常生产技术组织条件和合理的劳动组织条件下，规定劳动者在单位时间（工日）内所应完成合格产品的数量标准。产量定额的计量单位是以产品的单位计算，如：m/工日、m^2/工日、m^3/工日、t/工日等。

（3）时间定额和产量定额的关系

时间定额和产量定额是同一劳动定额的不同表现形式。时间定额和产量定额之间互为倒数关系，即

$$时间定额 = 1/产量定额$$

或

$$产量定额 = 1/时间定额$$

3. 劳动定额的制定

（1）劳动定额的制定依据

劳动定额既是技术定额又是重要的经济法规。因此劳动定额的制定必须以国家有关技术、经济政策和可靠的科学技术资料为依据。

劳动定额的制定依据，按性质可分为两大类：

1）国家的经济政策和劳动制度。其主要有《建筑安装工人技术等级标准》、《国家标准化》、工资标准，工资奖励制度，劳动保护制度，人工工作制度等。

2）技术资料。技术资料又可分为有关规范、技术测定和统计资料两部分。技术规范主要包括《建筑安装工程施工验收规范》、《建筑安装工程操作规程》、机械设备说明书、国家建材标准等。技术测定和统计资料主要包括现场测定的有关技术数据、日常建筑产品完成情况、工时消耗的单项或综合统计资料等。

（2）劳动定额的制定原则

劳动定额能否在企业管理中充分发挥它组织生产和按劳分配的双重作用，关键在于定额质量的高低，为了保证定额质量，在劳动定额的制定过程中必须遵循以下原则：

1）定额水平先进合理原则。所谓定额水平，是指定额所规定的劳动消耗量的额度，它是生产技术水平、管理水平、劳动生产率水平和劳动者思想觉悟水平的综合反映。定额水平应当有利于提高劳动生产率，降低生产消耗；有利于正确考核工人的劳动成果，实现按劳分配的原则。因此，定额水平既不能以先进企业、先进生产者的水平为依据，又不能以后进企业和后进生产者的水平为依据，而只能以先进合理水平为依据。所谓先进合理，就是指在正常的生产技术组织条件下，经过努力，部分工人可以超额、多数工人可以达到或接近的定额水平。在实际工作中，定额水平的确定是一个比较复杂的问题，它受到诸多因素的影响和制约。要提高定额水平，应在改进操作、推广先进工艺和改进设备等方面下功夫。总之，确定出的定额水平既不能是高不可攀，又不能是不经过努力就可以轻易超过的水平。

2）定额结构形式简明适用原则。所谓简明适用就是指结构合理，步距大小适当，文字通俗易懂，计算方法简便，易为群众掌握使用，具有多方的适应性，能在较大的范围内满足不同的情况、不同用途的需要。

（3）劳动定额编制方法

劳动定额的编制方法随着建筑业生产技术水平的不断提高而不断改进。目前主要有技术测定法、统计分析法、经验估算法、比较类推法等。其中技术测定法是我国建筑安装工程收集定额基础资料的基本方法。

1）技术测定法。技术测定法是根据测定的资料来制定劳动定额的一种方法。就目前来说，该方法已发展成为一个多种技术测定体系，包括计时观察测定法、工作抽样测定法、回归分析测定法和标准时间资料法。

① 计时观察测定法。计时观察测定法是一种最基本的技术测定法，是在一定的时间内，对特定作业进行直接的连续观测、记录，从而获得工时消耗数据并据以分析制定劳动定额的方法。按其测定的具体方法又分为秒表时间研究法和工作日写实法。计时观测法的优点是对施工作业过程的各种情况记录比较详细，数据比较准确，分析研究比较充分。但缺点是测定工作量大，一般适用于重复程度比较高的工作过程或重复性手动作业。

② 工作抽样测定法。工作抽样测定法又称瞬间观测法，是通过对操作者或机械设备进行随机瞬间观测，记录各种作业项目在生产活动中发生的次数和发生率，由此取得工时消耗资料，推断各观测项目的时间结构及其演变情况，从而掌握工作状况的一种测定技术。同计时观察测定法比较，具有省力、省时，适应性广的优点。但缺点是不宜测定周期很短的作业，不能详细记录操作方法，观测结果不直观等。一般适用于测定间接生产工人的工时利用率和设备利用率。

③ 回归分析测定法。回归分析测定法是应用数理统计的回归与相关原理，对施工过程中从事多种作业的一个或多个操作者的工作成果与工时消耗进行分析的一种工作测定技术。其优点是速度较快，工作量小，对于一些难以直接测定的工作尤为有效。缺点是所需的技术资料来自于统计报表，往往不够具体准确。

④ 标准时间资料法。标准时间资料法是利用计时观察测定法所获得的大量数据，通

过分析、综合，整理出用于同类工作的基本数据，从而制定劳动定额的一种方法。其优点是不进行大量的直接测定即可制定劳动定额，节约大量的测量工作，使定额制定的速度加快。又由于标准资料是过去多次研究的成果，可提高定额制定的准确性，因而有极大的适用性。

2）经验估计法。经验估计法一般是根据定额人员、技术人员和工人的实践经验，并参考有关的技术资料，结合施工图样、施工工艺、施工技术条件和操作方法等，通过座谈、分析讨论和综合计算的一种方法。经验估计法技术简单，工作量小，速度快，在一些不便进行定量测定和定量统计分析的定额编制中有一定的优越性。缺点是人为因素较多，科学性、准确性较差。

3）统计分析法。统计分析法是把过去一定时期内实际施工中的同类工程和生产同类产品的实际工时消耗和产品数量的统计资料（施工任务书、考勤报表和其他有关资料），经过整理，结合当前生产技术组织条件，进行分析对比来制定定额的一种方法。所考虑的统计对象应该具有一定的代表性，应以具有平均先进水平的地区、企业、施工队伍的情况作为统计计算定额的依据。统计中要特别注意资料的真实性、系统性和完整性，确保定额的编制质量。统计分析法的优点是简单易行，工作量小。但要使统计分析法制定的定额有较好的质量，就应在基层健全原始记录与统计报表制度，并将一些不合理的虚假因素予以剔除。

4）比较类推法。比较类推法又称典型定额法，它是以测定好的同类型工序或产品的定额，经过分析，推出同类中相邻工序或产品定额的方法。比较类推法简单易行，工作量小。但往往会因对定额的时间构成分析不够，对影响因素估计不足，或者所选典型定额不当而影响定额的质量。采用这种方法，要特别注意掌握工序、产品的施工工艺和劳动组织的“类似”或“近似”的特征，细致地分析施工过程的各种影响因素，防止将因素变化很大的项目作为同类型项目比较类推。常用的方法是：首先选择典型的定额项目，并通过技术测定或统计分析确定出相邻项目或类似项目的比例关系，然后计算出定额水平。

2.2.2 材料消耗量定额

建筑材料是建筑安装企业进行生产活动，完成建筑产品的物质条件。建筑工程的原材料品种繁多、耗用量大。在一般工业与民用建筑工程中，材料消耗占工程成本的60%～70%。材料消耗定额的任务，就在于利用定额这个经济杠杆，对材料消耗进行控制和监督，以达到降低物资消耗和工程成本的目的。

建筑工程材料消耗定额是企业推行经济承包、编制材料计划、进行单位工程核算不可缺少的基础，是促进企业合理使用材料，实行限额领料和材料核算，正确核定材料需要量和储备量，考核、分析材料消耗，反映建筑安装生产技术管理水平的重要依据。

1. 材料消耗定额的概念

材料消耗定额是指在合理和节约使用材料的前提下，生产单位合格产品所必须消耗的建筑材料（包括各种原材料、半成品、构配件、燃料、水、电以及周转性材料摊销等）的数量标准。包括：材料的净用量和不可避免的施工损耗量。

材料净用量是指直接构成建筑安装工程实体的材料。不可避免的施工废料和材料损耗称为材料损耗量。所以材料消耗定额内的损耗量，应当是在正常条件下，采用合理的施工方法时所形成的不可避免的合理损耗量。

合格产品中某种材料的消耗量由材料的净用量和材料损耗量组成。即：

$$材料消耗量 = 材料净用量 + 材料损耗量$$

$$材料损耗率 = 材料损耗量 / 材料净用量 \times 100\%$$

则

$$材料消耗量 = 材料净用量 \times (1 + 损耗率)$$

2. 材料消耗定额的制定

根据施工生产材料消耗工艺要求，建筑安装材料分为非周转性材料和周转性材料两大类。非周转性材料亦称直接性材料，它是指在建筑工程施工中，一次性消耗并直接构成工程实体的材料，如砖、砂、石、钢筋、水泥等。周转性材料是指在施工过程中能多次使用、周转的工具型材料，如各种模板、活动支架、脚手架、支撑等。

（1）直接消耗性定额的制定方法

直接消耗性定额的制定方法主要有：现场观察法、试验室试验法、统计分析法和理论计算法等。

1）现场观察法。现场观察法是在合理使用材料的条件下，对施工中实际完成的建筑产品数量与所消耗的各种材料量，进行现场观察测定的方法。此法通常用于制定材料的损耗量。通过现场的观察，获得必要的现场资料，才能测定出哪些是施工过程中不可避免的损耗，应该计入定额内；哪些材料是施工过程中可以避免的损耗，不应计入定额内。在现场观测中，测出合理的材料损耗量，即可据此制定出相应的材料消耗定额。这种方法的优点是能通过现场观察、测定，取得产品产量和材料消耗情况，直观、操作简单，能为编制材料定额提供技术依据。

2）试验室试验法。试验室试验法是指专业材料试验人员，通过试验仪器设备进行试验和测定数据，来确定材料消耗定额的一种方法。它只适用于在试验室条件下测定混凝土、沥青、砂浆、油漆涂料等材料的消耗定额。由于试验室工作条件与现场施工条件存在一定的差别，施工中的某些因素对材料消耗量的影响，不能得到充分考虑。因此，对测出的数据还要用观察法进行校核修正。

3）统计分析法。统计分析法是指在现场施工中，对分部分项工程中的材料数量、完成的建筑产品的数量、施工后剩余材料的数量等资料，进行统计、整理和分析而编制材料消耗定额的方法。这种方法主要是通过工地的工程任务单、限额领料单等有关记录取得所需要的资料，因而不能将施工过程中材料的合理损耗和不合理损耗区别开来，得出的材料消耗量准确性也不高。

4）理论计算法。理论计算法是根据设计图样、施工规范及材料规格，运用一定的理论计算公式制定材料消耗定额的方法。主要适用于计算按件、论块的现成制品材料。例如砖石砌体、装饰材料中的砖石、镶贴材料等。其方法比较简单，先计算出材料的净用量，再根据损耗率计算出材料的损耗量，然后两者相加即为材料消耗定额。

例如 $1m^3$ 一砖墙烧结普通砖净用量的计算式为：

$$1m^3 烧结普通砖净用量(块) = \frac{1}{砖长 \times (砖宽 + 灰缝) \times (砖厚 + 灰缝)}$$

$1m^3$ 一砖半砖墙烧结普通砖净用量的计算式为：

$$\text{每立方米烧结普通砖净用量(块)}=\left[\frac{1}{(\text{砖长}+\text{灰缝})\times(\text{砖厚}+\text{灰缝})}+\frac{1}{(\text{砖宽}+\text{灰缝})\times(\text{砖厚}+\text{灰缝})}\right]\times\frac{1}{\text{砖长}+\text{砖宽}+\text{砖厚}}$$

$$\text{砂浆净用量}(m^3)=(1m^3-\text{砖净用量}\times\text{每块烧结普通砖体积})\times 1.07$$

$$\text{砖消耗量}(m^3)=\text{砖净用量}\times(1+\text{损耗率})$$

$$\text{砂浆消耗量}(m^3)=(1-\text{砖净用量}\times\text{每块烧结普通砖体积})\times 1.07\times(1+\text{损耗率})$$

式中，每块烧结普通砖体积 $=0.24m\times0.115m\times0.053m=0.0014628m^3$，灰缝尺寸为 0.01m。1.07 为砂浆实体积折合为虚体积的系数。

【例2-1】 计算一砖半墙 $1m^3$ 砌体中烧结普通砖和砂浆的消耗量。砖的损耗率为 1%，砂浆的损耗率为 1%。

【解】 砖净用量 $=\left[\frac{1}{(0.24+0.01)\times(0.053+0.01)}+\frac{1}{(0.115+0.01)\times(0.053+0.01)}\right]\times\frac{1}{0.24+0.115+0.053}=522$ 块

砖消耗量 $=522$ 块 $\times(1+1\%)=527$ 块

砂浆净用量 $=(1-522\times0.24\times0.115\times0.053)m^3\times1.07$
$=0.253m^3$

砂浆消耗量 $=(1-522\times0.24\times0.115\times0.053)m^3\times1.07\times(1+1\%)$
$=0.255m^3$

(2) 周转性材料消耗量的确定

周转性材料是指在施工过程中不是一次性消耗完，而是多次使用、逐渐消耗、不断补充的周转工具性材料。对逐渐消耗的那部分应采用分次摊销的办法计入材料消耗量，进行回收。如生产预制钢筋混凝土构件、现浇混凝土工程用的模板模具，搭设脚手架用的脚手杆、跳板，挖土方用的挡土板、护桩等均属周转性材料。

周转性材料消耗定额，应当按照多次使用，分期摊销方式进行计算。即周转性材料在材料消耗定额中，以摊销量表示。

现以钢筋混凝土模板为例，介绍周转性材料摊销量计算。

1) 现浇钢筋混凝土模板摊销量。

① 材料一次使用量。材料一次使用量是指为完成定额单位合格产品的，周转性材料在不重复使用条件下的一次性用量，通常根据选定的结构设计图样进行计算。

一次使用量 = 每 $10m^3$ 混凝土和模板的接触面积 $\times 1m^2$ 接触面积模板用量 $\times$ [1 + 损耗率(%)]

② 材料周转次数。材料周转次数是指周转性材料从第一次使用起到报废为止，可以重复使用的次数。一般采用现场观察法或统计分析法来测定材料周转次数，或查相关手册。

③ 材料补损量。材料补损量是指周转材料周转使用一次后由于损坏需补充的数量，也就是在第二次和以后各次周转中为了修补难于避免的损耗所需要的材料消耗，通常用补损率来表示。

补损率的大小主要取决于材料的拆除、运输和堆放的方法以及施工现场的条件。在一般情况下，补损率要随周转次数增多而加大，所以一般采取平均补损率来计算。计算公式如下：

$$补损率(\%)=\frac{平均每次损耗量}{一次使用量}\times 100\%$$

现行1995年颁布的《全国统一建筑工程基础定额》中有关木模板周转次数、补损率、施工损耗详见表2-1所示。

表2-1 木模板周转次数、补损率、施工损耗表

序 号	名 称	周转次数/次	补损率（%）	施工损耗（%）
1	圆柱	3	15	5
2	异形梁	5	15	5
3	整体楼梯、阳台、栏杆	4	15	5
4	小型构件	3	15	5
5	支撑、垫板、拉板	15	10	5
6	木楔	2	—	5

④ 材料周转使用量。材料周转使用量是指周转性材料在周转使用和补损条件下，每周转使用一次平均所需材料数量。一般应按材料周转次数和每次周转发生的补损量等因素，计算生产一定计量单位结构构件的材料周转使用量。

$$周转使用量=\frac{一次使用量+[一次使用量\times(周转次数-1)\times补损率]}{周转次数}$$

⑤ 材料回收量。材料回收量是指在一定周转次数下，每周转使用一次平均可以回收材料的数量。这部分材料回收量应从摊销量中扣除，通常可规定一个合理的报价率进行折算。计算公式为：

$$回收量=\frac{一次使用量\times(1-补损率)}{周转次数}$$

⑥ 材料摊销量。材料摊销量是指周转性材料在重复使用条件下，应分摊到每一计量单位结构构件的材料消耗量。这是应纳入定额的实际周转性材料消耗数量。计算公式为：

$$材料摊销量=周转使用量-回收量$$

【例2-2】 钢筋混凝土构造柱按选定的模板设计图样，每$10m^3$混凝土模板接触面积$66.7m^2$，每$10m^2$接触面积需木板材$0.375m^3$，模板的损耗率为5%，周转次数为8次，每次周转补损率15%。试计算模板周转使用量、回收量及模板摊销量。

【解】 一次使用量 = 每$10m^3$混凝土模板的接触面积×每$1m^2$接触面积模板用量×(1+损耗率)

$$=(66.7\times 0.375/10)m^3\times(1+5\%)$$

$$=2.626m^3$$

周转使用量 = 一次使用量×[1+(周转使用次数−1)×补损率]/周转次数

$$=2.626m^3\times[1+(8-1)\times 15\%]/8$$

$$=0.673m^3$$

回收量 = 一次使用量 × (1 - 补损率)/ 周转次数

$= 2.626\text{m}^3 \times (1-15\%)/8$

$= 0.279\text{m}^3$

摊销量 = 周转使用量 - 回收量 = $(0.673-0.279)\text{m}^3 = 0.394\text{m}^3$

2）预制构件模板计算。预制构件模板由于损耗很少，可以不考虑每次周转的补损率，按多次使用平均分摊的办法进行计算。

摊销量 = 一次使用量 / 周转次数

2.2.3 机械台班消耗量定额

1. 机械台班消耗定额的概念

机械台班消耗定额是指在正常的施工、合理的劳动组合和合理使用施工机械的条件下，生产单位合格产品所必须消耗的施工机械作业时间的数量标准，也称为机械台班消耗定额。机械台班消耗定额以台班为单位，每一台班按 8h 计算。

机械台班消耗定额与劳动定额的表示方法相同，也有时间定额和产量定额两种。

（1）机械时间定额

机械时间定额是指在正常的施工条件和合理的劳动组织下，完成合格单位产品所必须消耗的机械台班数量。计算公式如下：

$$\text{机械时间定额} = \frac{1}{\text{机械台班产量定额}}$$

（2）机械台班产量定额

机械台班产量定额是指某种机械在合理的施工组织和正常施工的条件下，在一个台班时间内必须完成的单位合格产品的数量。计算公式如下：

$$\text{机械台班产量定额} = \frac{1}{\text{机械时间定额}}$$

所以，机械时间定额和机械台班产量定额之间互为倒数。

即：

$$\text{机械时间定额} \times \text{机械台班产量定额} = 1$$

（3）机械台班人工配合定额

由于机械必须由工人配合，机械台班人工配合定额是指机械台班配合用工部分，即机械和人工共同工作的人工定额。表现形式为：机械台班配合工人小组的人工时间定额和完成合格产品数量。

$$\text{时间定额} = \frac{\text{机械台班内工人的总工日数}}{\text{机械的台班产量}}$$

$$\text{机械台班产量定额} = \frac{\text{机械台班内工人的总工日数}}{\text{机械时间定额}}$$

2. 机械台班定额的制定

制定机械台班定额首先要拟定机械工作的正常条件，然后确定机械时间利用系数、机械小时生产率，最后根据机械时间利用系数、机械小时生产率确定机械台班使用定额。

（1）拟定机械正常工作条件

拟定机械正常工作条件，主要是拟定工作地点的合理组织和合理的工人编制。

1）工作地点的合理组织就是对施工地点机械和材料的放置位置，工人从事操作的场所，作出科学合理的平面布置和空间安排。它要求施工机械和操作机械的工人在最小范围内移动，但又不妨碍机械运转和工人操作，应使机械的开关和操纵装置尽可能集中地装置在操纵工人方便触及的位置，以节省工作时间和减轻工作强度。应最大限度地发挥机械的效能，减少工人的手工操作。

2）拟定合理的工人编制就是根据施工机械的性能和设计能力，工人的专业分工和劳动工效，合理确定操纵机械的工人和直接参加机械化施工过程的工人编制人数。拟定合理的工人编制，应力求保持机械的正常生产率和工人正常的劳动工效。

（2）机械纯工作时间

机械纯工作时间就是指机械的必须消耗时间。机械纯工作1h的生产效率，就是指在正常施工组织条件下，具有必需的知识和技能的技术工人操纵机械1h的生产率。

由于建筑机械可分为循环动作型和连续动作型两种。循环动作型机械是指机械重复地、有规律地在每一周期内进行同样次序的运动，如塔式起重机、单斗挖土机等；连续动作型机械是指机械工作时无规律性的周期界限，而是不停地做某一种动作（转动、行走、摆动等），如皮带运输机、多斗挖土机等。这两类机械纯工作1h的生产效率有着不同的确定方法。

1）循环动作机械纯工作1h正常生产率的确定。循环动作型机械纯工作1h生产效率，取决于该机械净工作1h的循环次数和每次循环中所生产合格产品的数量，即：

$$\text{机械纯工作1h正常生产率} = \text{机械纯工作1h正常循环次数} \times \text{一次循环生产的产品数量}$$

$$\text{机械一次循环的正常延续时间} = \sum(\text{循环各组成部分正常延续时间}) - \text{交叠时间}$$

$$\text{机械纯工作1h循环次数} = \frac{60 \times 60(\text{s})}{\text{一次循环的正常延续时间(s/次)}}$$

确定循环次数，首先要确定每一循环的正常延续时间，而每一循环的延续时间等于该循环各组成部分正常延续时间之和，即 $t_1 + t_2 + \cdots t_n$，一般应根据技术测定法确定（个别情况可根据规定范围确定）。观测中应根据各种不同的因素，确定正常的延续时间。对于某些机械工作的循环组成部分，必须包括有关循环的、不可避免的无负荷及中断时间。对于某些同时进行的动作，应扣除其重叠时间。这样机械净工作1h的循环次数 n，可用下式计算，即：

$$n = \frac{60}{t_1 + t_2 + \cdots + t_n - t'_1 - t'_2 - \cdots - t'_n}$$

式中 t_i——组成部分的正常延续工作时间，$i=1, 2, \cdots, n$；

t'_i——组成部分的重叠工作时间，$i=1, 2, \cdots, n$。

机械每循环一次所生产的产品数量 m，可通过计时观察求得。

2）连续动作机械纯工作1h正常生产率的确定。对于连续动作机械，确定机械纯工作1h正常生产率要根据机械的类型和结构特征，以及工作过程的特点来进行。在一定的条件下，纯工作1h生产效率通常是一个比较稳定的数值。确定的方法是通过实际观察或试验得出一定时间（t）内完成的产品数量 m，然后按下式计算：

$$\text{连续动作机械纯工作1h正常生产率} = \frac{\text{工作时间内生产的产品数量}}{\text{工作时间(h)}}$$

(3) 机械的正常利用系数

机械净工作时间 t 与工作延续时间 T 的比值，称为机械的正常利用系数。机械的利用系数和机械在工作班内的工作状况有着密切的联系。所以，要确定机械的正常利用系数，首先要拟定机械工作班的正常工作状况，保证合理利用工时。

确定机械的正常利用系数，要计算工作班的正常工作状况下准备工作时间与结束工作时间，机械起动、机械维护等工作所必须消耗的时间，以及机械有效工作的开始与结束时间。从而进一步计算出机械在工作班内的纯工作时间和机械正常利用系数。

(4) 机械台班使用定额的确定

计算施工机械定额是编制机械定额的最后一步。在确定了机械工作正常条件、机械1h纯工作正常生产率和机械正常利用系数后，采取下列公式计算施工机械的产量定额：

施工机械台班产量定额 = 机械1h纯工作正常生产率 × 工作班纯工作时间

或：

施工机械台班产量定额 = 机械1h纯工作正常生产率 × 工作班延续时间 × 机械正常利用系数

2.3 企业定额

2.3.1 企业定额的概念

《建设工程工程量清单计价规范》(GB 50500—2008)对企业定额的定义为：企业定额是施工企业根据本企业的施工技术和管理水平，以及有关造价资料制定的，并供本企业使用的人工、材料和机械台班消耗量。从以上解释可以看出，企业定额是指建筑安装企业根据本企业的技术水平和管理水平，编制完成单位合格产品所必需的人工、材料和施工机械台班的消耗量，以及其他生产经营要素消耗的数量标准。企业定额是一种事先规定的消耗标准，它是建筑安装施工企业项目承包人在正常施工条件下，为完成单位合格产品所需要的劳动、机械、材料消耗量及管理费支出的数量标准。

2.3.2 企业定额的作用

企业定额不是简单地把传统定额或行业定额的编制手段用于编制施工企业的内部定额，它的形成和发展同样要经历从实践到理论、由不成熟到成熟的多次反复检验、滚动、积累，在这个过程中，企业的技术水平在不断发展，管理水平和管理手段、管理体制也在不断更新提高。可以这样说，企业定额产生的过程，就是一个快速互动的内部自我完善的进程。在现有的建设市场形势下，施工企业要生存壮大，必须要有一套切合本身实际情况的企业定额，运用企业定额资料去制定工程量清单中的报价。

企业定额是企业计划管理的依据，其具体作用表现在：

1) 企业定额是企业计划管理的依据。

2) 企业定额是组织和指挥施工生产的有效工具。

3) 企业定额是计算工人劳动报酬的依据。

4) 企业定额有利于推广先进技术。

5) 企业定额是编制施工预算，加强企业成本管理和经济核算的基础。

6）企业定额是现代施工企业进行工程投标、编制工程量清单报价的依据。

7）企业定额是编制预算定额的基础。

2.3.3 企业定额的编制

1. 企业定额的编制原则

编制企业定额，应该坚持既要结合历年定额水平，又要考虑本企业实际情况，还要兼顾本企业今后的发展趋势，并按市场经济规律办事的原则。企业定额能否在施工管理中促进生产力水平、提高经济效益和市场竞争力，决定于定额本身的质量，而衡量定额质量的主要指标是定额水平、定额内容与形式，所以，为确保定额质量，就要合理确定定额水平和恰当的定额内容与形式。要求在定额编制过程中遵循以下原则：

（1）平均先进性原则

定额水平的平均先进性原则指在正常的施工条件下，大多数生产者经过努力能够达到和超过的水平，企业施工定额的编制应能够反映比较成熟的先进技术和先进经验，有利于降低工料消耗，提高企业管理水平，达到鼓励先进，勉励中间，鞭策落后的水平。我国现行全国统一基础定额的水平是按照正常的施工条件，多数建筑企业的施工机械装备程度，合理的施工工期、施工工艺、劳动组织为基础编制的，反映了社会平均消耗水平标准。而企业定额水平则反映的是单个施工企业在一定的施工程序和工艺条件下，施工生产过程中活劳动和物化劳动的实际水平。这种水平既要在技术上先进，又要在经济上合理可行，是一种可以鼓励中间，鞭策落后的定额水平，是编制企业定额的理想水平。这种定额水平的制定将有利于降低工、料、机的消耗，有利于提高企业管理水平和获取最大的利益。同时，还能够正确地反映比较先进的施工技术和施工管理水平，以促进新技术在施工企业中的不断推广和提高及施工管理的日益完善。

（2）简明适用性原则

企业定额设置应简单明了，便于查阅，计算要满足劳动组织分工、经济责任与核算个人生产成本的需要。同时，企业自行设定的定额标准也要符合《建设工程工程量清单计价规范》（GB 50500—2008）“四个统一”的要求，定额项目的设置要尽量齐全完备，根据企业特点合理划分定额步距，常用的对工料消耗影响大的定额项目步距可小一些，反之，步距可大一些，这样有利于企业报价与成本分析。由于企业定额更多地考虑了施工组织设计、先进施工工艺（技术）以及其他的成本降低性措施，因此对影响工程造价的主要、常用项目，在划项时要比预算定额具体详尽，对次要的、不常用的、价值相对小的项目，可尽量综合，减少零散项目，便于定额管理，但要确保定额的适用性。同时每章节后要预留空档位置，不断补充因采用新技术、新结构、新工艺、新材料而出现的新的定额子目。

（3）以专家为主编制定额的原则

企业定额的编制要求有一支经验丰富，技术与管理知识全面，有一定政策水平的专家队伍，可以保证编制企业定额的延续性、专业性和实践性。

（4）独立自主的原则

施工企业作为具有独立法人地位的经济实体，应根据企业的具体情况，结合政府的价格政策和产业导向，以盈利为目标，自主地编制企业定额。贯彻这一原则有利于企业自主经营；有利于推行现代企业财务制度；有利于施工企业摆脱过多的行政干预，更好地面对建筑市场竞争环境；也有利于促进新的施工技术和施工方法的采用。企业独立自主地制定定额，主要是自主地确定定额水平，自主地划分定额项目，自主地根据需要增加新的定额项目。

（5）时效性原则

由于新材料、新工艺的不断出现，会有一些建筑产品被淘汰，一些施工工艺落伍，加之市场行情瞬息万变，企业的管理水平和技术水平也在不断地更新，因此企业定额的编制要注意定额的时效性。施工企业应该设立专门的部门和组织，及时搜集和了解各类市场信息和变化因素的具体资料，对企业定额进行不断地补充和完善、调整，使之更具生命力和科学性，同时改进企业各项管理工作，保持企业在建筑市场中的竞争优势。

（6）保密原则

企业定额反映的是本企业内部施工管理和技术水平，是施工企业进行施工管理和投标报价的基础及依据，从某种意义上讲，企业定额是企业的商业秘密，是企业参与市场竞争的核心，是项目经济指标、限额领料、项目考核的依据。

2. 编制依据

企业定额的编制依据主要有：

1）国家的有关法律、法规，政府的价格政策。

2）现行的建筑安装工程设计、施工及验收规范，安全技术操作规程和现行劳动保护法律、法规。

3）各种类型具有代表性的标准图集、施工图样。

4）企业技术与管理水平，工程施工组织方案。

5）现场实际调查和测定的有关数据，工程具体结构和难易程度状况。

6）采用新工艺、新技术、新材料、新方法的情况等。

3. 企业定额的特点

（1）定额水平的先进性

企业定额在确定其水平时，其各项人工、材料、机械台班消耗要比社会平均水平低，展现企业在技术和管理方面优势，体现其先进性，才能在投标报价中争取更大的取胜砝码。

（2）定额单价的动态性与市场性

随着企业劳动资源、技术力量、管理水平等的变化，单价应随着时间调整。同时随着企业生产经营方式和经营规模的改变，新技术、新工艺的采用，机械化水平提高，定额单价就应及时体现。

（3）定额消耗的优势性

定额消耗在制定人工、材料、机械台班消耗量时要尽可能体现本企业在企业全面管理成果和某些技术方面优势。

（4）内容的特色性

企业定额编制应与施工方案全面接轨。不同的施工方案包括不同的施工方法、使用不同的机械、采取不同的施工措施等，它会给工程造价带来很大的影响。在制定企业定额时应有这方面的特色。

4. 企业定额的编制方法

编制企业定额最关键是以下两个方面工作：

（1）确定人工、材料和机械台班消耗量

由于现行规范没有具体的人工、材料和机械台班消耗量，需要企业自主依据企业定额的消耗量或参照建设行政有关部门发布的社会平均消耗量定额来确定。

1）人工消耗量的确定。首先根据企业实际情况和正常施工条件，确定每一组成部分工时消耗，然后综合工作过程的工时消耗，得出基本用工；其次根据其他用工与基本用工的关系，计算出其他用工；最后，在上述基础上拟定施工项目的定额时间。

2）材料消耗量的确定。首先在企业数据库中根据已完成工程的数据，确定材料消耗数量；其次通过实地考察、统计分析、理论计算、实验室实验等方法对数据进行整理、分析、取舍；最后拟定材料消耗的定额指标。

3）机械台班消耗量的确定。首先根据企业机械设备实际和正常施工条件，确定机械工作效率和机械利用系数；其次拟定施工机械的定额台班；最后拟定与机械作业有关的工人定额用工。

各省、市、自治区为配合上述规范的使用，陆续推出了各地区的社会平均消耗量定额，施工企业也可以作为参考依据，结合自身实际来确定人工、材料和机械台班消耗量。

（2）计算分项工程单价或综合单价

在确定人工、材料和机械台班消耗量基础上，施工时施工企业可根据人工、材料和机械台班的市场价格信息，结合自身的渠道来计算分项工程单价或综合单价。

2.4 预算定额

2.4.1 预算定额概述

预算定额是在正常合理的施工条件下，规定完成一定计量单位的分部分项工程或结构构件所必需消耗的人工、材料和施工机械台班的数量标准。

1. 预算定额的性质

为了便于编制施工图预算，各省、市、自治区多采用在预算定额中不但规定人工、材料和机械台班消耗的数量标准，而且还根据所在地区的人工工资、物价水平，规定了人工、材料和机械台班消耗的货币标准和每个预算定额子目的定额基价。它既反映了某地区统一规定的人工、材料和机械台班消耗量，又反映了各自地区统一人工、材料和机械台班的预算单价，把量和价有机结合在每一个分项工程的预算定额单价中，故预算定额是一种计价性定额。

2. 预算定额的作用

预算定额的作用主要有：

1）预算定额是编制施工图预算，确定和控制建筑安装工程预算造价的依据。

2）预算定额是在工程招标投标中，编制招标标底和投标报价的依据，也是工程竣工验收进行结算的依据。

3）预算定额是施工企业编制施工组织设计，确定人工、材料、机械台班需要量计划的依据，也是施工企业进行经济核算和考核成本的依据。

4）预算定额是国家对工程进行投资控制，设计单位对设计方案进行经济评价，以及对新结构、新材料进行技术经济分析的依据。

5）预算定额是编制地区单位估价表、编制概算定额和概算指标的依据。

3. 预算定额的编制

（1）预算定额的编制原则

为保证预算定额的质量，充分发挥预算定额的作用，在编制预算定额时应遵循以下原则：

1）按社会平均必要劳动确定预算定额水平的原则。由于预算定额是计价性定额，是确定建筑工程造价的主要依据，在市场经济体制下，必须遵照价值规律的客观要求，按照生产过程中所消耗的社会必要劳动时间来确定定额水平。所以，预算定额的平均水平，是在正常的施工条件、合理的施工组织和工艺条件下，以社会平均劳动强度、平均熟练程度、平均的技术装备水平下确定完成单位分项工程或结构构件所需的劳动消耗。这个水平是大多数企业能够达到和超过，少数企业经过努力可以达到的水平，使其能够体现出社会必要的劳动时间要求。

2）简明适用、严谨准确的原则。预算定额的内容和形式，既要满足各方面适应性，又要便于使用，要做到定额项目设置齐全，项目划分合理，定额步距要适当，文字说明要清楚、简练、易懂。

为使定额更具有可操作性，便于使用者掌握，要求预算定额中对于主要的、常用的、价值量大的项目，其分项工程划分要细；对于次要的、不常用的、价值量较小的项目划分宜粗。同时，要注意补充那些采用新技术、新结构、新材料和先进经验而出现的新的定额项目，要求预算定额内容严密准确，各项指标在保证统一性的前提下，具有一定的灵活性，以适应不同工程和地区使用，同时要求结构严谨，层次清楚，各项指标应尽量定死，避免执行中的争议。

3）坚持统一性和差别性相结合的原则。所谓统一性，就是从培育全国统一市场规范计价行为出发，计价定额的制定规划和组织实施由国务院建设行政主管部门归口管理，并负责全国统一定额的制定和修订，颁发有关工程造价管理的规章制度办法等，通过编制全国统一定额，使建筑安装工程具有一个统一的计价依据，也使考核设计和施工的经济效果具有统一的尺度。

所谓差别性，就是在统一性的基础上，各部门和省、自治区、直辖市主管部门可以在自己的管辖范围内，根据本部门和本地区的具体情况，制定部门和地区性定额的补充性制度和管理办法，以适应我国幅员辽阔、地区部门间发展不平衡的实际情况。

（2）预算定额编制的依据

预算定额的编制依据主要有：

1）国家及有关部门的政策和规定。

2）现行的设计规范、国家工程建设强制性标准、施工及验收规范、质量评定标准和安全操作规程等。

3）通用的标准设计图样和图集，以及有代表性的典型设计图样和图集。

4）有关科学试验、技术测定、统计分析和经验数据等资料；成熟推广的新技术、新结构、新材料和先进管理经验的资料。

5）现行的全国统一劳动定额、机械台班使用定额、国家和各地区以往颁发或现行的预算定额及其他编制的基础资料。

6）现行的工资标准、材料市场价格与预算价格、施工机械台班预算价格等。

2.4.2　人工、材料和机械台班消耗量的确定

1. 人工消耗量的确定

预算定额中的人工消耗量是指在正常的施工条件下，完成一定计量单位的分项工程或结构构件所必需消耗的各种用工数量。

人工消耗量的确定有两种方法：一种是以施工的劳动定额为基础来确定，另一种是以现场观察测定资料为基础计算。

（1）以劳动定额为基础的人工工日消耗量的确定

以劳动定额为基础的人工工日消耗量的确定包括基本用工和其他用工。

1）基本用工。基本用工是指完成一定计量单位的分项工程或结构构件所必须消耗的技术工种用工。例如：为完成墙体工程中的砌砖、运砖、调制砂浆、运砂浆等所需要的工日数量，预算定额是综合性的，包括的工程内容较多，除包括在墙体中的实砌墙外，还有附墙烟囱、通风道、垃圾道、预留抗震柱孔等内容，这些都比实砌墙用工量多，需要分别计算后加入到基本用工中。

基本用工按照技术工种相应劳动定额的工时定额计算，以不同工种列出定额工日，一般按照综合取定的工程量和劳动定额中的相应的时间定额进行计算。即：

$$\text{基本用工消耗量} = \sum(\text{各工序工作量} \times \text{相应的劳动定额})$$

2）其他用工。其他用工是指劳动定额中没有包括，而在预算定额内又必须考虑的工时消耗。其内容包括辅助用工、超运距用工和人工幅度差。

① 辅助用工。辅助用工是指劳动定额内不包括，但在预算定额中又必须考虑的施工现场所发生的材料加工等工时，如筛沙子、淋石灰膏、机械土方配合用工等增加的用工工时，即：

$$\text{辅助用工} = \sum(\text{材料加工数量} \times \text{相应的劳动定额})$$

② 超运距用工。超运距用工是指预算定额中规定的材料、半成品的平均水平运输距离超过劳动定额基本用工中规定的运距所需增加的用工量，即：

$$\text{超运距} = \text{预算定额取定的运距} - \text{劳动定额已包括的运距}$$

$$\text{超运距用工消耗量} = \sum(\text{超运距材料数量} \times \text{相应的劳动定额})$$

③ 人工幅度差。人工幅度差主要指预算定额与劳动定额由于定额水平差不同而引起的水平差异，另外还包括在正常施工条件下，劳动定额中没有包含的，而在一般正常施工条件下又不可避免的一些零星用工因素，这些因素不便计算出工程量，因此便综合出一个合理的增加比例，即人工幅度差，纳入到预算定额中。

人工幅度差所包括的内容有：各工种间的工序搭接，交叉作业时不可避免的停歇工时间；施工机械在单位工程之间转移以及临时水电线路移动时所造成的间歇工时消耗；质量检查和隐蔽工程验收工作影响工作消耗的时间；班组操作地点转移用工；工序交接前对前一工

序不可避免的修整用工；施工作业中不可避免的其他零星用工等，即：

人工幅度差 =（基本用工 + 辅助用工 + 超运距用工）× 人工幅度差系数

人工幅度差系数一般为 10% ~15%。

综上所述：

预算定额的人工消耗量 = 基本用工 + 辅助用工 + 超运距用工 + 人工幅度差
= （基本用工 + 辅助用工 + 超运距用工）×（1 + 人工幅度差系数）

（2）以现场观察测定资料为基础计算人工消耗量

这种方法是采用劳动定额中测定工时消耗量的方法，再加一定的人工幅度差来计算预算定额的人工消耗量。它仅适用于劳动定额缺项的预算定额项目编制。

【例 2-3】 某省预算定额中人工挖地槽定额按深 1.5m，三类土编制，已知现行劳动定额，挖地槽深 1.5m 以内底宽为 0.8m、1.5m、3m 以内三档，其时间定额分别为 0.492 工日/m^3、0.421 工日/m^3、0.399 工日/m^3，并规定底宽超过 1.5m，如为单面抛土者，时间定额系数为 1.15。求该省预算工日消耗量。

【解】 该省预算定额综合考虑以下因素：

1）底宽 0.8m 以内占 50%，1.5m 以内占 40%，3m 以内占 10%。

2）底宽 3m 以内单面抛土按 50%。

3）人工幅度差系数按 10% 考虑。

则每 1m^3 挖土人工定额为：

基本用工 =（0.492 × 50% + 0.421 × 40% + 0.399 × 10% × 1.075）工日
= 0.46 工日

预算定额工日消耗量 = 0.46 工日 ×（1 + 10%）= 0.51 工日 /m^3

上式中 1.075 为单面抛土占 50% 的系数，其计算为：0.5 × 1.15 + 0.5 × 1.0 = 1.075

2. 材料消耗量指标的确定

材料消耗量是指在正常施工条件下，完成一定计量单位的分项工程或结构构件所必须消耗的材料数量。按照用途划分为以下三种：

（1）主要材料

主要材料是指直接构成工程实体的材料，其中也包括成品、半成品等。

（2）其他辅助材料

其他辅助材料是指构成工程实体除主要材料之外用量较少、难以计量的其他零星材料，如钉子、铅丝、垫木、棉纱、油漆等。

（3）周转材料

周转材料是指脚手架、模板等多次周转使用的不构成工程实体的摊销性材料。

预算定额材料消耗量同施工定额一样，也是由材料净用量和损耗量构成，从消耗内容上看，包括为完成该分项工程或结构构件的施工任务必须消耗的各种实体性材料和措施性材料，其确定方法同施工定额的确定方法一样，有技术测定法、试验法、统计分析法和理论计算法。但两种定额中的材料损耗率并不同，预算定额中的材料损耗较施工定额中的材料损耗范围更广，它不但考虑了整个施工现场范围内材料堆放、运输、制备、制作及施工操作过程中的损耗，还充分考虑了分项工程或结构构件所包括的工程内容、分项工程或结构构件的工程量计算规则等因素对材料消耗量的影响。

预算定额中的主要材料、其他辅助材料、周转材料消耗量的确定方法同施工定额材料消耗量的确定方法相同。这里仅以主要材料为例加以说明。

【例2-4】 砌筑一砖厚砖墙，经测定计算，$1m^3$ 墙体中梁头、板头体积为 $0.028m^3$，预留孔洞体积为 $0.0063m^3$，突出墙面砌体 $0.00629m^3$，根据资料砌筑烧结普通砖的砖和砂浆的损耗率均为1%，计算 $1m^3$ 墙体中烧结普通砖和砂浆的定额用量。

【解】 $1m^3$ 砌体烧结普通砖净用量 $= \dfrac{1}{\text{砖长} \times (\text{砖宽} + \text{灰缝}) \times (\text{砖厚} + \text{灰缝})}$

$$= \frac{1}{0.24 \times (0.115 + 0.01) \times (0.053 + 0.01)} \text{块}$$

$$= 529 \text{ 块}$$

考虑扣除和增加的体积后，烧结普通砖的净用量为：

$$529 \text{ 块} \times (1 - 2.8\% - 0.63\% + 0.629\%) = 514 \text{ 块}$$

烧结普通砖消耗量 $= 514 \text{ 块} \times (1 + 1\%) = 519.14 \text{ 块}$

$$\text{砂浆净用量} = \text{砌体体积} - \text{砌体中砖所占的体积}$$

$$= (1 - 529 \times 0.24 \times 0.115 \times 0.053)m^3$$

$$= 0.226m^3$$

考虑扣除和增加的体积后，砂浆的净用量为：

$$0.226m^3 \times (1 - 2.8\% - 0.63\% + 0.629\%) = 0.2197m^3$$

$$\text{砂浆消耗量} = 0.2197m^3(1 + 1\%) \times 1.07 = 0.237m^3$$

3. 机械台班消耗量指标的确定

预算定额机械台班消耗量是指在正常的施工条件下，完成单位合格产品所必须消耗的机械台班数量，其确定有两种方法，一种是以施工定额的机械定额为基础，考虑一定的机械幅度差系数确定；另一种是以现场观测资料为基础确定，这种方法同施工定额确定机械定额的方法一致。

（1）以施工定额为基础的机械台班消耗量的确定

这种方法是以施工定额为基础的机械台班消耗量加机械幅度差来计算预算定额的机械台班消耗量。其计算公式为：

$$\text{预算定额机械台班消耗量} = \text{施工机械台班消耗量} + \text{机械幅度差}$$

$$= \text{施工定额机械消耗台班} \times (1 + \text{机械幅度差率})$$

机械幅度差是指在施工定额内没有包括，但在实际必须增加的机械台班，主要是考虑在合理的施工组织条件下机械的停歇时间，主要包括以下内容：

1）施工中机械转移工作面及配套机械相互影响所损失的时间。

2）在正常的施工条件下机械施工中不可避免的工作间歇时间。

3）检查工作质量影响机械操作时间。

4）临时水电线路在施工过程中移动而发生的不可避免的机械操作间歇时间。

5）冬雨季施工发动机械的时间。

6）不同厂牌机械的工效差别、临时维修、小修、停水、停电等引起的机械间歇时间。

7）工程收尾工作不饱满所损失的时间。

大型机械幅度差系数规定分别为：土石方机械：25%；吊装机械：30%；打桩机械：

33%；钢筋加工机械：10%；木作和打夯机械等：10%。

（2）以现场观测资料为基础的机械台班消耗量的确定

如遇施工定额缺项的项目，在编制预算定额的机械台班消耗量时，则需通过对机械现场实地观测得到的机械台班数量，在此基础上加上适当的机械幅度差，来确定机械台班消耗量。

2.4.3 人工、材料和机械台班单价

1. 人工工资单价

人工工资单价也称为人工工日单价，是指一个建筑安装工人一个工作日在工程预算中应计入的全部费用。目前我国的人工工资单价均是以综合人工单价的形式，即根据综合取定的不同工种、不同技术等级的生产工人的人工单价，以及相应的工时比例进行加权平均求得。它基本上反映了建筑安装工人的工资水平和一个工人在一个工作日中可得到的全部报酬，具体内容包括生产工人基本工资、工资性补贴、生产工人辅助工资、职工福利费和生产工人劳动保护费，见表 2-2 所示。

表 2-2 人工工资单价构成

序号	工资构成	具体内容	序号	工资构成	具体内容
1	基本工资	岗位工资	3	生产工人辅助工资	非作业工作日发放的工资和工资性补贴
		技能工资			
		年功工资	4	生产工人劳动保护费	劳保用品
2	工资性补贴	交通补贴			徒工服装费
		流动施工津贴			防暑降温费
		住房补贴	5	职工福利费	保健津贴
		物价补贴			书报费
		工资附加			洗理费
		地区津贴			取暖费

人工工资单价 = 基本工资 + 辅助工资 + 工资性补贴 + 职工福利费 + 生产工人劳动保护费

2. 材料单价

（1）材料单价的概念及组成

材料单价是指建筑材料（构成工程实体的原材料、辅助材料、配构件、零件、半成品）由其来源地（或交货地点）运至工地仓库（或施工现场材料存放点）后的出库价格，一般由以下费用构成：材料供应价（或供应价格）、包装费、材料运杂费、运输损耗费、采购及保管费。

（2）材料单价的确定

1）材料供应价（或供应价格）。材料供应价也就是材料的进价。一般包括货价和供销部门手续费两部分，它是材料预算价格组成部门中最重要的因素。

① 材料原价。材料原价一般是指材料的出厂价、批发价或市场采购价，一般采用市场询价的方法确定。同一种材料，因产地不同或供应单价不同而有几种原价时，应根据不同来源地的供应数量及不同单价，计算其加权平均原价。

② 供销部门手续费。供销部门手续费是指材料不能直接向生产厂家订购、订货而必须经过当地物资部门或供销部门供应时发生的经营管理费，其计算公式为：

供销部门手续费 = 材料原价 × 供销部门手续费率

如果此项费用已包括在供销部门供应的材料原价中，则不应再计算

材料供应价 = 材料原价 + 供销部门手续费

2）包装费。包装费是为了便于材料运输和保护材料而进行的包装所需要的一切费用。包装费包括包装品的价值和包装费用。凡由生产厂家负责包装的产品，其包装费已经计入材料原价中，不再另行计算，但应扣回包装品的回收价值。包装器材如有回收价值，应考虑回收价值。

3）材料运杂费。材料运杂费是指材料自来源地运至工地仓库或指定堆放地点所发生的全部费用，包括调车和驳船费、装卸费、运输费和附加工作费。材料运杂费用应按照国家有关部门和地方政府交通运输部门的规定计算。同一品种的材料有若干个来源地，材料运杂费应采用加权平均的方法来计取。

4）运输损耗费。运输损耗费是指材料在运输装卸过程中不可避免的损耗，该运输损耗是指材料的场外运输损耗，其计算公式为：

材料运输损耗 =（材料原价 + 运杂费）× 运输损耗费率

5）采购及保管费。采购及保管费指为组织采购、供应和保管材料过程中所需要的各项费用，具体包括采购费、仓储费、工地保管费和仓储损耗费等，其计算公式为：

采购及保管费 =（材料供应价格 + 包装费 + 运杂费 + 运输损耗费）× 采购保管费率

综上所述，材料的预算价格为：

材料预算价格 =（供应价格 + 包装费 + 运输费 + 运输损耗费）
×（1 + 采购保管费率）− 包装品回收价值

市场经济条件下，建筑材料的价格是根据供求关系变化的。为了反映建筑材料市场的价格变化情况，指导建设单位、施工单位进行工程发包承包活动，各地工程造价管理机构还应及时发布建筑材料预算指导价或材料价格趋势分析。

【例2-5】 某工程需用中砂，经货源调查得知，有三个地方可供货。其中，甲地供货1200t，原价为17.8元/t，乙地供货1500t，原价为18.9元/t，丙地供货1600t，单价为21.5元/t，求中砂的综合平均原价是多少？

【解】 加权平均原价 =（17.8 × 1200 + 18.9 × 1500 + 21.5 × 1600）元/（1200 + 1500 + 1600）t
= 19.56元/t

3. 机械台班单价

机械台班单价是指一台施工机械，在正常运转条件下一个工作台班所发生的全部费用，其计算公式为：

机械台班单价 = 台班基本折旧费 + 台班大修理费 + 台班经常修理费
+ 安拆费及场外运输费 + 台班燃料动力费
+ 台班人工费 + 台班养路费及车船使用费

（1）台班基本折旧费

它是指施工机械在规定使用期限内，每一台班所分摊的机械原值及支付贷款利息的费用。一般应根据机械预算价、残值率和耐用总台班等资料计算，其计算公式为：

$$台班基本折旧费 = \frac{机械预算价格 \times (1-残值率) \times 贷款利息系数}{耐用总台班}$$

其中：

$$耐用总台班 = 年工作台班 \times 使用年限$$

1）机械预算价。机械预算价包括国产机械预算价格和进口机械预算价格。国产机械预算价格是指机械出厂价格加上从生产厂家（或销售单位）交货地点运至使用单位验收入库的全部费用，由出厂价、供销部门手续费和一次运杂费组成；进口机械预算价格是由进口机械到岸完税价加关税、外贸部门手续费、银行财务费及由口岸运至使用单位验收入库的全部费用组成。

2）残值率。残值率指机械报废时回收的残值占机械原值（机械预算价值）的比率。残值率按1993年有关规定（运输机械2%，特大型机械3%，中小型机械4%，掘进机械5%）执行。

3）贷款利息系数。贷款利息系数指补偿企业贷款购置机械设备所支付的利息，从而合理反映资金的时间价值，以大于1的贷款利息系数，将贷款利息（单利）分摊在台班折旧中，其计算公式为：

$$贷款利息系数 = 1 + (1+n) \times i/2$$

式中 n——国家有关文件规定的此类机械折旧年限；

i——当年银行贷款利率。

4）耐用总台班。耐用总台班指机械在正常施工作业条件下，从投入使用直到报废为止，按规定应达到的使用总台班数，即机械使用寿命，一般可分为机械技术使用寿命和经济使用寿命。《全国统一施工机械台班费用定额》（1998）中的耐用总台班是以经济使用寿命为基础并依据国家有关固定资产折旧年限规定，结合施工机械工作对象和环境，以及年能达到的工作台班而确定的。

（2）台班大修理费

台班大修理费指施工机械按规定的大修间隔台班进行大修理以恢复机械的正常功能时每台班摊销的费用。包括必须更换的配件、消耗的材料、油料及工时费等，其计算公式为：

$$台班大修理费 = 一次大修理费 \times 寿命期内大修理次数 / 耐用总台班$$

（3）台班经常修理费

台班经常修理费指机械在寿命期内除大修理以外的各级保养（包括一、二、三级保养），以及临时故障排除和机械停置期间的维护等所需各项费用；为保障机械正常运转所需替换设备，随机工器具的摊销费用及机械日常保养所需润滑擦拭材料费之和，分摊到台班费中，即为台班经常修理费，其计算公式为：

$$台班经常修理费 = \frac{\sum (各级保养一次费用 \times 寿命周期各级保养次数)}{耐用总台班}$$

$$\frac{+\text{临时故障排除费}+\text{替换设备工具附具台班摊销费}+\text{例保辅料费}}{\text{耐用总台班}}$$

（4）台班安拆费及场外运输费

台班安拆费是指施工机械在现场进行安装、拆卸所需人工、材料和试运转费用，包括机械辅助设施（如基础、底座、固定锚桩、行走轨道、枕木等）的折旧、搭设、拆除等费用。

场外运输费是指施工机械整体或分体自停置地点运至现场或由一工地运至另一工地的运输、装卸、辅助材料以及架线等费用，其计算公式为：

$$\text{台班安拆费及场外运输费}=\frac{\text{机械一次安拆费及场外运输费}\times\text{年平均安拆次数}}{\text{年工作台班}}+\text{台班辅助设施费}$$

（5）台班燃料动力费

台班燃料动力费指机械在运转或施工作业中所耗用的固体燃料（煤炭、木材）、液态燃料（汽油、柴油）、电力、水和风力等费用，其计算公式为：

$$\text{燃料动力费}=\text{台班燃料动力消耗量}\times\text{相应单价}$$

（6）台班人工费

台班人工费指机上司机（司炉）和其他操作人员的工作日人工费及上述人员在年工作台班以外的人工费，其计算公式为：

$$\text{台班人工费}=\text{定额机上人工工日}\times\text{日工资单价}$$

$$\text{定额机上人工工日}=\text{机上定员人工}\times(1+\text{增加工日系数})$$

$$\text{增加工日系数}=\frac{\text{年日历天数}-\text{规定节假公休日}-\text{辅助工资中年非工作日}-\text{机械年工作台班}}{\text{机械年工作台班}}$$

（7）台班养路费及车船使用费

台班养路费及车船使用费指机械按照国家有关规定应交纳的养路费和车船使用税，按各省、自治区、直辖市规定标准计算后列入定额，其计算公式为：

$$\text{养路费及车船使用费}=\frac{\text{载重量(或核定自重吨位)}\times[\text{养路费标准(元/t·月)}\times12+\text{车船使用费标准(元/t·月)}]}{\text{年工作台班}}$$

【例2-6】 某地区用滚筒式500L混凝土搅拌机，计算其台班使用费。计算台班使用费的有关数据如下：预算价格（台）35000元，一次大修理费2800元，机械残值率4%，使用周期5次，使用总台班1400，经常维修系数1.81，安装及场外运输费为4.67元/台班。

【解】 台班折旧费 = 35000元 × (1 − 4%)/1400台班 = 24.00元/台班

大修理费 = 2800元 × (5 − 1)/1400台班 = 8.00元/台班

经常修理费 = 8元/台班 × 1.81 = 14.48元/台班

安装及场外运输费 = 4.67元/台班

台班动力燃料费：台班耗电29.36kW·h，每kW·h按0.39元计算，则

29.36kW·h × 0.39元/kW·h = 11.45元/台班

台班机上人工费：每台班用工1.25工日，工日单价32元，则

$$1.25\ 工日/台班 \times 32\ 元/工日 = 40\ 元/台班$$

$$混凝土搅拌机的台班单价 = (24.00 + 8.00 + 14.48 + 4.67 + 11.45 + 40.00)\ 元/台班$$
$$= 102.60\ 元/台班$$

2.4.4 定额基价

1. 定额基价的概念

定额基价也称为分项工程单价，一般是指在一定使用期范围内建筑安装单位产品的不完全单价。不完全价格指定额基价只包括了人工、材料、机械台班的费用。

2. 定额基价的编制依据

1）现行的预算定额。

2）现行的日工资标准，目前日工资标准通常采用建筑劳务市场的价格。

3）现行的地区材料价格。

4）现行的施工机械台班价格。

5）国家和地区有关规定 。

3. 定额基价的编制方法

一般预算定额基价是由若干个分项工程或结构构件的单价所组成，因此，编制定额基价的工作就是计算分项工程或结构构件的单价，单价中的人工费、材料费、机械费是由预算定额中每一分项工程的人工、材料、机械台班的消耗量乘以相应地区人工工日单价、材料预算价格、机械台班预算价格，其计算公式为：

$$分部分项工程定额基价 = 分部分项工程人工费 + 分部分项工程材料费 + 分部分项工程机械费$$

其中：

$$人工费 = 分项工程用工量 \times 日工资标准$$

$$材料费 = \sum(材料消耗量 \times 材料预算价格)$$

$$机械费 = \sum(机械台班消耗量 \times 施工机械台班单价)$$

【例 2-7】 确定《全国统一建筑工程基础定额》（GJD—101—95）中砖基础 4 - 1 的分项工程的定额基价。已知：某地区的人工工资单价为 26 元/工日，M5.0 水泥沙浆 123.09 元/m^3，普通粘土砖 211 元/千块；水 1.95 元/m^3，200L 灰浆搅拌机 44.69 元/台班，计量单位为 $10m^3$。

【解】 人工费 = 12.18 工日/$10m^3$ ×26 元/工日 = 316.68 元/$10m^3$

材料费 = 2.36m^3/$10m^3$ × 123.09 元/m^3 + 5.236 千块/$10m^3$ × 211 元/千块 + 1.05m^3/$10m^3$ ×1.95 元/m^3 = 1397.34 元/$10m^3$

机械费 = 0.39 台班/$10m^3$ ×44.69 元/台班 = 17.43 元/$10m^3$

分项工程的定额基价 = 人工费 + 材料费 + 机械费

= (316.68 + 1397.34 + 17.43) 元/$10m^3$

= 1731.45 元/$10m^3$

砖基础分项工程定额基价的确定过程如表 2-3 所示。

表2-3 砖基础分项工程定额基价

工作内容：1. 基础：清理基槽、调运砂浆、运砖、砌砖　　定额单位：10m³

定额编号	4-1			
项目	砖基础			
基价/元	1731.45			
其中	人工费/元	316.68		
	材料费/元	1397.34		
	机械费/元	17.43		
名　称		单位	单价	数量
人工	综合工日	工日	26	12.18
材料	水泥砂浆 M5.0	m^3	123.09	2.36
	普通粘土砖	千块	211	5.236
	水	m^3	1.95	1.05
机械	灰浆搅拌机 200L	台班	44.69	0.39

小　　结

定额指在合理的劳动组织和合理地使用材料和机械的条件下，完成单位合格产品所消耗的资源数量标准。按定额反映的物质消耗内容分类，可以把工程建设定额分为劳动消耗定额、机械消耗定额和材料消耗定额三种。劳动定额的制定原则是定额水平先进合理原则和定额结构形式简明适用原则。劳动定额的编制方法目前主要有技术测定法、统计分析法、经验估算法、比较类推法等。其中技术测定法是我国建筑安装工程收集定额基础资料的基本方法。材料消耗定额包括材料的净用量和不可避免的施工损耗量，通常采用现场观察法，试验室试验法、统计分析法和理论计算法等方法来确定。机械台班消耗定额以台班为单位，表示形式有时间定额和产量定额两种。制定机械台班定额是根据机械时间利用系数和机械生产率来确定的。

预算定额是一种计价性定额，它不仅包含正常合理的施工条件下完成一定计量单位的分部分项工程或结构构件所必需消耗的人工、材料和施工机械台班的数量标准，还包括相应的人工、材料和机械台班单价，故也叫单位估价表。预算定额包括人工、材料、机械台班的消耗量和单价两类指标，其中，消耗量指标中的人工消耗包括基本用工、辅助用工、超运距用工和人工幅度差；主要材料消耗量包括净用量和损耗量；机械台班消耗指标是在施工定额的基础上计取一定的机械幅度差系数。单价指标中人工工资单价包括生产工人基本工资、工资性补贴、生产工人辅助工资、职工福利费和生产工人劳动保护费；材料预算价格一般由材料供应价、包装费、材料运杂费、运输损耗费、采购及保管费等构成；机械台班单价一般包括台班基本折旧费、台班大修理费、台班经常修理费、台班安拆费及场外运输费、台班人工费、台班燃料动力费、台班养路费及车船使用费等一台施工机械在正常运转条件下一个工作台班所发生的全部费用。

思 考 题

2-1　定额有哪些分类方法？

2-2　什么是劳动定额？有几种表示方法？相互关系如何？

2-3　什么是机械台班定额？有几种表示方法？如何编制施工机械台班定额？

2-4　什么是材料消耗定额？如何制定材料消耗定额？

2-5　企业定额的作用、编制原则和编制依据是什么？

2-6　企业定额如何编制？

2-7　用理论计算法计算一砖标准砖砖墙每 $1m^3$ 砌体中烧结普通砖和砂浆的消耗量。灰缝为10mm，砖与砂浆损耗率假定皆为1%。

2-8　预算定额有何作用？

2-9　预算定额的编制依据和原则是什么？

2-10　预算定额中的人工消耗量指标包括哪些用工？它们应如何计算？

2-11　预算定额中的主要材料耗用量是如何确定的？次要材料消耗量在定额中是如何表示的？

2-12　预算定额中的机械台班消耗量指标是如何确定的？

2-13　预算定额中人工工资单价包括哪些内容？

2-14　材料预算价格是如何组成的？主要包括哪些内容？

2-15　机械台班单价的组成内容是什么？

2-16　定额基价的组成包括哪些内容？

第 3 章　建筑安装工程费用

学习目标

通过对本章内容的学习，掌握我国建筑安装工程费用的组成，了解国外建筑安装工程费的构成，掌握直接工程费、规费和措施费的计算公式和方法。熟悉工料单价法的三种计价程序，并掌握综合单价法计价程序。

3.1　建筑安装工程费用构成

3.1.1　建筑安装工程费用内容

1. 建筑工程费用

1）各类房屋建筑工程和列入房屋建筑工程预算的供水、供暖、卫生、通风、煤气等设备费用及其装饰、油饰工程的费用，列入建筑工程预算的各种管道、电力、电信等和电缆导线敷设工程的费用。

2）设备基础、支柱、工作台、烟囱、水塔、水池、灰塔等建筑工程以及各种炉窑的砌筑工程和金属结构工程的费用。

3）为施工而进行的场地平整，工程和水文地质勘察，原有建筑物和障碍物的拆除以及施工临时用水、电、气、路和完工后的场地清理，环境绿化、美化等工作费用。

4）矿井开凿、井巷延伸、露天矿剥离，石油、天然气钻井，修建铁路、公路、桥梁、水库、堤坝、灌渠及防洪等工程的费用。

2. 安装工程费用

1）生产、动力、起重、运输、传动和医疗、试验等各种需要安装的机械设备的装配费用，与设备相连的工作台、梯子、栏杆等设施的工程费用，附属于被安装设备的管线敷设工程费用，以及被安装设备的绝缘、防腐、保温、油漆等工作的材料费和安装费。

2）为测定安装工程质量，对单台设备进行单机试运转、对系统设备进行系统联动无负荷试运转工作的调试费。

3.1.2　我国现行建筑安装工程费用组成

根据国家建设部、财政部建标【2003】206 号文关于印发《建筑安装工程费用项目组成》的通知的规定，建筑安装工程费由直接费、间接费、利润和税金组成，如图 3-1 所示。

1. 直接费

直接费由直接工程费和措施费两部分组成。

(1) 直接工程费

直接工程费是指施工过程中耗费的构成工程实体的各项费用，包括人工费、材料费和施

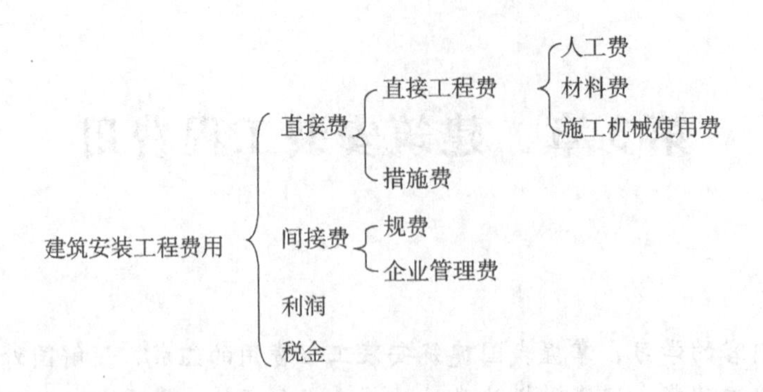

图 3-1　我国现行建筑安装工程费用组成

工机械使用费。

1）人工费。人工费是指直接从事建筑安装工程施工的生产工人开支的各项费用。

2）材料费。材料费是指施工过程中耗用的构成工程实体的原材料、辅助材料、构配件、零件、半成品的费用。

3）施工机械使用费。施工机械使用费是指施工机械作业所发生的机械使用费以及机械安拆费和场外运费。

上述三项费用的分类和具体内容在本书第 2 章中已作介绍。

（2）措施费　措施费是指为完成工程项目施工，发生于该工程施工前和施工过程中非工程实体项目的费用。包括内容：

1）环境保护费。指施工现场为达到环保部门要求所需要的各项费用。

2）文明施工费。指施工现场文明施工所需要的各项费用。

3）安全施工费。指施工现场安全施工所需要的各项费用。

4）临时设施费。指施工企业为进行建筑工程施工所必须搭设的生活和生产用的临时建筑物、构筑物和其他临时设施费用等。

临时设施包括：临时宿舍、文化福利及公用事业房屋与构筑物，仓库、办公室、加工厂以及规定范围内道路、水、电、管线等临时设施和小型临时设施。

临时设施费用包括：临时设施的搭设、维修、拆除费或摊销费。

5）夜间施工费。指因夜间施工所发生的夜班补助费，夜间施工降效、夜间施工照明设备摊销及照明用电等费用。

6）二次搬运费。指因施工场地狭小等特殊情况而发生的二次搬运费用。

7）大型机械设备进出场及安拆费。指机械整体或分体自停放场地运至施工现场或由一个施工地点运至另一个施工地点，所发生的机械进出场运输转移费用及机械在施工现场进行安装、拆卸所需的人工费、材料费、机械费、试运转费和安装所需的辅助设施的费用。

8）混凝土、钢筋混凝土模板及支架费。指混凝土施工过程中需要的各种钢模板、木模板、支架等的支、拆、运输费用及模板、支架的摊销（或租赁）费用。

9）脚手架费。指施工需要的各种脚手架搭、拆、运输费用及脚手架的摊销（或租赁）费用。

10）已完工程及设备保护费。指竣工验收前，对已完工程及设备进行保护所需费用。

11）施工排水、降水费。指为确保工程在正常条件下施工，采取各种排水、降水措施降低地下水位所发生的各种费用。

2. 间接费

间接费由规费、企业管理费组成。

（1）规费

规费是指政府和有关权力部门规定必须缴纳的费用（简称规费）。包括：

1）工程排污费。指施工现场按规定缴纳的工程排污费。

2）工程定额测定费。指按规定支付工程造价（定额）管理部门的定额测定费。

3）社会保障费。包括养老保险费、失业保险费和医疗保险费。

① 养老保险费是指企业按规定标准为职工缴纳的基本养老保险费。

② 失业保险费是指企业按照国家规定标准为职工缴纳的失业保险费。

③ 医疗保险费是指企业按照规定标准为职工缴纳的基本医疗保险费。

4）住房公积金。指企业按规定标准为职工缴纳的住房公积金。

5）危险作业意外伤害保险。指按照建筑法规定，企业为从事危险作业的建筑安装施工人员支付的意外伤害保险费。

（2）企业管理费

企业管理费是指建筑安装企业组织施工生产和经营管理所需费用。内容包括：

1）管理人员工资。指管理人员的基本工资、工资性补贴、职工福利费、劳动保护费等。

2）办公费。指企业管理办公用的文具、纸张、账表、印刷、邮电、书报、会议、水电、烧水和集体取暖（包括现场临时宿舍取暖）用煤等费用。

3）差旅交通费。指职工因公出差、调动工作的差旅费、住勤补助费，市内交通费和误餐补助费，职工探亲路费，劳动力招募费，职工离退休、退职一次性路费，工伤人员就医路费，工地转移费以及管理部门使用的交通工具的油料、燃料、养路费及牌照费。

4）固定资产使用费。指管理和试验部门及附属生产单位使用的属于固定资产的房屋、设备仪器等的折旧、大修、维修或租赁费。

5）工具用具使用费。指管理使用的不属于固定资产的生产工具、器具、家具、交通工具和检验、试验、测绘、消防用具等的购置、维修和摊销费。

6）劳动保险费。指由企业支付离退休职工的易地安家补助费、职工退职金、六个月以上的病假人员工资、职工死亡丧葬补助费、抚恤费、按规定支付给离休干部的各项经费。

7）工会经费。指企业按职工工资总额计提的工会经费。

8）职工教育经费。指企业为职工学习先进技术和提高文化水平，按职工工资总额计提的费用。

9）财产保险费。指施工管理用财产、车辆保险。

10）财务费。指企业为筹集资金而发生的各种费用。

11）税金。指企业按规定缴纳的房产税、车船使用税、土地使用税、印花税等。

12）其他。包括技术转让费、技术开发费、业务招待费、绿化费、广告费、公证费、法律顾问费、审计费、咨询费等。

3. 利润

利润是指施工企业完成所承包工程获得的盈利。

4. 税金

税金是指国家税法规定的应计入建筑安装工程造价内的营业税、城市维护建设税及教育费附加等。

3.1.3 国外建筑安装工程费用的构成

1. 费用构成

国外建筑安装工程费用构成与我国的情况大致相同，尤其是直接费的计算基本一致。但是由于历史原因，国外基本是市场经济条件下的计算习惯，并以西方经济学为依据，为竞争的目的而估价，故在构成上还是有差异的。

（1）直接费的构成

1）工资。国外一般工程施工的工人按技术要求划分为高级技工、熟练工、半熟练工和壮工。当工程价格采用平均工资计算时，要按各类工人总数的比例进行加权计算。工资应该包括工资、加班费、津贴、招雇解雇费等。

2）材料费。材料费包括材料原价——在当地材料市场中采购的材料则为采购价，包括材料出厂价和采购供销手续费等，进口材料一般是指到达当地海港的交货价；运杂费——在当地采购的材料是指从采购地点至工程施工现场的短途运输费、装卸费，进口材料则为从当地海港运至工程施工现场的运输费、装卸费；税金——在当地采购的材料，采购价格中已经包括税金，进口材料则为工程所在国的进口关税和手续费等；运输损耗及采购保管费；预涨费——根据当地材料价格年平均上涨率和施工年数，按材料原价、运杂费、税金之和的一定比例计算。

3）施工机械费。大型自有机械台时单价，一般由每台时应摊折旧费、应摊维修费、台时消耗的能源及动力费、台时应摊的驾驶人工工资以及工程机械设备险投保费、第三者责任险投保费等组成。如使用租赁施工机械时，其费用则包括租赁费、租赁机械进出场地费等。

（2）管理费

管理费包括工程现场管理费（约占整个管理费的25%～30%）和公司管理费（约占整个管理费的70%～75%）。管理费除了包括与我国施工管理费构成相似的工作人员工资、工作人员辅助工资、办公费、差旅交通费、固定资产使用费、生活设备使用费、工具用具使用费、劳动保护费、检验试验费以外，还含有业务经费。业务经费包括：

1）广告宣传费。

2）交际费。如日常接待饮料，宴请及礼品费等。

3）业务资料费。如购买投标文件、文件及资料复印费等。

4）业务所需手续费。施工企业参加投标时，必须由银行开具投标保函；在中标后必须由银行开具履约保函；在收到业主的工程预付款以前必须由银行开具预付款保函；在工程竣工后，必须由银行开具质量或维修保函。在开具以上保函时，银行要收取一定的担保费。

5）代理人费用和佣金。施工企业为争取中标或为加强收取工程款，在工程所在地（所在国）寻找代理人或签订代理合同，因而付出的佣金和费用。

6）保险费。包括建筑安装工程一切险投保费、第三者责任险投保费等。

7）税金。包括印花税、转手税、公司所得税、个人所得税、营业税、社会安定税等。

8）向银行贷款利息。

在许多国家，施工企业的业务及管理费往往是管理费中所占比例最大的一项，大约占整个管理费的30% ~38%。

(3) 开办费

在许多国家，开办费一般是在各分部分项工程造价的前面按单项工程分别单独列出。单项工程建筑安装工程量越大，开办费在工程价格中的比例就越小；反之开办费就越大。一般开办费约占工程价格的10% ~20%。开办费包括的内容因国家和工程的不同而异，大致包括以下内容：

1）施工用水、用电费。施工用水费按实际打井、抽水、送水发生的费用估算，也可按占直接费的比率估计。施工用电费，按实际需要的电费或自行发电费估算，也可按照占直接费的比率估算。

2）工地清理费及完工后清理费，建筑物烘干费，临时围墙、安全信号、防护用品的费用以及恶劣天气条件下的工程防护费、污染费、噪声费，其他法定的防护费用。

3）周转材料费。如脚手架、模板和摊销费等。

4）临时设施费。包括生活用房、生产用房、临时通信、室外工程（包括道路、停车场、围墙、给排水管道、输电线路等）的费用，可按实际需要计算。

5）驻工地工程师的现场办公室及所需设备的费用，现场材料试验及所需设备的费用。一般在招标文件的技术规范中有明确的面积、质量标准及设备清单等要求。如要求配备一定的服务人员或试验助理人员，则工资费用也需计入。

6）其他。包括工人现场福利费及安全费、职工交通费、日常气候报表费、现场道路及进出场道路修筑及维护费、恶劣天气下的工程保护措施费、现场保卫设施费等。

(4) 利润

国际市场上，施工企业的利润一般为成本的10% ~15%，也有的管理费和利润合取，占直接费的30%左右。具体工程的利润率要根据具体情况，如工程难易、现场条件、工期长短、竞争对手的情况等随行就市确定。

(5) 暂定金额

这是指包括在合同中，供工程任何部分的施工或提供货物、材料、设备或服务、不可预料事件之费用使用的一项金额，这项金额只有工程师批准后才能动用。

(6) 分包工程费用

1）分包工程费。包括分包工程的直接费、管理费和利润。

2）总包利润和管理费。指分包单位向总包单位交纳的总包管理费、其他服务费和利润。

2. 费用的组成形式和分摊比例

(1) 组成形式

上述组成造价的各项费用体现在承包商投标报价有三种形式：组成分部分项工程单价、单独列项、分摊进单价。

1）组成分部分项工程单价。人工费、机械费和材料费直接消耗在分部分项工程上。在费用和分部分项工程之间存在着直观的对应关系，所以人工费、材料费和机械费组成分部分项工程单价，单价和工程量相乘可得出分部分项工程价格。

2）单独列项。开办费中的项目有临时设施、为业主提供的办公和生活设施、脚手架等费用，经常在工程量清单的开办费部分单独分项报价。这种方式适用于不直接消耗在某个分部分项工程上，无法与分部分项工程直接对应，但是对完成工程建设是必不可少的费用。

3）分摊进单价。承包商总部管理费、利润和税金，以及开办费中的项目经常以一定的比例分摊进单价。

需要注意的是，开办费项目在单独列项和分摊进单价这两种方式中采用哪一种，要根据招标文件和计算规则的要求而定。有的计算规则包括的开办费项目比较齐全，有的计算规则包括的开办费项目比较少。例如著名的SMM7计算规则的开办费项目就比较齐全，而同样比较有影响的《建筑工程量计算原则（国际通用）》就没有专门的开办费用部分，要求把开办费都分摊进分部分项工程单价中。

（2）分摊比例

1）固定比例。税金和政府收取的各项管理费的比例是工程所在地政府规定的费率，承包商不能随意变动。

2）浮动比率。总部管理费和利润的比率由承包商自行确定。承包商根据自身经营状况、工程具体情况等投标策略确定。一般来讲，这个比例在一定范围内是浮动变化的，不同的工程项目、不同的时间和地点，承包商对总部管理费和利润的预期值都不会相同。

3）测算比例。开办费的比例需要详细的测算，首先计算出需要分摊的项目金额，然后计算分摊金额与分部分项工程价格的比例。

4）公式法。可参考下式分摊：

$$A = a(1 + K_1)(1 + K_2)(1 + K_3)$$

式中 A——分摊后的分部分项工程单价；

a——分摊前的分部分项工程单价；

K_1——开办费项目的分摊比例；

K_2——总部管理费和利润的分摊比例；

K_3——税率。

3.2 建筑安装工程费用计算

3.2.1 直接费计算

1. 直接工程费

直接工程费的计算公式为：

$$直接工程费 = 人工费 + 材料费 + 施工机械使用费$$

（1）人工费

人工费的计算公式为：

$$人工费 = \sum(工日消耗量 \times 日工资单价)$$

$$日工资单价(G) = \sum_{i=1}^{5} G_i$$

1）基本工资。基本工资的计算公式为：

$$基本工资(G_1) = \frac{生产工人平均月工资}{年平均每月法定工作日}$$

2）工资性补贴。工资性补贴的计算公式为：

$$\text{工资性补贴}(G_2)=\frac{\sum \text{年发放标准}}{\text{全年日历日}-\text{法定假日}}+\frac{\sum \text{月发放标准}}{\text{年平均每月法定工作日}}+\text{每工作日发放标准}$$

3）生产工人辅助工资。生产工人辅助工资的计算公式为：

$$\text{生产工人辅助工资}(G_3)=\frac{\text{全年无效工作日}\times(G_1+G_2)}{\text{全年日历日}-\text{法定假日}}$$

4）职工福利费。职工福利费的计算公式为：

$$\text{职工福利费}(G_4)=(G_1+G_2+G_3)\times\text{福利费计提比例}$$

5）生产工人劳动保护费。生产工人劳动保护费的计算公式为：

$$\text{生产工人劳动保护费}(G_5)=\frac{\text{生产工人年平均支出劳动保护费}}{\text{全年日历日}-\text{法定假日}}$$

（2）材料费

材料费的计算公式为：

$$\text{材料费}=\sum(\text{材料消耗量}\times\text{材料基价})+\text{检验试验费}$$

1）材料基价。材料基价的计算公式为：

$$\text{材料基价}=[(\text{供应价格}+\text{运杂费})\times(1+\text{运输损耗率})(\%)]\times(1+\text{采购保管费率})(\%)$$

2）检验试验费。检验试验费的计算公式为：

$$\text{检验试验费}=\sum(\text{单位材料量检验试验费}\times\text{材料消耗量})$$

（3）施工机械使用费

施工机械使用费的计算公式为：

$$\text{施工机械使用费}=\sum(\text{施工机械台班消耗量}\times\text{机械台班单价})$$

机械台班单价：

台班单价 = 台班折旧费 + 台班大修费 + 台班经常修理费 + 台班安拆费及场外运费 + 台班人工费 + 台班燃料动力费 + 台班养路费及车船使用税

2. 措施费

本节只列通用措施费项目的计算方法，各专业工程的专用措施费项目的计算方法由各地区或国务院有关专业主管部门的工程造价管理机构自行制定。

（1）环境保护费

环境保护费的计算公式为：

$$\text{环境保护费}=\text{直接工程费}\times\text{环境保护费费率}$$

$$\text{环境保护费费率}=\frac{\text{本项费用年度平均支出}}{\text{全年建筑安装产值}\times\text{直接工程费占总造价比例}}$$

（2）文明施工费

文明施工费的计算公式为：

$$\text{文明施工费}=\text{直接工程费}\times\text{文明施工费费率}$$

$$\text{文明施工费费率}=\frac{\text{本项费用年度平均支出}}{\text{全年建筑安装产值}\times\text{直接工程费占总造价比例}}$$

（3）安全施工费

安全施工费的计算公式为：

$$安全施工费 = 直接工程费 \times 安全施工费费率$$

$$安全施工费费率 = \frac{本项费用年度平均支出}{全年建筑安装产值 \times 直接工程费占总造价比例}$$

（4）临时设施费

临时设施费有以下三部分组成：①周转使用临建（如：活动房屋）；②一次性使用临建（如：简易建筑）；③其他临时设施（如，临时管线）。

临时设施费计算公式为：

$$临时设施费 = (周转使用临建费 + 一次性使用临建费) \times [(1 + 其他临时设施所占比例)]$$

1）周转使用临建费。周转使用临建费的计算公式为：

$$周转使用临建费 = \sum\left[\frac{临建面积 \times 每平方米造价}{使用年限 \times 365 \times 利用率} \times 工期(天)\right] + 一次性拆除费$$

2）一次性使用临建费。一次性使用临建费的计算公式为：

$$一次性使用临建费 = \sum 临建面积 \times 每平方米造价 \times [1 - 残值率] + 一次性拆除费$$

3）其他临时设施在临时设施费中所占比例，可由各地区造价管理部门依据典型施工企业的成本资料经分析后综合测定。

（5）夜间施工增加费

夜间施工增加费的计算公式为：

$$夜间施工增加费 = \left(1 - \frac{合同工期}{定额工期}\right) \times \frac{直接工程费中的人工费合计}{平均日工资单价} \times 每工日夜间施工费开支$$

（6）二次搬运费

二次搬运费的计算公式为：

$$二次搬运费 = 直接工程费 \times 二次搬运费费率$$

$$二次搬运费费率 = \frac{年平均二次搬运费开支额}{全年建筑安装产值 \times 直接工程费占总造价的比例}$$

（7）大型机械进出场及安拆费

大型机械进出场及安装费的计算公式为：

$$大型机械进出场及安拆费 = \frac{一次进出场及安拆费 \times 年平均安拆次数}{年工作台班}$$

（8）混凝土、钢筋混凝土模板及支架费

混凝土、钢筋、混凝土模板及支架费的计算公式为：

$$模板及支架费 = 模板摊销量 \times 模板价格 + 支、拆、运输费$$

$$摊销量 = 一次使用量 \times (1 + 施工损耗) \times [1 + (周转次数 - 1) \times 补损率 / 周转次数 - (1 - 补损率) \times 50\% / 周转次数]$$

$$租赁费 = 模板使用量 \times 使用日期 \times 租赁价格 + 支、拆、运输费$$

（9）脚手架搭拆费

脚手架搭拆费的计算公式为：

$$脚手架搭拆费 = 脚手架摊销量 \times 脚手架价格 + 搭、拆、运输费$$

$$脚手架摊销量 = \frac{单位一次使用量 \times (1 - 残值率)}{耐用期 / 一次使用期}$$

租赁费 = 脚手架每日租金 × 搭设周期 + 搭、拆、运输费

（10）已完工程及设备保护费

已完工程及设备保护费的计算公式为：

已完工程及设备保护费 = 成品保护所需机械费 + 材料费 + 人工费

（11）施工排水、降水费

施工排水、降水费的计算公式为：

施工排水、降水费 = 排水降水机械台班费 × 排水降水周期 + 排水降水使用材料费、人工费

3.2.2 间接费计算

1. 间接费的计算方法

间接费的计算方法按取费基数的不同分为以下三种：

（1）以直接费为计算基础

间接费 = 直接费合计 × 间接费费率

（2）以人工费和机械费合计为计算基础

间接费 = 人工费和机械费合计 × 间接费费率

（3）以人工费为计算基础

间接费 = 人工费合计 × 间接费费率

间接费费率 = 规费费率 + 企业管理费费率

2. 规费费率

根据本地区典型工程发承包价的分析资料综合取定规费计算中所需数据：每万元发承包价中人工费含量和机械费含量；人工费占直接费的比例；每万元发承包价中所含规费缴纳标准的各项基数。

规费费率的计算公式如下：

（1）以直接费为计算基础

$$规费费率 = \frac{\sum 规费缴纳标准 \times 每万元发承包价计算基数}{每万元发承包价中的人工费含量} \times 人工费占直接费的比例 \times 100\%$$

（2）以人工费和机械费合计为计算基础

$$规费费率 = \frac{\sum 规费缴纳标准 \times 每万元发承包价计算基数}{每万元发承包价中的人工费含量和机械费含量} \times 100\%$$

（3）以人工费为计算基础

$$规费费率 = \frac{\sum 规费缴纳标准 \times 每万元发承包价计算基数}{每万元发承包价中的人工费含量} \times 100\%$$

3. 企业管理费费率

企业管理费费率计算公式如下：

（1）以直接费为计算基础

$$企业管理费费率 = \frac{生产工人年平均管理费}{年有效施工天数 \times 人工单价} \times 人工费占直接费比例 \times 100\%$$

（2）以人工费和机械费合计为计算基础

$$企业管理费费率 = \frac{生产工人年平均管理费}{年有效施工天数 \times (人工单价 + 每一工日机械使用费)} \times 100\%$$

（3）以人工费为计算基础

$$企业管理费费率 = \frac{生产工人年平均管理费}{年有效施工天数 \times 人工单价} \times 100\%$$

3.2.3 利润和税金计算

建筑安装工程费用中的利润及税金是建筑安装企业职工为社会劳动创造的那部分价值在建筑安装工程造价中的体现。

1. 利润

利润是指施工企业完成所承包工程获得的盈利。利润的计算同样因计算基础的不同而不同，其计算公式如下：

（1）以直接费为计算基础

$$利润 = (直接费 + 间接费) \times 利润率$$

（2）以人工费和机械费合计为计算基础

$$利润 = 直接费中的人工费和机械费合计 \times 利润率$$

（3）以人工费为计算基础

$$利润 = 直接费中的人工费合计 \times 利润率$$

2. 税金

建筑安装工程税金是指国家税法规定的应计入建筑安装工程费的营业税，城市维护建筑税及教育费附加等。

（1）营业税

营业税是按营业额乘以营业税税率确定。其中建筑安装企业营业税税率为3%，计算公式为：

$$应纳营业税 = 营业额 \times 3\%$$

营业额是指从事建筑、安装、修缮、装饰及其他工程作业收取的全部收入，还包括建筑、修缮、装饰工程所用的原材料及其他物资和动力的价款。当安装的设备价值作为安装工程产值时，也包括所安装设备的价款。但建筑安装工程总承包方将工程分包或转包给他人的，其营业额中不包括付给分包或转包方的价款。

（2）城市维护建设税

城市维护建设税是为筹集城市维护建设资金，稳定和扩大城市、乡镇维护建设资金的来源，而对有经营收入的单位和个人征收的一种税。

城市维护建设税是按应纳营业税额乘以适应税率确定，计算公式为：

$$应纳税额 = 应纳营业税额 \times 适应税率$$

城市维护建设税的纳税人所在地为市区的，其适用税率为营业税的7%；所在地为县镇的，其适用税率为营业税的5%；所在地为农村的，其适用税率为营业税的1%。

（3）教育费附加

教育费附加是按应纳营业税额乘以3%确定，计算公式为：

$$应纳税额 = 应纳营业税额 \times 3\%$$

建筑安装企业的教育费附加要与其营业税同时交纳。即使办有职工子弟学校的建筑安装企业，也应当先缴纳教育费附加，教育部可根据企业的办学情况，酌情返还给办学单位，作为对办学经费的补助。

（4）税金计算

在税金的实际计算过程中，通常有三种税金一并计算，又由于在计算税金时，往往已知条件是税前造价，因此税金的计算公式可表达为：

$$税金 = （直接费 + 间接费 + 利润）\times 税率$$

综合税率的计算因企业的所在地的不同而不同。具体计算如下：

1）纳税地点在市区的企业：

$$税率 = \left[\frac{1}{1-3\% - (3\% \times 7\%) - (3\% \times 3\%)} - 1\right] \times 100\% = 3.41\%$$

2）纳税地点在县城、镇的企业：

$$税率 = \left[\frac{1}{1-3\% - (3\% \times 5\%) - (3\% \times 3\%)} - 1\right] \times 100\% = 3.35\%$$

3）纳税地点不在市区、县城、镇的企业：

$$税率 = \left[\frac{1}{1-3\% - (3\% \times 1\%) - (3\% \times 3\%)} - 1\right] \times 100\% = 3.22\%$$

3.3　建筑安装工程计价程序

根据建设部第107号部令《建筑工程施工发包与承包计价管理办法》的规定，发包与承包价的计算方法分为工料单价法和综合单价法。

3.3.1　工料单价法计价程序

工料单价法是以分部分项工程量乘以单价后的合计为直接工程费，直接工程费以人工、材料、机械的消耗量及其相应价格确定。直接工程费汇总后另加间接费、利润、税金生成工程发承包价，其计算程序分为以下三种：

1）以直接费为计算基础的计价程序见表3-1所示。

表3-1　以直接费为计算基础的计价程序

序　号	费用项目	计算方法	备　注
1	直接工程费	按预算表	
2	措施费	按规定标准计算	
3	小计	（1）+（2）	
4	间接费	（3）×相应费率	
5	利润	[（3）+（4）]×相应利润率	
6	合计	（3）+（4）+（5）	
7	含税造价	（6）×（1+相应税率）	

2）以人工费和机械费为计算基础的计价程序见表3-2所示。

表3-2 以人工费和机械费为计算基础的计价程序

序号	费用项目	计算方法	备注
1	直接工程费	按预算表	
2	其中人工费和机械费	按预算表	
3	措施费	按规定标准计算	
4	其中人工费和机械费	按规定标准计算	
5	小计	(1)+(3)	
6	人工费和机械费小计	(2)+(4)	
7	间接费	(6)×相应费率	
8	利润	(6)×相应利润率	
9	合计	(5)+(7)+(8)	
10	含税造价	(9)×(1+相应税率)	

3）以人工费为计算基础的计价程序见表3-3所示。

表3-3 以人工费为计算基础的计价程序

序号	费用项目	计算方法	备注
1	直接工程费	按预算表	
2	直接工程费中人工费	按预算表	
3	措施费	按规定标准计算	
4	措施费中人工费	按规定标准计算	
5	小计	(1)+(3)	
6	人工费小计	(2)+(4)	
7	间接费	(6)×相应费率	
8	利润	(6)×相应利润率	
9	合计	(5)+(7)+(8)	
10	含税造价	(9)×(1+相应税率)	

3.3.2 综合单价法计价程序

综合单价法是分部分项工程单价为全费用单价，全费用单价经综合计算后生成，其内容包括直接工程费、间接费、利润和税金（措施费也可按此方法生成全费用价格）。

各分项工程量乘以综合单价的合价汇总后，生成工程发承包价。由于各分部分项工程中的人工、材料、机械含量的比例不同，各分项工程可根据其材料费占人工费、材料费、机械费合计的比例（以字母“C”代表该项比值），在以下三种计算程序中选择一种计算其综合单价。

1）当$C>C_0$（C_0为本地区原费用定额测算所选典型工程材料费占人工费、材料费和机械费合计的比例）时，可采用以人工费、材料费、机械费合计为计算基础，计算该分项的间接费和利润，如表3-4所示。

表 3-4 以直接费为计算基础的计价程序

序　　号	费用项目	计算方法	备　　注
1	分项直接工程费	人工费 + 材料费 + 机械费	
2	间接费	(1) ×相应费率	
3	利润	[(1) + (2)] ×相应利润率	
4	合计	(1) + (2) + (3)	
5	含税造价	(4) × (1 + 相应税率)	

2）当 $C<C_0$ 值的下限时，可采用以人工费和机械费合计为计算基础，计算该分项的间接费和利润，如表 3-5 所示。

表 3-5 以人工费和机械费合计为计算基础的计价程序

序　　号	费用项目	计算方法	备　　注
1	分项直接工程费	人工费 + 材料费 + 机械费	
2	其中人工费和机械费	人工费 + 机械费	
3	间接费	(2) ×相应费率	
4	利润	(2) ×相应利润率	
5	合计	(1) + (3) + (4)	
6	含税造价	(5) × (1 + 相应税率)	

3）如该分项的直接费仅为人工费，无材料费和机械费时，可采用以人工费为计算基础，计算该分项的间接费和利润，如表 3-6 所示。

表 3-6 以人工费为计算基础的计价程序

序　　号	费用项目	计算方法	备　　注
1	分项直接工程费	人工费 + 材料费 + 机械费	
2	直接工程费中人工费	人工费	
3	间接费	(2) ×相应费率	
4	利润	(2) ×相应利润率	
5	合计	(1) + (3) + (4)	
6	含税造价	(5) × (1 + 相应税率)	

小　　结

本章内容主要为建筑安装工程费用的组成、内容、计算方法和计价程序。本章主要分三部分内容介绍建筑安装工程费用的知识。

第一部分主要讲述国家建设部、财政部《建筑安装工程费用项目组成》（建标【2003】206 号文）中规定的建筑安装工程费用的组成及内容，即建筑安装工程费由直接费、间接费、利润和税金组成。第二部分内容主要是在第一部分基础上掌握直接费、间接费、利润和税金的计算方法，掌握规费费率、利润率和税率的计算。第三部分内容讲述根据建设部第

107号部令《建筑工程施工发包与承包计价管理办法》中规定的工料单价法和综合单价法的概念、计价程序。

工料单价法是以分部分项工程量乘以单价后的合计为直接工程费，直接工程费汇总后另加间接费、利润、税金生成工程发承包价，其计算程序分为：以直接费为计算基础、以人工费和机械费为计算基础、以人工费为计算基础的计价程序。

综合单价法是分部分项工程单价为全费用单价，全费用单价经综合计算后生成，其内容包括直接工程费、间接费、利润和税金（措施费也可按此方法生成全费用价格）。综合单价法计价程序为各分项工程量乘以综合单价的合价汇总后，生成工程发承包价。由于各分部分项工程中的人工、材料、机械含量的比例不同，各分项工程可根据其材料费占人工费、材料费、机械费合计的比例（以字母“C”代表该项比值）不同，分为以下三种计算程序：以直接费为计算基础、以人工费和机械费为计算基础、以人工费为计算基础的计价程序。

思 考 题

3-1 建筑安装工程费由哪几部分组成？

3-2 直接费中的措施费由哪几部分组成？

3-3 何谓直接工程费？包括哪些内容？

3-4 间接费中的企业管理费、规费包括哪些内容？

3-5 何谓工料单价法？

3-6 何谓综合单价法？

3-7 单项选择题

（1）按我国现行《建筑安装工程费用项目组成》（建标［2003］206号文）的规定，建筑安装工程费用的组成为（　　）。

A. 直接费、间接费、计划利润、税金　B. 直接工程费、间接费、利润、税金

C. 直接费、规费、间接费、税金　D. 直接费、间接费、利润、税金

（2）在下列费用中，属于建筑安装工程间接费的是（　　）。

A. 施工单位搭设的临时设施费　B. 危险作业意外伤害保险费

C. 劳动保障费　D. 已完工程和设备保护费

（3）在下列费用中，不属于直接费的是（　　）。

A. 施工单位搭设的临时设施费　B. 夜间施工费

C. 技术开发费　D. 二次搬运费

（4）按《建筑安装工程费用项目组成》（建标［2003］206号文）的规定，对建筑材料、构件和建筑安装物进行一般鉴定和检查所发生的费用属于（　　）。

A. 其他直接费　B. 现场经费　C. 研究试验费　D. 直接工程费

（5）下列费用中，属于建筑安装工程直接工程费的是（　　）。

A. 进行建筑材料质量一般性鉴定检查所耗材料费

B. 搭设临时设施所耗材料费

C. 大型施工机械安装及拆卸所发生的费用

D. 脚手架等的摊销费

（6）下列费用中，属于建筑安装工程直接费的是（　　）。

A. 施工单位搭设的临时设施费　B. 现场管理费

C. 施工企业管理费　D. 工程税费

(7) 下列不属于材料费用的是（ ）。

A. 材料原价 B. 材料运杂费 C. 材料采购保管费 D. 材料二次搬运费

(8) 建筑安装工程直接费中的人工费是指（ ）。

A. 施工现场所有人员的工资性费用

B. 施工现场与建筑安装施工直接有关的人员工资性费用

C. 直接从事建筑安装工程施工生产工人开支的各项费用

D. 从事建筑安装工程施工的生产工人及机械操作人员的开支的各项费用

(9) 施工企业大型机械进出场费属于建筑安装工程的（ ）。

A. 措施费 B. 直接工程费 C. 规费 D. 企业管理费

(10) 某工程材料甲消耗量为200t，材料供应价格为1000元/t，运杂费为15元/t，运输损耗率为2%，采购保管费率为1%，材料的检验试验费为30元/t，则该项目材料甲的材料费为（ ）元。

A. 215130.6 B. 200000 C. 209130.6 D. 202950.6

(11) 建筑安装工程施工中生产工人的流动施工津贴属于（ ）。

A. 生产工人辅助工资 B. 工资性补贴 C. 职工福利费 D. 生产工人劳动保护费

(12) 建筑安装工程施工中生产工人的产、婚、丧假期的工资属于（ ）。

A. 工资性补贴 B. 职工福利费 C. 生产工人辅助工资 D. 生产工人劳动保护费

(13) 按《建筑安装工程费用项目组成》（建标［2003］206号文）的规定，在建筑安装工程造价中，安全施工费 =（ ）×安全施工费费率。

A. 人工费 B. 直接工程费 C. 材料费 D. 直接费

(14) 某项目直接费为1200万元，其中直接工程费为800万元，措施费400万元，直接工程费中的人工费为300万元，该施工项目的安全施工费费率为2%，则该施工项目的安全施工费为（ ）万元。

A. 24 B. 16 C. 8 D. 6

(15) 二次搬运费的计费基础是（ ）。

A. 人工费 B. 直接工程费 C. 材料费 D. 人工费 + 材料费

(16) 建筑安装工程费中的规费应属于（ ）。

A. 直接费 B. 直接工程费 C. 间接费 D. 现场管理费

3-8 多项选择题

(1) 下列项目中，属于建筑安装工程费用项目的有（ ）。

A. 直接费 B. 设备购置费 C. 利润 D. 建设期利息 E. 税金

(2) 下列费用中，属于建筑安装工程间接费的有（ ）。

A. 承包商为筹集资金而发生的各项费用支出 B. 承包商工会经费

C. 承包商的劳动保险费 D. 建筑工程一切险的保险费

E. 建设期贷款利息

(3) 下列费用中，不属于建筑安装工程直接工程费的有（ ）。

A. 施工机械大修费 B. 材料二次搬运费

C. 生产工人退休工资 D. 生产职工教育经费

E. 生产工具、用具使用费

(4) 下列费用中能列入建筑安装工程直接工程费中的人工费的有（ ）。

A. 生产工人劳动保护费 B. 生产工人探亲假期的工资

C. 生产工人退休工资 D. 生产工人福利费

E. 生产职工教育经费

(5) 按《建筑安装工程费用项目组成》（建标［2003］206号文）的规定，直接工程费中人工费包括生产工人（ ）的工资。

A. 修建临时设施　　B. 因气候影响停工期间
C. 病假6个月以内　　D. 调动工作期间
E. 休假期间

(6) 按《建筑安装工程费用项目组成》(建际［2003］206号文)的规定，下列各项中属于直接工程费中材料费的有材料的(　　)。
A. 原价　　B. 运杂费　　C. 检验试验费　　D. 二次搬运费
E. 不可避免的运输损耗费

(7) 按《建筑安装工程费用项目组成》(建标［2003］206号文)的规定，下列各项中属于建筑安装工程施工机械使用费的有(　　)。
A. 折旧费　　B. 大修理费
C. 大型机械设备进出场及安拆费　　D. 经常修理费
E. 机械操作人员的工资

(8) 下列费用属于建筑安装工程措施费的有(　　)。
A. 大型机械设备进出场及安拆费　　B. 构成工程实体的材料费
C. 二次搬运费　　D. 施工排水、降水费
E. 施工现场办公费

(9) 建筑安装工程费用项目中，措施费包括11项，下列属于措施费的有(　　)。
A. 文明施工费　　B. 办公费　　C. 职工教育经费　　D. 固定资产使用费
E. 安全施工费

(10) 下列费用属于建筑安装工程措施费的有(　　)。
A. 施工机械使用费　　B. 夜间施工费　　C. 二次搬运费　　D. 施工排水与降水费
E. 大型机械设备进出场及安拆

(11) 下列费用属于建筑安装工程企业管理费的有(　　)。
A. 劳动保险费　　B. 财产保险费　　C. 社会保障费　　D. 住房公积金　　E. 办公费

(12) 下列费用属于建筑安装工程企业管理费中的劳动保险费的有(　　)。
A. 职工退职金　　B. 职工死亡丧葬补助费
C. 职工抚恤金　　D. 法律顾问费
E. 咨询费

(13) 规费是指政府和有关权力部门规定必须缴纳的费用，在政府特别关注农民工问题的大形势下，其中的社会保障费显得特别重要，该费用项目主要包括(　　)。
A. 住房公积金　　B. 养老保险费　　C. 失业保险费　　D. 医疗保险费　　E. 劳动保险费

(14) 建筑安装工程费用项目中企业管理费包括12项，下列项目属于管理费的有(　　)。
A. 文明施工费　　B. 办公费　　C. 职工教育经费　　D. 固定资产使用费
E. 安全施工费

(15) 建筑安装工程费用中，利润的计取基础通常有(　　)。
A. 直接费+间接费　　B. 直接工程费+间接费
C. 人工费　　D. 人工费+材料+设备价值
E. 人工费+施工机械使用费

(16) 计算施工机械使用费需要确定机械台班单价，机械台班单价的确定需要(　)等几项内容。
A. 台班折旧费、大修费、台班经常修理费　　B. 全年有效工作日
C. 台班安拆费及场外运费　　D. 台班人工费、台班燃料动力费
E. 台班养路费及车船使用税

(17) 下列属于建筑安装工程措施费的有(　　)。

A. 安全施工费　　B. 工具、用具使用费
C. 混凝土、钢筋混凝土模板及支架费用　　D. 脚手架费用
E. 工程排污费

（18）税金是指国家税法规定的，应计入建筑安装工程造价内的营业税、城市维护建设税及教育费附加等。关于税金的正确叙述有（　　）。

A. 营业税的税额为营业额的3%
B. 城乡维护建设税的纳税人所在地为市区的，按营业税的5%征收
C. 城乡维护建设税的纳税人所在地为县镇的，按营业税的5%征收
D. 城乡维护建设税的纳税人所在地为农村的，按营业税的3%征收
E. 教育费附加为营业税的3%

第4章　建筑工程计量

学习目标

通过本章的学习，掌握《建筑工程建筑面积计算规范》（GB/T 50353—2005）计算规则，并能熟练应用于工程实践。掌握主体结构工程（土石方工程、桩与地基基础工程、砌筑工程、混凝土和钢筋混凝土工程、构件运输及安装工程、屋面及防水工程、金属结构工程等）的计算规则及其在工程实践中的应用。熟悉并掌握装饰装修工程（楼地面抹灰，墙柱面抹灰，天棚抹灰，喷涂、油漆、裱糊工程等）的计算规则及其具体应用。掌握其他工程（模板工程，脚手架工程，排水降水工程，建筑工程垂直运输，建筑物超高增加人工、机械等）的计算规则并能在实际工程中灵活应用。

4.1　建筑面积

建筑面积是建筑物外墙勒脚以上各层结构外围水平面积之和。结构外围是指不包括外墙装饰抹灰层的厚度，因此建筑面积应按施工图样尺寸计算，而不能在现场量取。

建筑面积的组成是：

建筑面积 = 有效面积 + 结构面积

其中，有效面积为具有生产和生活使用效益的面积；结构面积为承重构件所占的面积，如墙、柱所占的面积。

建筑面积是以平方米反映房屋建筑建设规模的实物量指标，广泛用于基本建设计算、统计、设计、施工和预算等方面。建筑面积常用以反映工程技术经济指标，如平方米造价指标、平方米工料耗用指标等，是分析评价工程经济效果的重要依据，建筑面积也作为定额计价计算工程量的基数。建设部于2005年4月以国家标准的形式发布了《建筑工程建筑面积计算规范》（GB/T 50353—2005）。

4.1.1　计算规则

1）单层建筑物的建筑面积应按其外墙勒脚以上结构外围水平面积计算。建筑物高度在2.20m及以上者应计算全面积；高度不足2.20m者应计算1/2面积。

外墙勒脚是指建筑物的外墙与室外地面或散水接触部位墙体的加厚部分，如图4-1所示。单层建筑物的高度指室内地面标高至屋面板板面结构标高之间的垂直距离。遇有以屋面板找坡的平屋顶单层建筑物，其高度指室内地面标高至屋面板最低处板面结构标高之间的垂直距离。

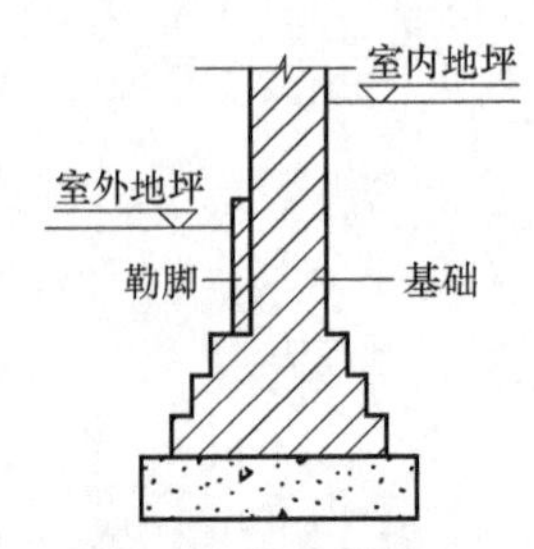

图4-1　外墙勒脚

利用坡屋顶内空间时，顶板下表面至楼面的净高超过2.10m的部位应计算全面积；净高在1.20～2.10m的部位应计算1/2面积；净高不足1.20m的部位不应计算面积。

净高指楼面或地面至上部楼板底或吊顶底面之间的垂直距离。

2）单层建筑物内设有局部楼层者，局部楼层的二层及以上楼层，有围护结构的应按其围护结构外围水平面积计算，无围护结构的应按其结构底板水平面积计算。层高在2.20m及以上者应计算全面积；层高不足2.20m者应计算1/2面积，如图4-2所示。

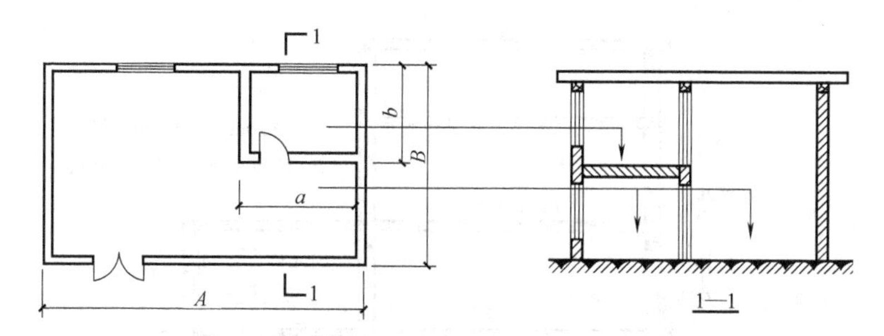

图4-2 单层建筑物内设有局部楼层者示意图

围护结构是指围合建筑空间四周的墙体、门、窗等。

3）多层建筑物首层应按其外墙勒脚以上结构外围水平面积计算；二层及以上楼层应按其外墙结构外围水平面积计算。层高在2.20m及以上者应计算全面积；层高不足2.20m者应计算1/2面积。

多层建筑物的建筑面积应按不同的层高分别计算。层高是指上下两层楼面结构标高之间地面之间的垂直距离。建筑物最底层的层高，有基础底板的指基础底板上表面结构至上层楼面的结构标高之间的垂直距离；没有基础底板的指地面标高至上层楼面结构标高之间的垂直距离。最上一层的层高是指楼面结构标高至屋面板板面结构标高之间的垂直距离，遇有以屋面板找坡的屋面，层高指楼面结构标高至屋面板最低处板面结构标高之间的垂直距离。

4）多层建筑坡屋顶内和场馆看台下，当设计加以利用时净高超过2.10m的部位应计算全面积；净高在1.20～2.10m的部位应计算1/2面积；当设计不利用或室内净高不足1.20m时不应计算面积，如图4-3、图4-4所示。

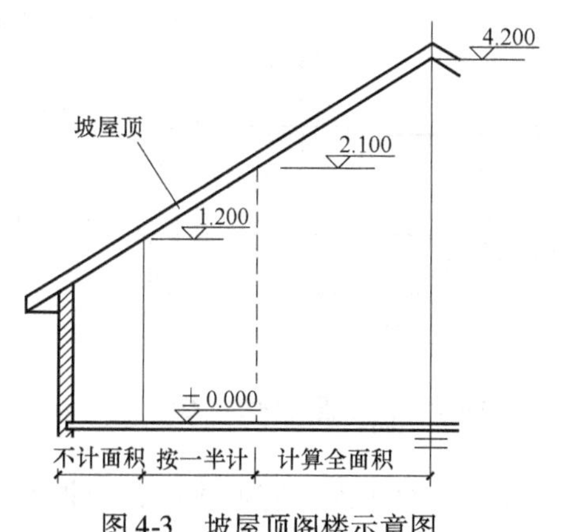

图4-3 坡屋顶阁楼示意图

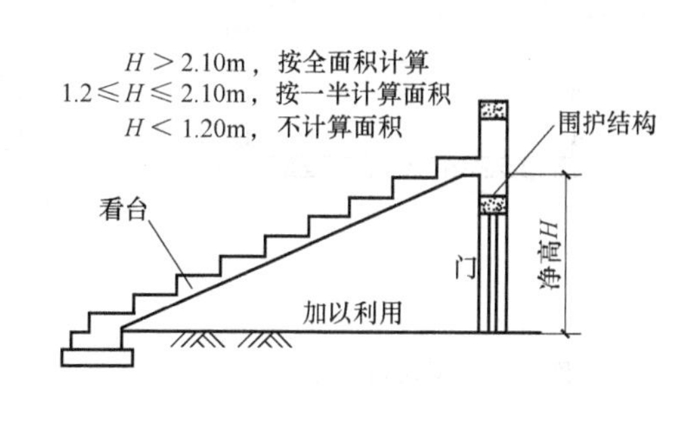

图4-4 看台示意图

5）地下室、半地下室（车间、商店、车站、车库、仓库等）包括相应的有永久性顶盖的出入口，应按其外墙上口（不包括采光井、外墙防潮层及其保护墙）外边线所围水平面积计算。层高在 2. 20m 及以上者应计算全面积；层高不足 2. 20m 者应计算 1/2 面积，如图 4-5所示。

房间地平面低于室外地平面的高度超过该房间净高的 1/2 者为地下室；房间地平面低于室外地平面的高度超过该房间净高的 1/3，且不超过 1/2 者为半地下室。永久性顶盖是指经规划批准设计的永久使用的顶盖。

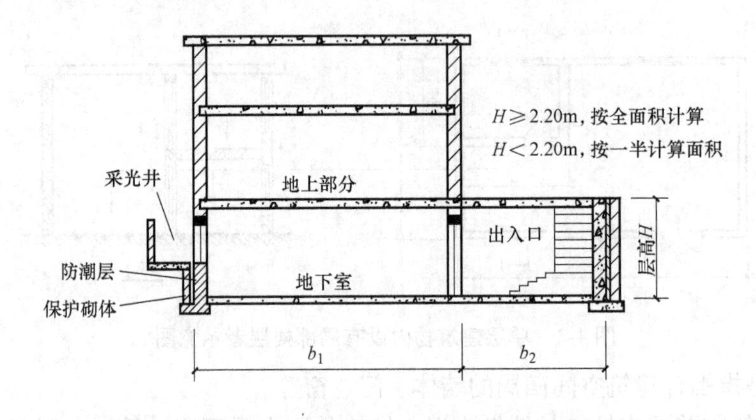

图 4-5 地下室示意图

6）坡地的建筑物吊脚架空层、深基础架空层，设计加以利用并有围护结构的，层高在 2. 20m 及以上的部位应计算全面积；层高不足 2. 20m 的部位应计算 1/2 面积。设计加以利用、无围护结构的建筑吊脚架空层，应按其利用部位水平面积的 1/2 计算；设计不利用的深基础架空层、坡地吊脚架空层、多层建筑物坡屋顶内、场馆看台下的空间不应计算面积。架空层是指建筑物深基础或坡地建筑吊脚架空部位不回填土石方形成的建筑空间，如图 4-6 和图 4-7 所示。

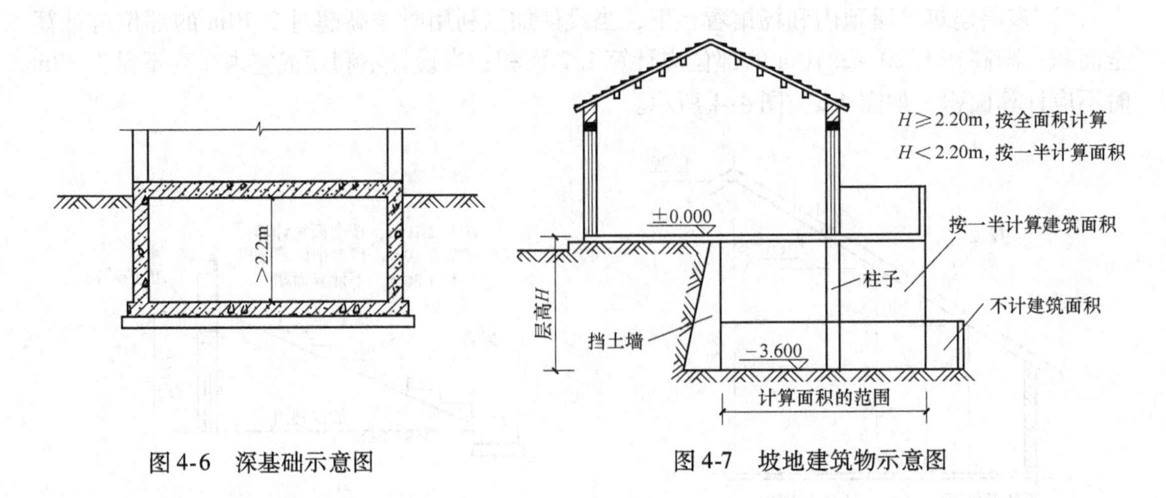

图 4-6 深基础示意图

图 4-7 坡地建筑物示意图

7）建筑物的门厅、大厅按一层计算建筑面积。门厅、大厅内设有回廊时，应按其结构底板水平面积计算。层高在 2. 20m 及以上的部位应计算全面积；层高不足 2. 20m 者应计算 1/2 面积。回廊是指在建筑物门厅、大厅内设置在二层或二层以上的回形走廊，如图 4-8 所示。

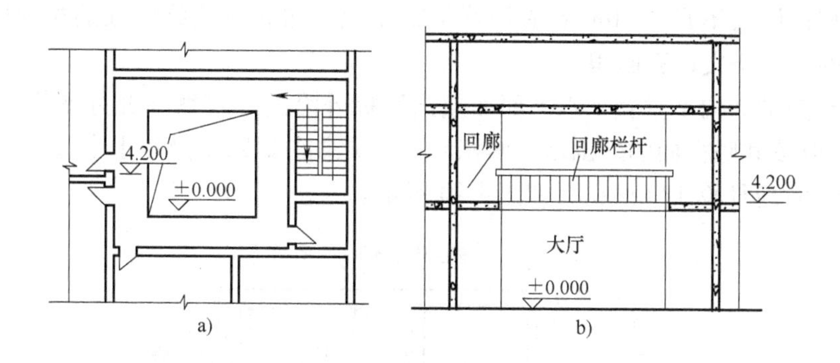

图4-8　大厅回廊示意图

a）平面图　b）剖面图

8）建筑物间有围护结构的架空走廊，应按其围护结构外围水平面积计算。层高在2.20m及以上者应计算全面积；层高不足2.20m者应计算1/2面积。有永久性顶盖无围护结构的应按其结构底板水平面积的1/2计算。架空走廊是指建筑物与建筑物之间，在二层或二层以上专门为水平交通设置的走廊。

9）立体书库、立体仓库、立体车库，无结构层的应按一层计算，有结构层的应按其结构层面积分别计算。层高在2.20m及以上者应计算全面积；层高不足2.20m者应计算1/2面积。

10）有围护结构的舞台灯光控制室，应按其围护结构外围水平面积。层高在2.20m及以上者应计算全面积；层高不足2.20m者应计算1/2面积。

11）建筑物外有围护结构的落地橱窗、门斗、挑廊、走廊、檐廊，按其围护结构外围水平面积计算。层高在2.20m及以上者应计算全面积；层高不足2.20m者应计算1/2面积。有永久性顶盖无围护结构的应按其结构底板水平面积的1/2计算，如图4-9所示。

走廊是建筑物的水平交通空间；挑廊是挑出建筑物外墙的水平交通空间；檐廊是设置在建筑物底层出檐下的水平交通空间；门斗是指在建筑物出入口设置的起分隔、挡风、御寒等作用的建筑过渡空间。

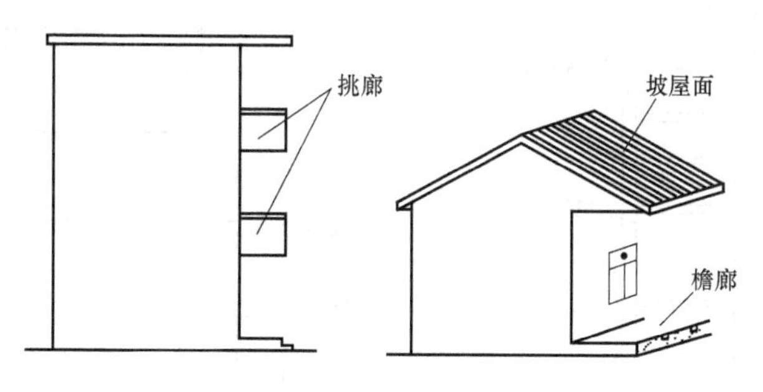

图4-9　挑廊、檐廊示意图

12）有永久性顶盖无围护结构的场馆看台应按其顶盖水平投影面积的1/2计算。本条所称“场馆”实质上是指“场”（如足球场、网球场等）看台上有永久性顶盖部分。“馆”应是有永久性顶盖和围护结构的，应按单层或多层建筑相关规定计算面积。

13）建筑物顶部有围护结构的楼梯间、水箱间、电梯机房等，层高在2.20m及以上者应计算全面积；层高不足 2. 20m 者应计算 1/2 面积。如遇建筑物屋顶的楼梯间是坡屋顶，应按坡屋顶的相关条文计算面积。

14）设有围护结构不垂直于水平面而超出底板外沿的建筑物（此处是指向建筑物外倾斜的墙体），应按其底板面的外围水平面积计算。层高在 2. 20m 及以上者应计算全面积；层高不足 2. 20m 者应计算 1/2 面积，如图 4-10 所示。

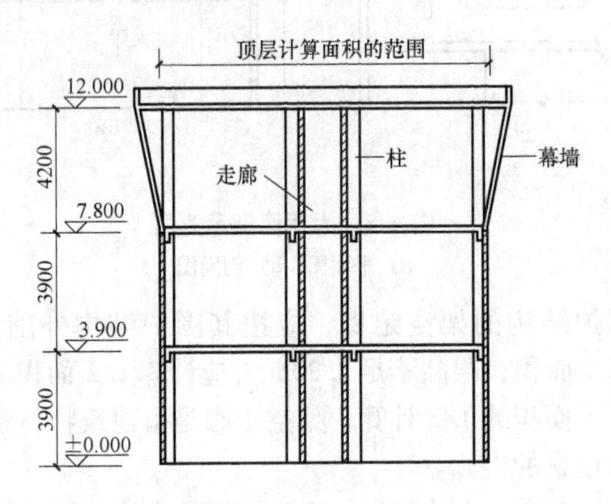

图 4-10 斜墙建筑物示意图

若遇有向建筑物内倾斜的墙体，应视为坡屋顶，按坡屋顶有关条文计算面积。

15）建筑物内的室内楼梯间、电梯井、观光电梯井、提物井、管道井、通风排气竖井、垃圾道、附墙烟囱应按所依附的建筑物的自然层计算，并入建筑物面积内，如图 4-11 所示。

自然层是指按楼板、地板结构分层的楼层。

如遇跃层建筑，其共用的室内楼梯应按自然层计算面积；上下两错层户室共用的室内楼梯，应选上一层的自然层计算面积。

16）雨篷结构的外边线至外墙结构外边线的宽度超过 2. 10m 者，不论有柱雨篷或无柱雨篷，均应按雨篷结构板的水平投影面积的 1/2 计算，如图 4-12 所示。

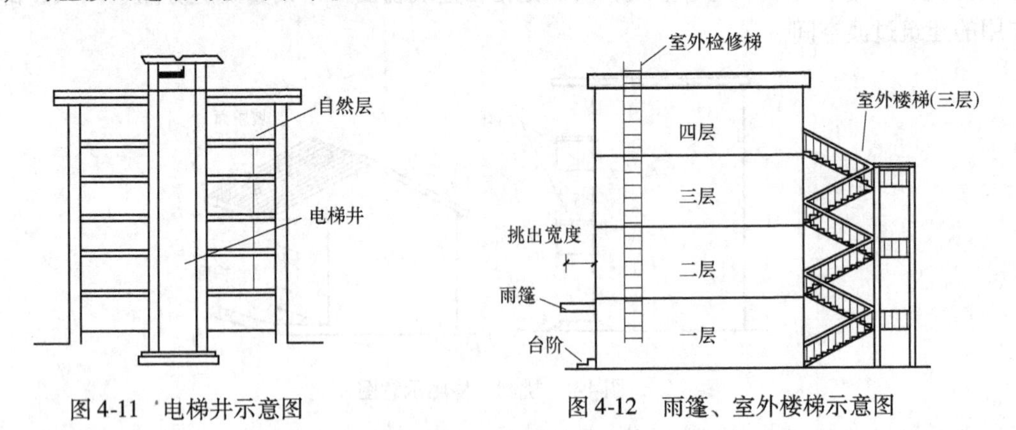

图 4-11 电梯井示意图　　图 4-12 雨篷、室外楼梯示意图

雨篷是指设置在建筑物进出口上部的遮雨、遮阳篷。

17）有永久性顶盖的室外楼梯，应按建筑物自然层的水平投影面积的 1/2 计算。室外楼梯，最上层楼梯无永久性顶盖，或不能完全遮盖楼梯的雨篷，上层楼梯不计算面积，上层楼梯可视为下层楼梯的永久性顶盖，下层楼梯应计算面积，如图4-12所示。

18）建筑物的阳台，不论是凹阳台、挑阳台、封闭阳台、不封闭阳台，均应按其水平投影面积的1/2计算。阳台属于供使用者进行活动和晾晒衣物的建筑空间，如图4-13所示。

19）有永久性顶盖无围护结构的车棚、货棚、站台、加油站、收费站等，不论有柱、无柱，均按其顶盖水平投影面积的1/2计算。车棚、货棚、站台、加油站、收费站内设有有围护结构的管理室、休息室等，另按相关条款计算面积，如图4-14所示。

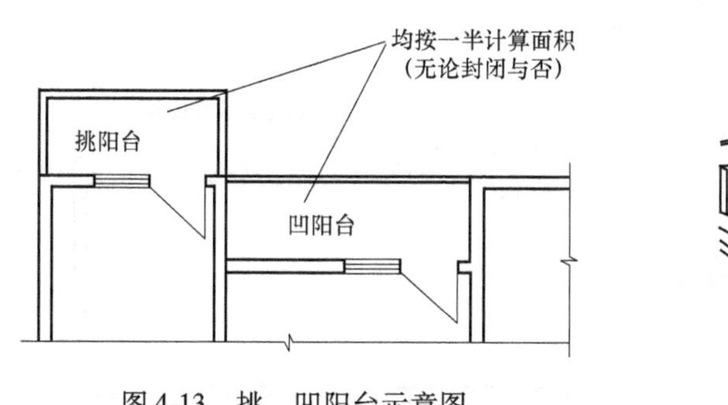

图4-13 挑、凹阳台示意图

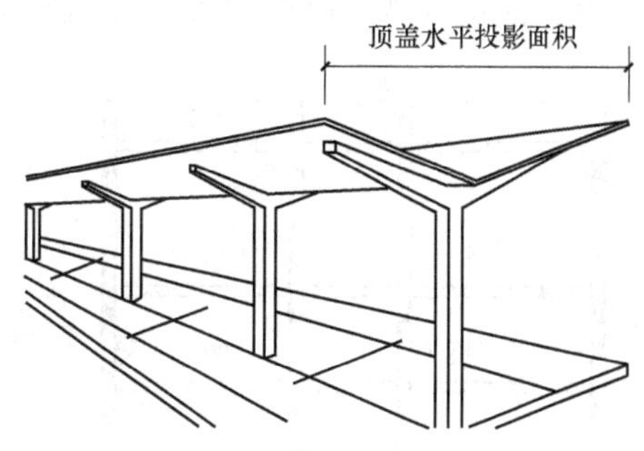

图4-14 站台示意图

20）高低联跨的建筑物，应以高跨结构外边线为界分别计算建筑面积；其高低跨内部连通时，其变形缝应计算在低跨面积内，如图4-15所示。

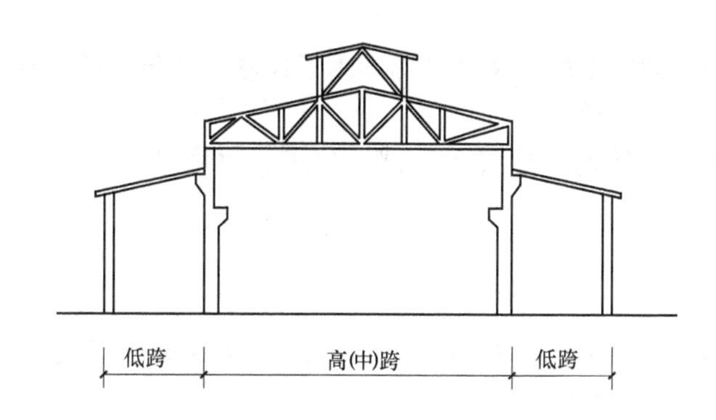

图4-15 高低联跨的建筑物示意图

21）以幕墙作为围护结构的建筑物，应按幕墙外边线计算建筑面积。幕墙是指直接作为外墙起围护作用的围护结构。

22）建筑物外墙外侧有保温隔热层的，应按保温隔热层外边线计算建筑面积。

23）建筑物内的变形缝，应按其自然层合并在建筑物面积内计算。

变形缝是伸缩缝（温度缝）、沉降缝和抗震缝的总称。规范所指建筑物内的变形缝是与建筑物相连通的变形缝，即暴露在建筑物内，在建筑物内可以看得见的变形缝。

24）不计算建筑面积的范围：

① 建筑物通道（包括骑楼、过街楼的底层）。建筑物通道是指为道路穿过建筑物而设置的建筑空间；骑楼是指楼层部分跨在人行道上的临街楼房；过街楼是指有道路穿过建筑空间的楼房。

② 建筑物内的设备管道夹层，如图4-16所示。

③ 建筑物内分隔的单层房间，舞台及后台悬挂幕布、布景的天桥、挑台等。

④ 屋顶水箱、花架、凉棚、露台、露天游泳池。

⑤ 建筑物内的操作平台、上料平台、安装箱和罐体的平台。

⑥ 勒脚、附墙柱、垛、台阶、墙面抹灰、装饰面、镶贴块料面层、设置在建筑物墙体外起装饰作用的装饰性幕墙、空调室外机搁板（箱）、飘窗、构件、配件、宽度在 2.10m 及以内的雨篷以及与建筑物内不相连通的装饰性阳台、挑廊，如图 4-17 所示。飘窗是指为房间采光和美化造型而设置的突出外墙的窗。

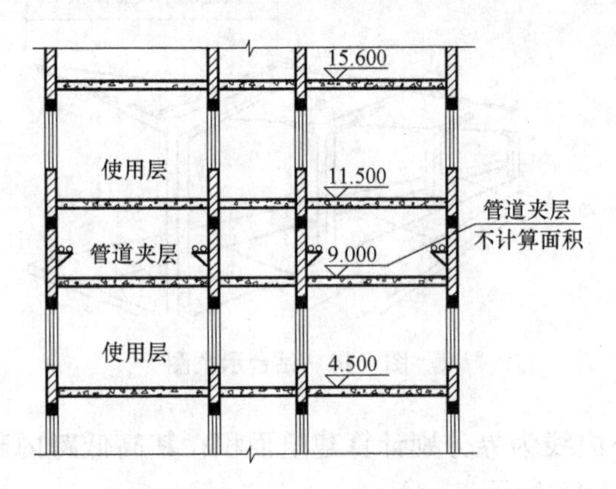

图 4-16 设备管道夹层示意图

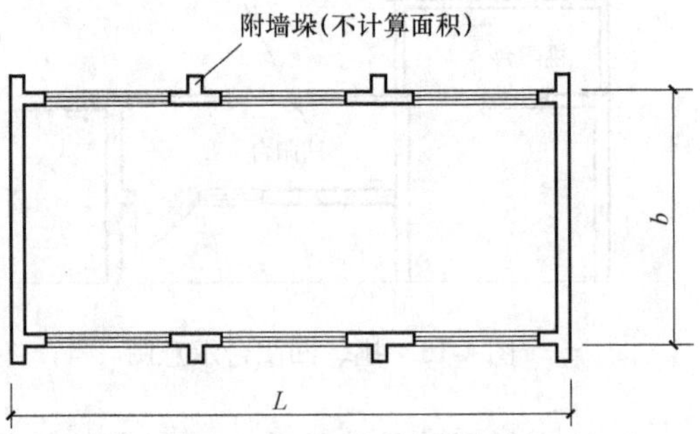

附墙垛(不计算面积)

图 4-17 外墙垛示意图

⑦ 无永久性顶盖的架空走廊，室外楼梯和用于检修、消防等的室外钢楼梯、爬梯。

⑧ 自动扶梯、自动人行道。

⑨ 独立烟囱、烟道、地沟、油（水）罐、气柜、水塔、贮油（水）池、贮仓、栈桥、地下人防通道、地铁隧道。

4.1.2 典型例题

【**例 4-1**】计算图 4-2 所示单层建筑物内设有局部楼层者建筑的建筑面积。

【**解**】建筑面积 $S = (AB + ab)\ \mathrm{m}^2$

【**例 4-2**】计算图 4-18 所示地下室的建筑面积。

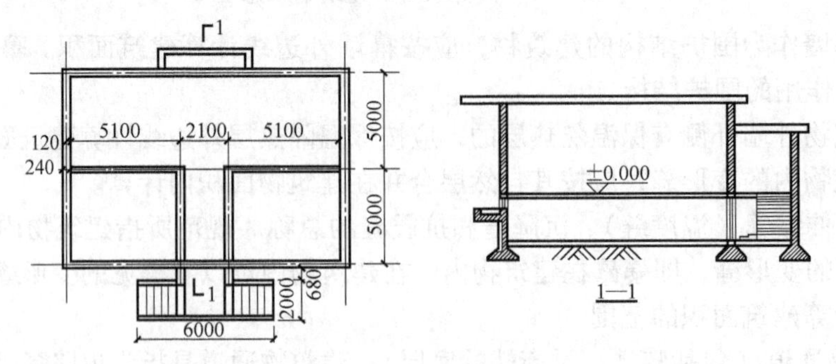

图 4-18

【**解**】地下室 $S_1 = (5.1 \times 2 + 2.1 + 0.12 \times 2)\mathrm{m} \times (5 \times 2 + 0.12 \times 2)\mathrm{m} = 128.41\mathrm{m}^2$

出入口 $S_2 = 6\mathrm{m} \times 2\mathrm{m} + 0.68\mathrm{m} \times (2.1 + 0.12 \times 2)\mathrm{m} = 13.59\mathrm{m}^2$

总建筑面积 $S = S_1 + S_2$

$= 128.41\text{m}^2 + 13.59\text{m}^2$

$= 142.00\text{m}^2$

4.2　土石方工程

4.2.1　计算规则

1）土石方工程量计算一般规则：

土方体积均以挖掘前的天然密实体积为准计算。如遇有必须以天然密实体积折算时，可按表4-1所列数值换算。

表4-1　土方体积折算表

虚方体积	天然密实度体积	夯实后体积	松填体积
1.00	0.77	0.67	0.83
1.30	1.00	0.87	1.08
1.50	1.15	1.00	1.25
1.20	0.92	0.80	1.00

挖土一律以设计室外地坪标高为准计算。

2）平整场地和碾压工程量计算：

① 人工平整场地是指建筑场地挖、填土方厚度在±30cm以内及找平。挖、填土方厚度超过±30cm时，按场地土方平衡竖向布置图另行计算。平整场地示意图如图4-19所示。

② 平整场地工程量按建筑物外墙外边线每边各加2m，以平方米为单位计算，如图4-20所示。

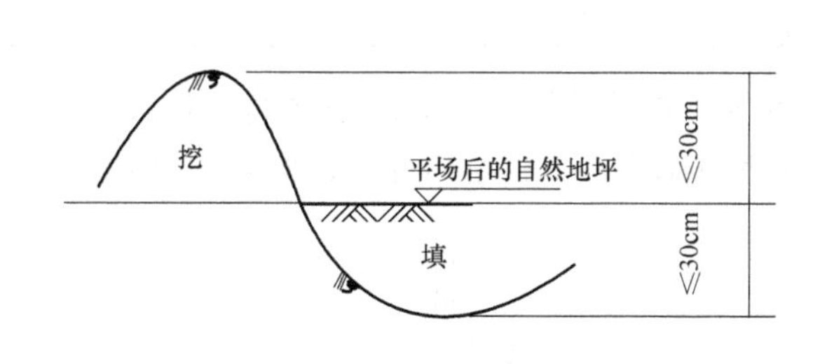

图4-19　平整场地示意图

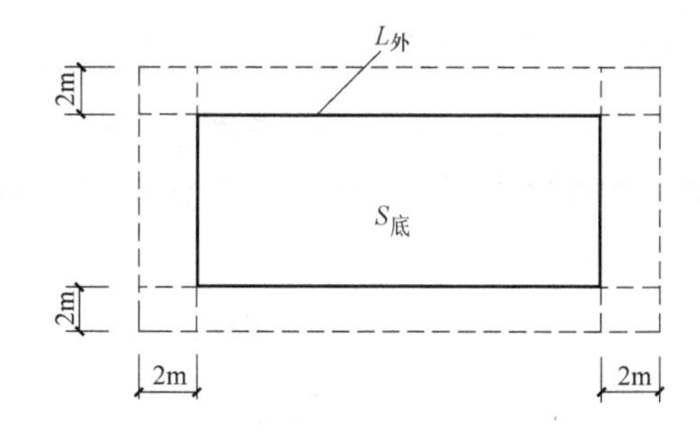

图4-20　平整场地计算公式示意图

$$S_{平} = S_{底} + L_{外} \times 2 + 16$$

式中　$S_{平}$——平整场地工程量；

$S_{底}$——底层建筑面积；

$L_{外}$——底层外墙外边线长度。

③ 建筑物场地原土碾压以平方米为单位计算，填土碾压按图示填土厚度以立方米为单

位计算。

3）挖沟槽、基坑土方工程量计算：

① 沟槽、基坑的划分。

凡图示沟槽底宽在3m以内，且沟槽长大于槽宽3倍以上的，为沟槽。

凡图示基坑底面积在$20m^2$以内的为基坑。

凡图示沟槽底宽3m以上，坑底面积$20m^2$以外，平整场地挖土方厚度在30cm以外，均按挖土方计算。

② 计算挖沟槽、基坑、土方工程量需放坡时，放坡系数按表4-2规定计算。

表4-2 放坡系数表

土壤类别	放坡起点/m	人工挖土	机械挖土	
			在坑内作业	在坑上作业
一、二类土	1.20	1:0.5	1:0.33	1:0.75
三类土	1.50	1:0.33	1:0.25	1:0.67
四类土	2.00	1:0.25	1:0.10	1:0.33

注：1. 沟槽、基坑中土壤类别不同时，分别按其放坡起点、放坡系数，依不同土壤厚度加权平均计算。
2. 计算放坡时，在交接处的重复工程量不予加除，原槽、坑作基础垫层时，放坡自垫层上表面开始计算。

③ 挖沟槽、基坑需支挡土板时，其宽度按图示沟槽、基坑底宽，单面加10cm，双面加20cm计算。挡土板面积按槽、坑垂直支撑面积计算，支挡土板后，不得再计算放坡。

④ 基础施工所需工作面，按表4-3规定计算。

表4-3 基础施工所需工作面宽度计算表

基础材料	每边各增加工作面宽度/mm	基础材料	每边各增加工作面宽度/mm
砖基础	200	混凝土基础支模板	300
浆砌毛石、条石基础	150	基础垂直面做防潮层	800（防水面层）
混凝土基础垫层支模板	300		

⑤ 挖沟槽长度，外墙按图示中心线长度计算；内墙按图示基础底面之间净长线长度计算；内外突出部分（垛、附墙烟囱等）体积并入沟槽土方工程量内计算，如图4-21所示。

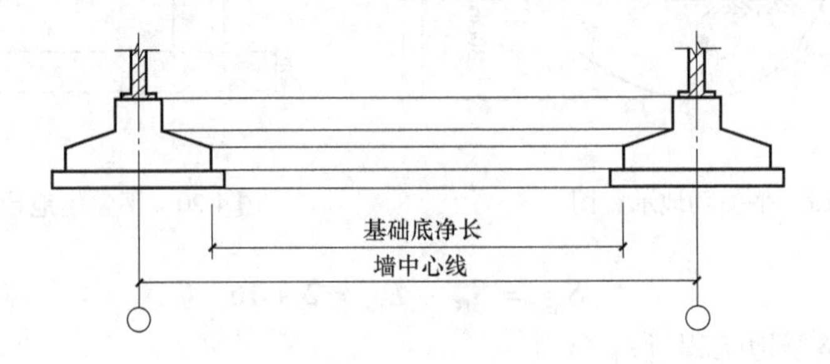

图4-21 基础底净长示意图

⑥ 人工挖土方深度超过1.5m时，按表4-4中的规定增加工日。

表4-4　人工挖土方超深增加工作日（每100m³）

深2m以内	深4m以内	深6m以内
5.55工日	17.60工日	26.16工日

⑦ 挖管道沟槽按图示中心线长度计算。沟底宽度，设计有规定的，按设计规定尺寸计算；设计无规定的，可按表4-5规定宽度计算。

表4-5　管道沟槽沟底宽度计算表　（单位：m）

管径/mm	铸铁管、钢管、石棉水泥管	混凝土、钢筋混凝土、预应力混凝土管	陶土管
50～70	0.60	0.80	0.70
100～200	0.70	0.90	0.80
250～350	0.80	1.00	0.90
400～450	1.00	1.30	1.10
500～600	1.30	1.50	1.40
700～800	1.60	1.80	—
900～1000	1.80	2.00	—
1100～1200	2.00	2.30	—
1300～1400	2.20	2.60	—

注：1. 按上表计算管道沟槽土方工程量时，各种井类及管道（不含铸铁给排水管）接口等处需加宽增加的土方量不另行计算，底面积大于20m² 的井类，其增加工程量并入管沟土方内计算。

2. 敷设铸铁给排水管道时其接口等处土方增加量，可按铸铁给排水管道地沟土方量的2.5%计算。

⑧ 沟槽、基坑深度，按图示槽、坑底面至设计室外地坪深度计算；管道地沟按图示沟底至室外地坪深度计算。

⑨ 有工作面和有（无）放坡的地槽、地坑挖土方体积按计算：

地槽挖土工程量计算，如图4-22所示。

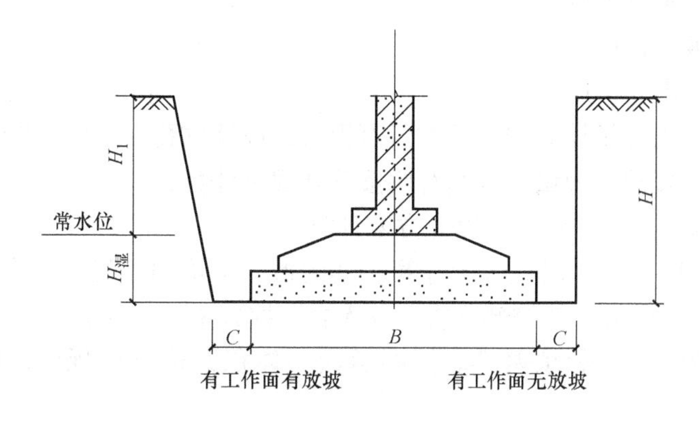

图4-22　地槽挖土工程量计算示意图

地槽：

$$V = (B + KH + 2C)HL$$

式中 V——挖土体积（m^3）；

K——放坡系数（无放坡时，$K=0$）；

B——槽坑底宽度（m）；

C——工作面宽度（m）；

H——槽深度（m）；

L——槽底长度（m）。

地坑挖土工程量计算，如图 4-23 所示。

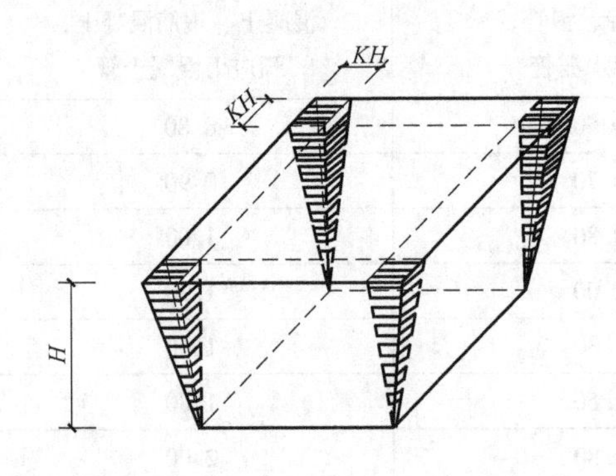

图 4-23 地坑挖土工程量计算示意图

地坑：

$$(方形)\ V=(B+KH+2C)(L+KH+2C)H+K^2H^3/3$$

$$(圆形)\ V=P\times H/3[(R+C)^2+(R+C)(R+C+KH)+(R+C+KH)^2]$$

式中 V——挖土体积（m^3）；

K——放坡系数（无放坡时，$K=0$）；

B——坑底宽度（m）；

C——工作面宽度（m）；

R——坑底半径（m）；

H——坑深度（m）；

L——坑底长度（m）。

4）人工挖孔桩土方量计算按图示桩断面积乘以设计桩孔中心线深度计算。

5）岩石开凿及爆破工程量，区别石质按下列规定计算：

① 人工开凿岩石，按图示尺寸以立方米计算。

② 爆破岩石按图示尺寸以立方米计算。其沟槽、基坑的深度、宽度允许超挖量：次坚石 200mm，特坚石 150mm。超挖部分岩石并入岩石挖方量之内计算。

6）回填土分为夯填、松填两类。按图示回填体积并依下列规定，以立方米为单位计算。

① 沟槽、基坑回填土，沟槽、基坑回填体积以挖方体积减去设计室外地坪以下埋设砌筑物（包括基础垫层、基础等）体积计算，如图 4-24 所示。

② 管道沟槽回填，以挖方体积减去管径所占体积计算。管径在 500mm 以下的不扣除管道所占体积；管径超过 500mm 以上时按表 4-6 规定扣除所占体积计算。

表 4-6 管道扣除土方体积表 （单位：m^3）

管道名称	管道直径/mm					
	501 ~ 600	601 ~ 800	801 ~ 1000	1001 ~ 1200	1201 ~ 1400	1401 ~ 1600
钢管	0.21	0.44	0.71	—	—	—
铸铁管	0.24	0.49	0.77	—	—	—
混凝土管	0.33	0.60	0.92	1.15	1.35	1.55

③ 房心回填土，按主墙之间的面积乘以回填土厚度计算，如图 4-24 所示。

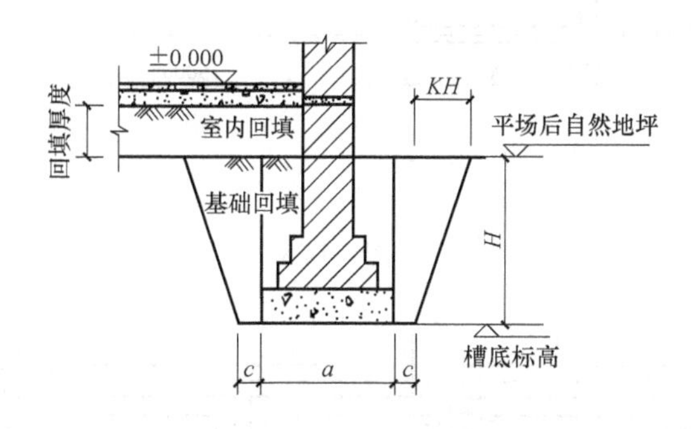

图 4-24 回填土计算示意图

④ 余土或取土工程量，可按下式计算：

余土外运体积 = 挖土总体积 - 回填土总体积

式中计算结果为正值时为余土外运体积，负值时为需取土体积。

7）土方运距按下列规定计算：

① 推土机推土运距：按挖方区重心至回填区重心之间的直线距离计算。

② 铲运机运土运距：按挖方区重心至卸土区重心加转向距离 45m 计算。

③ 自卸汽车运土运距：按挖方区重心至填土区（或堆方地点）重心的最短距离计算。

8）地基强夯按设计图示强夯面积，区分夯击能量，夯击遍数。强夯面积以平方米为单位计算。

4.2.2 典型例题

【例 4-3】 如图 4-25 所示，求该工程的平整场地的工程量，图中单位为 mm。

【解】 平整场地工程量 = (21.24 + 4.0)m × (8.24 + 4.0)m + 4m × (6.24 + 4.0)m
= 349.90m^2

【例 4-4】 某房屋基础平面图和剖面图如图 4-26 所示。已知土类为三类土，人力开挖，地下常水位标高 -1.20m；基坑回填后余土弃运 6km。已知垫层为 C10 素混凝土垫层，J—1 剖面图基础、1—1（2—2）剖面图基础均采用 C30 混凝土，砖基础为 M5.0 水泥砂浆砌筑烧结普通砖基础。设计室外地坪标高为 -0.45m。计算基础挖土方工程量。

【解】 本工程基础槽坑开挖的基础类型有 1—1 剖面图所示、2—2 剖面图所示和 J—1 剖面图所示三种，应分别列项。

挖土深度：

1.8m - 0.45m = 1.35m < 1.50m，不需要放坡。

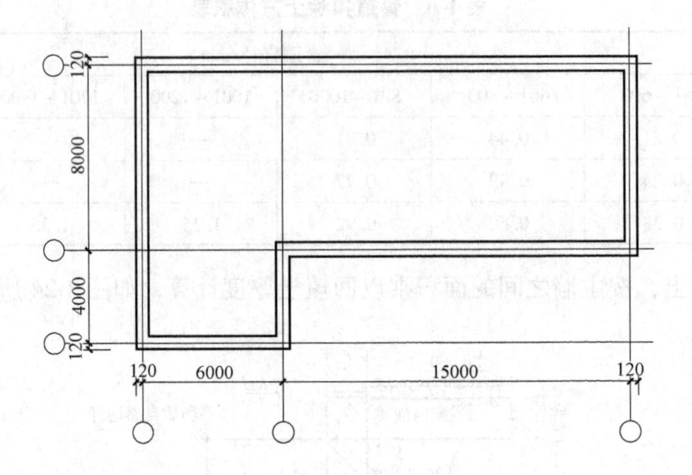

图 4-25

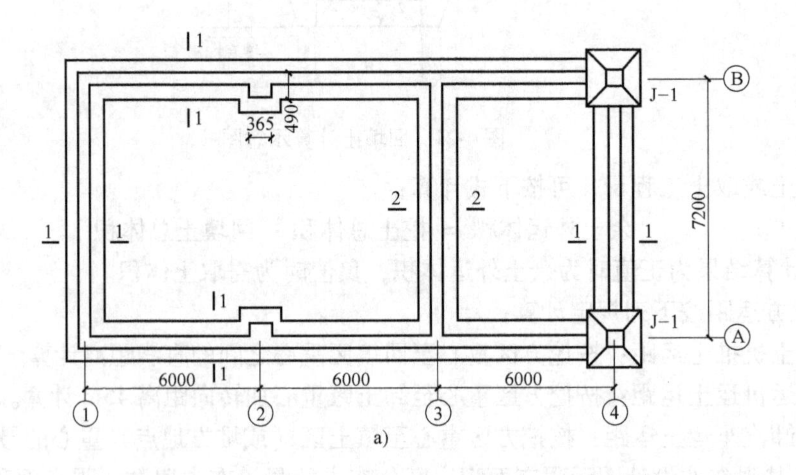

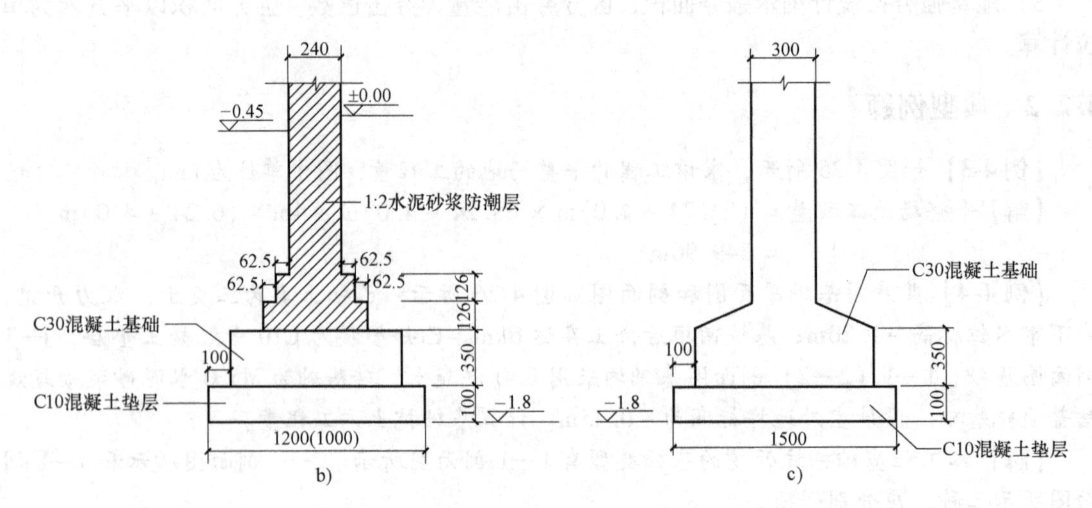

图 4-26

a）基础平面图 b）1—1（2—2）剖面图 c）J—1 剖面图

混凝土垫层工作面

$C=0.3\text{m}$

其中

$H_{湿}=1.8\text{m}-1.2\text{m}=0.6\text{m}$

1—1 剖面：

$$L_{1-1}=\left[6.00\times3+7.20+\frac{(0.49-0.24)\times0.365}{0.24}-(1.5-0.1\times2)\right]\text{m}\times2$$
$$=[25.2+0.38-1.3]\text{m}\times2$$
$$=48.56\text{m}$$

$$V_{1-1总}=48.56\text{m}\times(1.20+0.3\times2)\text{m}\times1.35\text{m}$$
$$=118.00\text{m}^3$$

其中：

$$V_{1-1湿}=48.56\text{m}\times(1.20+0.3\times2)\text{m}\times0.6\text{m}$$
$$=52.45\text{m}^3$$

2—2 剖面：

$$L_{2-2}=7.20\text{m}-(1.20-0.1\times2)\text{m}=6.20\text{m}$$

$$V_{2-2总}=6.20\text{m}\times(1.00+0.3\times2)\text{m}\times1.35\text{m}$$
$$=13.39\text{m}^3$$

其中：

$$V_{2-2湿}=6.20\text{m}\times(1.00+0.3\times2)\text{m}\times0.60\text{m}$$
$$=5.95\text{m}^3$$

J—1 剖面：

$$V_{J-1总}=(1.5+0.3\times2)^2\text{m}^2\times1.35\text{m}\times2$$
$$=5.954\text{m}^3\times2$$
$$=11.91\text{m}^3$$

其中：

$$V_{J-1湿}=(1.5+0.3\times2)^2\text{m}^2\times0.60\text{m}\times2$$
$$=2.646\text{m}^3\times2$$
$$=5.29\text{m}^3$$

合计：

挖槽：

$$V_{总}=118.00\text{m}^3+13.39\text{m}^3=131.39\text{m}^3$$

其中

$$V_{总湿}=52.45\text{m}^3+5.95\text{m}^3=58.40\text{m}^3$$

$$V_{总干}=131.39\text{m}^3-58.40\text{m}^3=72.99\text{m}^3$$

挖坑：

$$V_{总}=11.91\text{m}^3$$

其中：$V_{湿}=5.29\text{m}^3$

$V_{干} = 11.91m^3 - 5.29m^3 = 6.62m^3$

【例4-5】 某房屋基础平面和剖面如图4-27所示：已知土类为二类土，人力开挖，地下常水位标高-1.00m，土方含水率30%；基坑回填后余土弃运5km。已知墙体厚度为240mm，垫层为C10素混凝土垫层，J—1、1—1（2—2）基础均采用C25混凝土，砖基础为M5.0混合砂浆砌筑烧结普通砖基础。地面面层厚50mm，垫层厚100mm。C25混凝土柱断面尺寸为300mm×300mm，设计室外地坪为-0.30m。

试计算该建筑物平整场地、挖基础土方、基础回填土、房心回填土、余土运输工程量。

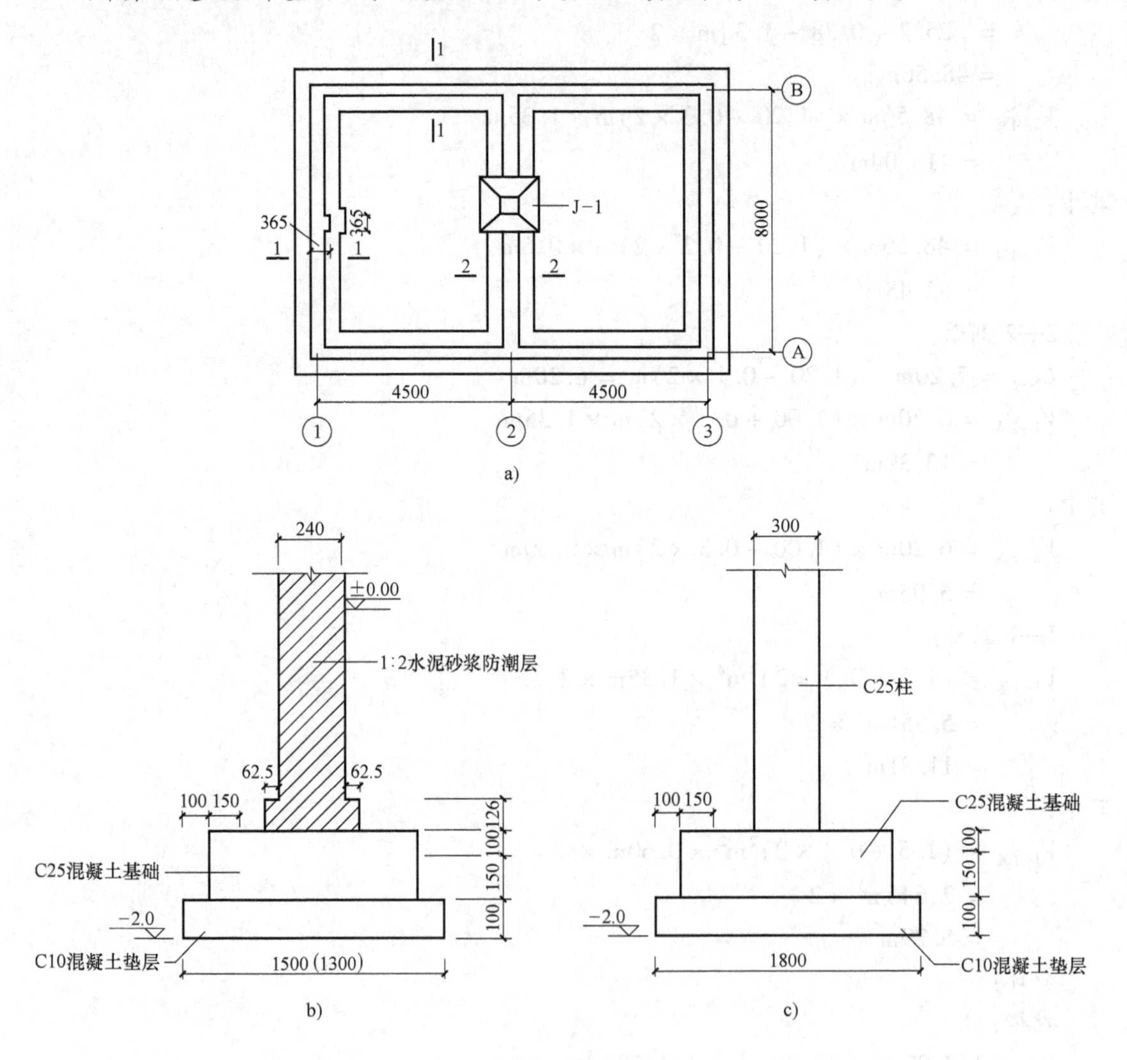

图 4-27

a）基础平面图 b）1—1（2—2）剖面示意图 c）J—1剖面示意图

【解】 1. 平整场地

$S_{平} = (4.5 + 4.5 + 0.24 + 2 \times 2)m \times (8 + 0.24 + 2 \times 2)m$

$= 13.24m \times 12.24m$

$= 162.06m^2$

2. 挖基础土方

挖土深度：2.0m－0.30m＝1.70m＞1.20m，需放坡。

放坡系数为$K=0.5$

混凝土垫层工作面$C=0.3\text{m}$

其中：$H_{湿}=2.0\text{m}-1.0\text{m}=1.0\text{m}$

（1）1—1剖面：

$$L_{1-1}=(9.00+8.00)\text{m}\times2+\frac{(0.365-0.24)\times0.365}{0.24}\text{m}$$
$$=34.00\text{m}+0.19\text{m}$$
$$=34.19\text{m}$$

$$V_{1-1总}=34.19\text{m}\times(1.50+0.3\times2+1.70\times0.5)\text{m}\times1.70\text{m}$$
$$=171.46\text{m}^3$$

其中：

$$V_{1-1湿}=34.19\text{m}\times(1.50+0.3\times2+1.00\times0.5)\text{m}\times1.00\text{m}$$
$$=88.89\text{m}^3$$

（2）2—2剖面：

$$L_{2-2}=8.00\text{m}-1.30\text{m}-1.60\text{m}=5.10\text{m}$$

$$V_{2-2总}=5.10\text{m}\times(1.30+0.3\times2+1.70\times0.5)\text{m}\times1.70\text{m}$$
$$=23.84\text{m}^3$$

其中：

$$V_{2-2湿}=5.10\text{m}\times(1.30+0.3\times2+1.00\times0.5)\text{m}\times1.00\text{m}$$
$$=12.24\text{m}^3$$

（3）J—1剖面：

$$V_{J-1总}=(1.8+0.3\times2+1.70\times0.5)^2\text{m}^2\times1.70\text{m}+\frac{0.5^2\times1.70^3}{3}\text{m}^3$$
$$=17.956\text{m}^3+0.409\text{m}^3$$
$$=18.37\text{m}^3$$

其中：

$$V_{J-1湿}=(1.8+0.3\times2+1.00\times0.5)^2\text{m}^2\times1.00\text{m}+\frac{0.5^2\times1.00^3}{3}\text{m}^3$$
$$=8.41\text{m}^3+0.083\text{m}^3$$
$$=8.49\text{m}^3$$

合计：

总挖方量＝$171.46\text{m}^3+23.84\text{m}^3+18.37\text{m}^3=213.67\text{m}^3$

其中：湿土量＝$88.89\text{m}^3+12.24\text{m}^3+8.49\text{m}^3=109.62\text{m}^3$

干土量＝$213.67\text{m}^3-109.62\text{m}^3=104.05\text{m}^3$

3. 基础回填土

基槽坑内埋入体积数量，其具体计算见砌筑工程【例4-12】和混凝土工程【例4-18】。

（1）1—1剖面基槽内埋入构件体积

$V_{1-1}=5.13\text{m}^3$（垫层）$+11.11\text{m}^3$（基础）$+11.62\text{m}^3$（-0.3m以下砖基础）

$= 27.86m^3$

（2）2—2 剖面基槽内埋入构件体积

$V_{2-2} = 0.61m^3$（垫层）$+ 1.40m^3$（基础）$+ 2.53m^3$（$-0.3m$ 以下砖基础）

$= 4.54m^3$

（3）J—1 基坑内埋入构件体积

$V_{J-1} = 0.32m^3$（垫层）$+ 0.64m^3$（基础）$+ 0.12m^3$（$-0.3m$ 以下柱）

$= 1.08m^3$

基槽坑内埋入构件体积合计：$27.86 + 4.54 + 1.08 = 33.48m^3$

基槽坑内回填土体积：$213.67m^3 - 33.48m^3 = 180.19m^3$

4. 房心回填土

房心回填土 $V = [(4.5 - 0.24)m \times (8 - 0.24)m] \times 2 \times (0.30 - 0.05 - 0.10)m$

$= [4.26m \times 7.76m \times 2] \times 0.15m$

$= 9.92m^3$

5. 余土运输工程量（按基坑边堆放、人工装车、汽车运土考虑，回填暂不考虑湿土这一因素）

弃土外运工程量 $= 213.67m^3 - [180.19m^3$（基槽、坑回填土体积）$+ 9.92m^3$（房心回填土）$]$

$= 213.67m^3 - 190.11m^3$

$= 23.56m^3$

4.3 桩基础与地基加固工程

4.3.1 计算规则

1）计算打桩（灌注桩）工程量前应确定下列事项：

① 确定土质级别：依工程地质资料中的土层构造，土壤物理、化学性质及每米沉桩时间鉴别适用定额土质级别。

② 确定施工方法、工艺流程，采用机型，桩、土壤泥浆运距。

2）打预制钢筋混凝土桩的体积，按设计桩长（包括桩尖，不扣除桩尖虚体积）乘以桩截面面积计算。管桩的空心体积应扣除。如管桩的空心部分按设计要求灌注混凝土或其他填充材料时，应另行计算。预制方桩和预制预应力管桩如图 4-28 所示。

3）接桩：电焊接桩按设计接头，以个计算；硫磺胶泥接桩按桩断面以平方米为单位计算，如图 4-29 所示。

4）送桩：按桩截面面积乘以送桩长度（即打桩机架底至桩顶面高度或自桩顶面至自然地坪面另加 0.5m）计算，如图 4-30 所示。

5）打拔钢板桩按钢板桩重量以吨为单位计算。

6）打孔灌注桩：

① 混凝土桩、砂桩、碎石桩的体积，按设计规定的桩长（包括桩尖，不扣除桩尖虚体积）乘以钢管管箍外径截面面积计算。

② 扩大桩的体积按单桩体积乘以次数为单位计算。

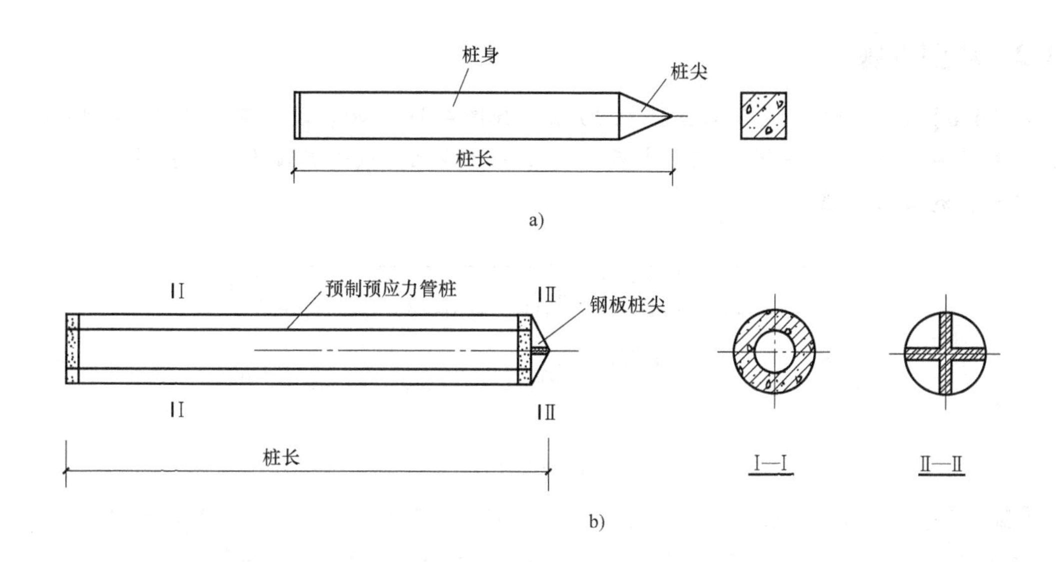

图 4-28 预制桩示意图

a）预制方桩 b）预制预应力管桩

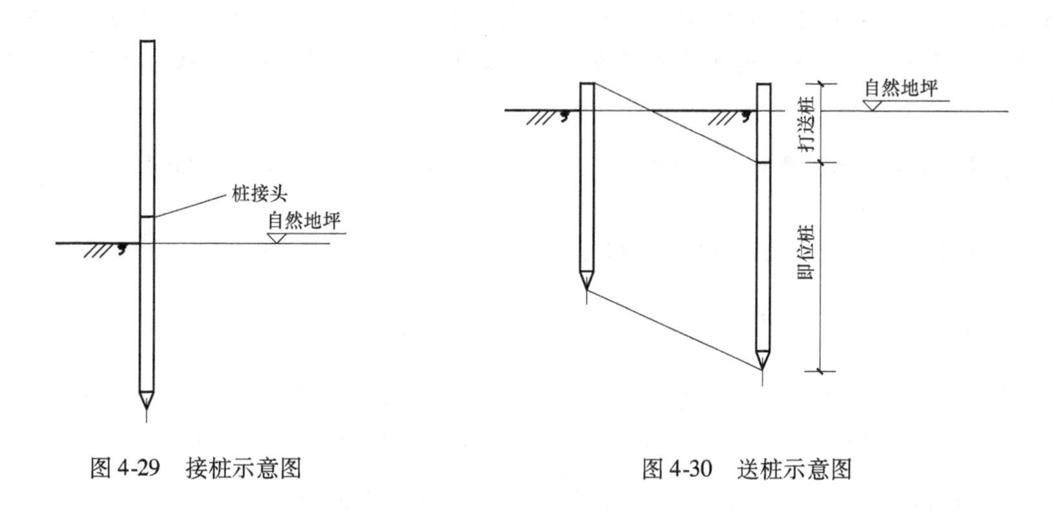

图 4-29 接桩示意图

图 4-30 送桩示意图

③ 打孔后先埋入预制混凝土桩尖，再灌注混凝土者，桩尖按钢筋混凝土章节规定计算体积，灌注桩按设计长度（自桩尖顶面至桩顶面高度）乘以钢管管箍外径截面面积计算。

7）钻孔灌注桩，按设计桩长（包括桩尖，不扣除桩尖虚体积）增加 0.25m 乘以设计断面面积计算。

8）灌注混凝土桩的钢筋笼制作依设计规定，按钢筋混凝土章节相应项目以吨为单位计算。

9）泥浆运输工程量按钻孔体积以立方米为单位计算。

10）其他：

① 安、拆导向夹具，按设计图样规定的水平延长米为单位计算。

② 桩架 90°调面只适用轨道式、走管式、导杆、筒式柴油打桩机以次为单位计算。

4.3.2 典型例题

【例4-6】 已知预制钢筋混凝土方桩20根，如图4-31所示。设计室外地坪 -0.45m，设计桩顶标高 -1.50m，土质为二级，求履带式柴油打桩机打预制混凝土桩工程量、送桩工程量、硫磺胶泥接桩工程量。

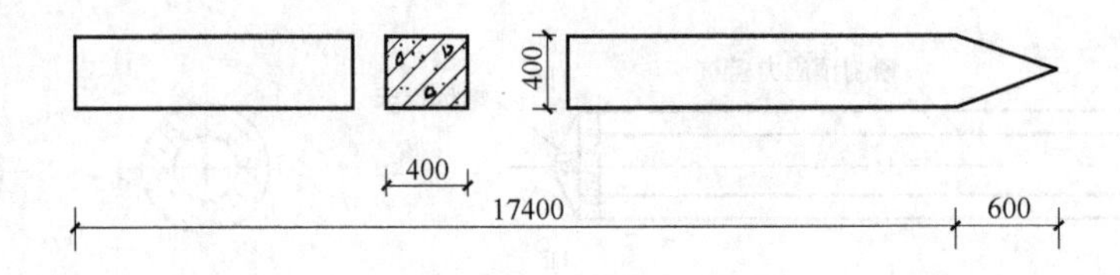

图 4-31

【解】 打预制混凝土桩工程量 $=0.4\text{m}\times0.4\text{m}\times(17.4+0.60)\text{m}\times20=57.6\text{m}^3$

送桩工程量 $=(1.5-0.45+0.5)\text{m}\times0.4\text{m}\times0.4\text{m}\times20=4.96\text{m}^3$

硫磺胶泥接桩工程量 $=0.4\text{m}\times0.4\text{m}\times20=3.2\text{m}^2$

【例4-7】 某工程110根C50预应力钢筋混凝土管桩，外径600mm、内径400mm，每根桩总长25m；桩顶灌注C30混凝土1.50m高，设计桩顶标高 -3.50m，现场自然地坪标高为 -0.45m，现场条件允许可以不发生场内运桩。计算压管桩、送桩、桩顶灌芯工程量。

【解】 压管桩工程量 $=\dfrac{\pi}{4}\times(0.60^2-0.40^2)\text{m}^2\times25\text{m}\times110=431.75\text{m}^3$

送桩工程量 $=\dfrac{\pi}{4}\times(0.60^2-0.40^2)\text{m}^2\times(3.50-0.45+0.50)\text{m}\times110=61.31\text{m}^3$

桩顶灌芯工程量 $=\dfrac{\pi}{4}\times(0.6-0.2)^2\text{m}^2\times1.50\text{m}\times110=20.72\text{m}^3$

【例4-8】 某工程采用C30钻孔灌注桩120根，设计桩径1200mm，设计桩长34.5m；废弃泥浆要求外运5km处。试计算该桩基钻孔灌注桩工程量和泥浆运输工程量。

【解】 钻孔灌注桩工程量 $=120\times\left(\dfrac{1.2}{2}\right)^2\text{m}^2\times\pi\times(34.5+0.25)\text{m}$

$=120\times0.6^2\text{m}^2\times3.14\times34.75\text{m}$

$=4713.77\text{m}^3$

泥浆运输工程量 = 钻孔灌注桩工程量 $=4713.77\text{m}^3$

4.4 砌筑工程

4.4.1 计算规则

1）基础与墙（柱）身的划分：

① 基础与墙（柱）身使用同一种材料时，以设计室内地面为界（有地下室者，以地下

室室内设计地面为界)，以下为基础，以上为墙（柱）身，如图4-32和图4-33所示。

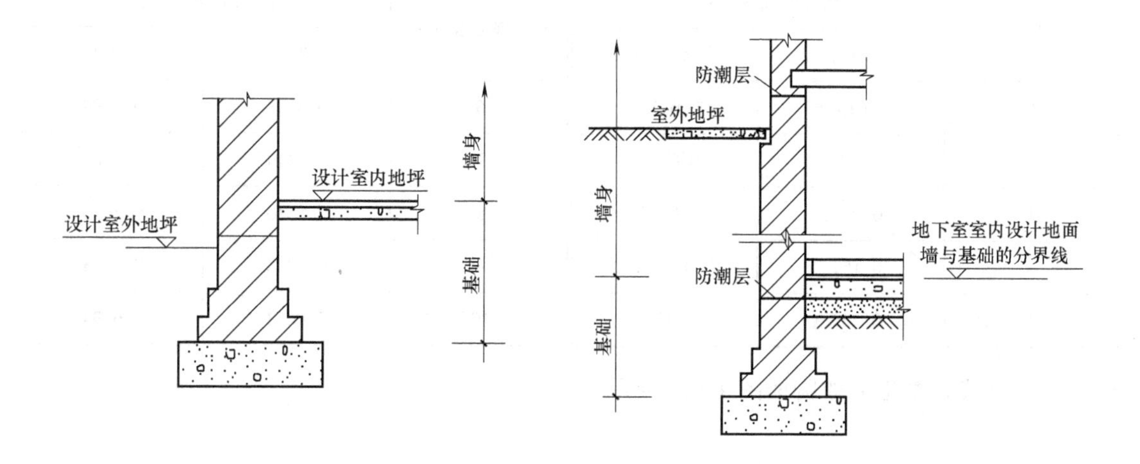

图4-32 基础与墙身划分示意图

图4-33 地下室的基础与墙身划分示意图

② 基础与墙身使用不同材料时，位于设计室内地面±300mm以内时，以不同材料为分界线，超过±300mm时，以设计室内地面为分界线。

③ 砖、石围墙，以设计室外地坪为界限，以下为基础，以上为墙身。

2）基础长度。

① 外墙墙基按外墙中心线长度计算，内墙墙基按内墙基净长计算。基础大放脚T形接头处的重叠部分以及嵌入基础的钢筋、铁件、管道、基础防潮层及单个面积在$0.3m^2$以内孔洞所占体积不予扣除，但靠墙暖气沟的挑檐亦不增加。附墙垛基础宽出部分体积应并入基础工程量内。

② 砖砌挖孔桩护壁工程量按实砌体积计算。

等高式大放脚砖基础如图4-34a所示。

计算公式：$V_{基}$ = (基础墙厚 × 基础墙高 + 大放脚增加面积) × 基础长

$$= (d \times h + \Delta S) \times L$$

$$= [d \times h + a \times b \times n \times (n+1)] \times L$$

$$= [d \times h + 0.007875 \times n \times (n+1)] \times L$$

式中 d——基础墙厚；

h——基础墙高；

a——每层放脚的高（烧结普通砖基础：a =0.126m)；

b——每层放脚的宽（烧结普通砖基础：b =0.0625m)；

0.007875——每个放脚标准块面积（0.0625m×0.126m)；

$0.007875n\ (n+1)$——全部放脚增加面积；

n——放脚层数；

L——基础长度；

ΔS——大放脚增加面积，也可按表4-7计算。

表 4-7 砖基础大放脚增加面积表

大放脚层数（n）	增加断面积 $\Delta S/m^2$		大放脚层数（n）	增加断面积 $\Delta S/m^2$	
	等高	不等高		等高	不等高
1	0.01575	0.01575	6	0.3308	0.2599
2	0.04725	0.03938	7	0.4410	0.3465
3	0.0945	0.07875	8	0.5670	0.4410
4	0.1575	0.1260	9	. 0.7088	0.5513
5	0.2363	0.1890	10	0.8663	0.6694

不等高式砖基础大放脚如图 4-34b 所示。

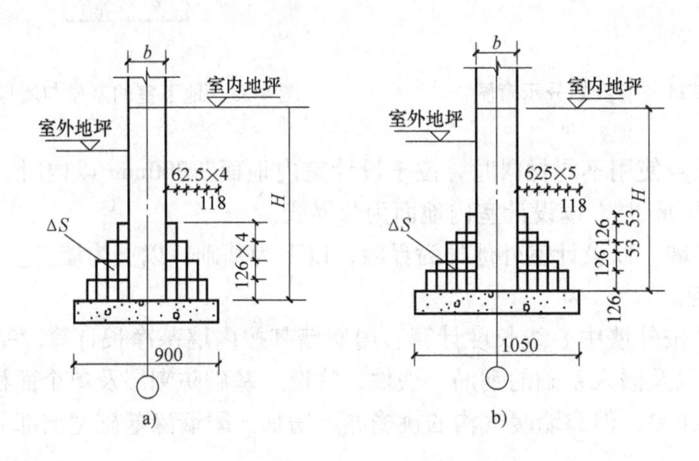

图 4-34 砖基础大放脚示意图

a）等高式大放脚砖基础 b）不等高式大放脚砖基础

计算公式：$V_{基} = \{d \times h + 0.007875 \times [n \times (n+1) - S$ 半层放脚层数值$]\} \times L$

式中 半层放脚层数值——半层放脚（0.063m 高）所在放脚层的值（自下而上计）；

其余字母所代表的含义与等高式大放脚砖基础计算公式中的含义同。

等高式大放脚砖柱基础如图 4-35 所示。

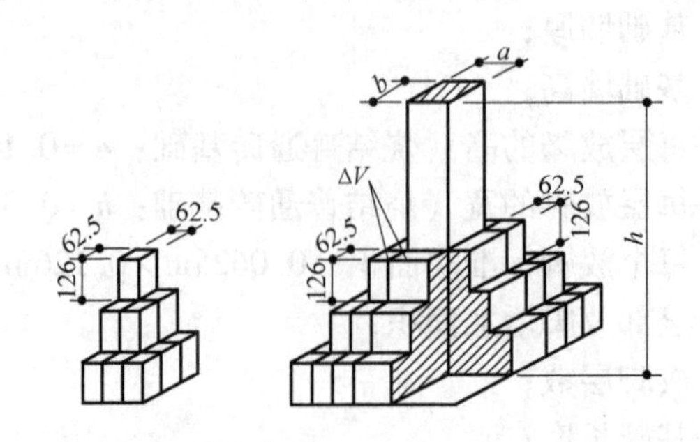

图 4-35 等高式大放脚砖柱基础计算示意图

其计算公式为

$$
\begin{aligned}
V_{砖基} &= A \times B \times h + \Delta V \\
&= A \times B \times h + n \times (n+1) \times a \times b \times \left[(A+B) + \frac{2}{3}(2n+1) \times b \right] \\
&= A \times B \times h + n \times (n+1) \times \left[0.007875(A+B) + 0.000328125(2n+1) \right]
\end{aligned}
$$

式中 A——柱剖面长；

B——柱剖面宽；

h——柱基高；

n——大放脚层数；

ΔV——砖柱四周放脚体积，可按表4-8查表得到。

其余字母所代表的含义与等高式大放脚砖基础计算公式中的含义同。

表4-8 砖柱基础四周大放脚体积表（等高式） （单位：m^3）

放脚层数（n）	0.24×0.24	0.24×0.365	0.24×0.49 0.365×0.365	0.365×0.49 0.24×0.615	0.49×0.49 0.365×0.615	0.49×0.615 0.365×0.74
1	0.010	0.011	0.013	0.015	0.017	0.019
2	0.033	0.038	0.045	0.050	0.056	0.062
3	0.073	0.085	0.097	0.108	0.120	0.132
4	0.135	0.154	0.174	0.194	0.213	0.233
5	0.221	0.251	0.281	0.310	0.340	0.369
6	0.337	0.379	0.421	0.462	0.503	0.545
7	0.487	0.543	0.597	0.653	0.708	0.763
8	0.674	0.745	0.816	0.887	0.957	1.028
9	0.910	0.990	1.078	1.167	1.256	1.344
10	1.173	1.282	1.390	1.498	1.607	1.715

3）砌筑工程量一般规则：

① 计算墙体时，应扣除门窗洞口、过人洞、空圈、嵌入墙身的钢筋混凝土、梁（包括过梁、圈梁、挑梁）、砖平碹、平砌砖过梁和暖气包壁龛及内墙板头的体积，不扣除梁头、外墙板头、檩头、垫木、木楞头、檐椽木、木砖、门窗走头、砖墙内的加固钢筋、木筋、铁件、钢管及单个面积在0.3m^2以下的孔洞等所占的体积，突出墙面的窗台虎头砖、压顶线、山墙泛水、烟囱根、门窗套及三皮砖以内的腰线和挑檐等体积亦不增加。

② 砖垛、三皮砖以上的腰线和挑檐等体积，并入墙身体积内计算，如图4-36所示。

③ 附墙烟囱（包括附墙通风道、垃圾道）按其外形体积计算，并入所依附的墙体积内，不扣除每一个孔洞横截面在0.1m^2以下的体积，但孔洞内的抹灰工程量亦不增加。

④ 女儿墙高度，自外墙顶面至图示女儿墙顶面高度，分别不同墙厚并入外墙计算。

⑤ 砖平碹平砌砖过梁按图示尺寸以立方米为单位计算。如设计无规定时，砖平碹按门窗洞口宽度两端共加100mm，乘以高度（门窗洞口宽度小于1500mm时，高度为240mm；大于1500mm时，高度为365mm）计算；平砌砖过梁按门窗洞口宽度两端共加500mm，高度按440mm计算。

4）砌体厚度，按如下规定计算：

① 烧结普通砖以240mm×115mm×53mm为准，其砌体计算厚度，按表4-9计算。

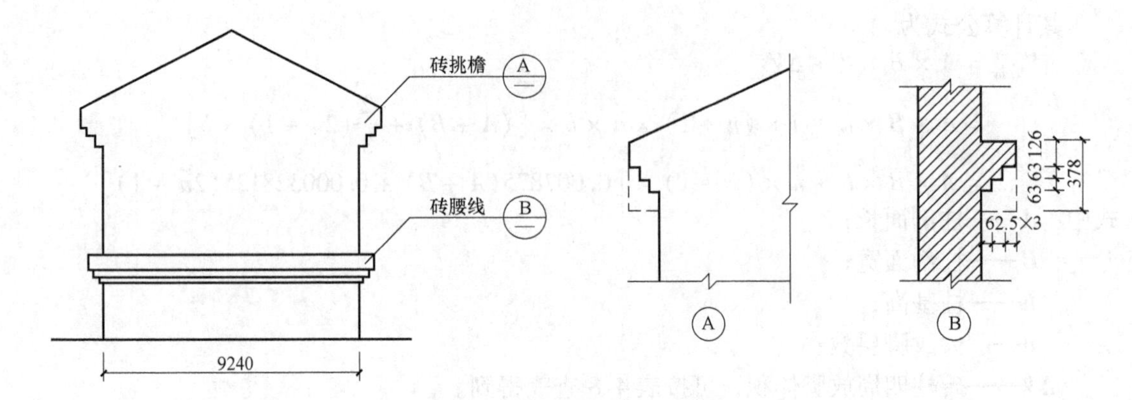

图 4-36　砖挑檐、腰线示意图

表 4-9　烧结普通砖砌体计算厚度表

砖数（厚度）	1/4	1/2	3/4	1	1.5	2	2.5	3
计算厚度/mm	53	115	180	240	365	490	615	740

② 使用非烧结普通砖时，其砌体厚度应按砖实际规格和设计厚度计算。

5）墙的长度：外墙长度按外墙中心线长度计算，内墙长度按内墙净长线计算。

6）墙身高度按下列规定计算：

① 外墙墙身高度：斜（坡）屋面无檐口天棚者算至屋面板底；有屋架，且室内外均有天棚者，算至屋架下弦底面另加200mm；无天棚者算至屋架下弦底加300mm，出檐宽度超过600mm时，应按实砌高度计算；平屋面算至钢筋混凝土板底。如图4-37所示。

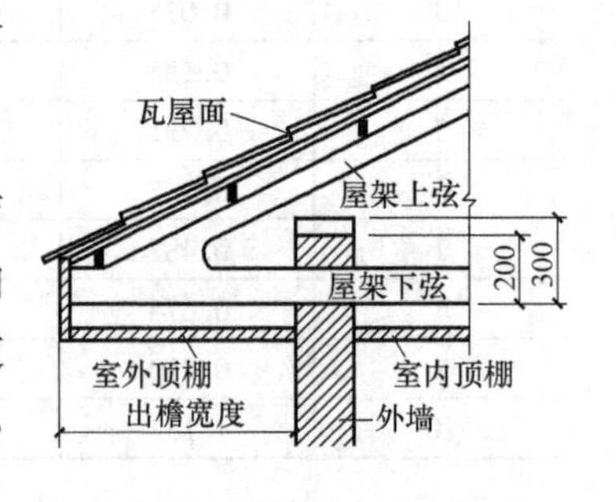

图 4-37　外墙墙身高度示意图

② 内墙墙身高度：位于屋架下弦者，其高度算至屋架底；无屋架者算至天棚底另加100mm；有钢筋混凝土楼板隔层者算至板底；有框架梁者算至梁底面。如图4-38所示。

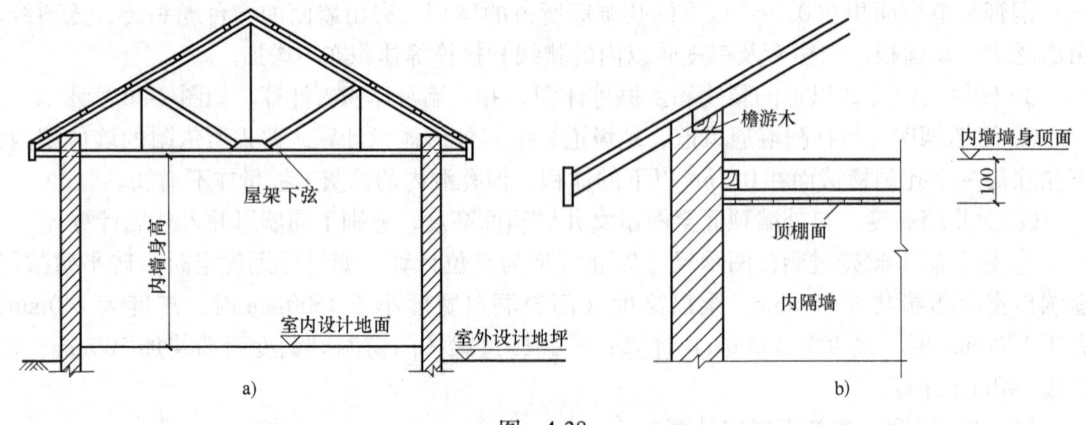

图　4-38

a）位于屋架下弦者内墙墙高示意图　b）无屋架内墙墙高示意图

③ 内、外山墙，墙身高度：按其平均高度计算。

7）框架间砌体，分内外墙以框架间的净空面积乘以墙厚计算，框架外表镶贴砖部分亦并入框架间砌体工程量内计算。

8）空花墙按空花部分外形体积以立方米计算，空花部分不予扣除，其中实体部分以立方米为单位另行计算，如图4-39所示。

9）空斗墙按外形尺寸以立方米计算，墙角、内外墙交接处，门窗洞口立边，窗台砖及屋檐处的实砌部分已包括在定额内，不另行计算，但窗间墙、窗台下、楼板下、梁头下等实砌部分，应另行计算，套零星砌体定额项目。

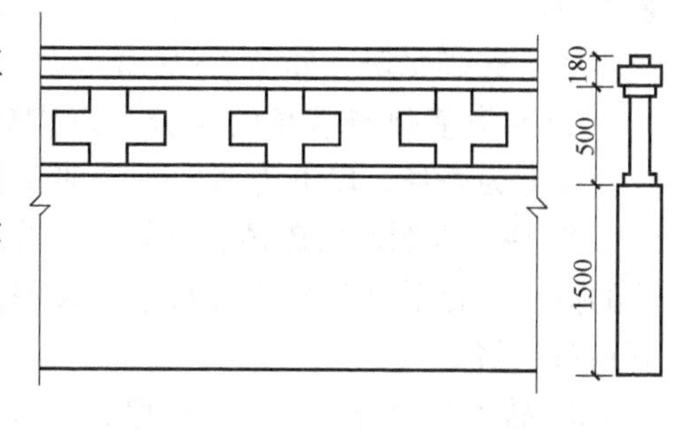

图4-39 空花墙示意图

10）多孔砖、空心砖按图示厚度以立方米为单位计算，不扣除其孔、空心部分体积。

11）填充墙按外形尺寸以立方米为单位计算，其中实砌部分已包括在定额内，不另行计算。

12）加气混凝土墙、硅酸盐砌块墙、小型空心砌块墙，按图示尺寸以立方米为单位计算，按设计规定需要镶嵌砖砌体部分已包括在定额内，不另计算。

13）其他砖砌体：

① 砖砌锅台、炉灶，不分大小，均按图示外形尺寸以立方米为单位计算，不扣除各种空洞的体积。

② 砖砌台阶（不包括梯带）按水平投影面积以立方米为单位计算。

③ 厕所蹲台、水槽腿、灯箱、垃圾箱、台阶挡墙或梯带、花台、花池、地垄墙及支撑地楞的砖墩，房上烟囱、屋面架空隔热层砖墩及毛石墙的门窗立边，窗台虎头砖等实砌体积，以立方米为单位计算，套用零星砌体定额项目。

④ 检查井及化粪池不分壁厚均以立方米为单位计算，洞口上的砖平拱碹等并入砌体体积内计算。

⑤ 砖砌地沟不分墙基、墙身，合并以立方米为单位计算。石砌地沟按其中心线长度以延长米为单位计算。

14）砖烟囱：

① 筒身，圆形、方形均按图示筒壁平均中心线周长乘以厚度并扣除筒身各种孔洞、钢筋混凝土圈梁、过梁等体积以立方米为单位计算，其筒壁周长不同时可按下式分段计算：

$$V = \sum H \times C \times \pi \times D$$

式中 V——筒身体积；

H——每段筒身垂直高度；

C——每段筒壁厚度；

D——每段筒壁中心线的平均直径。

② 烟道、烟囱内衬按不同内衬材料并扣除孔洞后，以图示实砌体积计算。

③ 烟囱内壁表面隔热层，按筒身内壁并扣除各种孔洞后的面积以平方米为单位计算；

填料按烟囱内衬与筒身之间的中心线平均周长乘以图示宽度和筒高，并扣除各种孔洞所占体积（但不扣除连接横砖及防沉带的体积）后以立方米为单位计算。

④ 烟道砌砖：烟道与炉体的划分以第一道闸门为界，炉体内的烟道部分列入炉体工程量计算。

15）砖砌水塔，如图4-40所示。

① 水塔基础与塔身的划分，以砌砖体的扩大部分顶面为界，以上为塔身，以下为基础，分别套用相应基础砌体定额。

② 塔身以图示实砌体积计算，并扣除门窗洞口和混凝土构件的体积，砖平拱碹及砖出檐等并入塔身体积内计算，套用水塔砌筑定额。

③ 砖水箱内外壁，不分壁厚，均以图示实砌体积计算，套用相应的内外砖墙定额。

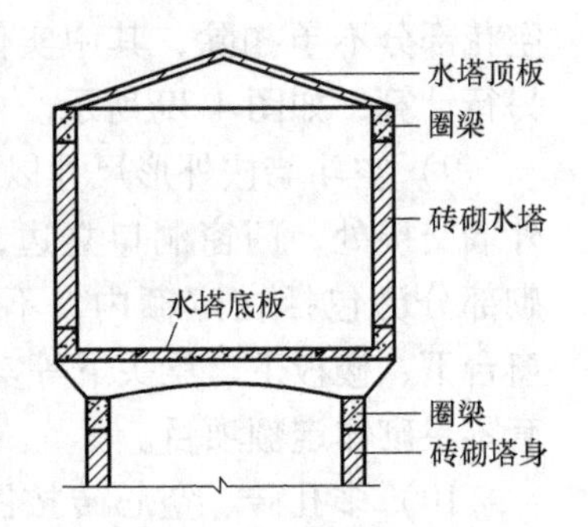

图4-40 砖砌水塔示意图

16）砌体内的钢筋加固应根据设计规定，以吨为单位计算，套用钢筋混凝土章节相应项目，如图4-41所示。

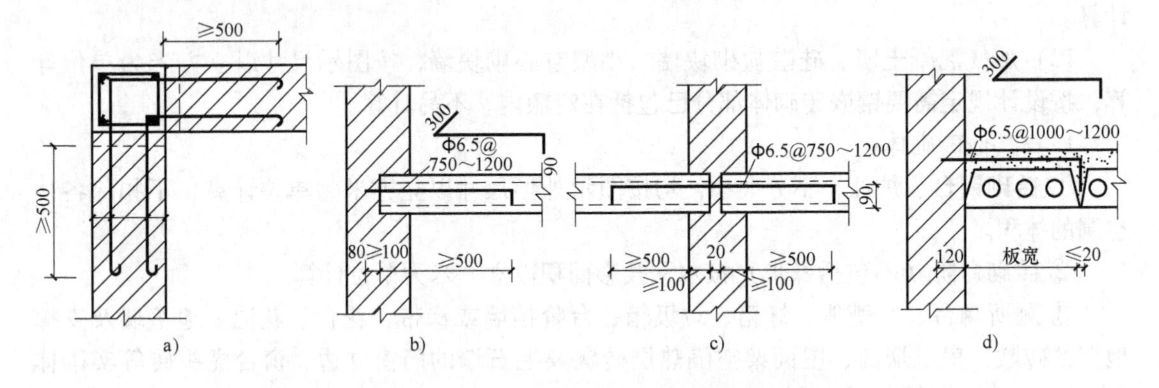

图4-41 砌体内钢筋加固示意图

a）有构造柱的墙转弯处 b）板与外墙连接 c）板端内墙连接 d）板与墙连接

4.4.2 典型例题

【例4-9】某工程砌筑的等高式烧结普通砖三层大放脚基础如图4-42所示。计算该砖基础砌筑工程量。

【解】外墙砖基础长 $L_{中}$：

$$L_{中} = [(4.5 + 2.4 + 5.7)\text{m} + (3.9 + 6.9 + 6.3)\text{m}] \times 2$$
$$= [12.6 + 17.1]\text{m} \times 2$$
$$= 59.40\text{m}$$

内墙砖基础净长 $L_{内}$：

$$L_{内} = (5.7 - 0.24)\text{m} + (8.1 - 0.24)\text{m} + (4.5 + 2.4 - 0.24)\text{m} + (6.0 + 4.8 - 0.24)\text{m} + 6.30\text{m}$$
$$= 5.46\text{m} + 7.86\text{m} + 6.66\text{m} + 10.56\text{m} + 6.30\text{m}$$
$$= 36.84\text{m}$$

$$V_{砖基础} = (59.40 + 36.84)\text{m} \times (1.50\text{m} \times 0.24\text{m} + 0.0945\text{m}^2)$$

$= 96.24\text{m} \times 0.4545\text{m}^2$

$= 43.74\text{m}^3$

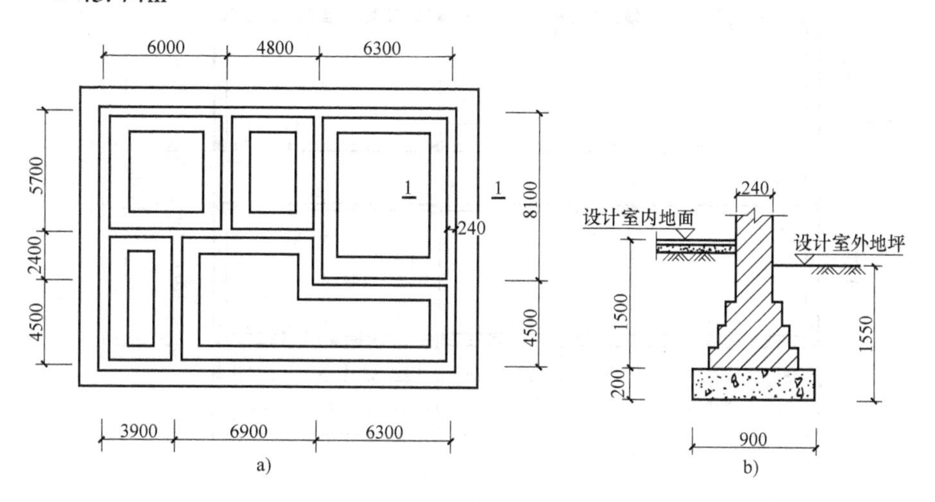

图4-42 砖基础施工图

a）基础平面图 b）基础剖面图

【例4-10】 某工程有5个等高式大放脚砖柱基础，根据下列条件计算砖基础工程量：柱断面0.365m×0.365m，柱基高1.85m，5层大放脚。

【解】 $V_{砖基} = 5 \times \{0.365\text{m} \times 0.365\text{m} \times 1.85\text{m} + 5 \times 6 \times [0.007875 \times (0.365 + 0.365)\text{m} + 0.000328125 \times (2 \times 5 + 1)]\}$

$= 5 \times (0.246\text{m}^3 + 0.281\text{m}^3)$

$= 5 \times 0.527\text{m}^3$

$= 2.64\text{m}^3$

【例4-11】 某单层建筑物，框架结构，尺寸如图4-43所示。墙身用M5.0混合砂浆砌筑加气混凝土砌块，厚度为240mm；女儿墙采用煤矸石空心砖砌筑，混凝土压顶断面240mm×60mm，墙厚均为240mm，隔墙为120mm厚实心砖墙，框架柱断面240mm×240mm到女儿墙顶，框架梁断面240mm×400mm，门窗洞口上均采用现浇钢筋混凝土过梁，过梁高180mm，过梁长为门窗洞口宽+0.5m，过梁宽同墙厚。M1尺寸：1560mm×2700mm；M2尺寸：1000mm×2700mm；C1尺寸：1800mm×1800mm；C2尺寸：1560mm×1800mm。计算墙体工程量。

【解】 240mm砌块墙工程量计算：

$V_{砌块墙} = (砌块墙长度 L \times 砌块墙高度 h - 门窗洞口面积 S) \times 砌块墙厚度 d - V_{应扣}$

砌块墙长度 $L = (11.34 - 0.24 + 10.44 - 0.24 - 0.24 \times 6)\text{m} \times 2 = 39.72\text{m}$

门窗洞口面积 $S = 1.56\text{m} \times 2.7\text{m} \times 1 + 1.8\text{m} \times 1.8\text{m} \times 6 + 1.56\text{m} \times 1.8\text{m} \times 1$

$= 4.212\text{m}^2 + 19.44\text{m}^2 + 2.808\text{m}^2$

$= 26.46\text{m}^2$

$V_{过梁} = [(1.56 + 0.5) \times 2 + (1.8 + 0.5) \times 6]\text{m} \times 0.24\text{m} \times 0.18\text{m}$

$= 17.92\text{m} \times 0.24\text{m} \times 0.18\text{m}$

$= 0.774\text{m}^3$

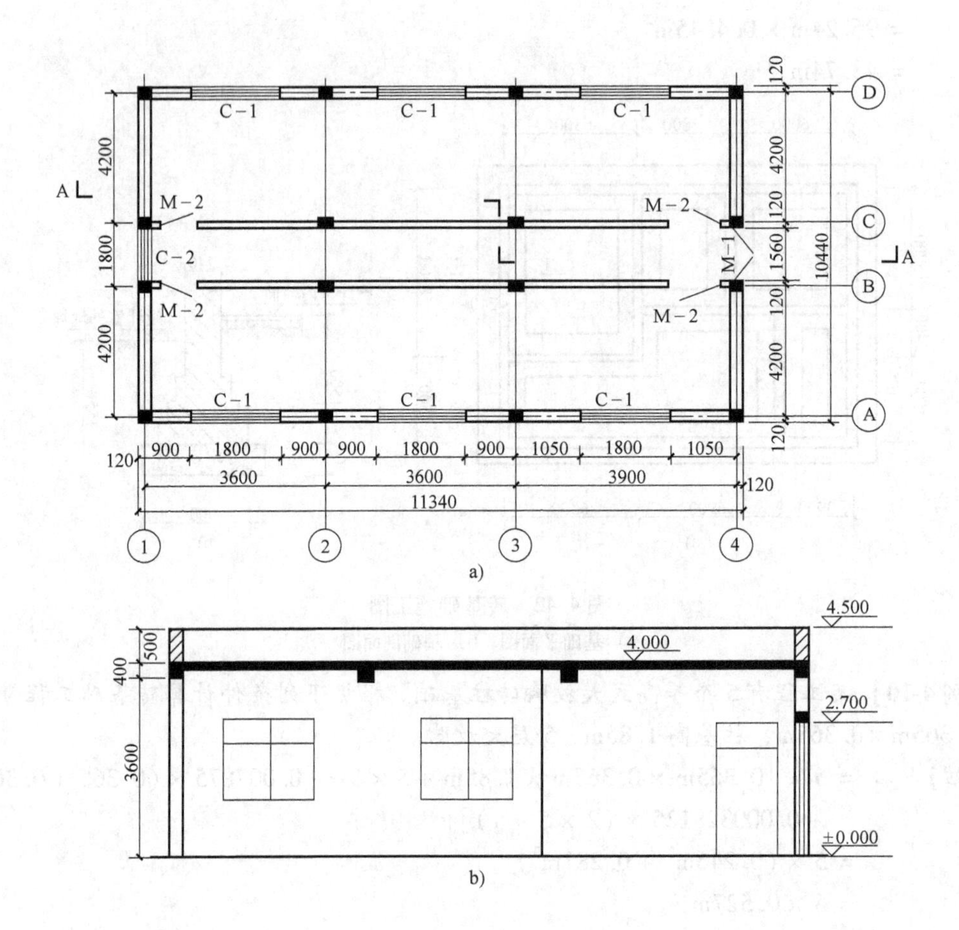

a)

b)

图 4-43

a) 平面图 b) A-A 剖面图

$V_{砌块墙} = [39.72\text{m} \times (4.0 - 0.4)\text{m} - 26.46\text{m}^2] \times 0.24\text{m} - 0.774\text{m}^3$

$= 116.53\text{m}^2 \times 0.24\text{m} - 0.774\text{m}^3$

$= 27.20\text{m}^3$

空心砖墙工程量计算：

$V_{空心砖墙} =$（空心砖墙长度$L\times$空心砖墙高度$h-$门窗洞口面积S）$\times$空心砖墙厚度$d-V_{应扣}$

空心砖墙长度$L = (11.34 - 0.24 + 10.44 - 0.24 - 0.24 \times 6)\text{m} \times 2 = 39.72\text{m}$

$V_{空心砖墙} = 39.72\text{m} \times (0.50 - 0.06)\text{m} \times 0.24\text{m}$

$= 4.19\text{m}^3$

120mm 实心砖墙工程量计算：

$V_{实心砖墙} =$（实心砖墙长度$L\times$实心砖墙高度$h-$门窗洞口面积S）$\times$实心砖墙厚度$d-V_{应扣}$

实心砖墙墙长度$L = (11.34 - 0.24 - 0.24 \times 3)\text{m} \times 2 = 20.76\text{m}$

门窗洞口面积$S = 1.00\text{m} \times 2.7\text{m} \times 4 = 10.80\text{m}^2$

$V_{过梁} = (1.00 + 0.5)\text{m} \times 0.115\text{m} \times 0.18\text{m} \times 4$

$= 0.03105\text{m}^3 \times 4$

$= 0.124\text{m}^3$

$V_{实心砖墙} = (20.76\text{m} \times 3.6\text{m} - 10.80\text{m}^2) \times 0.115\text{m} - 0.124\text{m}^3$

$= 63.936\text{m}^2 \times 0.115\text{m} - 0.124\text{m}^3$

$= 7.23\text{m}^3$

合计：240mm 砌块墙工程量：27.20m^3；

空心砖墙工程量：4.19m^3；

120mm 实心砖墙工程量：7.23m^3。

【例 4-12】 计算【例 4-5】砖基础工程量。

【解】 砖基础高度 $H = 2.0\text{m} - 0.1\text{m} - 0.25\text{m} = 1.65\text{m}$

其中 -0.3m 以下砖基础高度 $H = 2.0\text{m} - 0.1\text{m} - 0.25\text{m} - 0.30\text{m} = 1.35\text{m}$

1—1 剖面砖基础工程量：

$V_{1-1} = (1.65 \times 0.24 + 0.01575)\text{m}^2 \times 34.19\text{m} = 14.08\text{m}^3$

其中：

-0.3m 以下砖基础 $V_{1-1} = (1.35 \times 0.24 + 0.01575)\text{m}^2 \times 34.19\text{m}$

$= 11.62\text{m}^3$

2—2 剖面基础回填土：

$V_{2-2} = (1.65 \times 0.24 + 0.01575)\text{m}^2 \times (8 - 0.24 - 0.30)\text{m}$

$= (1.65 \times 0.24 + 0.01575)\text{m}^2 \times 7.46\text{m}$

$= 3.07\text{m}^3$

其中：

-0.3m 以下砖基础 $V_{2-2} = (1.35 \times 0.24 + 0.01575)\text{m}^2 \times 7.46\text{m}$

$= 2.53\text{m}^3$

总计：砖基础工程量 $= 14.08\text{m}^3 + 3.07\text{m}^3 = 17.15\text{m}^3$

-0.3m 以下砖基础工程量 $= 11.62\text{m}^3 + 2.53\text{m}^3 = 14.15\text{m}^3$

4.5 混凝土工程

4.5.1 计算规则

1. 现浇混凝土

现浇混凝土工程量，按以下规定计算：

1）混凝土工程量除另有规定外，均按图示实体尺寸以立方米为单位计算。不扣除构件内钢筋、预埋铁件及墙、板中 0.3m^2 内的孔洞所占的体积。

2）基础：

① 有肋带形混凝土基础，其肋高与肋宽之比在 4:1 以内的按有肋带形基础计算；超过 4:1时，其基础底按板式基础计算，以上部分按墙计算。如图 4-44 所示，其计算公式为：

带形基础体积 = 基础剖面面积 × 基础长度 + T 形搭接接头体积

T 形搭接接头如图 4-45 所示，其计算公式为：

T 形搭接接头体积 = 长方体体积 + 楔形体体积

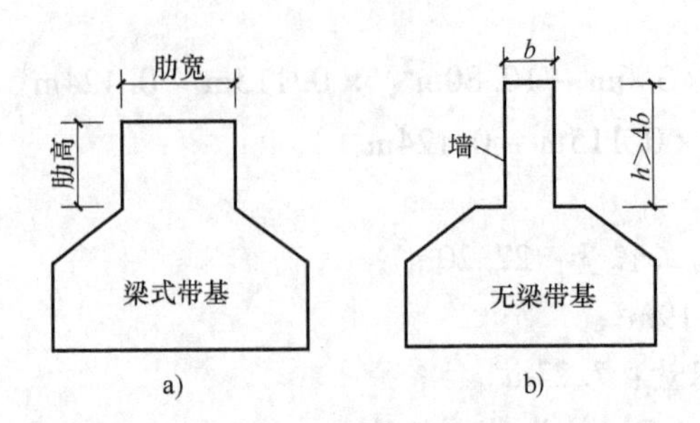

图 4-44

a）有肋带形基础示意图 b）无梁带基示意图

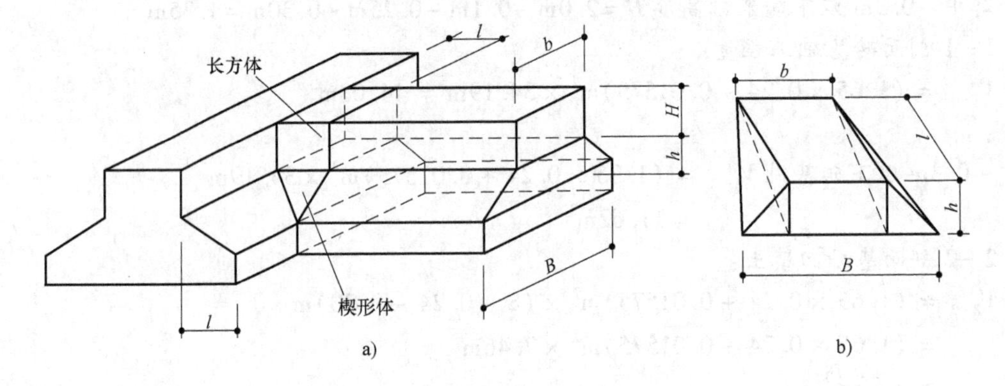

图 4-45

a）基础T形接头计算示意图 b）楔形体示意图

$$
\begin{aligned}
\text{楔形体体积} &= V_{\text{三棱锥}} \times 2 + V_{\text{三棱柱}} \\
&= \frac{1}{3} \times S_{\text{底}} \times l \times 2 + S_{\text{底}} \times b \\
&= \frac{1}{3} \times \frac{1}{2} \times h \times \frac{(B-b)}{2} \times l \times 2 + \frac{1}{2} \times l \times h \times b \\
&= \frac{lh}{6}(B-b) + \frac{lh}{2}b \\
&= \frac{B+2b}{6}lh
\end{aligned}
$$

$$\text{长方体体积} = b\,l\,H$$

$$\text{T形搭接接头体积} = b\,l\,H + \frac{B+2b}{6}lh$$

上式中各字母的含义如图4-45所示。

② 箱式满堂基础应分别按无梁式满堂基础、柱、墙、梁、板等有关规定计算，套相应定额项目，如图4-46所示。

③ 设备基础除块体以外，其他类型设备基础分别按基础、梁、柱、板、墙等有关规定计算，套相应的定额项目计算。

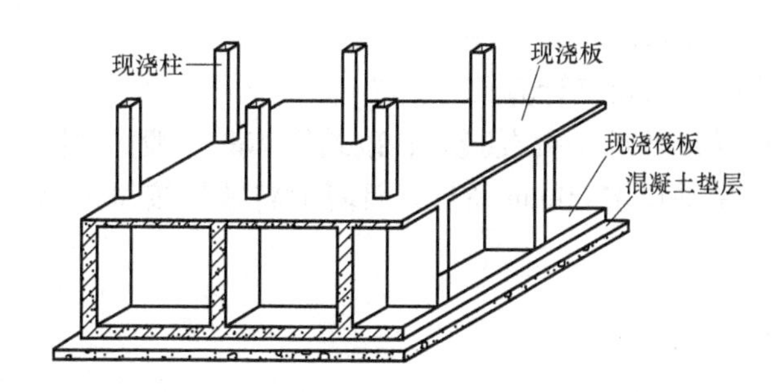

图4-46 箱式满堂基础示意图

3）柱：按图示剖面尺寸乘以柱高以立方米为单位计算。

$$V_{柱} = A \times B \times H$$

式中 $V_{柱}$——柱体积；

A、B——柱断面尺寸；

H——柱高度。

柱高按下列规定确定：

① 有梁板的柱高，应自柱基上表面（或楼板上表面）至上一层楼板上表面之间的高度计算，如图4-47所示。

② 无梁板的柱高，应自柱基上表面（或楼板上表面）至柱帽下表面之间的高度计算，如图4-48所示。

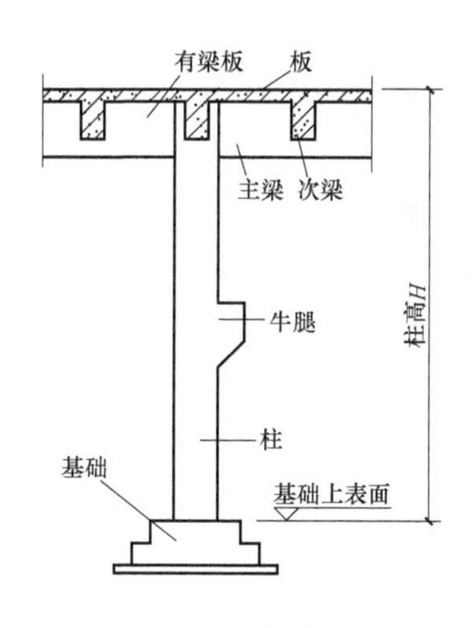

图4-47 有梁板柱高计算示意图

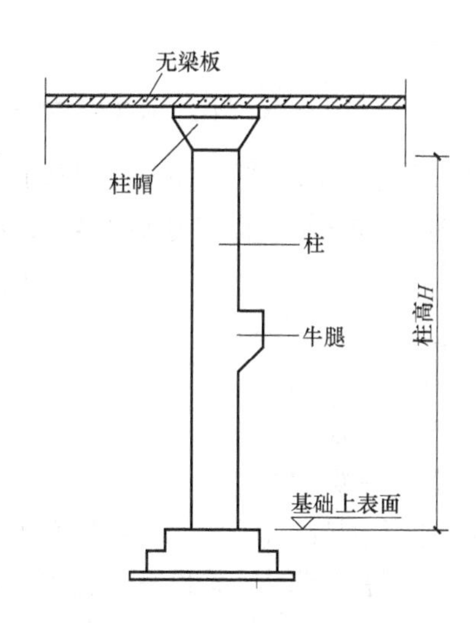

图4-48 无梁板柱高计算示意图

③ 框架柱的柱高应自柱基上表面至柱顶高度计算。

④ 构造柱按全高计算，与砖墙嵌接部分的体积并入柱身体积内计算，如图4-49所示。

$$V_{构造柱} = 构造柱柱身体积 + 马牙槎体积$$

$$= [d_1 \times d_2 + 0.03 \times d_1 \times n_1 + 0.03 \times d_2 \times n_2] \times H$$

式中 d_1、d_2——构造柱剖面两个方向边长；

n_1、n_2——相应于 d_1、d_2 方向上的咬接边数；

H——构造柱柱高；

0.03——构造柱与墙咬接计算尺寸。

构造柱一般是先砌筑墙体后浇捣混凝土，砌筑墙体时一般是每隔5皮砖（300mm）留一马牙槎缺口以便咬接，每缺口按60mm留槎。计算时将缺口按每边30mm拉通计算到构造柱中。

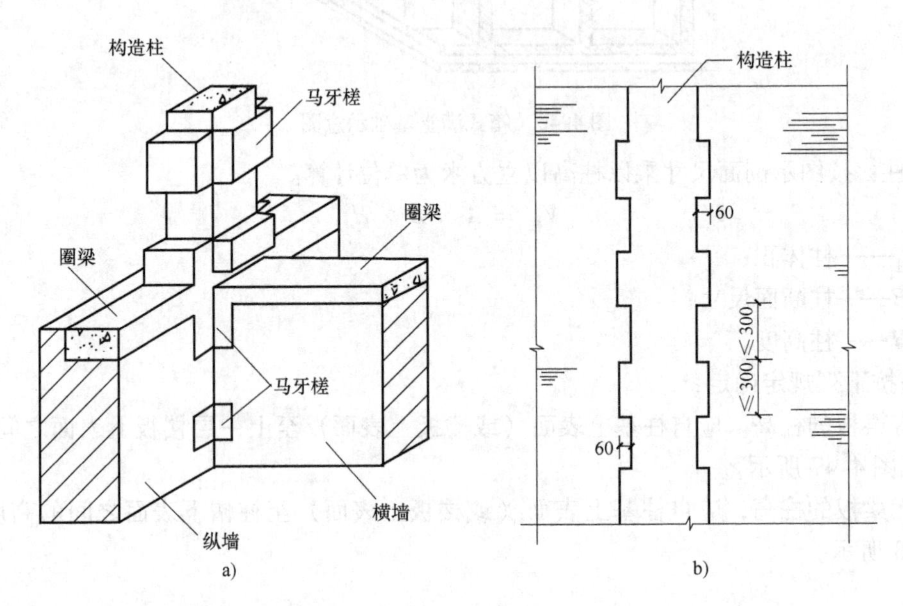

图 4-49

a）构造柱与墙嵌接部分——马牙槎示意图 b）构造柱立面示意图

⑤ 依附柱上的牛腿，并入柱身体积内计算。

4）梁：按图示剖面尺寸乘以梁长以立方米为单位计算。

$$V_{梁} = b \times h \times L$$

式中 $V_{梁}$——梁体积；

b——梁宽度；

h——梁高度；

L——梁长度。

梁长按下列规定确定，如图4-50所示。

① 梁与柱连接时，梁长算至柱侧面。

② 主梁与次梁连接时，次梁长算至主梁侧面。

伸入墙内梁头、梁垫体积并入梁体积内计算。

5）板：按图示面积乘以板厚以立方米为单位计算，其中：

① 有梁板包括主、次梁，按梁、板体积之和计算，如图4-51所示。

② 无梁板按板和柱帽体积之和计算，见图4-48。

③ 平板按板实体体积计算，如图4-52所示。

④ 现浇挑檐天沟与板（包括屋面板、楼板）连接时，以外墙为分界线，与圈梁（包括其他梁）连接时，以梁外边线为分界线。外墙边线以外或梁外边线以外为挑檐天沟。

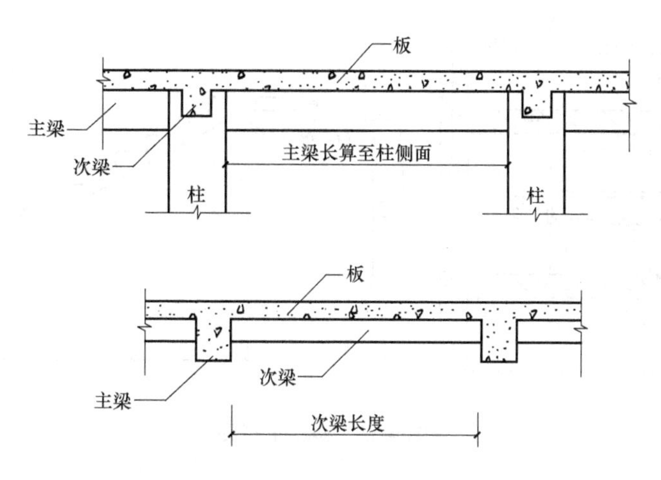

图 4-50　主梁、次梁长度计算示意图

⑤ 各类板伸入墙内的板头并入板体积内计算。

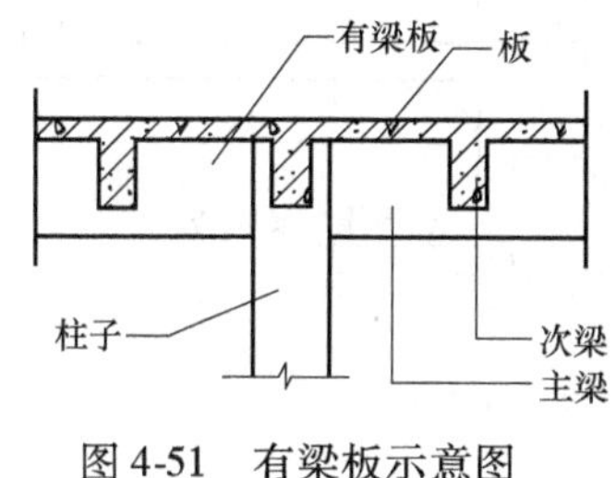

图 4-51　有梁板示意图

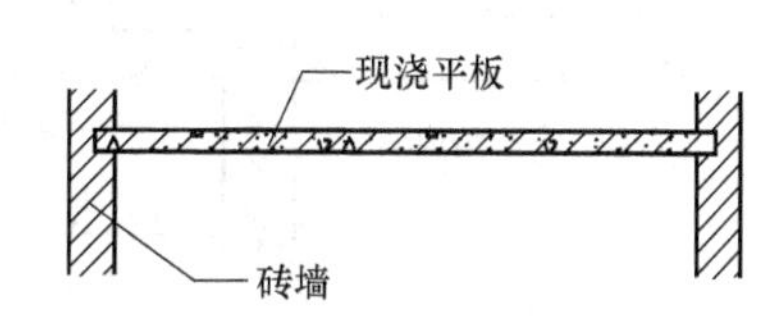

图 4-52　平板示意图

有梁板（包括肋型板、密肋板、井字板）体积计算：

$$V_{有梁板} = V_{梁} + V_{板}$$

式中　$V_{梁}$——有梁板梁体积；

$V_{板}$——板体积。

无梁板体积计算：

$$V_{无梁板} = V_{板} + V_{柱帽}$$

式中　$V_{板}$——板体积；

$V_{柱帽}$——柱帽体积。

6）墙：按图示中心线长度乘以墙高及厚度以立方米为单位计算，应扣除门窗洞口及 0.3m^2 以外孔洞的体积，墙垛及突出部分并入墙体积内计算。

7）整体楼梯包括休息平台、平台梁、斜梁及楼梯的连接梁，按水平投影面积计算，不扣除宽度小于 500mm 的楼梯井，伸入墙内部分不另增加，如图 4-53 所示。

8）阳台、雨篷（悬挑板），按伸出外墙的水平投影面积计算，伸出外墙的牛腿不另计算。带反挑檐的雨篷按展开面积并入雨篷内计算，如图 4-54 所示。

9）栏杆按净长度以延长米计算。深入墙内的长度已综合在定额内。栏板以立方米为单位计算，深入墙内的栏板，合并计算。

10）预制板补现浇板缝时，按平板计算。

11）预制钢筋混凝土框架柱现浇接头（包括梁接头）按设计规定断面和长度以立方米

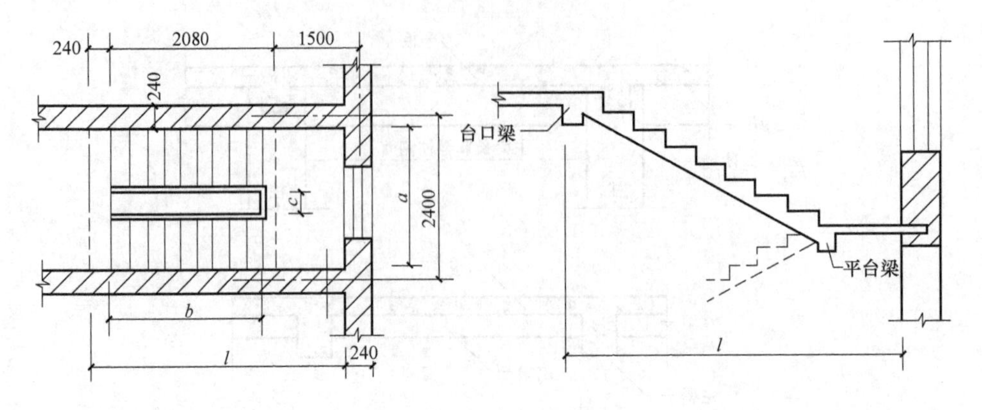

图 4-53　楼梯示意图

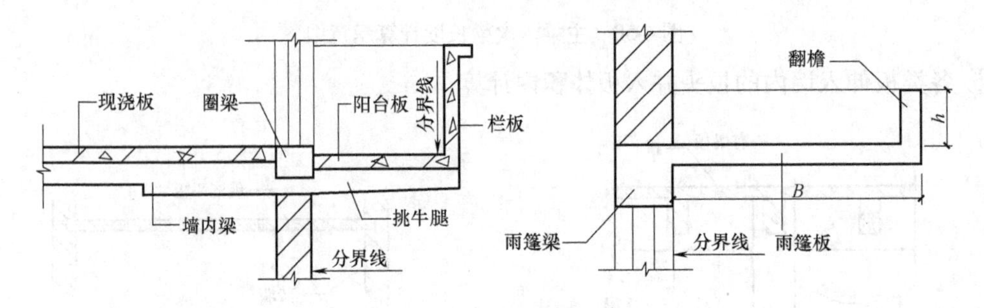

图 4-54　阳台、雨篷示意图

为单位计算。

2. 预制混凝土工程量

预制混凝土工程量按以下规定计算：

1）混凝土工程量按图示实体尺寸体积以立方米为单位计算，不扣除构件内钢筋、铁件及小于 300mm×300mm 孔洞面积。

2）预制桩按桩全长（包括桩尖）乘以桩断面（空心桩应扣除孔洞面积）以立方米为单位计算。

3）混凝土与钢杆件组合的构件，混凝土部分按构件实体体积以立方米为单位计算，钢构件部分按吨为单位计算，分别套用相应的定额项目。

3. 构筑物钢筋混凝土工程量

构筑物钢筋混凝土工程量按以下规定计算：

1）构筑物混凝土除另有规定者外，均按图示尺寸扣除门窗洞口及 0.3m^2 以外孔洞所占体积以实体体积计算。

2）水塔：如图 4-55 所示。

① 筒身与槽底以槽底连接的圈梁底为界，以上为槽底，以下为筒身。

② 筒式塔身及依附于筒身的过梁，雨篷挑檐等并入筒身体积内计算；柱式塔身、柱、梁合并计算。

③ 塔顶及槽底，塔顶包括顶板和圈梁，槽底包括底板挑出的斜壁板和圈梁等合并计算。

3）贮水池不分平底、锥底、坡底，均按池底计算；壁基梁、池壁不分圆形壁和矩形

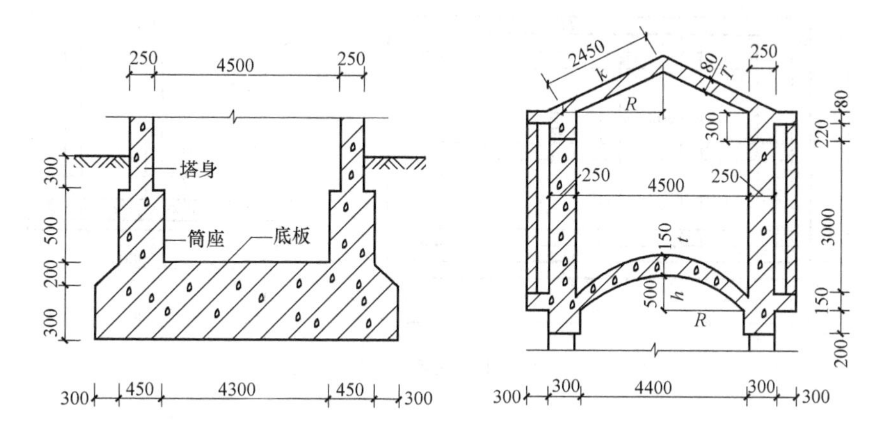

图4-55 钢筋混凝土水塔示意图

壁，均按池壁计算；其他项目均按现浇混凝土部分相应项目计算。

4. 钢筋混凝土构件接头灌缝

钢筋混凝土板接头灌缝工程量计算，如图4-56所示。

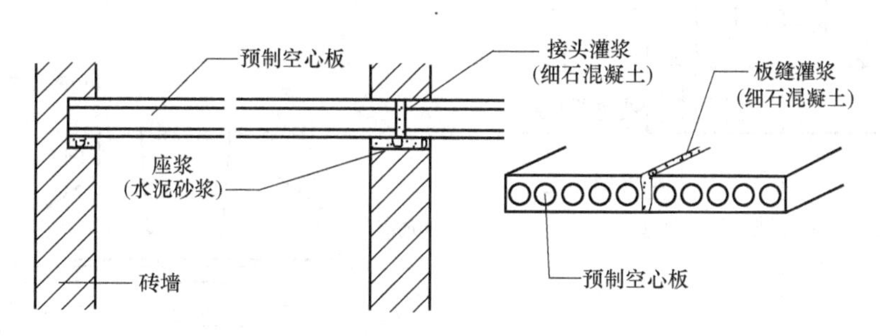

图4-56 钢筋混凝土板接头灌缝示意图

1）钢筋混凝土构件接头灌缝，包括构件座浆、灌缝、堵板孔、塞板梁缝等。均按预制钢筋混凝土构件实体积以立方米为单位计算。

2）柱与柱基的灌缝，按首层柱体积计算；首层以上柱灌缝按各层柱体积计算。

3）空心板堵孔的人工材料，已包括在定额内。如不堵孔时每10m³空心体积应扣除0.23m³预制混凝土块和2.2工日。

4.5.2 典型例题

【例4-13】 如图4-57所示的有梁式混凝土满堂基础，采用组合钢模板，钢支撑，C20商品混凝土浇捣，场外搅拌量为50m³/h，运距5km，计算有梁式混凝土满堂基础混凝土工程量。

【解】 满堂基础混凝土工程量 $=35\text{m}\times25\text{m}\times0.3\text{m}+0.3\text{m}\times0.4\text{m}\times[35\text{m}\times3+(25.0-0.3\times3)\text{ m}\times5]$

$=262.50\text{m}^3+27.06\text{m}^3$

$=289.56\text{m}^3$

【例4-14】 计算如图4-58所示的杯形混凝土基础的工程量。

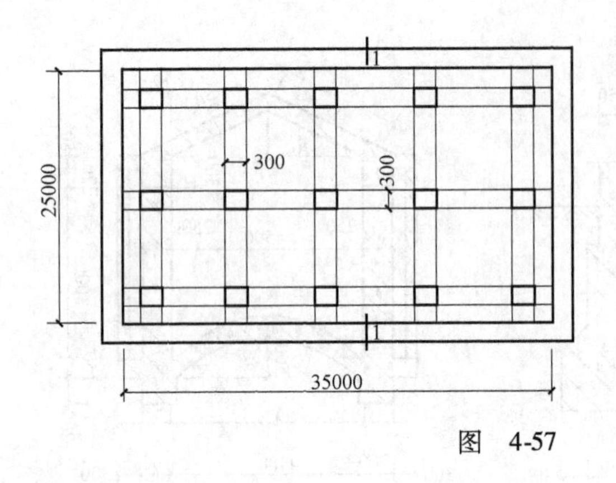

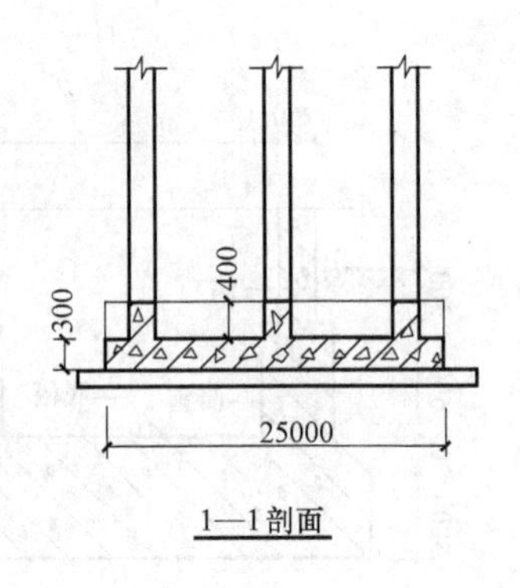

图 4-57

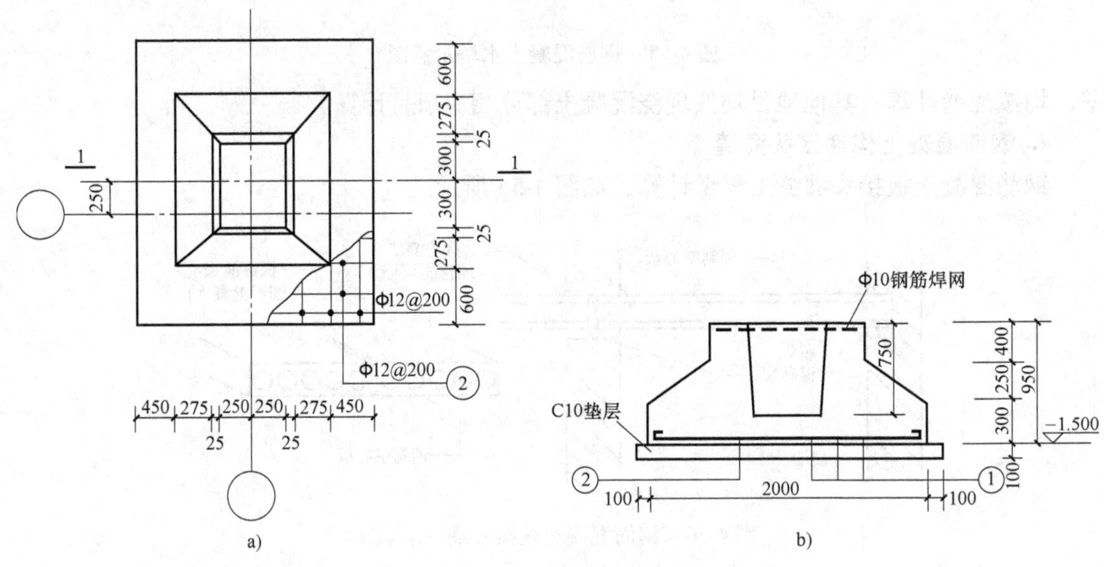

图 4-58

a）平面图 b）1—1 断面图

【解】底座部分体积 $V_1 = 2.0\text{m} \times 2.4\text{m} \times 0.3\text{m} = 1.44\text{m}^3$

上部分体积 $V_2 = [(0.275 + 0.025 + 0.25)\text{m} \times 2] \times [(0.275 + 0.025 + 0.30)\text{m} \times 2] \times 0.4\text{m}$

$= 1.1\text{m} \times 1.2\text{m} \times 0.4\text{m}$

$= 0.528\text{m}^3$

中间四棱台部分体积 $V_3 = \dfrac{1}{6} \times 0.25\text{m} \times [2.0\text{m} \times 2.4\text{m} + 1.1\text{m} \times 1.2\text{m} + (2.0 + 1.1)\text{m} \times (2.4 + 1.2)\text{m}]$

$= \dfrac{1}{6} \times 0.25\text{m} \times [4.8\text{m}^2 + 1.32\text{m}^2 + 11.16\text{m}^2]$

$= 0.720\text{m}^3$

杯口槽部分体积 $V_4 = \dfrac{1}{6} \times 0.75\text{m} \times [0.5\text{m} \times 0.6\text{m} + 0.55\text{m} \times 0.65\text{m} + (0.5 + 0.55)\text{m} \times (0.6 + 0.65)\text{m}]$

$$= \frac{1}{6} \times 0.75\text{m} \times [0.3\text{m}^2 + 0.3575\text{m}^2 + 1.3125\text{m}^2]$$
$$= 0.246\text{m}^3$$

$$V_{总} = V_1 + V_2 + V_3 - V_4$$
$$= 1.44\text{m}^3 + 0.528\text{m}^3 + 0.72\text{m}^3 - 0.246\text{m}^3$$
$$= 2.44\text{m}^3$$

【例 4-15】 计算如图 4-59 所示的 C30 钢筋混凝土条形基础工程量。墙体厚度为 240mm。

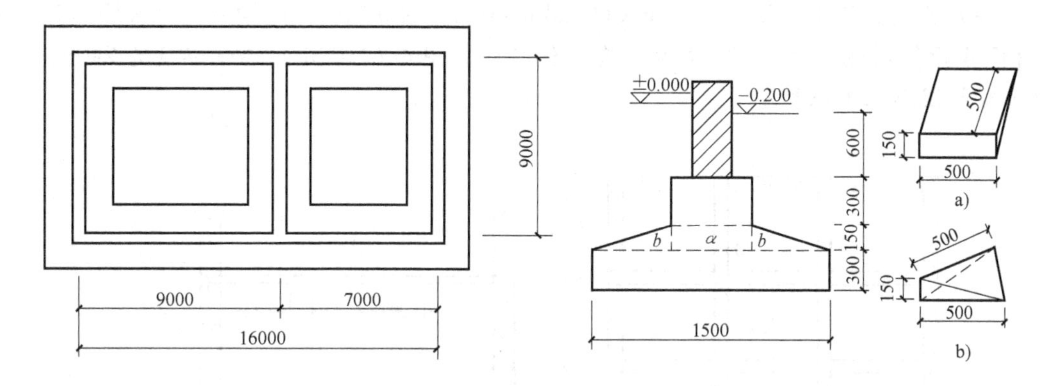

图 4-59

【解】 外墙中心线长度 $L_{中} = (16.0 + 9.0)\text{m} \times 2 = 50.0\text{m}$

内墙净长度 $L_{净} = (9.0 - 1.5)\text{m} = 7.5\text{m}$

T 形搭接接头体积 $= [\frac{(1.5 + 2 \times 0.5)}{6}\text{m} \times 0.5\text{m} \times 0.15\text{m} + 0.5\text{m} \times 0.5\text{m} \times 0.30\text{m}] \times 2$

$$= [0.03125\text{m}^3 + 0.075\text{m}^3] \times 2$$
$$= 0.213\text{m}^3$$

带形基础体积 $= (50.0 + 7.5)\text{m} \times [1.5\text{m} \times 0.3\text{m} + \frac{(0.5 + 1.5)}{2}\text{m} \times 0.15\text{m} + 0.5\text{m} \times 0.3\text{m}] + 0.213\text{m}^3$

$$= 43.125\text{m}^3 + 0.213\text{m}^3$$
$$= 43.338\text{m}^3$$

【例 4-16】 如图 4-60 所示的 C20 混凝土构造柱 10 根，共计 40 根，计算构造柱的工程

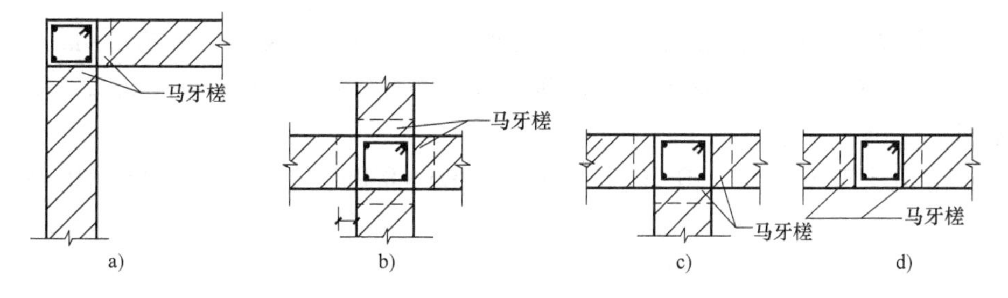

图 4-60

a）90°转角形构造柱 b）十字形构造柱 c）T 形接头构造柱 d）一字形构造柱

量。墙为240mm墙，假定柱高均为10.0m。

【解】90°转角形构造柱的工程量 = 10.0m×(0.24m×0.24m+0.03m×0.24m×2)×10
= 0.720m^3 ×10
= 7.20m^3

十字形构造柱的工程量 = 10.0m×(0.24m×0.24m+0.03m×0.24m×4)×10 = 8.64m^3

T形接头构造柱的工程量 = 10.0m×(0.24m×0.24m+0.03m×0.24m×3)×10 = 7.92m^3

一字形构造柱的工程量 = 10.0m×(0.24m×0.24m+0.03m×0.24m×2)×10 = 7.20m^3

【例4-17】某现浇钢筋C30混凝土有梁板尺寸如图4-61所示。墙体厚度为240mm，计算该有梁板混凝土工程量。

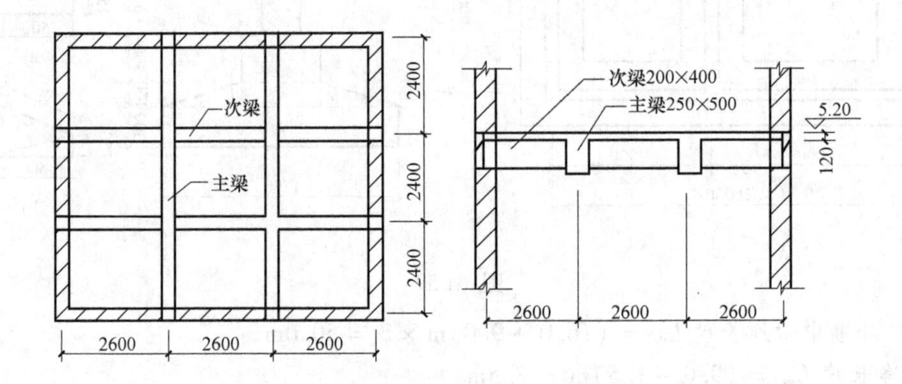

图 4-61

【解】$V_{主梁}$ = (2.4×3−0.24)m×0.25m×0.50m×2
= 6.96m×0.25m×0.50m×2
= 1.74m^3

$V_{次梁}$ = (2.6×3−0.24−0.25×2)m×0.20m×0.40m×2
= 7.06m×0.20m×0.40m×2
= 1.13m^3

$V_{板}$ = (2.6×3−0.24−0.25×2)m×(2.4×3−0.24−0.20×2)m×0.12m
= 7.06m×6.56m×0.12m
= 5.56m^3

【例4-18】某工程现浇钢筋混凝土无梁板支撑在240mm砖墙上，柱高5.9m（不包括柱帽尺寸），其具体尺寸如图4-62所示，计算钢筋混凝土无梁板和圆形柱混凝土工程量。

【解】$V_{无梁板}$ = $V_{板}$ + $V_{柱帽}$
= 18m×12m×0.2m+[3.14×0.8m×0.8m×0.5m+(0.25m×0.25m+0.8m×0.8m+0.25m×0.8m)×3.14×0.5m/3]×2
= 43.2m^3 +2.96m^3
= 46.16m^3

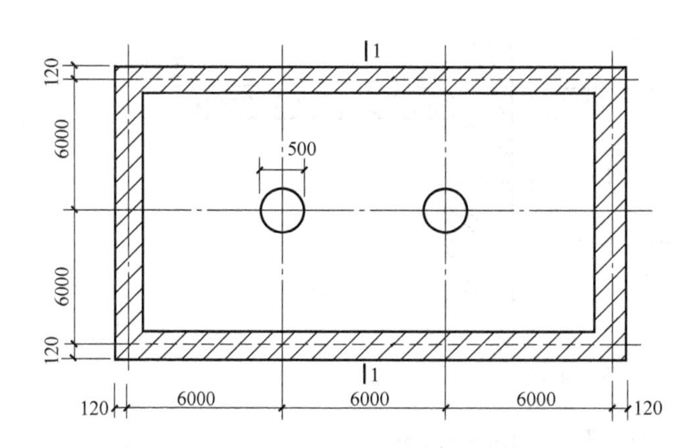

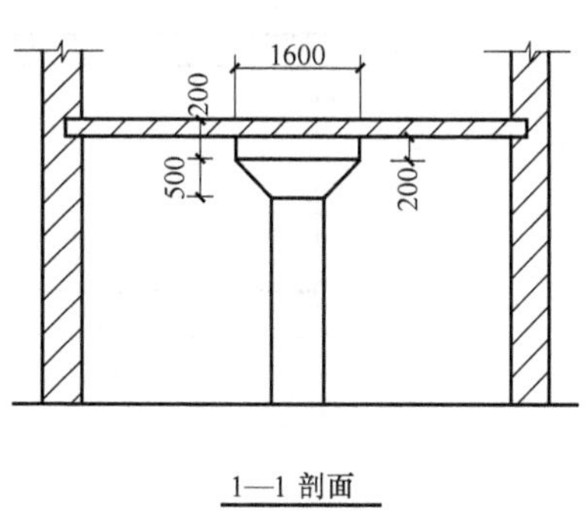

图 4-62

$V_{柱} = 3.14 \times 0.25m \times 0.25m \times 5.9m \times 2 = 2.32m^3$

【例 4-19】 计算【例 4-5】混凝土基础和垫层工程量。

【解】 混凝土基础工程量：

1—1 剖面混凝土基础工程量：

$V_{1—1} = 1.3m \times 0.25m \times 34.19m = 11.11m^3$

2—2 剖面混凝土基础工程量：

$V_{2—2} = 1.1m \times 0.25m \times 5.1m = 1.40m^3$

J—1 剖面混凝土基础工程量：

$V_{J—1} = 1.6m \times 1.6m \times 0.25m = 0.64m^3$

混凝土基础工程量总计 $= 11.11m^3 + 1.40m^3 + 0.64m^3 = 13.15m^3$

垫层工程量：

1—1 剖面垫层工程量：

$V_{1—1} = 1.5m \times 0.1m \times 34.19m = 5.13m^3$

2—2 剖面垫层工程量：

$V_{2—2} = 1.3m \times 0.1m \times (8.0 - 1.5 - 1.8)m = 0.61m^3$

J—1 剖面垫层工程量：

$V_{J—1} = 1.8m \times 1.8m \times 0.1m = 0.32m^3$

垫层工程量总计 $= 5.13m^3 + 0.61m^3 + 0.32m^3 = 6.06m^3$

【例 4-20】 计算如图 4-53 所示的 C25 钢筋混凝土楼梯的混凝土工程量。已知墙体厚度为 240mm，楼梯井的宽度为 150mm。

【解】 混凝土楼梯工程量 $= (2.4 - 0.24)m \times (0.24 + 2.08 + 1.5 - 0.12)m$

$= 2.16m \times 3.70m$

$= 7.992m^2$

【例 4-21】 计算如图 4-63 所示的现浇钢筋混凝土雨篷混凝土工程量。

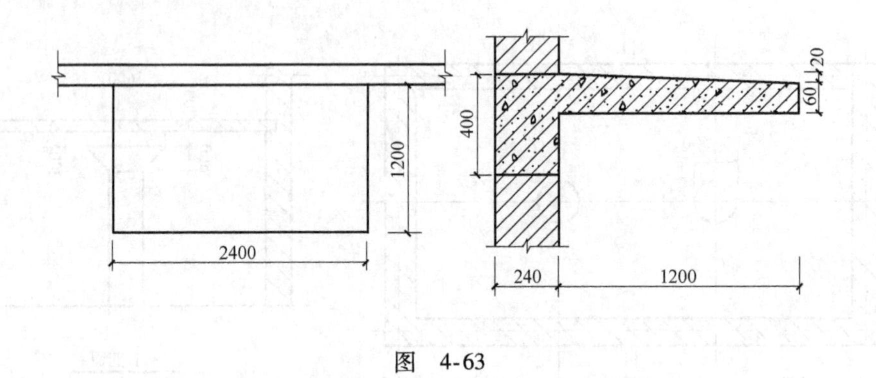

图 4-63

【解】现浇钢筋混凝土雨篷混凝土工程量 $=2.4m\times1.2m=2.88m^2$

4.6 钢筋工程

4.6.1 计算规则

钢筋工程量，按以下规定计算：

1）钢筋工程，应区别现浇、预制构件、不同钢种和规格。分别按设计长度乘以单位重量，以吨为单位计算。

2）计算钢筋工程量时，设计已规定钢筋搭接长度的，按规定搭接长度计算；设计未规定搭接长度的，已包括在钢筋的损耗率之内，不另计算搭接长度。钢筋电渣压力焊接、套筒挤压等接头，以个为单位计算。

3）先张法预应力钢筋按构件外形尺寸计算长度；后张法预应力钢筋按设计图样规定的预应力钢筋预留孔道长度，并区别不同的锚具类型，分别按下列规定计算：

① 低合金钢筋两端采用螺杆锚具时，预应力钢筋按预留孔道长度减 0.35m，螺杆另行计算。

② 低合金钢筋一端采用镦头插片，另一端采用螺杆锚具时，预应力钢筋长度按预留孔道长度计算，螺杆另行计算。

③ 低合金钢筋一端采用镦头插片，另一端采用帮条锚具时，预应力钢筋增加 0.15m，两端均采用帮条锚具时预应力钢筋共增加 0.3m 计算。

④ 低合金钢筋采用后张混凝土自锚时，预应力钢筋长度增加 0.35m 计算。

⑤ 低合金钢筋或钢绞线采用 JM、XM、QM 型锚具，孔道长度在 20m 以内时，预应力钢筋长度增加 1m；孔道长度在 20m 以上时，预应力钢筋长度增加 1.8m 计算。

⑥ 碳素钢丝采用锥形锚具，孔道长度在 20m 以内时，预应力钢筋长度增加 1m，孔道长在 20m 以上时，预应力钢筋长度增加 1.8m。

⑦ 碳素钢丝两端采用镦粗头时，预应力钢丝长度增加 0.35m 计算。

4）钢筋混凝土构件预埋铁件工程量，按设计图示尺寸，以吨为单位计算。

5）固定预埋螺栓、铁件的支架，固定双层钢筋的铁马凳、垫铁件，按审定的施工组织设计规定计算，套用相应的定额项目。

普通钢筋长度的计算公式为：

$$钢筋长度 = 构件长度 - 端头保护层 + 增加长度$$

纵向受力的普通钢筋和预应力钢筋，其混凝土保护层厚度不应小于钢筋的公称直径，且应符合表4-10的规定。

表4-10 受力钢筋混凝土保护层最小厚度 （单位：mm）

环境类别		墙			梁			柱		
		C20	C25～C45	C50	C20	C25～C45	C50	C20	C25～C45	C50
一		20	15	15	30	25	25	30	30	30
二	a	—	20	20	—	30	30	—	30	30
	b	—	25	20	—	35	30	—	35	30
三		—	30	25	—	40	35	—	40	35

注：基础中纵向受力钢筋的混凝土保护层厚度不应小于40mm，当无垫层时不应小于70mm。

增加钢筋的长度是指弯钩、弯起、搭接和锚固等增加的长度，具体计算如下：

① 直钢筋指两端无弯钩又不弯起的钢筋。长度计算公式为：

$$L_1 = L - 2a$$

式中 L——构件的结构长度；

a——钢筋端头保护层厚度。

② 带弯钩钢筋指端部带弯钩的钢筋。长度计算公式为：

$$L_2 = L - 2a + 2\Delta L$$

式中 ΔL——钢筋一端的弯钩增加长度。

弯钩分半圆弯钩、直弯钩和斜弯钩，如图4-64a所示。每种弯钩增加的长度见表4-11。

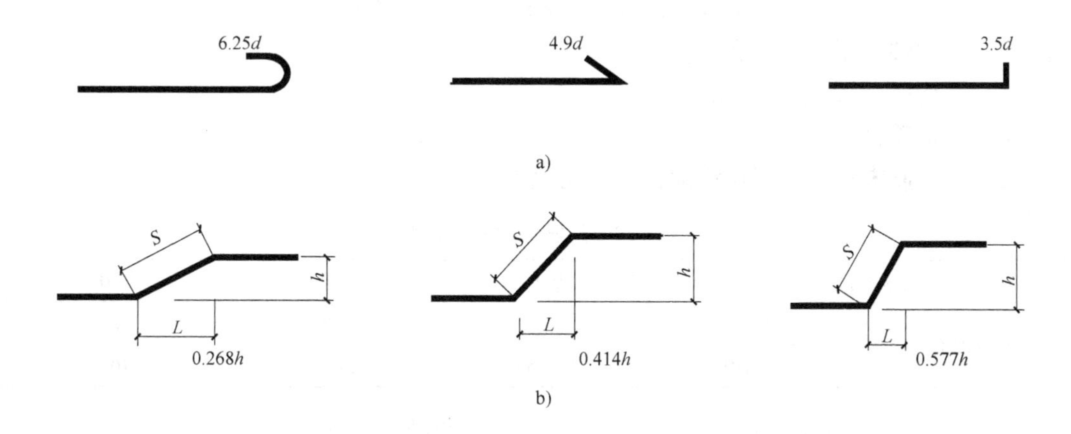

图 4-64

a）弯钩增加长度示意图 b）弯起钢筋示意图

表 4-11 钢筋弯钩增加长度

弯钩角度	180°	135°	90°
增加长度	$6.25d$	$4.9d$	$3.5d$

③ 弯起钢筋主要用于梁板支座附近的负弯矩区域中，其弯曲形式如图 4-64b 所示。梁中弯起钢筋的弯起角一般为45°，当梁高大于800mm 时宜采用60°。板中弯起钢筋的弯起角一般小于30°。

弯起钢筋长度计算公式为：

$$L_3 = \text{构件长度} - 2\times\text{保护层} + \text{弯起部分增加长度} + 2\times\text{端部弯钩长}$$
$$= L - 2a + 2(S - L) + 2\Delta L$$

式中 $(S-L)$ ——弯起部分增加长度，见表 4-12。

表 4-12 弯起部分增加长度

α	S	L	S－L
30°	$2.00H$	$1.73H$	$0.27H$
45°	$1.41H$	$1.00H$	$0.41H$
60°	$1.15H$	$0.58H$	$0.57H$

注：1. 表内为减去保护层弯起钢筋的净高。
2. α、S、H、S－L 所表示的含义如图 4-64b 所示。

④ 箍筋是用来固定钢筋位置的钢筋，是钢筋骨架成形中不可缺少的一种钢筋，常用于钢筋混凝土梁、柱中，其计算公式为：

$$\text{每一构件箍筋总长度} = \text{每根箍筋长度}\times\text{箍筋根数}$$

箍筋长度的一般计算公式为：

$$L_G = [(b - 2a) + (h - 2a)]\times 2 + 2\Delta l_g - 4d$$
$$= (b + h)\times 2 - 8a + 2\Delta l_g - 4d$$
$$= \text{构件截面周长} - 8a + 2\Delta l_g - 4d$$

式中 b——构件（梁或柱）的宽；
h——构件（梁或柱）的高；
d——钢筋直径；
Δl_g——箍筋末端每个弯钩增加长度，见表 4-13。

表 4-13 箍筋弯钩增加长度

弯钩形式		180°	135°	90°
弯钩增加值	一般结构	$8.25d$	$6.87d$	$5.5d$
	抗震结构	$13.25d$	$11.87d$	$10.5d$

实际工作中，为简化计算，箍筋长度一般有如下两种计算方法：

第一种方法，箍筋的两端各为半圆弯钩，即每端各增加 $8.25d$，所以箍筋的长度为：

$$L_G = (b + h)\times 2 - 8a + 2\times 8.25d$$

第二种方法，箍筋直径 10mm 以下的，按混凝土构件外围周长计算，不扣除混凝土保护层，亦不另增加弯钩长度，即箍筋长度为：

$$L_G = 2(b + h)$$

箍筋直径10mm以上的，箍筋长度为：

$$L_G = 2(b + h) + 25\text{mm}$$

箍筋根数与钢筋混凝土构件的长度有关，若箍筋为等间距配置（间距为 C），则每一箍筋根数为：

两端均设箍筋时：　$N = L/C + 1$

两端中只有一端设箍筋时：　$N = L/C$

两端均不设箍筋时：　$N = L/C - 1$

⑤ 钢筋搭接长度：设计已规定钢筋搭接长度的，按规定搭接长度计算；设计未规定钢筋搭接长度的，已包括在钢筋的损耗率之内，不另计算搭接长度。钢筋电渣压力焊接、套筒挤压接头，以个为单位计算。

实际工程中，将上述不同直径钢筋长度分类统计汇总后，再根据表4-14查得不同直径钢筋单位理论质量，即可求得钢筋质量。

表4-14　钢筋单位理论质量表

序　号	钢筋直径 d/mm	理论质量/（kg/m）	序　号	钢筋直径 d/mm	理论质量/（kg/m）
1	Φ4	0.099	8	Φ18	1.998
2	Φ6.5	0.260	9	Φ20	2.466
3	Φ8	0.395	10	Φ22	2.984
4	Φ10	0.617	11	Φ25	3.850
5	Φ12	0.888	12	Φ28	4.830
6	Φ14	1.208	13	Φ30	5.550
7	Φ16	1.578	14	Φ32	6.310

钢筋计量不仅需要工程结构、工程力学知识以及对钢筋工程施工过程的熟悉，更需要对结构识图以及对相关规范、标准图集的深入理解。现行钢筋计算相关规范主要有：《混凝土结构设计规范》（GB 50010—2010）、《混凝土结构工程施工质量验收规范》（GB 50204—2002）、《建筑物抗震构造详图》（03G329—1）和《混凝土结构施工图平面整体表示方法制图规则及构造详图》系列图集，简称“平法”G101－X系列：00G101、03G101—1、03G101—2、04G101—3、04G101—4。

随着设计方法的更新，采用平面整体标注法进行设计的图样已占工程设计总量的90%以上，钢筋工程量的计算也由原来的按构件详图计算，转化为按平法图集结合工程结构图来计算。平面整体标注法贯穿了建筑行业的整个过程，为建筑业带来了不可估量的经济效益。增强空间理解力、学习平法识图，按新规范进行钢筋工程量的计算也逐渐成为造价人员的一项必备技能。

4.6.2 典型例题

【例4-22】平法标注的框架梁中钢筋的计量。框架梁KL1中钢筋的标注如图4-65所示。KL1截面尺寸为300mm×700mm，混凝土标号为C30，二级抗震，钢筋接头形式为焊接。本题中所有计算式单位均为 mm。

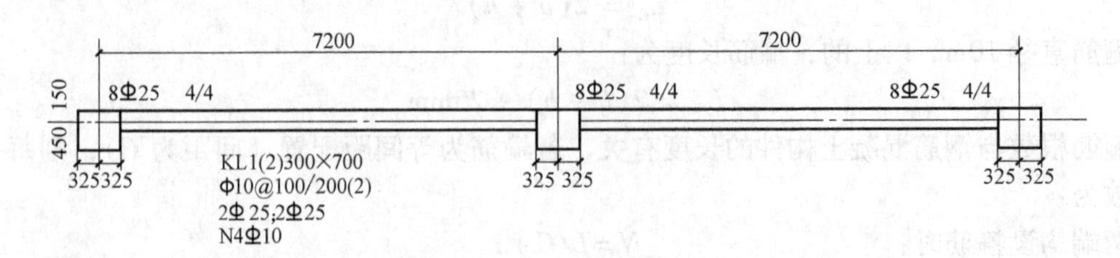

图 4-65

首先根据抗震等级和混凝土标号通过表 4-15 确定纵向受拉钢筋抗震锚固长度。

根据混凝土标号（C30）和抗震等级（二级），得到直径为 25mm 的 HRB335 普通钢筋的纵向受拉钢筋抗震锚固长度为 $34d$。

表 4-15 纵向受拉钢筋抗震锚固长度

钢筋类型与直径		混凝土强度等级与抗震等级					
		C20		C25		C30	
		一、二	三	一、二	三	一、二	三
HPB235 普通钢筋		$36d$	$33d$	$31d$	$28d$	$27d$	$25d$
HRB335 普通钢筋	$d \leqslant 25$	$44d$	$41d$	$38d$	$35d$	$34d$	$31d$
	$d > 25$	$49d$	$45d$	$42d$	$39d$	$38d$	$34d$
HRB400 普通钢筋 RRB400 普通钢筋	$d \leqslant 25$	$53d$	$49d$	$46d$	$42d$	$41d$	$37d$
	$d > 25$	$58d$	$53d$	$51d$	$46d$	$45d$	$41d$

需要计算的钢筋工程量见表 4-16。

表 4-16 需要计算的钢筋工程量

纵筋								箍筋		
上部纵筋	下部纵筋	支座负筋								
		左支座负筋		中间支座		右支座负筋				
上部通长筋	下部通长筋	第一排	第二排	第一排	第二排	第一排	第二排	侧面受扭纵向钢筋	箍筋	拉筋

1）上通筋长度计算见表 4-17。

判断锚固是否为直锚。抗震锚固长度 $L_{aE} = 34d = 34 \times 25\text{mm} = 850\text{mm}$

支座宽 - 保护层 = 650mm - 25mm = 625mm

因 625mm < 850mm，所以必须弯锚。

表 4-17　上通筋长度计算表

计算方法	上通筋长度 = 净跨长 + 左右锚固长				
计算过程	净　　跨	左右支座锚固长度判断		结果	根数
	7200mm + 7200mm − 325mm − 325mm = 13750mm	取大值 1000mm	$34d = 34 \times 25$mm = 850mm		
			$0.4L_{aE} + 15d =$ 0.4 × 34 × 25mm + 15 × 25mm = 715mm		
			支座宽 b − 保护层 $c + 15d =$ 650mm − 25mm + 15 × 25mm = 1000mm		
计算式	13750mm + 1000mm + 1000mm			15750mm	2 根

焊接接头超过 8m 会有一个接头，所以上通筋有一个接头，接头数量为 2 个。

2）下通筋长度计算见表 4-18。

表 4-18　下通筋长度计算表

计算方法	下通筋长度 = 净跨长 + 左、右锚固长				
计算过程	净　　跨	左、右支座锚固长度判断		结果	根数
	7200mm + 7200mm − 325mm − 325mm = 13750mm	取大值 1000mm	34 × 25mm = 850mm		
			0.4 × 34 × 25mm + 15 × 25mm = 715mm		
			650mm − 25mm + 15 × 25mm = 1000mm		
计算式	13750mm + 1000mm + 1000mm			15750mm	2 根

接头数量为 2 个。

3）第一跨左支座第一排钢筋：

① 第一排计算见表 4-19。

表 4-19　左支座第一排钢筋长度计算表

计算方法	左支座第一排钢筋长度 = 净跨长/3 + 左锚固长				
计算过程	第一跨净跨	左、右支座锚固长度判断		结果	根数
	7200mm − 325mm − 325mm = 6550mm	取大值 1000mm	34 × 25mm = 850mm		
			0.4 × 34 × 25mm + 15 × 25mm = 715mm		
			650mm − 25mm + 15 × 25mm = 1000mm		
计算式	6550mm/3 + 1000mm			3183mm	2 根

② 第一跨左支座第二排钢筋计算：

每根长度为：6550mm/4 + 1000mm = 2638mm，4 根。

4）中间支座钢筋：

① 第一排支座钢筋计算见表4-20。

表4-20 中间支座第一排钢筋长度计算表

计算方法	中间支座第一排钢筋长度 = 2 × max（第一跨，第二跨）净跨长/3 + 支座宽			
计算过程	第一跨净跨长	第二跨净跨长	结果	根数
	7200mm − 325mm − 325mm = 6550mm	7200mm − 325mm − 325mm = 6550mm		
	取大值6550mm			
计算式	2 × 6550mm/3 + 650mm		5017mm	2根

② 第二排支座钢筋计算：

每根长度为：2 × 6550mm/4 + 650mm = 3925m，4根。

5）第二跨右支座钢筋：

① 第一排计算：

第二跨右支座第一排钢筋计算方法和结果同第一跨左支座第一排钢筋，计算如下：

长度 = 6550mm/3 + 1000mm = 3183mm

根数 = 2根

② 第二排计算：

第二跨右支座第二排钢筋计算方法和结果同第一跨左支座第一排钢筋，计算如下：

长度 = 6550mm/4 + 1000mm = 2638mm

根数 = 4根

6）受扭纵向钢筋：

当为梁侧面受扭纵向钢筋时，其搭接长度为 L_l 或 L_{le}（抗震）；其锚固长度与方式同框架梁下部纵筋，计算见表4-21。

表4-21 梁侧面受扭纵向钢筋长度计算表

计算方法	梁侧面受扭纵向钢筋长度 = 净跨长 + 左、右直锚长度 + 2 × 6.25d				
计算过程	净跨	左、右直锚长度判断		结果	根数
		取大值	L_{aE}		
			$0.5h_c + 5 \times d$		
	7200mm + 7200mm − 325mm − 325mm = 13750mm	375mm	34 × 10mm = 340mm		
			0.5 × 650mm + 5 × 10mm = 375mm		
计算式	13750mm + 375mm + 375mm + 2 × 6.25mm × 10			14625mm	4根

判断是否直锚：

当直锚长度 = L_{aE} 且 = $0.5h_c + 5d$ 时，可以进行直锚，不需弯锚。

KL1的锚固判断：L_{aE} = 34mm × 10 = 340mm < 625mm，所以必须直锚。

考虑搭接：每根受扭纵向钢筋中间有一个搭接，其搭接长度为 38d = 38 × 10mm = 380mm。

7）箍筋：

① 第一跨箍筋长度计算见表4-22。

表 4-22 第一跨箍筋长度计算表

计算方法	箍筋长度 =2×（梁宽 -2×保护层 + 梁高 -2×保护层） +2×max（10d，75mm） +2×1.9d +8d			
计算过程	梁宽 + 梁高 -4×保护层	取大值	10d	结果
			75mm	
	300mm +700mm -4×25mm =900mm	100mm	10×10mm =100mm	
			75mm	
计算式	2×900mm +2×100mm +2×1.9×10mm +8×10mm			2118mm

第一跨箍筋根数计算见表 4-23。

表 4-23 第一跨箍筋根数计算表

计算方法	箍筋根数 = 左加密区根数 + 右加密区根数 + 非加密区根数		
计算过程	加密区根数	非加密区根数	结果
	（1.5×梁高 -50）/加密间距 +1	（净跨长 - 左加密区 - 右加密区）/非加密间距 -1	
	（1.5×700 -50）/100 +1	（7200 -325×2 -700×1.5×2）/200 -1	
	11 根	22 根	
计算式	11 根×2 +22 根		44 根

② 第二箍筋跨长度、根数计算同第一跨。

长度 =2×900mm +2×100mm +2×1.9×10mm +8×10mm =2118mm

根数 =44 根

8）拉接筋Φ6 计算根据平法 03G101—1 的规定：当梁宽≤350mm 时，拉接筋直径为 6mm，见表 4-24。

表 4-24 拉接筋长度计算表

计算方法	拉接筋长度 = 梁宽 -2×保护层 +2×1.9d +2×max（10d，75mm） +2d				
计算过程	300mm -2×25mm =250mm	左支座锚固长度判断			结果
		取大值 75mm	10d	75mm	
			10×6	75mm	
			60mm	75mm	
计算式	250mm +2×1.9×6mm +2×75mm +2×6mm				435mm

拉筋总根数 = {[（7200 - 325 - 325）/ 400] + 1}×4 = 72 根

将上述不同直径钢筋长度分类统计汇总后，再根据表 4-14 查得不同直径钢筋单位理论质量，即可求得钢筋质量。

【例 4-23】 某现浇单跨花篮梁尺寸如图 4-66 所示，混凝土强度等级为 C25，混凝土保护层为 25cm；混凝土现场搅拌。计算现浇钢筋混凝土花篮梁钢筋工程量。

【解】 ① 号钢筋 2 Φ25 的工程量 = (5.74 - 0.025×2)m×2×3.85kg/m

= 11.38m×3.85kg/m

= 43.81kg

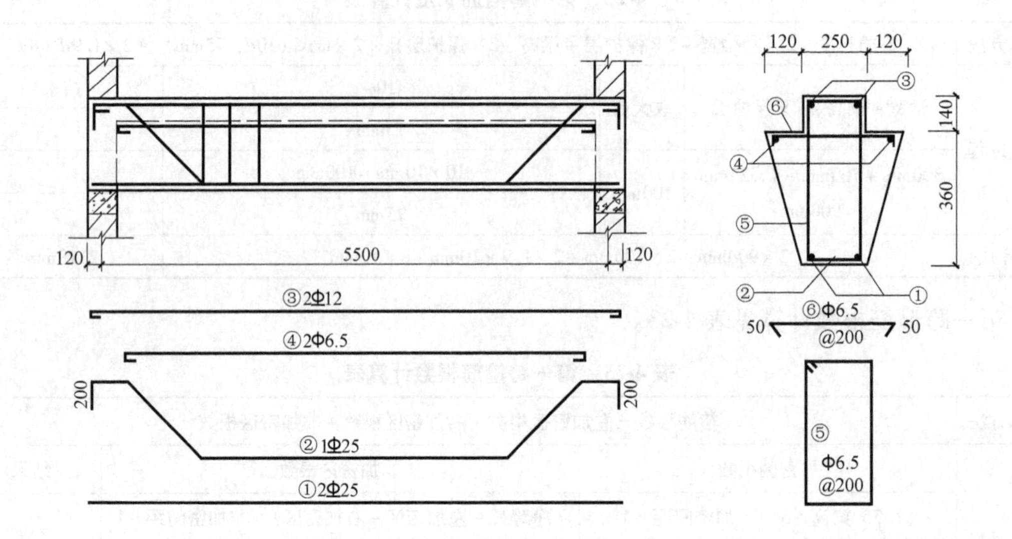

图　4-66

② 号钢筋 1 Φ25 的工程量 $=[(5.74-0.025\times2+2\times0.414\times(0.5-0.025\times2)+0.2\times2)]\text{m}\times3.85\text{kg/m}$

$=24.88\text{kg}$

③ 号钢筋 2 Φ12 的工程量 $=(5.74-0.025\times2+6.25\times0.012\times2)\text{m}\times2\times0.888\text{kg/m}$

$=5.84\text{m}\times2\times0.888\text{kg/m}$

$=10.37\text{kg}$

④ 号钢筋 2 Φ6.5 的工程量 $=(5.50-0.025\times2-0.24+6.25\times0.0065\times2)\text{m}\times2\times0.260\text{kg/m}=2.75\text{kg}$

⑤ 号钢筋Φ6.5 的工程量：

根数 $=(5.74-0.05)\text{m}/0.20\text{m}+1=30$ 根

单根长度 $=2\times(0.50+0.25)\text{m}=1.50\text{m}$

工程量 $=1.50\text{m}\times30\times0.260\text{kg/m}=11.70\text{kg}$

⑥ 号钢筋Φ6.5 的工程量：

根数 $=(5.5-0.24-0.05)\text{m}/0.20\text{m}+1=27$ 根

单根长度 $=0.49\text{m}-0.025\text{m}\times2+0.05\text{m}\times2=0.54\text{m}$

工程量 $=0.54\text{m}\times27\times0.260\text{kg/m}=3.79\text{kg}$

合计：Φ25 钢筋的工程量 $=43.81\text{kg}+24.88\text{kg}\approx69\text{kg}$

Φ12 钢筋的工程量 $=10.37\text{kg}\approx10\text{kg}$

Φ6.5 钢筋的工程量 $=2.75\text{kg}+11.70\text{kg}+3.79\text{kg}\approx18\text{kg}$

【例 4-24】 某钢筋混凝土柱尺寸如图 4-67 所示，现浇 C25 混凝土，现场搅拌。柱上端水平锚固长度为 300mm，基础混凝土保护层为 35mm；柱混凝土保护层为 25mm。计算现浇钢筋混凝土柱钢筋工程量。

【解】 Φ25 的钢筋工程量 $=[(0.40+1.00+0.70-0.035+0.20)\text{m}+(0.70+2.40+0.60)\text{m}+(0.60+0.50-0.025+0.30)\text{m}]\times4\times3.85\text{kg/m}$

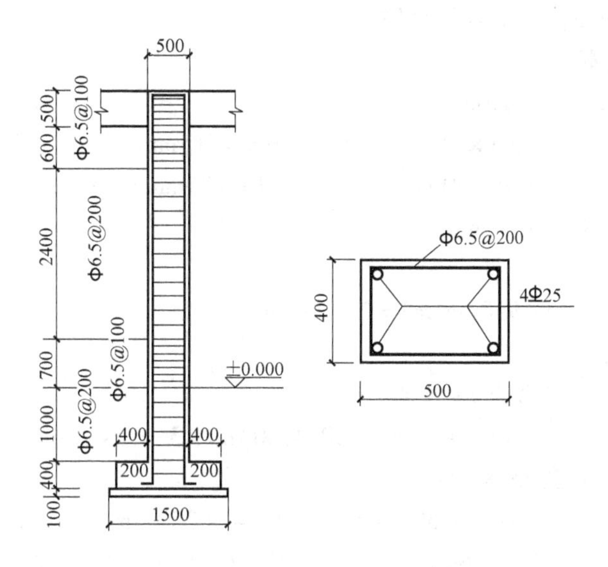

图　4-67

$$= 113.04\text{kg} \approx 113\text{kg}$$

Φ6.5 的箍筋根数 $= [(0.40 + 1.00 - 0.035)\text{m}/0.20\text{m} + 1] + (0.70\text{m}/0.10\text{m}) + (2.40\text{m}/0.20\text{m}) + [(0.60 + 0.50 - 0.025)\text{m}/0.10\text{m}]$

$= 8 + 7 + 12 + 11$

$= 38$ 根

箍筋单根长度 $= 2 \times (0.50 + 0.40)\text{m} = 1.80\text{m}$

Φ6.5 的箍筋工程量 $= 38 \times 1.80\text{m} \times 0.260\text{kg/m} = 17.78\text{kg} \approx 18\text{kg}$

合计：Φ25 钢筋的工程量 = 113kg

　　Φ6.5 钢筋的工程量 = 18kg

【例 4-25】 计算如图 4-68 所示的框架梁 KL3 的所有钢筋工程量。KL3 为中间楼层框架梁，结构抗震等级为一级，混凝土标号为 C30，搭接形式为套管挤压，保护层厚度为 25mm。

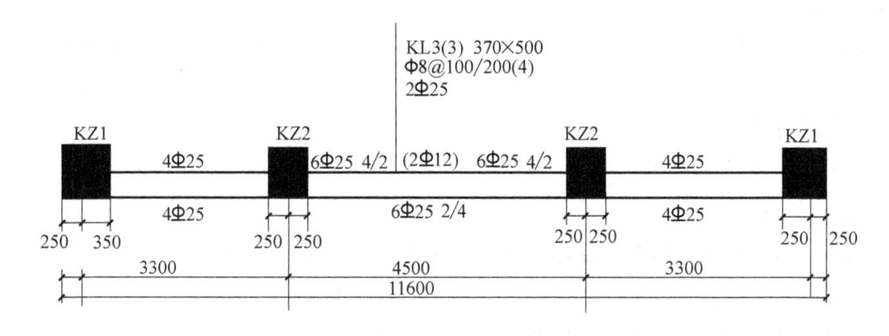

图　4-68

【解】 1）上部通长筋 2Φ25 长度：

判断锚固是否为直锚。根据已知查表 4-15 得，$L_{aE} = 34d = 34 \times 25\text{mm} = 850\text{mm}$

支座宽 − 保护层 = 600mm − 25mm = 575mm

因 575mm < 850mm，所以必须弯锚。

支座锚固长度判断：

$L_{aE} = 34d = 34 \times 25\text{mm} = 850\text{mm}$

$0.4L_{aE} + 15d = 0.4 \times 34\text{mm} \times 25\text{mm} + 15 \times 25\text{mm} = 715\text{mm}$

支座宽 b - 保护层 $c + 15d = 600\text{mm} - 25\text{mm} + 15 \times 25\text{mm} = 950\text{mm}$

以上三式的最大值为 950mm。

上部通长筋长度：

$(11600 - 600 \times 2)\text{mm} + 950\text{mm} \times 2 = 12300\text{mm}$

2）第一跨钢筋：

① 第一跨上部中间筋 2 Φ25 长度：

$950\text{mm} + 2700\text{mm} + 500\text{mm} + \max(2700, 4000)\text{mm}/3 = 5483\text{mm}$

② 第一跨下部筋 4 Φ25 长度：

$950\text{mm} + 2700 + \max[(0.5 \times 500 + 5 \times 25), 34 \times 25]\text{mm} = 4500\text{mm}$

注：根据平法 03G101—1 规定：一级抗震 KL 梁下部钢筋深入中间支座的长度为 $(0.5hc + 5d)$ 和 L_{aE} 两者间的较大值。

③ 第一跨箍筋Φ8；

箍筋 1 长度：

$2 \times [(370 - 2 \times 25) + (500 - 2 \times 25)]\text{mm} + 2[\max(10 \times 8.75) + 1.9 \times 8]\text{mm} + 8 \times 8\text{mm} = 1794\text{mm}$

箍筋 1 根数：

$2 \times \{[\max(2 \times 500, 500) - 50]\text{mm}/100\text{mm} + 1\} + [(2700 - 2 \times 1000)\text{mm}/200\text{mm} - 1] = 25$ 根

箍筋 2 长度：

$2 \times [(370 - 2 \times 25 - 25)/3 \times 1 + 25 + 500 - 2 \times 25]\text{mm} + 2 \times [\max(10 \times 8.75) + 1.9 \times 8]\text{mm} + 8 \times 8\text{mm} = 1402\text{mm}$

箍筋 2 根数：

$2 \times \{[\max(2 \times 500, 500) - 50]\text{mm}/100\text{mm} + 1\} + [(2700 - 2 \times 1000)\text{mm}/200\text{mm} - 1] = 25$ 根

3）第二跨钢筋长度：

① 第二跨左支座负筋长度：

第二排 2 Φ25 长度：

$[\max(2700, 4000)/4 + 500 + \max(2700, 4000)/4]\text{mm} = 2500\text{mm}$

架立筋 2 Φ12 长度：

$(150 - 4000/3 + 4000 + 150 - 4000/3)\text{mm} = 1634\text{mm}$

② 第二跨右支座负筋长度：

第二排 2 Φ25：

$[\max(2700, 4000)/4 + 500 + \max(2700, 4000)/4]\text{mm} = 2500\text{mm}$

③ 第二跨下部筋长度：

下部筋：6 Φ25 长度：

max[(0.5 × 500 + 5 × 25),34 × 25]mm + 4000mm + max[(0.5 × 500 + 5 × 25),34 × 25]mm = 5700mm

④ 第二跨箍筋Φ8：

箍筋1长度：

2 × [(370 − 2 × 25) + (500 − 2 × 25)]mm + 2[max(10 × 8.75) + 1.9 × 8]mm + 8 × 8mm = 1794mm

箍筋1根数：

2 × {max[(2 × 500,500) − 50]mm/100mm] + 1} + [(4000 − 2 × 1000)mm/200mm − 1] = 31根

箍筋2长度：

2 × {[(370 − 2 × 25 − 25)/3 × 1 + 25] + (500 − 2 × 25)}mm + 2 × {[max(10 × 8.75) + 1.9 × 8] + 8 × 8}mm

= 1402mm

箍筋2根数：

2 × {max[(2 × 500,500) − 50]mm/100mm] + 1} + [(4000 − 2 × 1000)mm/200mm − 1] = 31根

4）第三跨钢筋长度：

① 第三跨上部中间筋2 Φ25长度：

950mm + 2700mm + 500mm + max(2700,4000)mm/3 = 5483mm

② 第三跨下部筋4 Φ25长度：

950mm + 2700 + max[(0.5 × 500 + 5 × 25),34 × 25]mm = 4500mm

注：根据平法03G101—1规定：一级抗震KL梁下部钢筋深入中间支座的长度为$(0.5hc + 5d)$和L_{aE}两者间的较大值。

③ 第三跨箍筋Φ8：

箍筋1长度：

2 × [(370 − 2 × 25) + (500 − 2 × 25)]mm + 2[max(10 × 8.75) + 1.9 × 8]mm + 8 × 8mm = 1794mm

箍筋1根数：

2 × {[max(2 × 500,500) − 50]mm/100mm + 1} + [(2700 − 2 × 1000)mm/200mm − 1] = 25根

箍筋2长度：

2 × [(370 − 2 × 25 − 25)/3 × 1 + 25 + 500 − 2 × 25]mm + 2 × [max(10 × 8.75) + 1.9 × 8]mm + 8 × 8mm

= 1402mm

箍筋2根数：

2 × {[max(2 × 500,500) − 50]mm/100mm + 1} + [(2700 − 2 × 1000)mm/200mm − 1] = 25根

5）总计：

Φ25 钢筋总质量：

$3.850\text{kg/m} \times (2 \times 12.3 + 2 \times 5.483 + 4 \times 4.5 + 2 \times 2.5 + 6 \times 5.7 + 2 \times 5.483 + 4 \times 4.5 + 2 \times 2.5)\text{m} = 487.92\text{kg}$

Φ12 钢筋总质量：

$0.888\text{kg/m} \times 2 \times 1.634\text{m} = 2.90\text{kg}$

Φ8 钢筋总质量：

$0.395\text{kg/m} \times (25 \times 1.794 + 25 \times 1.401 + 31 \times 1.794 + 31 \times 1.401 + 25 \times 1.794 + 25 \times 1.402)\text{m} = 102.26\text{kg}$

4.7 构件运输及安装工程

4.7.1 计算规则

1）预制混凝土构件运输及安装均按构件图示尺寸以实体体积计算；钢构件按构件设计图示尺寸以吨为单位计算，所需螺栓、电焊条等质量不另计算。木门窗以外框面积以平方米为单位计算。

2）预制混凝土构件制作、运输及安装的损耗率，按表4-25规定计算后并入构件工程量内。其中预制混凝土屋架、桁梁、托架及长度在9m以上的梁、板、柱不计算耗损率。

表4-25 预制混凝土构件制作、运输、安装损耗率表

名　称	制作废品率	运输堆放损耗率	安装（打桩）损耗
各类预制构件	0.2%	0.8%	0.5%
预制钢筋混凝土桩	0.1%	0.4%	1.5%

3）构件运输。

① 预制混凝土构件运输的最大运输距离为50km以内；钢构件和木门窗的最大运输距离20km以内；超过时另行补充。

② 加气混凝土板（块），硅酸盐块运输每立方米折合钢筋混凝土构件体积0.4m^3，按一类构件运输计算。

4）预制混凝土构件安装。

① 焊接形成的预制钢筋混凝土框架结构，其柱安装按框架柱计算，梁安装按框架梁计算；节点浇注成形的框架，按连体框架梁、柱计算。

② 预制钢筋混凝土工字柱、矩形柱、空腹柱、双肢柱，空心柱、管道支架等安装，均按柱安装计算。

③ 组合屋架安装，以混凝土部分实体部分体积计算，钢杆件部分不另计算。

④ 预制钢筋混凝土多层柱安装，首层柱按柱安装计算，二层及二层以上按柱接柱计算。

5）钢构件安装。

① 钢构件安装按图示构件钢材重量以吨为单位计算。

② 依附于钢柱上的牛腿及悬臂梁等，并入柱身主材质量计算。

③ 金属结构中所用钢板，设计为多边形者，按矩形计算，矩形的边长以设计尺寸中互相垂直的最大尺寸为准。

4.7.2 典型例题

【例4-26】 如图4-69所示YKB—3364预应力空心板，求100块预应力钢筋混凝土空心板工程量。

【解】 空心板制作工程量 $= 3.28\text{m} \times [(0.57+0.59)\text{m} \times 0.12\text{m}/2 - \pi/4 \times 0.076^2\text{m}^2 \times 6] \times 100 \times 1.015$

$= 0.139\text{m}^3 \times 100 \times 1.015$

$= 13.9\text{m}^3 \times 1.015$

$= 14.11\text{m}^3$

空心板运输工程量 $= 13.9\text{m}^3 \times 1.013 = 14.08\text{m}^3$

空心板安装工程量 $= 13.9\text{m}^3 \times 1.005 = 13.97\text{m}^3$

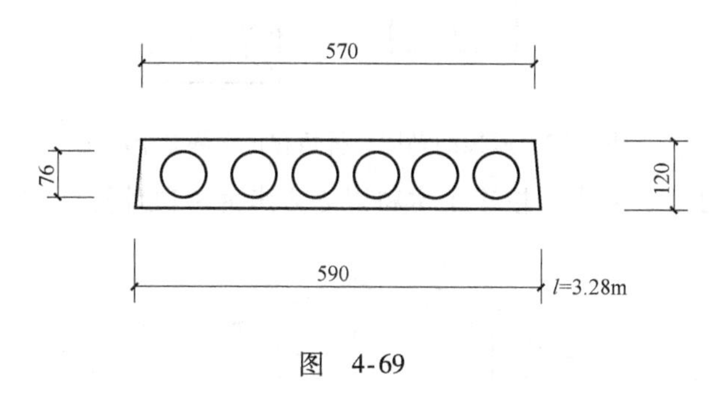

图 4-69

4.8 门窗及木结构工程

4.8.1 计算规则

1）各类门、窗制作、安装工程量均按门、窗洞口面积计算。

① 门、窗盖口条、贴脸、披水条，按图示尺寸以延长米为单位计算，执行木装饰项目。

② 普通窗上带有半圆窗的工程量应分别按半圆窗和普通窗计算。其分界线以普通窗和半圆窗上的横框上裁口线为分界线。

③ 门窗扇包镀锌铁皮，按门、窗洞口面积以平方米为单位计算。门窗框包镀锌铁皮、钉橡皮条、钉毛毡按图示门窗洞口尺寸以延长米为单位来计算。

2）铝合金门窗、不锈钢门窗、彩板组角钢门窗、塑料门窗、钢门窗安装，均按设计门窗洞口面积计算。

3）卷闸门安装按洞口高度增加600mm乘以门实际宽度以平方米为单位计算。电动装置安装以套来计算。小门安装以个为单位计算。

4）不锈钢片包门框按框外表面面积以平方米为单位计算；彩板组角钢门窗附框安装按延长米为单位来计算。

5）木屋架的制作安装工程量，按以下规定计算：

① 木屋架制作安装均按设计断面竣工木料以立方米为单位计算，其后备长度及配置损耗均不另外计算。

② 方木屋架一面抛光时增加3mm，两面抛光时增加5mm，圆木屋架按屋架抛光时木材体积每立方米为单位增加0.05m^3 算。附属于屋架的夹板、垫木等已并入相应的屋架制作项目中，不另计算；与屋架连接的挑檐木、支撑等，其工程量并入屋架竣工木料体积内计算。

③ 屋架的制作安装应区别不同跨度，其跨度应以屋架上下弦杆的中心线交点之间的长度为准。带气楼的屋架并入所依附的屋架的体积内计算。

④ 屋架的马尾、折角和正交部分半屋架，应并入相连接屋架的体积内计算，如图4-70所示。

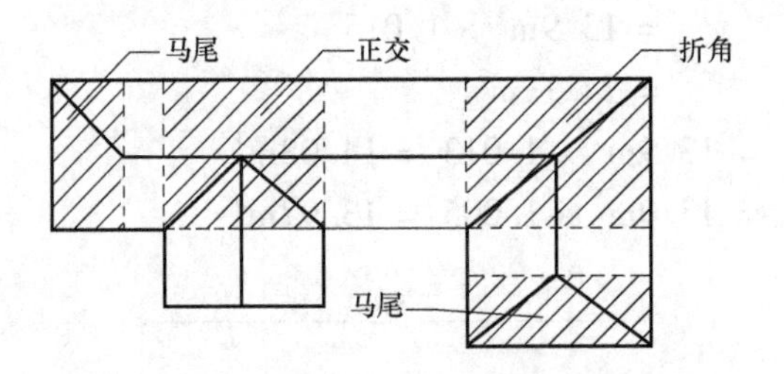

图4-70　屋架的马尾、折角和正交部分半屋架

⑤ 钢木屋架区分圆、方木，按竣工木料以立方米为单位计算，如图4-71所示。

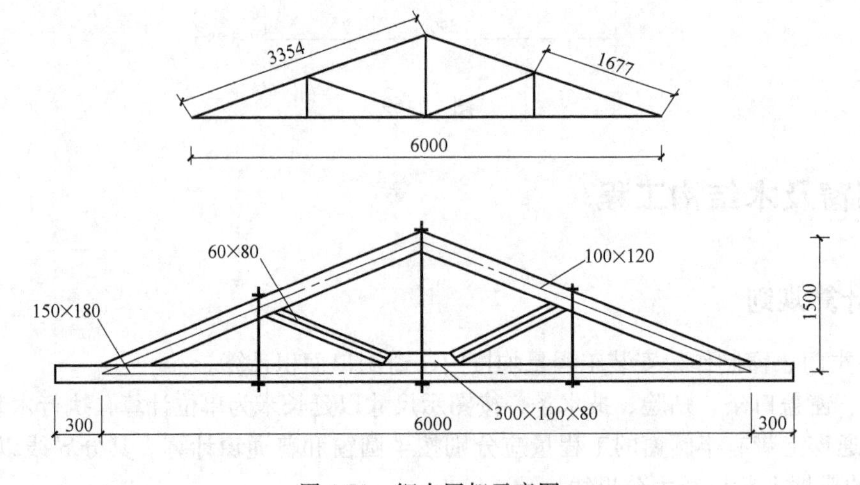

图4-71　钢木屋架示意图

木屋架工程量计算：

A、B、C、D各型木屋架示意图如图4-72所示。根据图示，可得表4-26所示的木屋架杆件长度系数。

木屋架工程量＝上、下弦材积＋各杆件材积

屋架杆件长度＝跨度×该杆件的系数

国家标准《原木材积表》（GB 4814—1984）规定了原木材积的计算方法和计算公式，读者可自行参考。

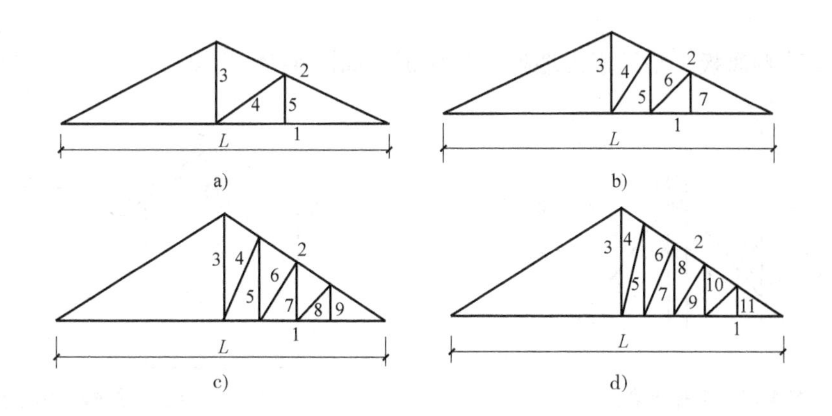

图4-72 各型木屋架示意图

a）A型木屋架 b）B型木屋架 c）C型木屋架 d）D型木屋架

表4-26 木屋架杆件长度系数表

杆件编号	屋架坡度							
	26°34′				30°			
	屋架类型							
	A	B	C	D	A	B	C	D
1	1.000	1.000	1.000	1.000	1.000	1.000	1.000	1.000
2	0.559	0.559	0.559	0.559	0.557	0.557	0.557	0.557
3	0.250	0.250	0.250	0.250	0.289	0.289	0.289	0.289
4	0.280	0.236	0.225	0.224	0.289	0.254	0.250	0.252
5	0.125	0.167	0.188	0.200	0.144	0.192	0.216	0.231
6	—	0.186	0.177	0.180	—	0.192	0.191	0.200
7	—	0.083	0.125	0.150	—	0.096	0.144	0.173
8	—	—	0.140	0.141	—	—	0.144	0.153
9	—	—	0.063	0.100	—	—	0.072	0.116
10	—	—	—	0.112	—	—	—	0.116
11	—	—	—	0.050	—	—	—	0.058

6）圆木屋架连接的挑檐木、支撑等如为方木时，其方木部分应乘以系数1.7折合成圆木并入屋架竣工木料内，单独的方木挑檐，按矩形檩木计算。

7）檩木按竣工木料以立方米为单位计算。简支檩长度按设计规定计算，如无设计规定者，按屋架或山墙中距增加200mm计算，如两端出山，檩条长度算至博风板；连续檩条的长度按设计长度计算，其接头长度按全部连续檩木总体积的5%计算。檩条托木已计入相应的檩木制作安装项目中，不另计算。

檩托又称三角木，爬山虎，指托住檩条防止下滑移位的楔形构件，如图4-73所示。

8）屋面木基层，按屋面的斜面积计算。天窗挑檐重叠部分按设计规定计算，屋面烟囱及斜沟部分所占面积不扣除。

9）封檐板按图示檐口外围长度计算，博风板按斜长度计算，每个大刀头增加长度

500mm。

博风板又称顺风板，是用于山墙处的封檐板，如图 4-74 所示。

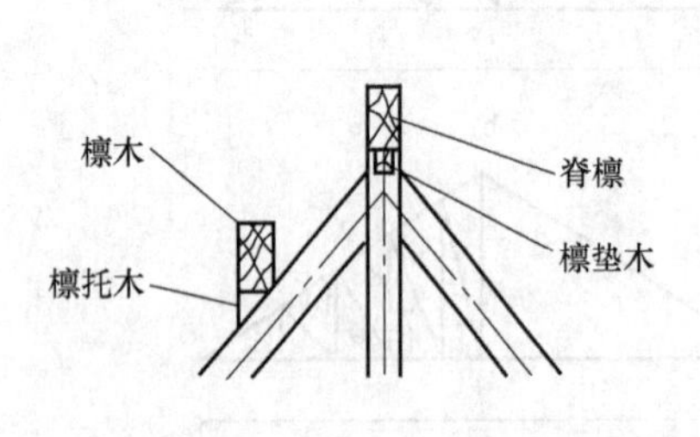

图 4-73 檩托示意图

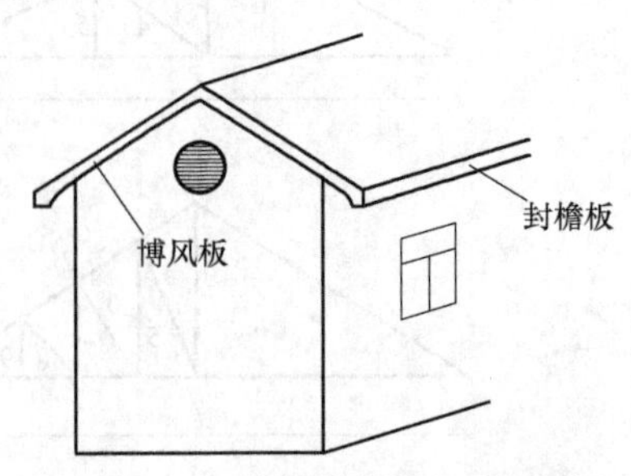

图 4-74 博风板、封檐板示意图

10）木楼梯按水平投影面积计算，不扣除宽度小于 300mm 的楼梯井，其踢脚线、平台和伸入墙内部分，不另计算。

4.8.2 典型例题

【例 4-27】某住宅书房安装如图 4-75 所示的木窗共 20 樘，计算该窗工程量。

【解】普通窗工程量 $=1.4\text{m}\times1.3\text{m}\times20$

$=1.82\text{m}^2\times20$

$=36.40\text{m}^2$

半圆窗工程量 $=\left[3.14\times0.7\text{m}\times0.7\text{m}\times\dfrac{1}{2}\right]\times20$

$=0.7693\text{m}^2\times20$

$=15.39\text{m}^2$

【例 4-28】某底层商店采用钢门尺寸如图 4-76 所示。共 10 樘，计算全玻璃自由门工程量。

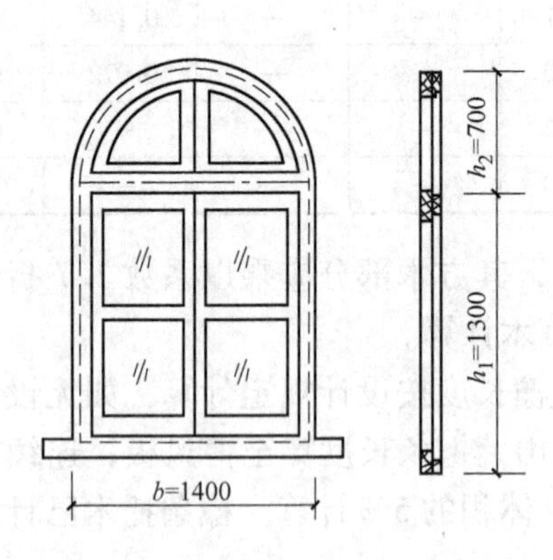

图 4-75 带有半圆窗的窗示意图

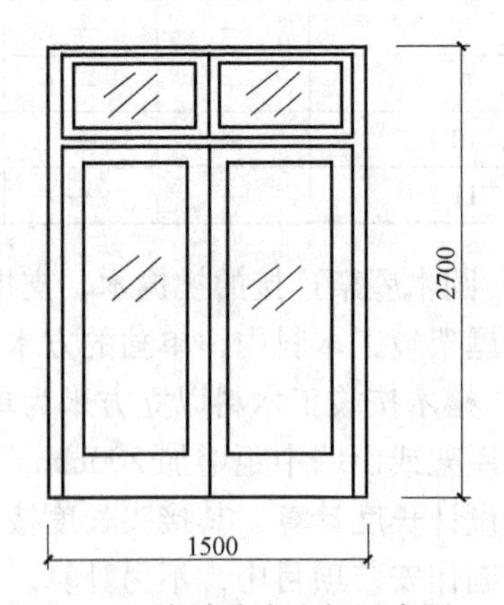

图 4-76 全玻璃自由门示意图

【解】钢门工程量 $=1.5\text{m}\times2.7\text{m}\times10$

$=4.05\text{m}^2\times10$

$=40.5\text{m}^2$

【例4-29】有一原料仓库，采用方木木屋架，共计3榀，屋架尺寸见图4-71，屋架跨度为6.0m，坡度为1/2，四节间，计算该仓库方木屋架工程量。

【解】根据图4-72，该屋架为A型屋架，屋架坡度26°34′。

屋架杆件长度计算＝屋架跨度×长度系数（见表4-27）

下弦杆 $L_1 = 6.0\text{m} \times 1.000 + 0.30\text{m} \times 2 = 6.6\text{m}$

$V_1 = 6.6\text{m} \times 0.15\text{m} \times 0.18\text{m} \times 3 = 0.535\text{m}^3$

上弦杆 $L_2 = (6.0 \times 0.559)\text{m} \times 2 = 3.354\text{m} \times 2$

$V_2 = 3.354\text{m} \times 2 \times 0.10\text{m} \times 0.12\text{m} \times 3 = 0.241\text{m}^3$

斜撑 $L_3 = (6.0 \times 0.280)\text{m} \times 2 = 1.68\text{m} \times 2$

$V_3 = 1.68\text{m} \times 2 \times 0.06\text{m} \times 0.08\text{m} \times 3 = 0.048\text{m}^3$

元宝垫木体积：

$$V_4 = 0.30\text{m} \times 0.10\text{m} \times 0.08\text{m} \times 3 = 0.007\text{m}^3$$

木屋架工程量 $= 0.535\text{m}^3 + 0.241\text{m}^3 + 0.048\text{m}^3 + 0.007\text{m}^3 = 0.831\text{m}^3$

依据钢木屋架铁件参考表，本例中每榀屋架铁件用量20kg，则铁件总量为：

$$20\text{kg} \times 3 = 60\text{kg}$$

【例4-30】某单层住宅平面、立面尺寸如图4-77所示，计算封檐板、博风板工程量。

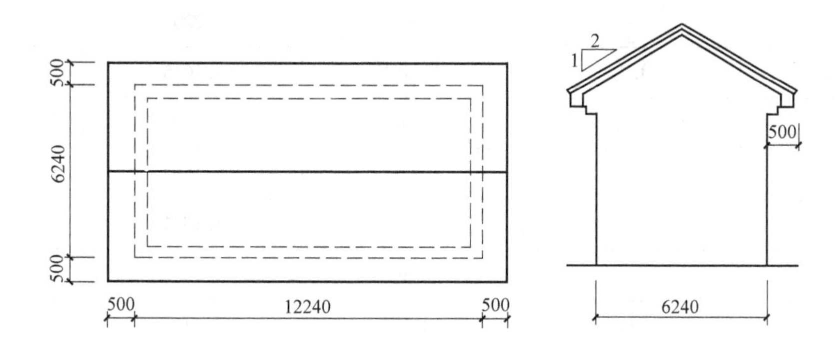

图 4-77

【解】封檐板工程量 $= (12.24\text{m} + 0.50\text{m} \times 2) \times 2 = 26.48\text{m}$

博风板工程量 $= (6.24\text{m} + 0.50\text{m} \times 2) \times 2 \times 1.118 + 0.50\text{m} \times 4 = 18.19\text{m}$

其中1.118为延尺系数，见屋面工程。

4.9 屋面及防水工程

4.9.1 计算规则

1）瓦屋面、金属压型板（包括挑檐部分）均按图4-78中尺寸的水平投影面积乘以屋面坡度系数（表4-27），以平方米为单位计算。不扣除房上烟囱、风帽底座、风道、屋面小气窗、斜沟等所占面积，屋面小气窗的出檐部分亦不增加。

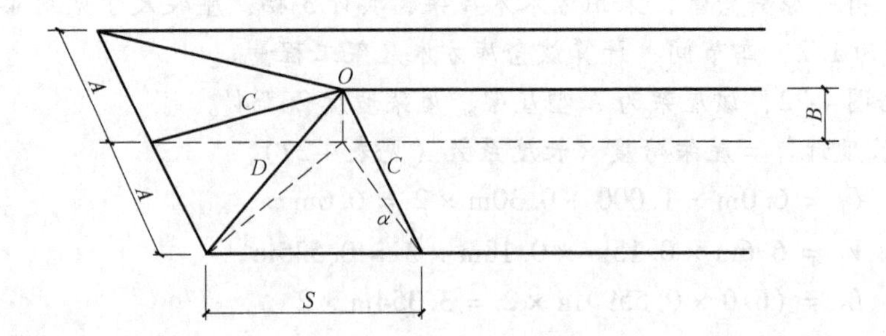

图 4-78　屋面工程量计算示意图

注：1. 两坡排水屋面面积为屋面水平投影面积乘以延尺系数 C。

2. 四坡排水屋面斜脊长度 $=A\times D$（当 $S=A$ 时）。

3. 沿山墙泛水长度 $=A\times C$。

表 4-27　屋面坡度系数表

坡度 $B(A=1)$	坡度 $B/2A$	坡度角度(α)	延尺系数 $C(A=1)$	隅延尺系数 $D(A=1)$
1	1/2	45°	1.4142	1.7321
0.75	—	36°52′	1.2500	1.6008
0.70	—	35°	1.2207	1.5779
0.666	1/3	33°40′	1.2015	1.5620
0.65	—	33°01′	1.1926	1.5564
0.60	—	30°58′	1.1662	1.5362
0.577	—	30°	1.1547	1.5270
0.55	—	28°49′	1.1413	1.5170
0.50	1/4	28°34′	1.1180	1.5000
0.45	—	24°14′	1.0966	1.4839
0.40	1/5	21°48′	1.0770	1.4697
0.35	—	19°17′	1.0594	1.4569
0.30	—	16°42′	1.0440	1.4457
0.25	—	14°02′	1.0308	1.4362
0.20	1/10	11°19′	1.0198	1.4283
0.15	—	8°32′	1.0112	1.4221
0.125	—	7°8′	1.0078	1.4191
0.100	1/20	5°42′	1.0050	1.4177
0.083	—	4°45′	1.0035	1.4166
0.066	1/30	3°49′	1.0022	1.4157

2）卷材屋面工程量按以下规定计算：

① 卷材屋面按图示尺寸的水平投影面积乘以规定的坡度系数（表4-27）以平方米为单位计算，但不扣除房上烟囱、风帽底座、风道、屋面小气窗和斜沟所占的面积，如图4-79所示。屋面的女儿墙、伸缩缝和天窗等处的弯起部分，按图示尺寸并入屋面工程量计算。如图样无规定时，伸缩缝、女儿墙的弯起部分可按250mm计算，天窗弯起部分可按500mm计算，如图4-80所示。

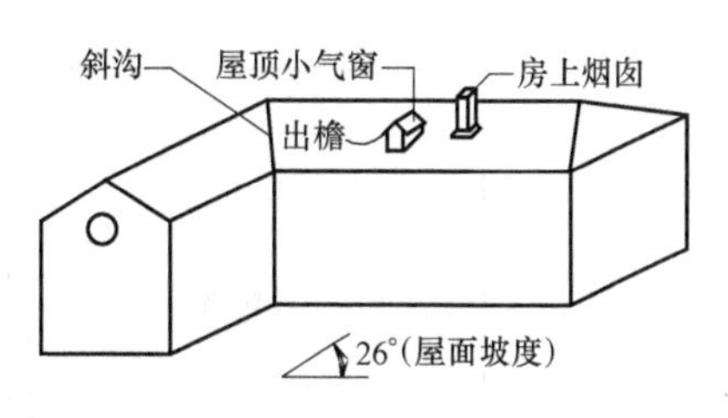

图4-79 坡屋顶示意图

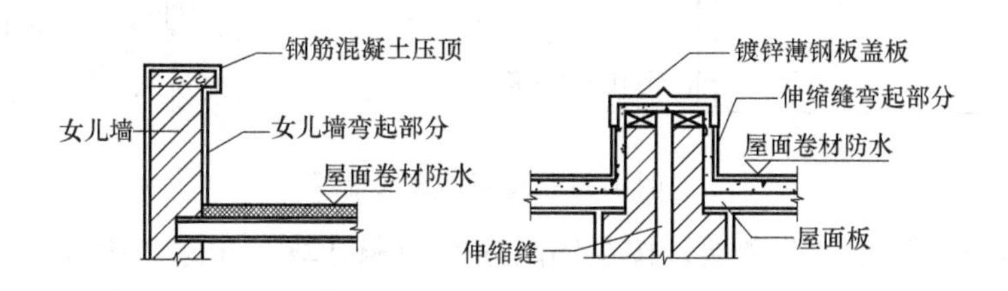

图4-80 屋面卷材防水弯起示意图

② 卷材屋面的附加层、接缝、收头、找平层的嵌缝、冷底子油已计入定额内，不另计算。

3）涂膜屋面的工程量计算同卷材屋面。涂膜屋面的油膏嵌缝、玻璃布盖缝、屋面分格缝，以延长米为单位计算。

4）屋面排水工程量按以下规定计算：

① 铁皮排水按图示尺寸以展开面积计算，如图样没有注明尺寸时，可按表4-28计算。咬口和搭接等已计入定额项目中，不另计算。

表4-28 铁皮排水单体零件折算表

名 称		单位	水落管（每米）	檐沟（每米）	水斗（每个）	漏斗（每个）	下水口（每个）		
铁皮排水	水落管，檐沟，水斗漏斗，下水口	m^2	0.32	0.30	0.40	0.16	0.45		
	天沟，斜沟，天窗窗台泛水，天窗侧面泛水，烟囱泛水，通气管泛水，滴水檐头泛水，滴水	m^2	天沟（每米）	斜沟天窗窗台泛水（每米）	天窗侧面泛水（每米）	烟囱泛水（每米）	通气管泛水（每米）	滴水檐头泛水（每米）	滴水（每米）
			1.30	0.50	0.70	0.80	0.22	0.24	0.11

② 铸铁、玻璃钢水落管区别不同直径按图示尺寸以延长米为单位计算，雨水口、水斗、弯头、短管以个计算。如图4-81所示。

5）防水工程工程量按以下规定计算：

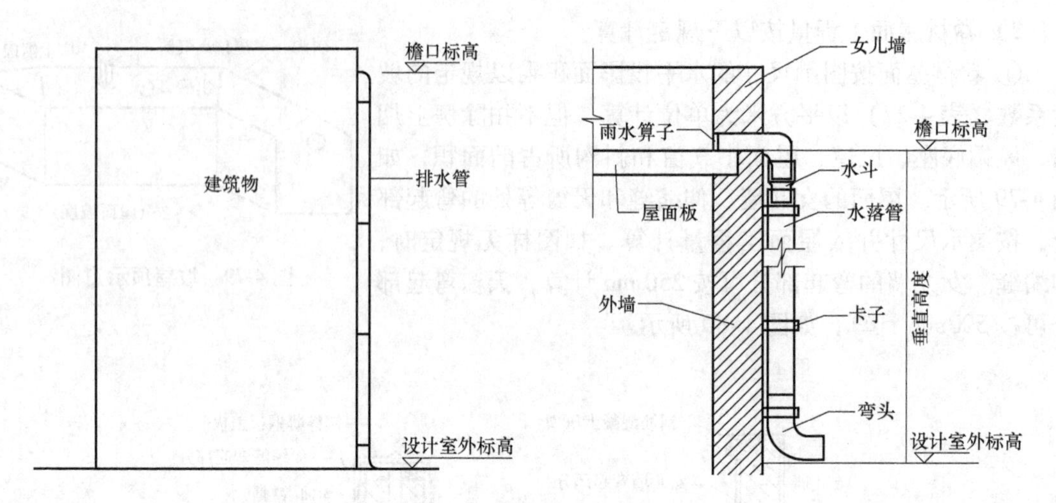

图4-81 屋面排水示意图

① 建筑物地面防水、防潮层，按主墙间净空面积计算，扣除凸出地面的构筑物、设备基础等所占的面积，不扣除柱、垛、间壁墙、烟囱及0.3m^2以内孔洞所占面积，与墙连接处高度在500mm以内者按展开面积计算，并入平面工程量内，超过500mm时，按立面防水层计算。

② 建筑物墙基防水层、防潮层、外墙长度按中心线，内墙按净长乘以宽度以平方米为单位计算。

③ 构筑物及建筑物地下室防水层，按实铺面积计算，但不扣除0.3m^2以内的孔洞面积。平面与立面交接处的防水层，其上卷高度超过500mm时，按立面防水层计算。

④ 防水卷材的附加层、接缝、收头、冷底子油等人工材料均已计入定额内，不另计算。

⑤ 变形缝按延长米为单位计算。

4.9.2 典型例题

【例4-31】某工程如图4-82所示，屋面板上铺水泥瓦，已知墙体厚度为240mm，窗洞口尺寸为1.5m×1.5m，门洞口尺寸为0.9m×2.4m。计算瓦屋面工程量。

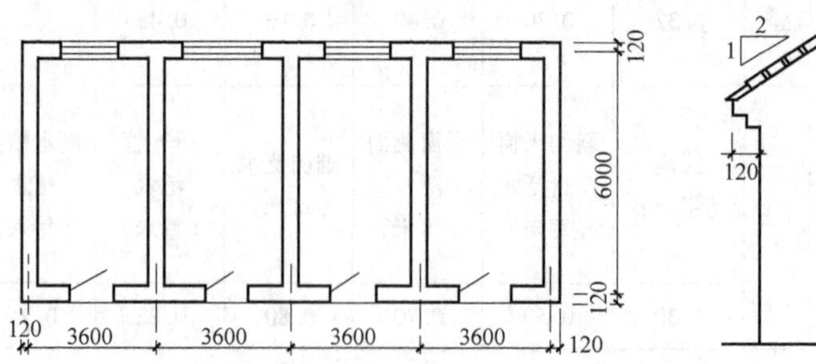

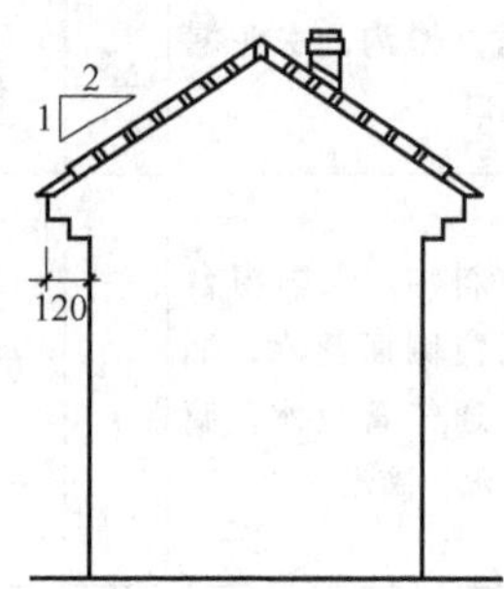

图 4-82

【解】瓦屋面工程量 $= (6.00 + 0.24 + 0.12 \times 2)\text{m} \times (3.6 \times 4 + 0.24)\text{m} \times 1.1180$
$= 94.87\text{m}^2 \times 1.1180$
$= 106.06\text{m}^2$

注：1.1180为延尺系数，根据表4-28可查表求得。

【例4-32】某工程一层建筑面积为1600m²，已知该建筑物一层外墙中心线长800m，内墙净长为600m，建筑物地面和墙基均为水泥砂浆防潮层，外墙厚度为370mm，内墙厚度为240mm。分别计算地面防潮层和墙基防潮层工程量。

【解】墙基防潮层工程量 $= 800\text{m} \times 0.365\text{m} + 600\text{m} \times 0.24\text{m}$
$= 436\text{m}^2$

地面防潮层工程量 $= 1600\text{m}^2 - (800\text{m} \times 0.365\text{m} + 600\text{m} \times 0.24\text{m})$
$= 1164\text{m}^2$

【例4-33】某保温屋面如图4-83所示，其具体做法如下：①钢筋混凝土基层；②60mm厚干铺珍珠岩；③炉渣混凝土CL7.5找坡，最薄处30mm；④20mm厚1:3水泥砂浆找平层。⑤SBS改性沥青卷材满铺一层。计算该屋面SBS防水卷材工程量。

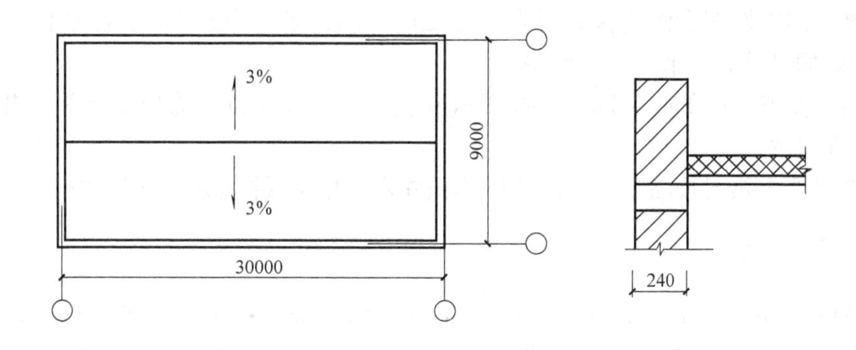

图 4-83

【解】弯起部分工程量 $= [(30.00 - 0.24)\text{m} + (9.00 - 0.24\text{m})] \times 2 \times 0.25\text{m} = 19.26\text{m}^2$

屋面防水层工程量 $= (30.00 - 0.24)\text{m} \times (9.00 - 0.24)\text{m}$
$= 260.70\text{m}^2$

防水层工程量 $= 19.26\text{m}^2 + 260.70\text{m}^2 = 279.96\text{m}^2$

4.10 防腐、保温、隔热工程

4.10.1 计算规则

1）防腐工程量按以下规定计算：

① 防腐工程项目应区分不同防腐材料种类及其厚度，按设计实铺面积以平方米为单位计算。应扣除凸出地面的构筑物、基础设备等所占面积，砖垛等突出墙面部分按展开面积计算并入墙面防腐工程量之内。

② 踢脚板按实铺长度乘以高度以平方米为单位计算，应扣除门洞所占面积并相应增加侧壁展开面积。

③ 平面砌筑双层耐酸块料时，按单层面积乘以系数 2 计算。

④ 防腐卷材接缝、附加层、收头等人工材料，已计入定额内，不再另行计算。

2）保温隔热工程量按以下规定计算：

① 保温隔热层应区别不同保温隔热材料，除另有规定外，均按设计实铺厚度以立方米为单位计算。

② 保温隔热层的厚度按隔热材料（不包括胶粘材料）净厚度计算。

③ 地面隔热层按围护结构墙体间净面积乘以设计厚度以立方米为单位计算，不扣除柱、垛所占的体积。

④ 墙体隔热层，外墙按隔热层中心线、内墙按隔热层净长乘以图示尺寸的高度及厚度以立方米为单位计算。应扣除冷藏门洞口和管道穿墙洞口所占的体积。

⑤ 柱包隔热层，按图示柱的隔热层中心线的展开长度乘以图示尺寸高度及厚度以立方米为单位计算。

3）其他保温隔热：

① 池槽隔热层按图示池槽保温隔热层的长度、宽度及其厚度乘积以立方米为单位计算。其中池壁按墙面计算，池底按地面计算。

② 门洞口侧壁周围的隔热部分，按图示隔热层尺寸以立方米为单位计算，并入墙面的保温隔热工程量内。

③ 柱帽保温隔热层按图示保温隔热层体积并入天棚保温隔热层工程量内。

4.10.2 典型例题

【例 4-34】 某保温屋面如图 4-83 所示，其具体做法如下：①钢筋混凝土基层；②60mm 厚干铺珍珠岩；③炉渣混凝土 CL7.5 找坡，最薄处 30mm；④20mm 厚 1:3 水泥砂浆找平层；⑤SBS 改性沥青卷材满铺一层。计算该屋面干铺珍珠岩和炉渣混凝土保温层工程量。

【解】 干铺珍珠岩工程量 $= [(9-0.24)\text{m}\times(30-0.24)\text{m}]\times 0.06\text{m}$

$= 260.70\text{m}^2\times 0.06\text{m}$

$= 15.64\text{m}^3$

炉渣混凝土找坡平均厚度 $= 0.03\text{m}+\dfrac{1}{2}\times(9-0.24)\text{m}\times\dfrac{1}{2}\times 3\%$

$= 0.096\text{m}$

炉渣混凝土找坡工程量 $= 260.70\text{m}^2\times 0.096\text{m}$

$= 25.03\text{m}^3$

【例 4-35】 如图 4-84 所示的某冷藏室，设计采用石油沥青粘贴 100mm 厚的聚苯乙烯泡沫塑料板，保温门尺寸为 800mm×2000mm，居中安装。保温材料铺贴顺序为先铺顶棚、地面，后铺墙、柱面，洞口周围不需另铺保温材料，图中墙体厚度均为 240mm，轴线居中。计算其地面、墙体和顶棚保温隔热工程量。

【解】 地面保温隔热工程量 $= (8.00-0.24)\text{m}\times(8.00-0.24)\text{m}\times 0.10\text{m}$

$= 6.02\text{m}^3$

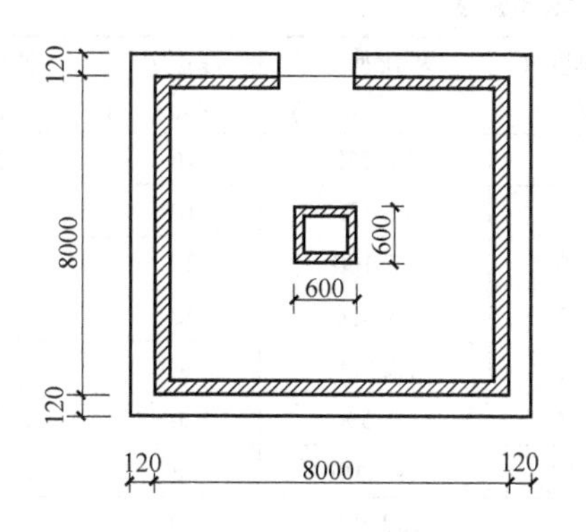

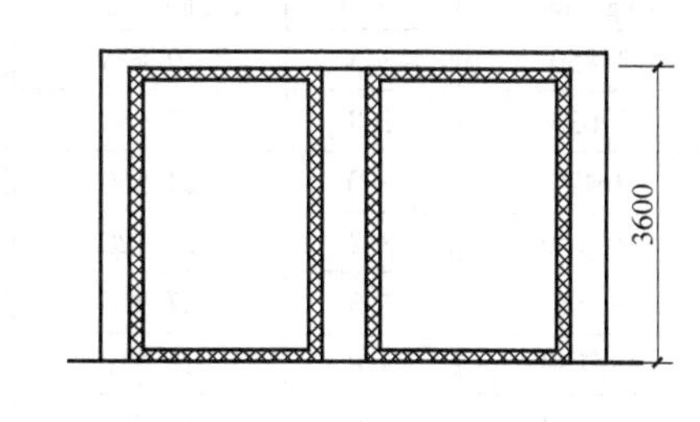

图 4-84

墙体保温隔热工程量 = [(8.00 − 0.24 − 0.10)m × 2 × 2 × (3.60 − 0.10 × 2)m − 0.80m × 2.00m] × 0.10m
= 10.26m^3

顶棚保温隔热工程量 = (8.00 − 0.24)m × (8.00 − 0.24)m × 0.10m = 6.02m^3

柱保温隔热工程量 = (0.60 − 0.10)m × 4 × (3.60 − 0.10 × 2)m × 0.10m = 0.68m^3

4.11 金属结构工程

4.11.1 计算规则

1）金属结构制作按图示钢材尺寸以吨为单位计算，不扣除孔眼、切边的质量，焊条、铆钉、螺栓等质量已包括在定额内不另计算。在计算不规则或多边形钢板质量时，均以其最大对角线乘以最大宽度的矩形面积计算，如图 4-85 所示。

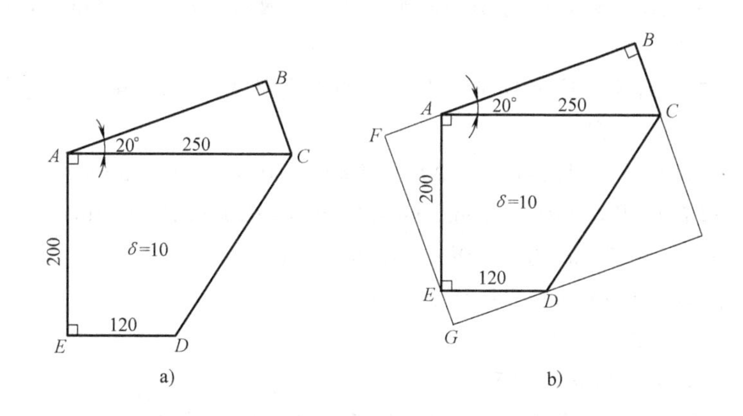

图 4-85 不规则（多边形）钢板计算示意图

a）钢板图 b）钢板最小外接矩形图

根据计算出的构件尺寸，乘以构件相应的理论质量，即可得到以吨为单位计算的构件质量。钢板理论质量表见 4-29 所示。

表 4-29 钢板理论质量表

厚度 d /mm	理论质量 /(kg·m^{-2})	厚度 d /mm	理论质量 /(kg·m^{-2})	厚度 d /mm	理论质量 /(kg·m^{-2})	厚度 d /mm	理论质量 /(kg·m^{-2})
1.0	7.850	2.5	19.625	5.0	39.250	16	125.600
1.1	8.635	2.8	21.980	5.5	43.175	18	141.300
1.2	9.420	3.0	23.550	6	47.100	20	157.000
1.4	10.990	3.2	25.120	7	54.950	22	172.700
1.6	12.560	3.5	27.475	8	62.800	24	188.400
1.8	14.130	3.8	29.830	10	78.500	26	204.100
2.0	15.700	4.0	31.400	12	94.200	28	219.800
2.2	17.270	4.5	35.325	14	109.900	30	235.500

注：1. 本表适用于各类普通钢板的理论质量计算。

2. 理论质量 = $7.85d$ (d/mm)。

2）实腹柱、吊车梁、H 型钢按图示尺寸计算，其中腹板及翼板宽度按每边增加 25mm 计算。

3）制动梁的制作工程量包括制动梁、制动桁架、制动板质量；墙架的制作工程量包括墙架柱、墙架梁及连接柱杆质量；钢柱制作工程量包括依附于柱上的牛腿及悬臂梁质量。

4）轨道制作工程量，只计算轨道本身质量，不包括轨道垫板、压板、斜垫、夹板及联接角钢等质量。

5）铁栏杆制作，仅适用于工业厂房中平台、操作台的钢栏杆。

6）钢漏斗制作工程量，矩形按图示分片，圆形按图示展开尺寸，并依钢板宽度分段计算，每段均以其上口长度（圆形以分段展开上口长度）与钢板宽度，按矩形计算，依附漏斗的型钢并入漏斗质量内计算。

4.11.2 典型例题

【例 4-36】 已知某工程设计制作 10 块钢板构件，钢板厚度为 10mm，见图 4-85a。计算钢板工程量。

【解】 在计算不规则或多边形钢板质量时，均以其最大对角线乘最大宽度的矩形面积计算。最大外接矩形见图 4-85b。

外接矩形长 $= AB + AF = 250\text{mm}\times\cos20 + 200\text{mm}\times\sin20 = 303.33\text{mm}$

外接矩形宽 $= EF + EG = 200\text{mm}\times\cos20 + 120\text{mm}\times\sin20 = 228.98\text{mm}$

矩形钢板面积 $= 0.30333\text{m}\times0.22898\text{m} = 0.069457\text{m}^2$

钢板的工程量 $= 0.069457\text{m}^2\times78.5\text{kg/m}^2\times10$

$= 5.452\text{kg}\times10$

$= 54.52\text{kg}\approx0.055\text{t}$

【例 4-37】 某工程屋架钢支撑如图 4-86 所示，计算钢支撑工程量。

【解】 查相应的工程手册得：等边∟140×12 理论质量为 25.522kg/m。

角钢量（∟140×12）$= 3.85\text{m}\times2\times2\times25.522\text{kg/m} = 393.04\text{kg}$

钢板工程量（−10）$= 0.84\text{m}\times0.30\text{m}\times78.5\text{kg/m}^2 = 19.78\text{kg}$

钢板工程量（−10）$= 0.17\text{m}\times0.08\text{m}\times3\times2\times78.5\text{kg/m}^2 = 6.41\text{kg}$

钢板工程量(-12) = (0.17 + 0.415)m × 0.52m × 2 × 94.2kg/m² = 57.31kg

钢支撑工程量合计:393.04kg + 19.78kg + 6.41kg + 57.31kg = 476.54kg ≈ 0.477t

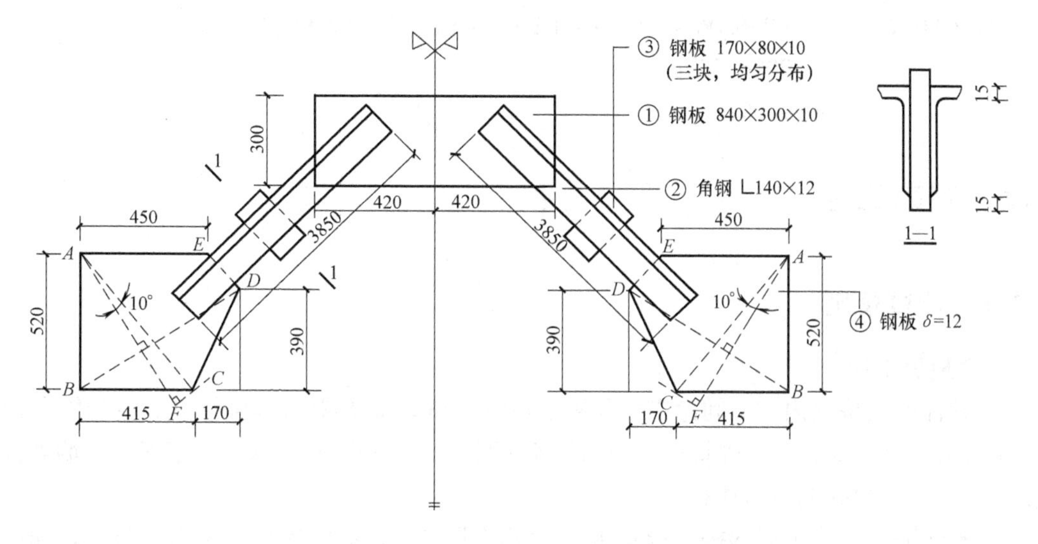

图 4-86

【例4-38】某工程空腹钢柱共20根，如图4-87所示，计算空腹钢柱工程量。

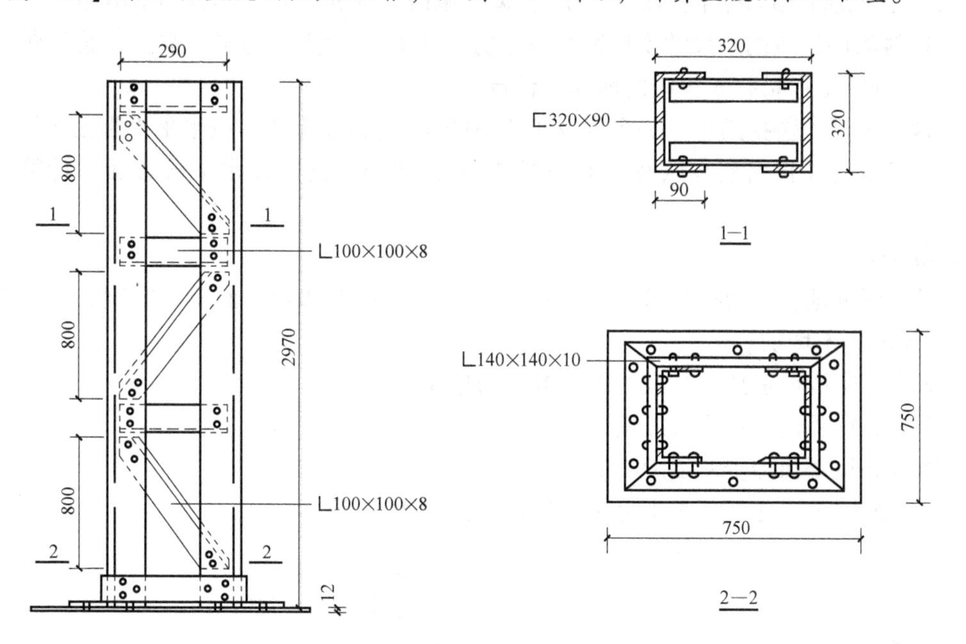

图 4-87

【解】查相应的工程手册得：∟140×140×12 理论质量为25.522kg/m；∟100×100×8 理论质量为12.276kg/m；[32b 理论质量为43.107kg/m。

槽钢立柱工程量（[32b) = 2.97m × 2 × 43.107kg/m = 256.06kg

角钢横支撑(∟100 × 100 × 8) 工程量 = 0.29m × 6 × 12.276kg/m = 21.36kg

角钢斜支撑(∟100 × 100 × 8) 工程量 = $\sqrt{0.8^2+0.29^2}$m × 6 × 12.276kg/m = 62.68kg

角钢底座(∟140×140×12) 工程量 = (0.32 + 0.14 × 2)m × 4 × 25.522kg/m = 61.25kg

钢板底座(-12) = 0.75m × 0.75m × 94.20kg/m^2 = 52.99kg

空腹钢柱工程量 = (256.06 + 21.36 + 62.68 + 61.25 + 52.99)kg × 20

= 9086.80kg

≈ 9.09t

4.12 装饰工程

4.12.1 计算规则

1. 楼地面工程

1）地面垫层按室内主墙间净空面积乘以设计厚度以立方米为单位计算。应扣除凸出地面的构筑物、设备基础、室内管道、地沟等所占体积，不扣除柱、垛、间壁墙、附墙烟囱及面积在 0.3m^2 以内孔洞所占体积。

2）整体面层、找平层均按主墙间净空面积以平方米为单位计算。应扣除凸出地面的构筑物、设备基础、室内管道、地沟等所占面积，不扣除柱、垛、间壁墙、附墙烟囱及面积在 0.3m^2 以内孔洞所占面积，但门洞、空圈、暖气包槽、壁龛的开口部分亦不增加。

3）块料面层，按图示尺寸实铺面积以平方米为单位计算，门洞、空圈、暖气包槽和壁龛的开口部分的工程量并入相应的面层内计算。

4）楼梯面层（包括踏步、平台以及小于500mm宽的楼梯井）按水平投影面积计算。

5）台阶面层（包括踏步以及最上一层踏步沿300mm宽）按水平投影面积计算，如图4-88所示。

6）其他：

① 踢脚板按延长米为单位计算，洞口、空圈长度不予扣除，洞口、空圈、垛、附墙烟囱等侧壁长度亦不增加。

② 散水、防滑坡道按图示尺寸以平方米为单位计算。

③ 栏杆、扶手包括弯头长度按延长米为单位计算。

④ 防滑条按楼梯踏步两端距离减 300mm 以延长米为单位计算。

⑤ 明沟按图示尺寸以延长米为单位计算，如图4-89 所示。

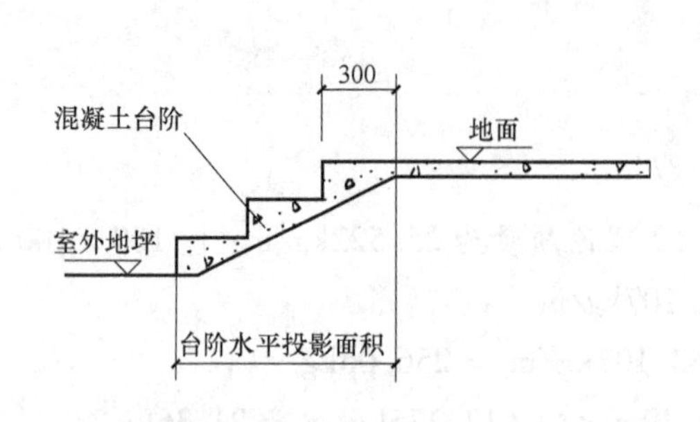

图4-88 台阶示意图

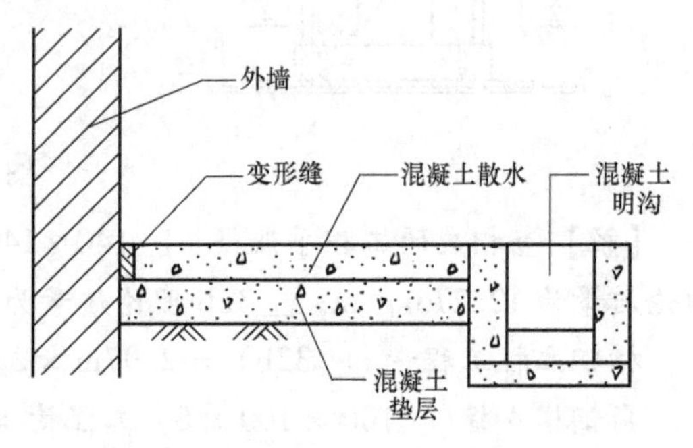

图4-89 散水、明沟示意图

2. 墙柱面抹灰

1）内墙抹灰工程量按以下规定计算：

① 内墙抹灰面积，应扣除门窗洞口和空圈所占的面积，不扣除踢脚板、挂镜线、0.3m^2以内的孔洞和墙与构件交接处的面积，洞口侧壁和顶面亦不增加。墙垛和附墙烟囱侧壁面积与内墙抹灰工程量合并计算。

② 内墙面抹灰的长度，以主墙间的图示净长尺寸计算。其高度确定如下：

无墙裙的，其高度按室内地面或楼面至天棚底面之间距离计算。

有墙裙的，其高度按墙裙顶至天棚底面之间距离计算。

钉板条天棚的内墙面抹灰，其高度按室内地面或楼面至天棚底面另加100mm计算。

③ 内墙裙抹灰面积按内墙净长乘以高度计算。应扣除门窗洞口和空圈所占的面积，门窗洞口和空圈的侧壁面积不另增加，墙垛、附墙烟囱侧壁面积并入墙裙抹灰面积内计算。

2）外墙抹灰工程量按以下规定计算：

① 外墙抹灰面积，按外墙面的垂直投影面积以平方米为单位计算。应扣除门窗洞口、外墙裙和大于0.3m^2孔洞所占的面积，洞口侧壁面积不另增加。附墙垛、梁、柱侧面抹灰面积并入外墙面抹灰工程量内计算。栏板、栏杆、窗台线、门窗套、扶手、压顶、挑檐、遮阳板、突出墙外的腰线等，另按相应规定计算。

② 外墙裙抹灰面积按其长度乘以高度计算，扣除门窗洞口和大于0.3m^2孔洞所占的面积，门窗洞口及孔洞的侧壁不增加。

③ 窗台线、门窗套、挑檐、腰线、遮阳板等展开宽度在300mm以内者，按装饰线以延长米计算，如展开宽度超过300mm以上时，按图示尺寸以展开面积计算，套用零星抹灰定额项目。

④ 栏板、栏杆（包括立柱、扶手或压顶等）抹灰按立面垂直投影面积乘以系数2.2以平方米为单位计算。

⑤ 阳台底面抹灰按水平投影面积以平方米为单位计算，并入相应天棚抹灰面积内。阳台如带悬臂梁者，其工程量乘以系数1.30。

⑥ 雨篷底面或顶面抹灰分别按水平投影面积以平方米为单位计算，并入相应天棚抹灰面积内。雨篷顶面带反沿或反梁者，其工程量乘以系数1.20；底面带悬臂梁者，其工程量乘以系数1.20。雨篷外边线按相应装饰或零星项目执行。

⑦ 墙面勾缝按垂直投影面积计算，应扣除墙裙和墙面抹灰的面积，不扣除门窗洞口、门窗套、腰线等零星抹灰所占的面积，附墙柱和门窗洞口侧面的勾缝面积亦不增加。独立柱、房上烟囱勾缝，按图示尺寸以平方米为单位计算。

3）外墙装饰抹灰工程量按以下规定计算：

① 外墙各种装饰抹灰均按图示尺寸以实抹面积计算。应扣除门窗洞口和空圈的面积，其侧壁面积不另增加。

② 挑檐、天沟、腰线、栏板、栏杆、门窗套、窗台线、压顶等均按图示尺寸展开面积以平方米为单位计算，并入相应的外墙面积内。

4）块料面层工程量按以下规定计算：

① 墙面贴块料面层均按图示尺寸以实贴面积计算。

② 墙裙以高度在 1500mm 以内为准，超过 1500mm 时按墙面计算，高度低于 300mm 以内时，按踢脚板计算。

5）木隔墙、墙裙、护壁板，均按图示尺寸长度乘以高度按实铺面积以平方米为单位计算。

6）玻璃隔墙按上横档顶面至下横档底面之间高度乘以宽度（两边立梃外边线之间）以平方米为单位计算。

7）浴厕木隔断，按下横档底面至上横档顶面高度乘以图示长度以平方米为单位计算，门扇面积并入隔断面积内计算。

8）铝合金隔墙、轻钢隔墙、幕墙，按四周框外围面积计算。

9）独立柱：

① 一般抹灰、装饰抹灰、镶贴块料按结构断面周长乘以柱的高度以平方米为单位计算。

② 柱面装饰按柱外围饰面尺寸乘以柱的高度以平方米为单位计算。

10）各种“零星项目”均按图示尺寸以展开面积计算。

3. 天棚抹灰

1）天棚抹灰工程量按以下规定计算：

① 天棚抹灰面积，按主墙间的净面积计算，不扣除间壁墙、垛、柱、附墙烟囱、检查口和管道所占的面积。带梁天棚，梁两侧抹灰面积，并入天棚抹灰工程量内计算。

② 密肋梁和井字梁天棚抹灰面积，按展开面积计算。

③ 天棚抹灰如带有装饰线时，区别三道线以内或五道线以内按延长米为单位计算，线角的道数以一个突出的棱角为一道线。

④ 檐口天棚的抹灰面积，并入相同的天棚抹灰工程量内计算。

⑤ 天棚中的折线、灯槽线、圆弧形线、拱形线等艺术形式的抹灰，按展开面积计算。

2）各种吊顶天棚龙骨按主墙间净空面积计算，不扣除间壁墙、检查口、附墙烟囱、柱、垛和管道所占的面积。但天棚中的折线、迭落等圆弧形、高低吊灯槽等面积也不展开计算。

3）天棚面装饰工程量按以下规定计算：

① 天棚装饰面积，按主墙间实铺面积以平方米为单位计算，不扣除间壁墙、检查口、附墙烟囱、附墙垛和管道所占的面积，应扣除独立柱及与天棚相连的窗帘盒所占的面积。

② 天棚中的折线、迭落等圆弧形、高低灯槽及其他形式天棚面层均按展开面积计算。

4. 喷涂、油漆、裱糊工程

喷涂、油漆、裱糊工程量按以下规定计算：

1）楼地面、天棚面、墙、柱、梁面的喷（刷）涂料、抹灰面、油漆及裱糊工程，均按楼地面、天棚面、墙、柱、梁面装饰工程相应的工程量计算规则规定计算。

2）木材面、金属面油漆的工程量分别按表 4-30 ~ 表 4-38 规定计算，并乘以表列系数以平方米为单位计算。

① 木材面油漆工程量系数，见表 4-30 ~ 表 4-34。

表4-30 单层木门工程量系数表

项 目 名 称	系 数	工程量计算方法
单层木门	1.00	按单面洞口面积
双层（一板一纱）木门	1.36	
双层（单裁口）木门	2.00	
单层全玻门	0.83	
木百叶门	1.25	
厂库大门	1.10	

表4-31 单层木窗工程量系数表

项 目 名 称	系 数	工程量计算方法
单层玻璃窗	1.00	按单面洞口面积
双层（一玻一纱）窗	1.36	
双层（单裁口）窗	2.00	
三层（二玻一纱）窗	2.60	
单层组合窗	0.83	
双层组合窗	1.13	
木百叶窗	1.50	

表4-32 木扶手（不带托板）工程量系数表

项 目 名 称	系 数	工程量计算方法
木扶手（不带托板）	1.00	按延长米
木扶手（带托板）	2.60	
窗帘盒	2.04	
封檐板、顺水板	1.74	
挂衣板、黑板框	0.52	
生活园地框、挂镜线、窗帘辊	0.35	

表4-33 其他木材面工程量系数表

项 目 名 称	系 数	工程量计算方法
木板、纤维板、胶合板、天棚、檐口	1.00	长度×宽度
清水板条天棚、檐口	1.07	
方木格吊顶天棚	1.20	
吸声板、墙面、天棚面	0.87	
鱼鳞板墙	2.48	
木护墙、墙裙	0.91	
窗台板、筒子板、盖板	0.82	
暖气罩	1.28	
屋面板（带檩条）	1.11	斜长度×宽度

（续）

项 目 名 称	系　数	工程量计算方法
木间壁、木隔断	1.90	单面外围面积
玻璃间壁露明墙筋	1.65	
木栅栏、木栏杆（带扶手）	1.82	
木屋架	1.79	跨度（长度）×中高度×1/2
衣柜、壁柜	0.91	投影面积（不展开）
零星木装修	0.87	展开面积

表 4-34　木地板工程量系数表

项 目 名 称	系　数	工程量计算方法
木地板、木踢脚线	1.00	长度×宽度
木楼梯（不包括底面）	2.60	水平投影面积

② 金属面油漆工程量系数，见表 4-35 ~ 表 4-37。

表 4-35　单层钢门窗工程量系数表

项 目 名 称	系　数	工程量计算方法
单层钢门窗	1.00	洞口面积
双层（一玻一纱）钢门窗	1.48	
钢百叶钢门	2.74	
半截百叶钢门	2.22	
满钢门或包铁皮门	1.63	
钢折叠门	2.30	
射线防护门	2.96	框（扇）外围面积
厂库平开门、推拉门	1.70	
铁丝网大门	0.81	
间壁	1.85	长度×宽度
平板屋面	0.74	斜长度×宽度
瓦垄板屋面	0.89	
排水、伸缩缝盖板	0.78	展开面积
吸气罩	1.63	水平投影面积

表 4-36　其他金属面工程量系数表

项 目 名 称	系　数	工程量计算方法
钢屋架、天窗架、挡风架、屋架梁、支撑、檩条	1.00	重量（t）
墙架（空腹式）	0.50	
墙架（格板式）	0.82	
钢柱、吊车梁、花式梁、柱、空花构件	0.63	
操作台、走台、制动梁、钢梁车挡	0.71	
钢栅栏门、栏杆、窗栅	1.71	
钢爬梯	1.18	
轻型屋架	1.42	
踏步式钢扶梯	1.05	
零星铁件	1.32	

表4-37 平板屋面涂刷磷化、锌黄底漆工程量系数表

项目名称	系数	工程量计算方法
平板屋面	1.00	斜长度×宽度
瓦垄板屋面	1.20	
排水、伸缩缝盖板	1.05	展开面积
吸气罩	2.20	水平投影面积
包镀锌铁皮门	2.20	洞口面积

③ 抹灰面油漆、涂料工程量系数，见表4-38。

表4-38 抹灰面工程量系数表

项目名称	系数	工程量计算方法
槽形底板、混凝土折板	1.30	长度×宽度
有梁板底	1.10	
密肋、井字梁底板	1.50	
混凝土平板式楼板底	1.30	水平投影面积

4.12.2 典型例题

【例4-39】某建筑工程一层平面图如图4-90所示。C—1窗的尺寸为1.50m×1.50m，M—1的尺寸为1.80m×2.40m，M—2的尺寸为0.90m×2.10m，图中内外墙厚度均为240mm，且所有轴线均居中。该层地面做法为：①C10素混凝土垫层厚100mm；②细石混凝土面层厚30mm。踢脚板为水泥砂浆踢脚板。计算垫层、面层以及水泥砂浆踢脚线工程量。

图中门框安装居墙中，为简化计算，门框厚度暂不考虑。

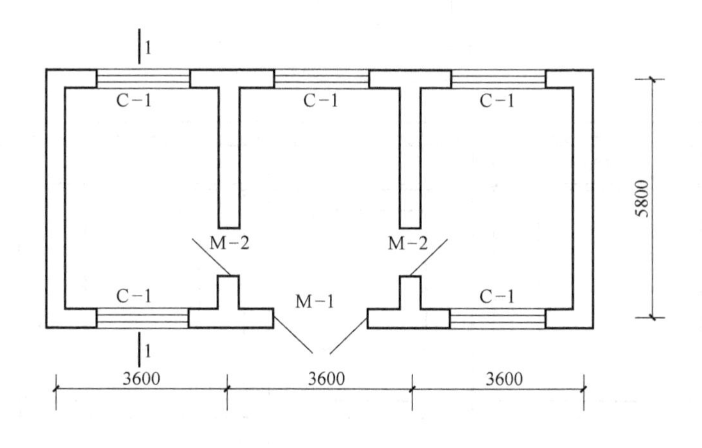

图 4-90

【解】室内主墙间净面积 $= (3.6-0.24)\text{m} \times (5.8-0.24)\text{m} \times 3 = 56.04\text{m}^2$

100mm厚C10素混凝土垫层工程量 $= 56.04\text{m}^2 \times 0.10\text{m} = 5.604\text{m}^3$

30mm细石混凝土面层工程量 $= 56.04\text{m}^2$

水泥砂浆踢脚板工程量 = [(3.6 − 0.24)m + (5.8 − 0.24)m] × 2 × 3 = 53.52m

【例 4-40】 例 4-39 中地面做法改为：①C10 素混凝土垫层厚度 100mm；②大理石地面。为简化计算，门框厚度暂不考虑，假定门框居中安装。计算垫层及面层工程量。

【解】 100mm 厚 C10 素混凝土垫层工程量 = $56.04m^2 \times 0.10m = 5.604m^3$

大理石地面工程量 = (3.6 − 0.24)m × (5.8 − 0.24)m × 3 + (0.90m × 0.24m × 2 + 1.8m × 0.24m × 1/2)

$= 56.04m^2 + (0.432 + 0.216)m^2$

$= 56.69m^2$

【例 4-41】 某工程如图 4-91 所示，室内墙面抹灰为：1:2 水泥砂浆打底，1:3 石灰砂浆找平，麻刀石灰浆面层，共 20mm 厚；外墙裙为 1:3 水泥砂浆打底，1:2.5 水泥白石子浆水刷石，墙裙高 1.2m，外墙为 1:3 水泥砂浆打底（14mm），1:2.5 水泥砂浆抹面（6mm）。

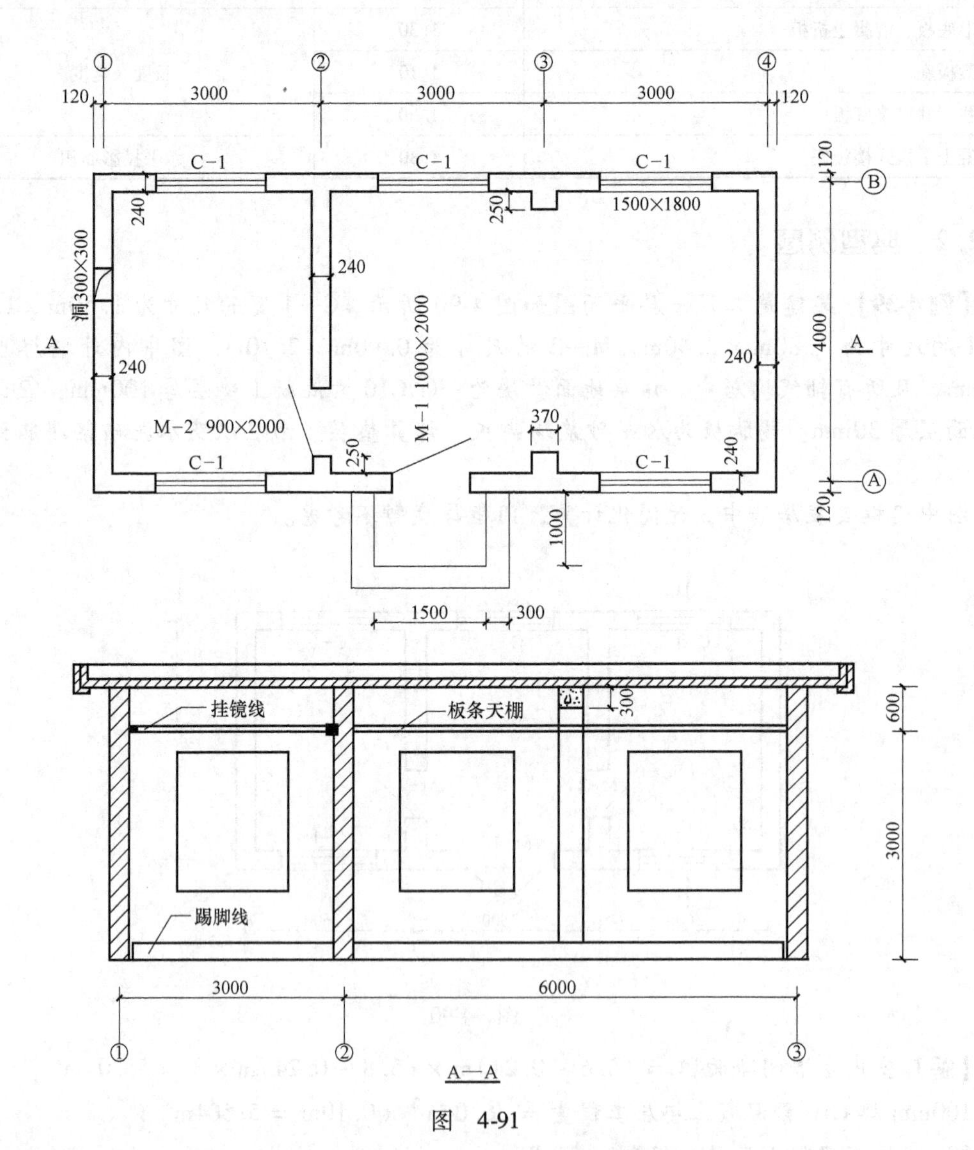

图 4-91

图中所有墙体厚度均为240mm，轴线居中。为简化计算，门、窗框厚度暂不考虑。窗台高0.9m。设计室外地坪为 -0.3m，台阶每阶高0.15m。计算内墙抹灰、外墙抹灰和外墙裙装饰工程量。

【解】 内墙面抹灰工程量 = [(6.00 - 0.12 × 2 + 0.25 × 2 + 4 - 0.12 × 2)m × 2 × (3.0 + 0.1)m] - [1.50m × 1.80m × 3 + 1.0m × 2.0m + 0.90m × 2.0m] + [(3 - 0.12 × 2 + 4 - 0.12 × 2)m × 2 × 3.6m - (1.50m × 1.80m × 2 + 0.9m × 2.0m)]

= $[62.12 - 11.9]m^2 + [46.94 - 7.2]m^2$

= $50.22m^2 + 39.74m^2$

= $89.96m^2$

外墙裙装饰工程量 = (9.24 + 4.24)m × 2 × 1.2m - [1.50m × 0.15m + (1.50 + 0.30 × 2)m × 0.15m]

= $32.35m^2 - 0.54m^2$

= $31.81m^2$

外墙面抹灰工程量 = (9.24 + 4.24)m × 2 × (3.6 + 0.3 - 1.2)m - [1.50 × 1.8m × 5 + 1.0 × (2.0 - 0.9)m]

= $72.79m^2 - 14.60m^2$

= $58.19m^2$

【例4-42】 某工程现浇井字梁天棚如图4-92所示，采用麻刀石灰浆面层，图中墙体厚度为240mm。计算天棚抹灰工程量。

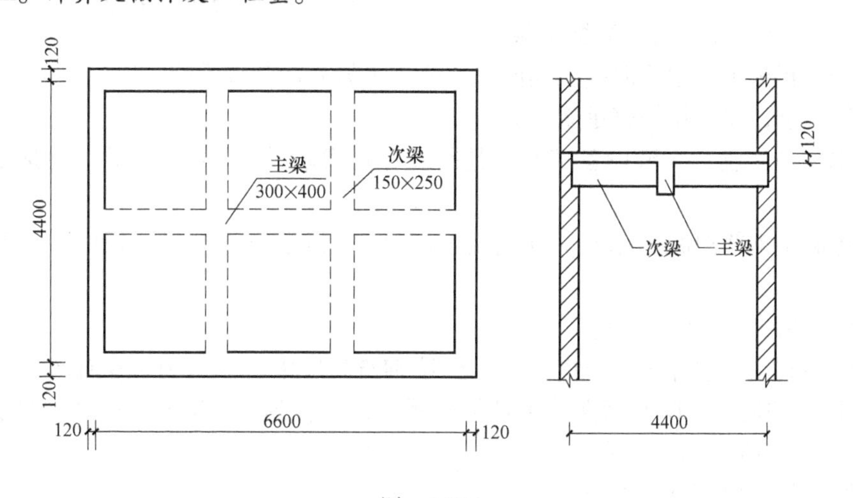

图 4-92

【解】 天棚抹灰工程量 = 主墙间的净长度 × 主墙间的净宽度 + 梁侧面面积

= (6.60 - 0.24)m × (4.40 - 0.24)m + (0.40 - 0.12)m × (6.60 - 0.24)m × 2 + (0.25 - 0.12)m × (4.40 - 0.24 - 0.30)m × 2 × 2 - (0.25 - 0.12)m × 0.15m × 4

= $26.46m^2 + 5.49m^2$

= $31.95m^2$

4.13 其他工程

4.13.1 计算规则

1. 脚手架工程

1）脚手架工程量计算一般规则：

① 建筑物外墙脚手架，凡设计室外地坪至檐口（或女儿墙上表面）的砌筑高度在15m以下的，按单排脚手架计算；砌筑高度在15m以上的或砌筑高度虽不足15m，但外墙门窗及装饰面积超过外墙表面积60%以上时，均按双排脚手架计算。

采用竹制脚手架时，按双排脚手架计算。

② 建筑物内墙脚手架，凡设计室内地坪至顶板下表面（或山墙高度的1/2处）的砌筑高度在3.6m以下的，按里脚手架计算；砌筑高度超过3.6m以上时，按单排脚手架计算。

③ 石砌墙体，凡砌筑高度超过1.0m以上时，按外脚手架计算。

④ 计算内、外墙脚手架时，均不扣除门洞口、窗洞口、空圈洞口等所占的面积。

⑤ 同一建筑物高度不同时，应按不同高度分别计算。

⑥ 现浇钢筋混凝土框架柱、梁按双排脚手架计算。

⑦ 围墙脚手架，凡室外自然地坪至围墙顶面的砌筑高度在3.6m以下的，按里脚手架计算；砌筑高度超过3.6m以上时，按单排脚手架计算。

⑧ 室内天棚装饰面距设计室内地坪在3.6m以上时，应计算满堂脚手架，计算满堂脚手架后，墙面装饰工程则不再计算脚手架。

⑨ 滑升模板施工的钢筋混凝土烟囱、筒仓，不另外计算脚手架。

⑩ 砌筑贮仓，按双排外脚手架计算。

⑪ 贮水（油）池，大型设备基础，凡距地坪高度超过1.2m以上的，均按双排脚手架计算。

⑫ 整体满堂钢筋混凝土基础，凡其宽度超过3m以上时，按其底板面积计算满堂脚手架。

2）砌筑脚手架工程量计算：

① 外脚手架按外墙外边线长度，乘以外墙砌筑高度以平方米为单位计算，突出墙外宽度在24cm以内的墙垛，附墙烟囱等不计算脚手架；宽度超过24cm以外时按图示尺寸展开计算，并入外脚手架工程量之内。

② 里脚手架按墙面垂直投影面积计算。

③ 独立柱按图示柱结构外围周长另加3.6m，乘以砌筑高度以平方米为单位计算，套用相应外脚手架定额。

3）现浇钢筋混凝土框架脚手架工程量计算：

① 现浇钢筋混凝土柱，按柱图示周长尺寸另加3.6m，乘以柱高以平方米为单位计算，套用相应外脚手架定额。

② 现浇钢筋混凝土梁、墙，按设计室外地坪或楼板上面至楼板底之间的高度，乘以梁、墙净长以平方米为单位计算，套用相应双排外脚手架额。

4）装饰工程脚手架工程量计算：

① 满堂脚手架，按室内净面积计算。其高度在3.6～5.2m之间时，计算基本层；超过5.2m时，每增加1.2m按增加一层计算；不足0.6m的不计。

计算式表示如下：

$$满堂脚手架增加层=\frac{室内净高度-5.2m}{1.2m}$$

② 挑脚手架，按搭设长度和层数，以延长米为单位计算。

③ 悬空脚手架，按搭设水平投影面积以平方米为单位计算。

④ 高空超过3.6m墙面装饰不能利用原砌筑脚手架时，可以计算装饰脚手架。装饰脚手架按双排脚手架乘以系数0.3计算。

5）其他脚手架工程量计算：

① 水平防护架，按实际铺板的水平投影面积，以平方米为单位计算。

② 垂直防护架，按自然地坪至最上一层横杆之间的搭设高度，乘以实际搭设长度，以平方米为单位计算。

③ 架空运输脚手架，按搭设长度以延长米为单位计算。

④ 烟囱、水塔脚手架，区别不同搭设高度，以座为单位计算。

⑤ 电梯井脚手架，按单孔以座为单位计算。

⑥ 斜道，区别不同高度以座为单位计算。

⑦ 砌筑贮仓脚手架，不分单筒或贮仓组均按单筒外边线周长，乘以设计室外地坪至贮仓上口之间的高度，以平方米为单位计算。

⑧ 贮水（油）池脚手架，按外壁周长乘以室外地坪至池壁顶面之间高度，以平方米为单位计算。

⑨ 大型设备基础脚手架，按其外形周长乘以地坪至外形顶面边线之间高度，以平方米为单位计算。

⑩ 建筑物垂直封闭工程量按封闭面的垂直投影面积计算。

6）安全网工程量计算：

① 立挂式安全网按架网部分的实挂长度乘以实挂高度计算。

② 挑出式安全网按挑出的水平投影面积计算。

2. 模板工程

1）现浇混凝土及钢筋混凝土模板工程量，按以下规定计算：

① 现浇混凝土及钢筋混凝土模板工程量，除另有规定者外，均应区别模板的不同材质，按混凝土与模板接触面的面积，以平方米为单位计算。

② 现浇钢筋混凝土柱、梁、板、墙的支模高度（即室外地坪至板底或板面至板底之间的高度）以3.6m以内为准，超过3.6m以上部分，另按超过部分计算增加支撑工程量。

③ 现浇钢筋混凝土墙、板上单孔面积在0.3m^2以内的孔洞，不予扣除，洞侧壁模板亦不增加；单孔面积在0.3m^2以外时，应予扣除，洞侧壁模板面积并入墙、板模板工程量以内计算。

④ 现浇钢筋混凝土框架分别按梁、板、柱、墙有关规定计算，附墙柱并入墙内工程量计算。

⑤ 杯形基础杯口高度大于杯口大边长度的，套用高杯基础定额项目。

⑥ 柱与梁、柱与墙、梁与梁等连接的重叠部分以及伸入墙内的梁头、板头部分，均不计算模板面积。

⑦ 构造柱外露面均应按图示外露部分计算模板面积，构造柱与墙接触面不计算模板面积。

⑧ 现浇钢筋混凝土悬挑板（雨篷、阳台）按图示外挑部分尺寸的水平投影面积计算，挑出墙外的牛腿梁及板边模板不另计算。

⑨ 现浇钢筋混凝土楼梯，以图示露明面尺寸的水平投影面积计算，不扣除小于500mm楼梯井所占面积。楼梯的踏步，踏步板平台梁等侧面模板，不另计算。

⑩ 混凝土台阶不包括梯带，按图示台阶尺寸的水平投影面积计算，台阶端头两侧不另计算模板面积。

⑪ 现浇混凝土小型池槽按构件外围体积计算，池槽内、外侧及底部的模板不应另计算。

各种现浇混凝土及钢筋混凝土构件模板接触面积示意图如图4-93所示。

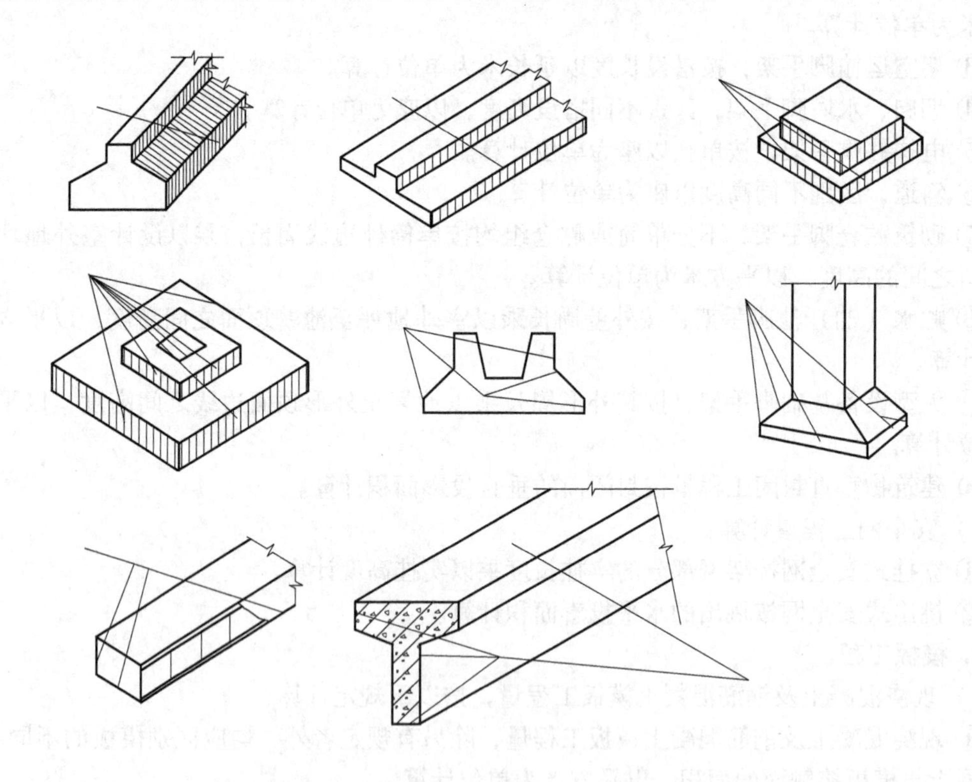

图4-93　各类混凝土构件模板接触面积示意图

2）预制钢筋混凝土构件模板工程量，按以下规定计算：

① 预制钢筋混凝土模板工程量，除另有规定者外均按混凝土实体体积以立方米为单位计算。

② 小型池槽按外形体积以立方米为单位计算。

③ 预制桩尖按虚体积（不扣除桩尖虚体积部分）计算。

3）构筑物钢筋混凝土模板工程量，按以下规定计算：

① 构筑物工程的工程量，除另有规定者外，区别现浇、预制和构件类别，分别按模板工程的有关规定计算。

② 大型池槽等分别按基础、墙、板、梁、柱等有关规定计算并套用相应定额项目。

③ 液压滑升钢模板施工的烟囱、水塔塔身、贮仓等，均按混凝土体积以立方米为单位计算。

预制倒圆锥形水塔罐壳模板按混凝土体积，以立方米为单位计算。

④ 预制倒圆锥形水塔罐壳组装、提升、就位，按不同容积以座为单位计算。

3. 排水、降水工程

井点降水区别轻型井点、喷射井点、大口径井点、电渗井点、水平井点，按不同井管深度的井管安装、拆除，以根为单位计算，使用时按套·天为单位计算。

井点套组成：

轻型井点：50 根为一套。

喷射井点：30 根为一套。

大口径井点：45 根为一套。

电渗井点阳极：30 根为一套。

水平井点：10 根为一套。

井管间距应根据地质条件和施工降水要求，依施工组织设计确定，施工组织设计没有规定时，可按轻型井点管距 0.8～1.6m，喷射井点管距 2～3m 确定。

使用天数以每昼夜 24h 为一天，使用天数应按施工组织设计规定的使用天数计算。

4. 建筑工程垂直运输定额

1）建筑物垂直运输机械台班用量，区分不同建筑物的结构类型及高度，按建筑物面积以平方米为单位计算。建筑面积按本章节规定计算。

2）构筑物垂直运输机械台班以座为单位计算。超过规定高度时再按每增高 1m 定额项目计算，其高度不足 1m 时，亦按 1m 计算。

5. 建筑物超高增加人工、机械定额

1）各项降效系数中包括的内容指建筑物基础以上的全部工程项目，但不包括垂直运输、各类构件的水平运输及各项脚手架。

2）人工降效按规定内容中的全部人工费乘以定额系数计算。

3）吊车机械降效按本书构件运输与安装吊装项目中的全部机械费乘以定额系数计算。

4）其他机械降效按规定内容中的全部机械费（不包括吊装机械）乘以定额系数计算。

5）建筑物施工用水加压增加的水泵台班，按建筑面积以平方米为单位计算。

4.13.2　典型例题

【例 4-43】 某五层住宅楼尺寸如图 4-94 所示，采用双排钢管外脚手架。计算外脚手架工程量。

【解】 外脚手架工程量 $= (13.20 + 10.80 + 12.00 + 1.50)\mathrm{m} \times 2 \times (16.50 + 0.30)\mathrm{m}$

$= 37.5\mathrm{m} \times 2 \times 16.80\mathrm{m}$

$= 1260\mathrm{m}^2$

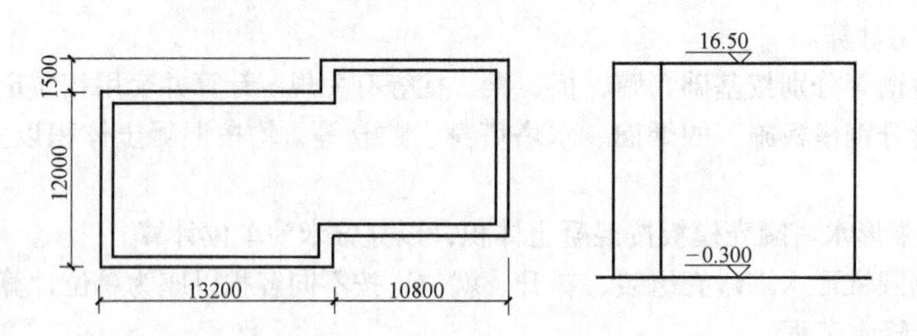

图 4-94

【例4-44】如图4-95所示的现浇钢筋混凝土框架柱100根，采用钢管脚手架，计算该柱脚手架工程量。

【解】柱脚手架工程量 $= (0.45 \times 4 + 3.60)\text{m} \times 4.50\text{m} \times 100$

$= 5.40\text{m} \times 4.50\text{m} \times 100$

$= 2430\text{m}^2$

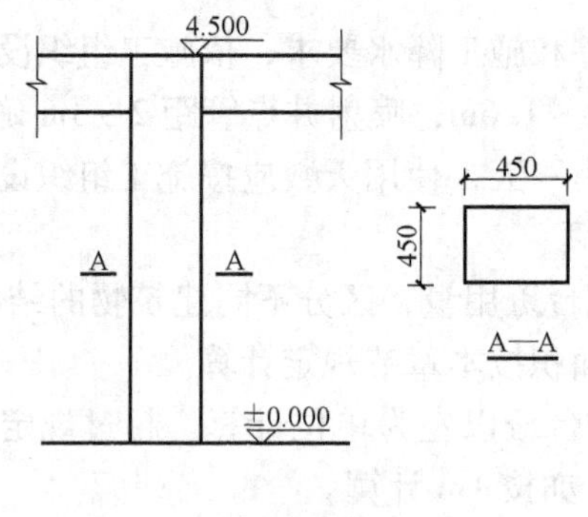

图 4-95

【例4-45】某建筑物二层顶棚抹灰尺寸如图4-96所示，搭设钢管满堂脚手架，计算满堂脚手架工程量。

【解】满堂脚手架工程量 $= (7.44 - 0.24)\text{m} \times (6.84 - 0.24)\text{m} = 47.52\text{m}^2$

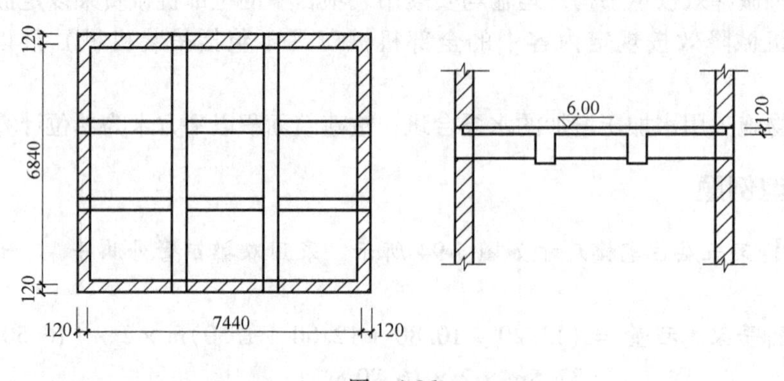

图 4-96

【例4-46】 某工程根据地基地质资料及工程其他具体条件，施工方案确定采用轻型井点排水以降低地下水位，水平集水总管（*D*100）沿建筑物两侧布置，共四道，每道36m，井点管（*D*50）间距1.2m，每根6m，井管等设备场外运输进出一次各耗用8t载重汽车0.5台班；管井使用期按施工进度计划确定为28d。求该井点工程工程量。

【解】 轻型井点管安装、拆卸：[（36/1.2）m＋1]×4＝124根

井点管使用：124/50＝2.48套，按3套计算

3套×28d＝84套·d

井管、设备运输8t汽车台班：0.5台班/次×2次＝1台班

小　　结

建筑工程计量是建筑工程计价的主要内容之一。工程量是计算和确定工程造价、加强企业经营管理、进行经济核算的主要依据。在施工图预算的编制过程中，工程量计算所占的工作量最大，所需的时间最长。因此，工程量计算的准确和及时与否，直接影响施工图预算编制的质量和速度。

本章首先详细地介绍每个分部分项的计算规则，并在此过程中对计算规则的难点和重点以图例和计算方法（公式）对其进行解释和说明，最后，通过典型例题强化读者对规则的理解和运用。

建筑面积是反映工程技术经济的指标，分析评价工程经济效果的重要依据，也是定额计价中计算工程量的基数。建设部于2005年4月以国家标准的形式颁布了《建筑工程建筑面积计算规范》（GB/T 50353—2005）。本章详细介绍了建筑面积的计算规则。

工程量计算规则是整个工程量计算的依据和指南，它是计算工程量和编制预算的重要依据。建筑工程量计算规则，主要包括了土石方工程，桩与地基基础工程，砌筑工程，混凝土工程，钢筋工程，构件运输及安装工程，门窗及木结构工程，屋面及防水工程，防腐、保温、隔热工程，金属结构工程，装饰装修工程（楼地面抹灰，墙柱面抹灰，天棚抹灰，喷涂、油漆、裱糊工程），其他工程（模板工程，脚手架工程，排水降水工程，建筑工程垂直运输，建筑物超高增加人工、机械）等分部工程工程量计算规则。为统一计算口径，在编制预算时，必须严格按计算规则计算工程量，这样才能正确地计算出工程数量及选用定额，才能正确地计算工程造价及工料的消耗数量。

通过本章的学习，要熟悉建筑面积和各分部分项工程计算规则和计算公式。这不仅是本章的重点，也是本书的难点。

思　考　题

4-1　房屋哪些部位不应该计算建筑面积？

4-2　什么是平整场地？地槽、基坑和挖土方有哪些区别？

4-3　某工程用截面400mm×400mm、长度为12m预制钢筋混凝土方桩280根，设计桩长24m（包括桩尖），采用轨道式柴油打桩机，土壤级别为一级土，采用包钢板焊接接桩，已知桩顶标高为－4.1m，室外设计地面标高为－0.30m，试计算打桩、接桩、送装的工程量。

4-4　实砌墙体计算中哪些应该予以扣除？附墙烟囱、墙垛、垃圾道、女儿墙应该如何计算工程量？

4-5 根据图 4-26 和【例 4-4】所给定的条件，计算：①1－1（2—2）剖面砖基础工程量；②C10 垫层工程量；③C30 混凝土基础工程量。

4-6 钢筋混凝土基础、柱、板、墙的工程量如何计算？

4-7 钢筋混凝土楼梯、阳台、雨篷、栏板的工程量如何计算？

4-8 钢筋混凝土构件钢筋（铁件）的总消耗量如何计算？

4-9 坡屋面的工程量如何计算？屋面坡度系数的含义是什么？

4-10 金属构件工程量如何计算？

4-11 金属构建的制作、运输和安装工程量之间有什么关系？

4-12 楼地面、天棚抹灰的工程量如何计算？

4-13 哪些情况套用综合脚手架定额？哪些情况套用单项脚手架定额？

4-14 某工程有关说明如下：

（1）工程概况

1）本工程结构形式为砖混结构，总建筑面积 37.94m^2。

2）本工程设计合理使用年限为 50 年；结构安全等级为二级，基础设计等级为乙级。

3）建筑抗震设计基本设防类别：丙类，抗震设防烈度 6 度。按四级抗震等级设计。

4）本工程标高 ±0.000，相当于黄海高程 6.100m。设计室外地坪－0.45m。

5）场地土类为三类土。基础混凝土环境类别为二类 a，上部结构混凝土环境类别为一类。

（2）墙体

外墙砌体材料：±0.000 以下部分均用机制红砖；±0.000 以上部分采用水泥多孔砖，混合砂浆砌筑。墙体厚度为 240mm。

（3）地面

素土夯实；250mm 厚块石垫层夯实，碎石填缝；200mm 厚 C25 素混凝土随捣抹平配Φ 8@200 钢筋网表面压光，按轴线设分仓缝，热沥青灌缝。

（4）屋面做法（从上到下）

40mm 厚细石混凝土内配Φ_b4@150×150 网片随捣随抹；三元乙丙防水卷材（女儿墙处上翻 250mm）；20mm 厚 1:3 水泥砂浆找平；50mm 厚水泥珍珠岩制品保温隔热层；20mm 厚 1:3 水泥砂浆找平，上刷冷底子油二道。

（5）墙面装饰

1）勒脚做法：1:2 水泥砂浆底，1:3 水泥砂浆面厚 20mm。

2）内墙面做法：10mm 厚 1:3:9 水泥石灰砂浆；6mm 厚 1:3 石灰砂浆；2mm 厚纸筋石灰浆罩面；刮腻子，刷乳胶漆三遍。

3）外墙面做法：12mm 厚 1:3 水泥砂浆打底；6mm 厚 1:2 水泥砂浆、4mm 厚聚合物水泥砂浆、贴 100mm×200mm 釉面砖（缝宽 4mm）。

（6）天棚装饰

素水泥浆（掺建筑胶）一道；5mm 厚 1:3 水泥砂浆；5mm 厚 1:2.5 水泥砂浆；刮腻子，刷乳胶漆三遍。

（7）室外工程

散水宽 700mm 沿外墙，内嵌沥青砂浆。屋面落水管Φ 100UPVC 落水管。

（8）门窗工程

1）门为胶合板门，木门油漆按底油一道，米黄色调和漆二道。

2）窗为塑钢推拉窗。

3）门窗表见表 4-39：

表 4-39

门窗名称	宽度×高度	数量
C—32	1500×1800	2
C—38	2570×1800	2
M—223	900×2600	2

（9）构造柱

1）构造柱在梁上500mm至梁下500mm范围内的箍筋应加密至Φ6@100。

2）构造柱内纵筋的上下端应与梁板内预留插筋锚牢。构造柱支承在基础梁上，构造柱纵筋应插入基础内30d，钢筋一律在基础面搭接，搭接36d。

3）构造柱在砌筑砖墙后再浇捣，砖墙砌成马牙槎。

4）女儿墙部分无构造柱，没有马牙槎；女儿墙无压顶。

（10）材料

1）混凝土：构造柱、圈梁、地梁、基础等混凝土强度等级均为C20；基础垫层素混凝土强度等级为C10。

2）门窗过梁，过梁支承长度每侧240mm，具体尺寸见表4-40。

表 4-40 （单位：mm）

洞宽	$L_0<1200$	$1200<L_0<1800$	$1800<L_0<2600$
断面	240×120	240×240	240×240
主筋	下部3Φ10	上下各2Φ12	上2Φ12 下3Φ12
箍筋	Φ6@200	Φ6@200	Φ6@200

该工程设计图样如图4-97所示。按以上给定条件及本地区预算定额，完成本工程预算文件中所需的工程量的计算。

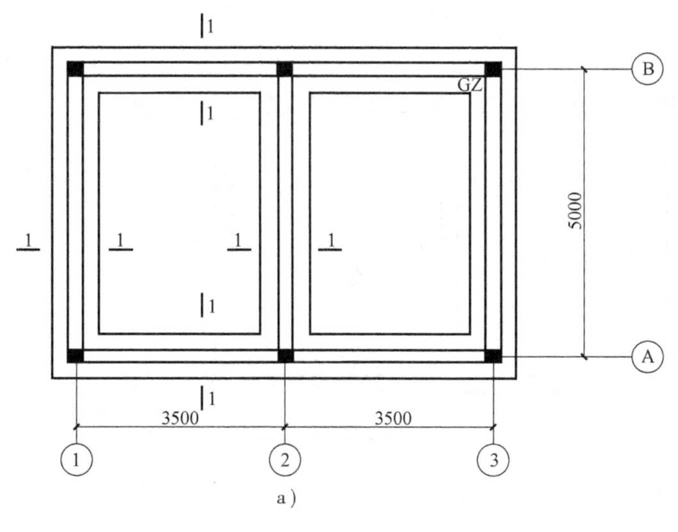

图 4-97

a）基础平面图

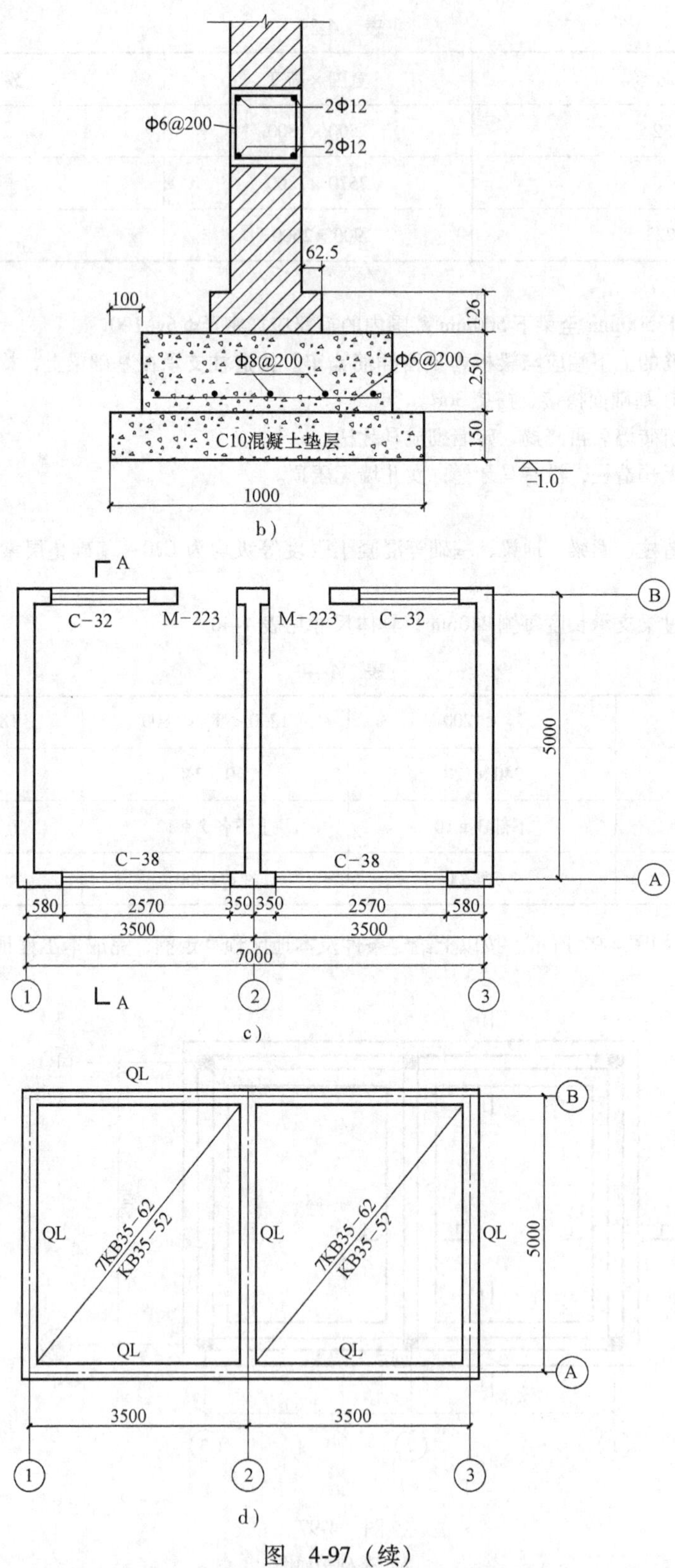

图 4-97（续）

b）1—1 剖面图 c）一层平面图 d）屋面结构图

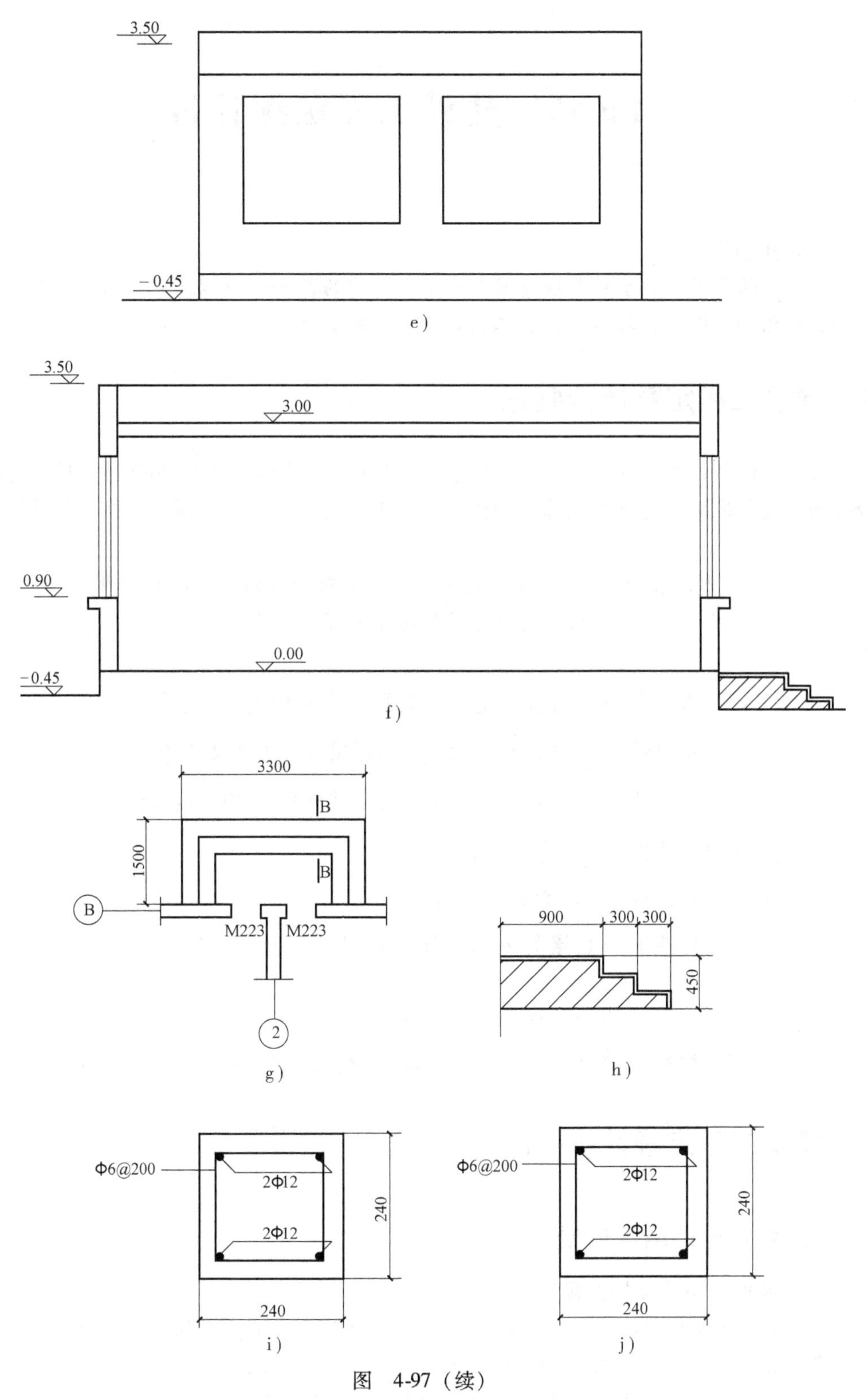

图　4-97（续）

e）立面图　f）*A—A* 剖面图　g）台阶平面图

h）*B—B* 剖面图　i）圈梁配筋图　j）构造柱配筋图

第5章 建设工程定额计价

学习目标

通过本章的学习，熟悉和掌握建筑工程定额计价的概念、原理；并熟悉建筑工程定额计价的编制依据和步骤；掌握建筑工程工料计价文件的编制。

5.1 建设工程定额计价概述

建设工程定额计价法又称为工料单价法。它是以现行的消耗量定额并结合地区性的单位估价表为主要的依据，通过编制施工图预算文件来确定整个工程的预算价格。其计算公式如下：

$$\text{工料单价}=\text{规定计量单位的人工费}+\text{规定计量单位的材料费}+\text{规定计量单位的施工机械使用费}$$

式中

$$\text{人工费}=\sum(\text{预算定额人工消耗量}\times\text{相应人工单价})$$

$$\text{材料费}=\sum(\text{预算定额材料消耗量}\times\text{相应材料单价})$$

$$\text{机械费}=\sum(\text{预算定额机械台班消耗量}\times\text{相应机械台班单价})$$

$$\text{建设项目总造价}=\sum\text{单项工程造价}$$

$$\text{单项工程造价}=\sum\text{单位工程造价}$$

$$\text{单位工程造价}=\text{直接费}+\text{间接费}+\text{利润}+\text{税金}$$

其中

$$\text{直接费}=\text{直接工程费}+\text{措施费}$$

$$\text{直接工程费}=\sum(\text{分部分项工程量}\times\text{分部分项工程项目工料单价})$$

5.2 建设工程定额计价编制

5.2.1 定额计价的编制依据

1. 施工图样、说明和标准图集

经审定的施工图样是编制建筑工程造价的重要资料，它包括附图文字说明、有关通用图集和标准图集，表明工程具体内容、结构尺寸、技术标准等。施工图样必须经过建设、设计、施工、监理单位共同进行会审确定后，才能作为建筑工程造价的依据。

2. 施工组织设计或施工方案

施工组织设计是确定单位工程进度计划、施工方法或主要技术措施以及施工现场平面布置等内容的文件，是对建筑安装工程规划、组织施工有关问题的设计说明。拟建工程项目管理实施规划或施工组织设计经有关部门批准后，就成为指导施工活动的重要技术经济文件，它所确定的施工方案和相应的技术组织措施就成为预算部门必须具备的依据之一，也是计算分项工程量，选套预算单价和计取有关费用的重要依据。

3. 现行定额（或单位估价表）

现行定额（或单位估价表）包括现行预算定额（或单位估价表）、有关费用定额和费用标准。现行预算定额详细地规定了分部分项工程项目划分、名称及工程内容，工程量计算规则和项目使用说明等内容。建筑安装费用定额规定了建筑安装工程费用中各项目措施费、间接费、利润和税金的取费标准和取费方法，它是在建筑安装工程人工费、材料费和机械台班使用费计算完毕后，计算其他各行总费用的主要依据。工程费用随地区不同取费标准不同。按照国家规定，各地区均制定了工程费用定额，它规定了各项费用取费标准，这些标准是确定工程造价的基础，是编制施工图预算和标底的主要依据。

4. 人工、材料、机械台班预算价格及调价规定

人工、材料、机械台班预算价格是预算定额的三要素，是构成直接工程费的主要因素，尤其以材料费在工程成本中占的比重较大。而且在市场经济条件下，人工、材料、机械台班的价格是随着市场而变化的，为使预算造价尽可能接近实际，各地区主管部门对此都有明确的调价规定。因此，合理确定人工、材料、机械台班预算价格及其调价规定是编制施工图预算的重要依据。

5. 预算工作手册及有关工具书

预算工作手册及有关工具书是将常用数据、计算公式和系数等资料汇编成的工具性资料，可供计算工程量和进行工料分析时参考。例如，各种结构构件面积和体积的公式，各种构件工程量及材料重量的计算公式等，特殊断面、结构构件的工程量速算公式等。

5.2.2　定额计价的编制步骤

1. 熟悉施工图样及准备有关资料

施工图样是编制预算的基本依据，只有认真阅读图样，了解设计意图，对建筑物的结构类型、平面布置、立体造型、材料和构配件的选用以及构造特点等做到心中有数，才能“把握全局，抓住重点”，构思出工程分解和工程量计算顺序，准确、全面、快速地编制预算。熟悉施工图样应注意以下几个问题：

（1）清点、整理图样

按图样目录中的编号，逐一清点、核对，发现缺图要及时追索补齐或更正，对与本工程有关的各种标准图集、通用图集，也要准备齐全。

（2）阅读图样

阅读图样应遵循先粗后细、先全貌后局部、先建筑后结构、先主体后构造的原则，逐一加深印象，在头脑中形成清晰、完整和相互关联的工程实体印象。

（3）审核图样

审核图样要仔细核对建筑图和结构图，基本图和详图，门窗表和平面图、立面图、剖面图之间的数据尺寸、标高等是否一致，是否齐全。发现图样上不合理或前后矛盾，标注不清楚的地方，应及时与设计人员联系，以求完善，避免返工。

2. 熟悉施工组织设计和施工现场情况

为了使预算能够准确地反映实际情况，必须熟悉施工组织设计和施工现场情况中影响工程造价的有关内容。例如，各分项工程的施工方法，土石方工程中余土外运使用的机具、运距，施工平面图对建筑材料、构件等堆放点到施工操作点的距离，施工现场工程地质、自然地形和最高、最低地下水位情况；季节性施工情况等，这些都是施工图预算直接费计算时要考虑的因素。

3. 分解工程和列项目

在熟悉施工图样和预算定额的基础上，根据预算定额的分部分项工程划分方法，将拟建工程进行合理分解，列出拟建工程包含的分项工程名称。换言之，就是将施工图和预算定额相对照，将施工图反映的工程内容，用预算定额分项工程名称表达，这就是列项目。列项目要求做到不重复、不遗漏，全面准确。对于定额中没有而施工图中有的项目，应先补充定额，再列出补充定额的分项工程名称。列项目一般可按定额中分部分项工程排列顺序进行罗列，初学者更应如此，否则容易出现遗漏项或重复。有实际施工经验者可按施工顺序进行罗列。

4. 计算工程量

根据施工图确定的工程预算项目和预算定额规定的分项工程量计算规则，计算各分项工程量。各分项工程量计算完毕并经复核无误后，按预算定额规定的分部分项工程顺序逐项汇总。计算工程量，有条件的尽量分层、分段、分部位来计算，最后将同类项加以合并，编制工程量汇总表。

工程量是施工图预算的主要数据，计算工程量也是预算编制工作中最繁重而又需要细致的一道工序。其工作量大，花费精力和时间最多，而且要求也最高，既要求准确，又要求迅速、及时。因此必须认真对待，精益求精，并在实际工作中总结和摸索出一些经验和规律，做到有条不紊、不遗漏、不重复，同时又便于核对和审核。

工程量的计算方法常见的有以下几种：

（1）按施工顺序列项计算

这种方法是按施工的先后顺序安排工程量的计算顺序。如基础工程是按场地平整、挖地槽、地坑、基础垫层、砌砖石基础、现浇混凝土基础、基础防潮层、基础回填土、余土外运等列项计算，这种方法打破了预算定额按分部划分的项目。

（2）按定额的编排顺序列项计算

这种方法是按预算定额手册所排列的分部分项顺序依次进行计算。如土石方工程、桩与地基基础工程、砌筑工程、混凝土工程等。

（3）按顺时针方向列项计算

这种方法是从平面图样的左上角开始，从左到右按顺时针方向环绕一周，再回到左上角为止。这种方法适用于外墙挖地槽、外墙基础、外墙砌筑、外墙抹灰等，如图 5-1 所示。

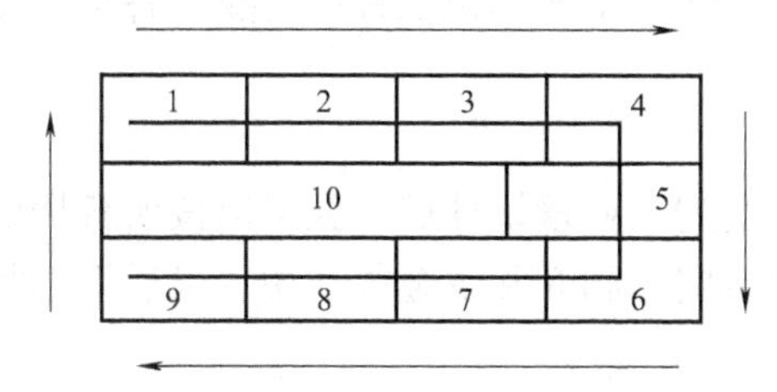

图5-1　顺时针方向示意图

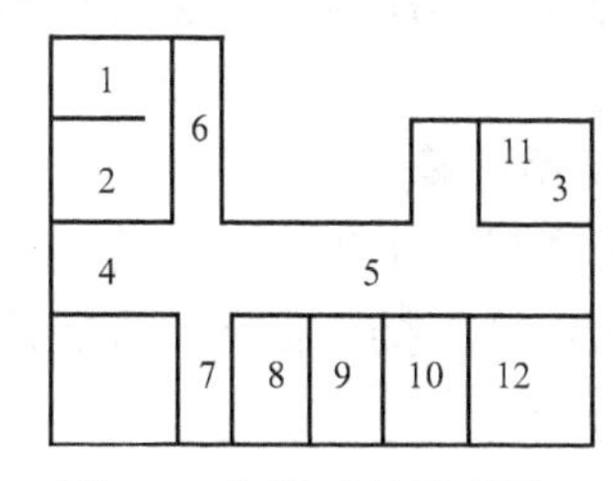

图5-2　先横后竖示意图

（4）按先横后竖、从上而下、从左到右的顺序列项计算

工程量计算的总体步骤是：先结构、后建筑；先平面、后立面；先室内、后室外，然后分别根据施工图样的有关内容，列出分项工程项目名称和计算式依次进行计算。计算横墙时按先上后下、横墙间断时先左后右。计算竖墙时先左后右，竖墙间断时先上后下。如计算内墙基础、内墙砌筑、内墙墙身防潮等均可按上述顺序进行计算，如图5-2所示。

如图5-2所示，计算内墙时应按先横后竖的顺序，先计算横线1，在同一截面上，从左到右，则先计算2线再计算3线，然后计算4、5线。计算竖墙时，在同一竖面上，则应先上后下。如图5-2所示，先计算6线，其次是7、8、9、10、11、12线。

（5）按构件的分类和编号顺序计算

这种方法是按照各类不同的构配件，如空心板、平板、过梁、单梁、门窗等，就其自身的编号按次序依次列表计算。这种分类编号列表计算的方法，既方便检查核对，又能简化计算式。因此，各类构件和门窗均可采用此方法计算工程量。

以上所述的仅是工程量计算的一般方法，实际工作中，应视具体情况灵活运用。不论采用何种计算方法，都应做到项目不重不漏，数据准确可靠，方法科学简便，以提高预算的编制速度和质量。

5. 套用定额单价

在计价过程中，如果工程量已经核对无误，项目不漏不重，则余下的问题就是如何正确套价，计算直接费。

套价应注意以下事项：

（1）确定工程名称、规格和计算单位

分项工程名称、规格和计算单位必须与定额中所列内容完全一致，即以定额中找出与之相适应的项目编号，查出该项工程的工料单价，套价要求准确、适用。

（2）定额换算

预算定额本身的制定，都是按照一定的情况综合考虑的，存在有许多缺项和不完全符合图样要求的地方。因此，必须根据定额进行换算，即以某分项工程为基础进行调整。调整办法及范围具体见定额规定。

（3）补充定额编制

当施工图样的某些设计要求与定额项目特征相差甚远，即不能直接套用也不能换算、调整时，必须编制补充定额。

6. 编制工料分析表

根据各分部分项工程的工程量和相应定额中的项目所列的用工工日及材料数量，计算出各分部分项工程所需的人工及材料数量，相加汇总便得出该单位工程所需要的各类人工和材料的数量。

7. 费用计算

所列项目的工程量、单价经复查无误后，将所列工程量统计后，就可以按所套用的相应定额单价计算直接工程费，进而计算直接费、间接费、利润和税金等费用，最后汇总得出建筑工程造价。

8. 校核

校核是指施工图预算编制出来后，由有关人员对编制的各项内容进行检查核对，以及时发现差错，提高工程预算的准确性。在核对中，应对所列项目、工程量计算、数字结果、套用的预算定额以及定额消耗量等进行全面核对。复核的主要内容是：分项工程项目有无遗漏或重复，工程量有无多算、少算或错算，定额选用、换算、补充是否合适，资源要素单价、费率取值是否合理、合规等。

9. 编制说明、填写封面、装订成册

预算书封面内容有：工程名称、工程地点、建设单位名称、施工单位名称、结构类型、建筑面积、预算总造价和单位建筑面积造价、预算编制单位、编制人、复核人及编制日期。

编制说明主要是让有关人员了解该预算的编制依据和编制中对某些问题的处理情况。主要内容有：工程概况（范围）、编制依据、编制中已考虑和未考虑的有关问题等。

施工图预算经复核无误后，可装订签章。装订的顺序一般为：封面、编制说明、预算费用表、预算表、工料机分析表、补充定额表和工程量计算表。装订可根据不同用途，详略适当，分别装订成册。在装订成册的预算书上，预算编制人员和复核人员应签字加盖有资格证号的印章，经有关负责人审阅签字后加盖公章，至此完成全部预算编制工作。

5.3 建设工程定额计价的编制实例

某小区2#住宅楼预算文件如表5-1～表5-5所示。

预算书封面

工程预算书

工程名称：	某小区2#住宅楼预算		
工程造价：	480.4754万元		
建筑面积：	$3084m^2$	单方造价：	1557.96元/m^2
编　　制：		复　　核：	
证书号：		证书号：	
建设单位（公章）		编制单位（公章）	

编制说明

1. 工程概况

本工程为三级民用建筑工程，建筑耐火等级为二级，屋面防水等级为三级，抗震设防烈度<6度，建筑结构的安全等级为二级。本工程相对标高±0.000相当于绝对标高16.60m。

本工程为6层砖混结构，结构设计层数为8层。建筑合理使用年限50年，建筑物檐口高度16.800m。建筑面积为$3084m^2$。

本工程基础采用沉管灌注桩，设计桩长为12.5m，水泥砂浆楼地面；内墙为纸筋灰面，白色内墙涂料；外墙为三色外墙面砖饰面，局部采用高级外墙涂料；天棚为纸筋灰面，白色内墙涂料；卫生间墙面为水泥砂浆抹面。窗全部采用塑钢推拉窗，室内门为胶合板门，进户门采用1000mm×2100mm保温防盗门，单元门采用1800mm×2400mm单元保安门。

屋面做法：现浇上人屋面构造为C7.5炉渣混凝土找坡，1:3水泥砂浆找平层上铺SBS防水卷材，挤塑型聚苯板保温层，混凝土压顶板。现浇不上人屋面构造为C7.5炉渣混凝土找坡，挤塑型聚苯板保温层，SBS防水卷材。现浇坡屋面构造为水泥砂浆找平层上铺SBS防水卷材，挤塑型聚苯板保温层，彩色水泥屋面瓦。

2. 编制依据

1）设计图样及有关文件和说明。

2）采用现行的标准图集、规范、工艺标准、材料做法。

3）根据《××省建设工程施工取费定额（2003版）》、《××省建筑工程预算定额（2003版）》及××省有关文件。

4）本工程所有材料价格均按××市2007年12月份信息价计入。

5）根据施工现场条件、实际情况。

6）预制桩尖、预制过梁的运输距离为10km。

7）余土外运按5km考虑。

表5-1 单位工程取费表（以人工费加机械费为计算基数）

序号	费用项目		计算方法	计算公式	金额/元
一	直接工程费		∑(分部分项工程量×工料单价)	3905337	3905337
	其中	1. 人工费		347835.35	
		2. 机械费		53868.89	
二	施工技术措施费		∑(措施项目工程量×工料单价)	281196	281196
	其中	3. 人工费		66557.76	
		4. 机械费		89585.46	
三	施工组织措施费		∑[(1+2+3+4)×相应费率]	47975	47975
四	综合费用		(1+2+3+4)×相应费率	211982	211982
	其中	企业管理费		557847.46×24%=133883	
		利润		557847.46×14%=78099	
五	规费		(一+二+三+四)×相应费率	(3905337+281196+47975+211982)×4.39% =4446490×4.39% =195201	195201
六	税金		(一+二+三+四+五)×相应费率	(3905337+281196+47975+211982+195201)×3.513% =4641691×3.513% =163063	163063
	建筑工程造价		一+二+三+四+五+六		4804754

表 5-2 单位工程预算表

序号	编码	名称	单位	工程量	单价	合价/元	人工费/元	机械费/元
1	1-21	人工平整场地	m^2	636.99	1.3	828.09	828.09	
2	1-24	人工就地回填土，夯实	m^3	355.5	4.47	1589.08	1425.55	163.53
3	1-11 换	人工挖三类土，深 1.5m 内挖桩承台土方	m^3	112.51	11.82	1329.87	1329.87	
4	1-11	人工挖三类土，深 1.5m 内	m^3	371.63	9.46	3515.62	3515.62	
5	1-67	人工装土	m^3	362.4	3.38	1224.91	1224.91	
6	1-69 换	自卸汽车运土，运距 5km	m^3	128.7	13.06	1680.82	18.02	1662.8
7	1-69 换	自卸汽车运土，运距 5km	m^3	233.7	13.06	3052.12	32.72	3019.4
8	1-8	人工平基土方，三类土	m^3	233.7	5.11	1194.21	1194.21	
9	2-136 换	凿沉管灌注桩桩头有钢筋笼	个	20	7.61	152.2	149.8	
10	2-136 换	凿沉管灌注桩桩头有钢筋笼	个	18	7.61	136.98	134.82	
11	2-136 换	凿沉管灌注桩桩头有钢筋笼	个	105	7.61	799.05	786.45	
12	2-48 换	振动式沉管灌注 C25（40）混凝土桩，桩长 25m	m^3	247.3	340.33	84163.61	12795.3	15302.92
13	2-48 换	振动式沉管灌注混凝土土桩，桩长 25m 内空打	m^3	16.75	83.13	1392.43	370.18	910.36
14	2-55	预制桩尖埋设	个	143	2.43	347.49	334.62	
15	3-13 换	标准砖砌筑砖基础，M10.0 水泥砂浆	m^3	36.07	225.41	8130.54	1031.6	61.32
16	3-21	砌标准砖墙，厚 1 砖	m^3	10	235.61	2356.1	377	17.4
17	3-22	砌标准砖墙，厚 3/4 砖	m^3	10	242.67	2426.7	439.4	16.5
18	3-35	砌多孔砖墙，厚 1 砖	m^3	303.19	199.85	60592.52	9065.38	406.27
19	3-35 换	砌多孔砖墙，厚 1 砖，M7.5 混合砂浆	m^3	213.212	200.82	42817.23	6375.04	285.7
20	3-35 换	砌多孔砖墙，厚 1 砖，M10.0 混合砂浆	m^3	297.092	202.13	60051.21	8883.05	398.1
21	3-36	砌多孔砖墙，厚 1/2 砖	m^3	23.732	209.16	4963.79	931.72	25.39
22	3-36 换	砌多孔砖墙，厚 1/2 砖，M7.5 混合砂浆	m^3	16.828	209.91	3532.37	660.67	18.01
23	3-36 换	砌多孔砖墙，厚 1/2 砖，M10.0 混合砂浆	m^3	25.475	210.95	5373.95	1000.15	27.26
24	3-38	多孔砖零星砌体	m^3	9.91	211.84	2099.33	417.41	11.99
25	3-9	碎石干铺垫层	m^3	34.57	77.46	2677.79	458.4	31.8
26	4-125 换	现浇现拌 C10（40）混凝土基础垫层浇捣	m^3	22.18	175.41	3890.59	599.75	97.37
27	4-125 换	现浇现拌 C10（16）混凝土基础垫层浇捣	m^3	41.484	34.97	1450.7	1121.73	182.11

（续）

序号	编码	名　　称	单位	工程量	单价	合价/元	人工费/元	机械费/元
28	4-127 换	现浇现拌 C25（40）钢筋混凝土基础浇捣	m^3	69.62	212.13	14768.49	1665.31	295.89
29	4-127 换	现浇现拌 C25（40）钢筋混凝土基础浇捣	m^3	29.31	212.13	6217.53	701.1	124.57
30	4-131 换	现浇现拌 C25（40）混凝土独立柱浇捣	m^3	27.21	239.95	6529.04	1344.17	190.2
31	4-131 换	现浇现拌 C25（40）混凝土独立柱浇捣	m^3	6.43	239.95	1542.88	317.64	44.95
32	4-131 换	现浇现拌 C25（40）混凝土独立柱浇捣	m^3	1.28	239.95	307.14	63.23	8.95
33	4-131 换	现浇现拌 C25（40）混凝土独立柱浇捣	m^3	9.68	239.95	2322.72	478.19	67.66
34	4-131 换	现浇现拌 C25（40）混凝土独立柱浇捣	m^3	7.88	239.95	1890.81	389.27	55.08
35	4-132 换	现浇现拌 C25（40）混凝土构造柱浇捣	m^3	37.08	259.06	9605.94	2439.12	393.05
36	4-134 换	现浇现拌 C25（40）混凝土基础梁浇捣	m^3	4.79	218.39	1046.09	124.54	33.48
37	4-135 换	现浇现拌 C25（20）混凝土单梁、连续梁、异形梁、弧形梁、吊车梁浇捣	m^3	2.944	238.74	702.85	108.69	20.58
38	4-136 换	现浇现拌 C25（40）混凝土圈过梁、拱形梁浇捣	m^3	75.67	258.26	19542.53	4387.35	802.1
39	4-136 换	现浇现拌 C25（40）混凝土圈过梁、拱形梁浇捣	m^3	24.919	258.26	6435.58	1444.8	264.14
40	4-136 换	现浇现拌 C25（40）混凝土圈过梁、拱形梁浇捣	m^3	16.355	258.26	4223.84	948.26	173.36
41	4-138 换	现浇现拌 C25（20）混凝土板浇捣	m^3	45.168	239.7	10826.77	1327.04	320.69
42	4-138 换	现浇现拌 C25（20）混凝土板浇捣	m^3	54.01	239.7	12946.2	1586.81	383.47
43	4-138 换	现浇现拌 C25（20）混凝土板浇捣	m^3	110.64	239.7	26520.41	3250.6	785.54
44	4-138 换	现浇现拌 C25/P8（20）混凝土板浇捣	m^3	9.18	245.63	2254.88	269.71	65.18
45	4-138 换	现浇现拌 C25/P8（20）混凝土板浇捣	m^3	16.75	245.63	4114.3	492.12	118.93
46	4-138 换	现浇现拌 C25/P8（20）混凝土板浇捣	m^3	4.12	245.63	1012	121.05	29.25
47	4-138 换	现浇现拌 C25/P8（20）混凝土板浇捣	m^3	14.96	245.63	3674.62	439.52	106.22
48	4-146 换	现浇现拌 C25（40）混凝土直形楼梯浇捣	m^2	94.02	60.15	5655.3	1148.92	234.11

（续）

序号	编码	名 称	单位	工程量	单价	合价/元	人工费/元	机械费/元
49	4-146 换	现浇现拌 C25（40）混凝土直形楼梯浇捣	m^2	15.84	60.15	952.78	193.56	39.44
50	4-148 换	现浇现拌 C25（40）混凝土雨篷浇捣	m^2	6.98	24.35	169.96	38.11	7.19
51	4-148 换	现浇现拌 C25（40）混凝土雨篷浇捣，单价×1.13	m^2	25.812	27.52	710.35	159.26	30.2
52	4-148 换	现浇现拌 C25（40）混凝土雨篷浇捣，单价×1.12	m^2	37.128	27.28	1012.85	227.22	43.07
53	4-148 换	现浇现拌 C25（40）混凝土雨篷浇捣，单价×1.013	m^2	8.58	24.67	211.67	47.45	9.01
54	4-148 换	现浇现拌 C25（40）混凝土雨篷浇捣，单价×1.24	m^2	2.652	30.19	80.06	17.95	3.39
55	4-149 换	现浇现拌 C25（40）混凝土阳台浇捣，单价×1.013	m^2	164.77	34.29	5649.96	1258.84	237.27
56	4-150	现浇现拌混凝土栏板、翻檐浇捣	m^3	1.9	275.35	523.16	148.69	20.14
57	4-150 换	现浇现拌 C25（40）混凝土栏板、翻檐浇捣	m^3	12.782	274.97	3514.67	1000.32	135.49
58	4-150 换	现浇现拌 C25（20）混凝土栏板、翻檐浇捣	m^3	0.262	283.69	74.33	20.5	2.78
59	4-151	现浇现拌混凝土檐沟、挑檐浇捣	m^3	12.465	273.98	3415.16	713	136.74
60	4-152 换	现浇现拌 C25（40）混凝土小型构件浇捣	m^3	17.602	278.41	4900.57	997.68	186.58
61	4-322	预制混凝土桩尖浇捣	m^3	7.431	286.6	2129.72	579.62	92.66
62	4-335	预制混凝土圈梁、过梁浇捣	m^3	4.594	251.44	1155.12	220.97	94.5
63	4-335	预制混凝土圈梁、过梁浇捣	m^3	3.936	251.44	989.67	189.32	80.96
64	4-393	现浇构件：圆钢	t	55.82	5311.83	296506.35	18722.03	2413.66
65	4-394	现浇构件：螺纹钢	t	35.214	5142.3	181080.95	4944.05	2420.26
66	4-395	预制构件：圆钢	t	0.225	5291.55	1190.6	71.96	9.35
67	4-398	桩基础圆钢钢筋笼	t	1.028	5400.09	5551.29	382.21	126.64
68	4-399	桩基础螺纹钢钢筋笼	t	4.175	5174.81	21604.83	586.17	514.32
69	4-410	预埋铁件：桩尖内钢筋	t	0.336	7472.89	2510.89	171.23	117.06
70	4-410	预埋铁件：加固圈沉管桩用预埋铁件：-40×4	t	1.73	7472.89	12928.1	881.61	602.71
71	4-410	预埋铁件	t	0.796	7472.89	5948.42	405.64	277.32
72	4-410	预埋铁件	t	1.581	7472.89	11814.64	805.68	550.8
73	4-419	Ⅳ类混凝土构件运输，运距5km	m^3	3.936	85.93	338.22	31.72	294.37
74	4-419 换	Ⅳ类混凝土构件运输，运距10km	m^3	4.594	105.33	483.89	48.97	420.76

（续）

序号	编码	名　　称	单位	工程量	单价	合价/元	人工费/元	机械费/元
75	4-420 换	Ⅳ类混凝土构件每增减1km，单价×5	m^3	3.936	19.41	76.4	10.23	66.16
76	4-454	预制小型构件安装，有焊	m^3	4.594	149.86	688.46	179.17	343.36
77	4-454	预制小型构件安装，有焊	m^3	3.936	149.86	589.85	153.5	294.18
78	5-29	混凝土板上钉顺水条挂瓦条	m^2	326.94	5.45	1781.82	255.01	
79	7-1	屋面细石混凝土防水层，厚4cm	m^2	61.49	15.15	931.57	196.77	32.59
80	7-11	屋面木基层上挂盖水泥彩瓦	m^2	326.94	26.85	8778.34	627.72	
81	7-43	屋面改性沥青卷材防水层	m^2	352.33	22.22	7828.77	422.8	
82	7-43	屋面改性沥青卷材防水层	m^2	64.99	22.22	1444.08	77.99	
83	7-43	屋面改性沥青卷材防水层	m^2	69.35	22.22	1540.96	83.22	
84	7-43	屋面改性沥青卷材防水层	m^2	161	22.22	3577.42	193.2	
85	7-95	立面防水砂浆防潮层	m^2	1283.67	9.56	12271.89	4210.44	205.39
86	7-96	砖基础上防水砂浆防潮层	m^2	43.97	6.28	276.13		7.04
87	7-99	沥青嵌缝，断面30mm×150mm	m	29.2	20.11	587.21	12.85	
88	7-99	沥青嵌缝，断面30mm×150mm	m	94.22	20.11	1894.76	41.46	
89	8-101	屋面：铺设炉（矿）渣混凝土	m^3	20.633	150.87	3112.9	461.35	109.35
90	9-100	混凝土台阶	m^2	4.54	83.83	380.59	118.04	12.17
91	9-102 换	防滑坡道：现浇现拌混凝土C25（40）	m^2	161.4	57.17	9227.24	2056.24	243.71
92	9-102 换	防滑坡道：现浇现拌混凝土C20（40）	m^2	5.428	55.91	303.48	69.15	8.2
93	9-107 换	地沟铸铁盖板，厚40mm上，单价×1.25	m^2	7.04	635.34	4472.79	45.76	1.55
94	9-92	混凝土墙脚护坡	m^2	45.612	28.63	1305.87	336.62	56.56
95	9-95 换	混凝土明沟：现浇现拌混凝土C10（40）	m	22	22.59	496.98	171.6	21.12
96	10-1	水泥砂浆找平层，厚20mm	m^2	326.94	5.83	1906.06	637.53	42.5
97	10-1	水泥砂浆找平层，厚20mm	m^2	56.764	5.83	330.93	110.69	7.38
98	10-1	水泥砂浆找平层，厚20mm	m^2	61.49	5.83	358.49	119.91	7.99
99	10-1	水泥砂浆找平层，厚20mm	m^2	88.08	5.83	513.51	171.76	11.45
100	10-100	水泥砂浆楼梯饰面	m^2	109.86	31.31	3439.72	2132.38	41.75
101	10-115	楼梯踏步铜嵌条	m	134.42	10.24	1376.46	599.51	
102	10-136	硬木扶手，型钢栏杆	m	838.16	128.07	107343.15	17249.33	12890.9
103	10-1 换	水泥砂浆找平层，厚15mm	m^2	345.704	4.85	1676.66	674.12	34.57
104	10-1 换	水泥砂浆找平层，厚15mm	m^2	1901.25	4.85	9221.06	3707.44	190.13
105	10-39	水泥砂浆地砖楼地面，周长1200mm以内密缝	m^2	216.88	36.35	7883.59	1732.87	34.7

（续）

序号	编码	名　　称	单位	工程量	单价	合价/元	人工费/元	机械费/元
106	10-3 换	水泥砂浆楼地面，厚 15mm	m^2	345.704	7.14	2468.33	891.92	34.57
107	10-3 换	水泥砂浆楼地面，厚 15mm	m^2	1901.25	7.14	13574.93	4905.23	190.13
108	10-85	水泥砂浆踢脚线	m^2	378.865	14.16	5364.73	3371.9	71.98
109	11-11 换	砖墙、砌块墙面 16 ~ 18mm 厚混合砂浆抹灰	m^2	5545.975	7.62	42260.33	25178.73	942.82
110	11-11 换	砖墙、砌块墙面 16 ~ 18mm 厚混合砂浆抹灰	m^2	478.848	7.62	3648.82	2173.97	81.4
111	11-11 换	砖墙、砌块墙面 1:1:6 混合砂浆抹灰	m^2	32.18	8.24	265.16	146.1	5.47
112	11-120	水泥砂浆粘贴外墙面砖（周长 600mm 以内）	m^2	663.552	56.41	37430.97	9084.03	72.99
113	11-30	砖柱、混凝土柱、梁水泥砂浆一般抹灰	m^2	663.55	8.83	5859.15	3019.15	112.8
114	11-45	零星抹灰，水泥砂浆	m^2	32.18	17.85	574.41	412.87	5.79
115	11-45	零星抹灰，水泥砂浆	m^2	39.712	17.85	708.86	509.5	7.15
116	11-45	零星抹灰，水泥砂浆	m^2	24.776	17.85	442.25	317.88	4.46
117	11-45	零星抹灰，水泥砂浆	m^2	137.2	17.85	2449.02	1760.28	24.7
118	11-53 换	墙柱（梁）面 6mm 厚纸筋灰面抹灰，每增一遍	m^2	5545.975	1.86	10315.51	5823.27	
119	11-53 换	墙柱（梁）面 3mm 厚纸筋灰面抹灰，每增一遍	m^2	478.848	1.45	694.33	502.79	
120	11-53 换	墙柱（梁）面 6mm 厚纸筋灰面抹灰，每增一遍	m^2	635.9	1.86	1182.77	667.7	
121	11-54 换	阳台抹水泥砂浆：水泥砂浆 1:2	m^2	164.77	30.44	5015.6	3476.65	70.85
122	11-54 换	雨篷抹水泥砂浆：水泥砂浆 1:2	m^2	490.764	30.44	14938.86	10355.12	211.02
123	11-55 换	1:2 水泥砂浆，雨篷翻口增高	m^2	490.764	4.22	2071.02	1408.50	29.44
124	11-56	混凝土檐沟抹水泥砂浆	m	195.60	20.21	3953.08	1987.30	101.71
125	11-57	混凝土檐沟水泥砂浆，侧板增高	m	17.6	2.79	49.1	33.62	0.7
126	11-57	混凝土檐沟水泥砂浆，侧板增高	m	15.6	2.79	43.52	29.8	0.62
127	11-57 换	混凝土檐沟水泥砂浆，侧板增高，单价×2	m	162.4	5.6	909.44	621.99	12.99
128	11-6	砖墙、砌块墙面水泥砂浆抹灰	m^2	250.35	8.97	2245.64	1071.5	42.56
129	11-6	砖墙、砌块墙面水泥砂浆抹灰	m^2	33.67	8.97	302.02	144.11	5.72
130	11-6 换	砖墙、砌块墙面 1:3 水泥砂浆抹灰	m^2	942.336	8.87	8358.52	4033.2	160.2
131	11-94	水泥砂浆粘贴外墙面砖（周长 600mm 以上）仿花岗石面砖	m^2	108.796	67.81	7377.46	1048.79	11.97

（续）

序号	编码	名　　称	单位	工程量	单价	合价/元	人工费/元	机械费/元
132	11-94	水泥砂浆粘贴外墙面砖（周长 600mm 以上）	m^2	1093.5	45.27	49502.75	10541.34	120.29
133	11B-1	墙面抹水泥砂浆底灰，砖墙面 15mm 厚	m^2	108.796	5.82	633.19	303.54	9.79
134	11B-1	墙面抹水泥砂浆底灰，砖墙面 15mm 厚	m^2	1093.5	5.82	6364.17	3050.87	98.41
135	11B-2	墙面抹水泥砂浆底灰，混凝土墙面 15mm 厚	m^2	663.552	6.31	4187.01	1891.12	59.72
136	12-1 换	现浇混凝土顶棚 1:3 水泥砂浆抹灰	m^2	216.879	8.79	1906.37	1084.4	21.69
137	12-7 换	现浇混凝土顶棚，水泥石灰纸筋砂浆底，1:1:6 纸筋灰面	m^2	2145.433	7.31	15683.12	9847.54	257.45
138	13-128	门地锁安装	把	2	29.2	58.4	18	
139	13-136	防盗扣或防盗链安装	副	24	5.54	132.96	36	
140	13-139	暗装闭门器	副	2	77.65	155.3	24	
141	13-141	抹灰面门碰头安装	副	92	7.71	709.32	151.8	
142	13-141	抹灰面门碰头安装	副	82	7.71	632.22	135.3	
143	13-143	门眼安装	只	24	7.56	181.44	36	
144	13-145	推拉门滑轮安装	只	56	4.43	248.08	107.52	
145	13-47	推拉塑钢门安装	m^2	181.44	175.53	31848.16	1358.99	
146	13-53	钢板防盗门安装	m^2	50.4	254.32	12817.73	500.98	
147	13-55	普通钢门安装	m^2	8.64	163.14	1409.53	71.54	
148	13-56	金属卷帘门安装	m^2	69.7	163.93	11425.92	1113.81	52.28
149	13-59	电动装置安装	套	8	1630	13040	240	
150	13-6	无亮胶合板门	m^2	309.54	130.19	10299.01	6243.43	362.17
151	13-82	塑钢推拉窗安装	m^2	6.48	218.54	1416.14	48.54	
152	13-82	塑钢推拉窗安装	m^2	12.96	218.54	2832.28	97.07	
153	13-82	塑钢推拉窗安装	m^2	129.6	218.54	28322.78	970.7	
154	13-82	塑钢推拉窗安装	m^2	50.4	218.54	11014.42	377.5	
155	13-82	塑钢推拉窗安装	m^2	27	218.54	5900.58	202.23	
156	13-82	塑钢推拉窗安装	m^2	97.2	218.54	21242.09	728.03	
157	13-82	塑钢推拉窗安装	m^2	2.69	218.54	587.87	20.15	
158	13-82	塑钢推拉窗安装	m^2	5.4	218.54	1180.12	40.45	
159	13-82	塑钢推拉窗安装	m^2	8.64	218.54	1888.19	64.71	
160	13-82	塑钢推拉窗安装	m^2	3.46	218.54	756.15	25.92	
161	13-82	塑钢推拉窗安装	m^2	34.56	218.54	7552.74	258.85	
162	14-116	钢门窗，防锈漆，一遍	m^2	16.7616	4.04	67.72	36.21	

（续）

序号	编码	名　称	单位	工程量	单价	合价/元	人工费/元	机械费/元
163	14-123	钢门窗，过氯乙烯漆，五遍成活	m²	16.7616	30.4	509.55	167.45	
164	14-127	钢门窗防火涂料	m²	16.7616	22.32	374.12	93.19	
165	14-13 换	木门，底油一遍、刮腻子、调和漆 3 遍	m²	309.54	17.2	5324.09	3329.22	
166	14-140	其他金属面防锈漆，一遍	t	1.395	89.13	124.34	50.22	
167	14-147	其他金属面过氯乙烯漆，五遍成活	t	1.395	855.64	1193.62	392.13	
168	14-167	刷涂料，二遍	m²	18088.05	2.26	40878.99	28579.12	
169	14-171	刷仿石型外墙涂料	m²	2767.95	73.76	204163.99	21451.61	
170	14-181	内墙面满批腻子，每增减一遍	m²	18088.05	1.51	27312.96	22610.06	
171	14-37	木扶手～聚酯清漆，三遍	m	83.816	5.01	419.92	284.14	
172	B001	沉降观测点	个	6	15	90		
173	B002	排烟道（暂定）	m	187.488	25	4687.20		
174	B003	排烟帽（暂定）	个	8	90	720		
175	B004	成品 PVC 檐沟（暂定）	m	14.64	20	292.8		
176	B-10	屋面铺贴聚苯乙烯泡沫塑料板，35mm 厚	m²	388.43	4179.11	1623291.7		
177	B-11	屋面铺贴聚苯乙烯泡沫塑料板，40mm 厚	m²	78.212	4182.11	327091.19		
178	B-13	空调金属栏杆	m	144	120	17280		
		合计：				3905337	347835.4	53868.89

表 5-3　技术措施费预算表

序号	编号	名　称	单位	数量	单价/元	合价/元
1	4-1	现浇混凝土基础垫层模板	m²	87.85632	18.46	1622
2	4-3	现浇无梁式混凝土带形基础，复合木模	m²	51.5188	16.37	843
3	4-7	现浇混凝土独立基础，复合木模	m²	58.3269	17.48	1020
4	4-28	现浇混凝土基础梁，复合木模	m²	30.656	22.36	685
5	4-22	现浇混凝土矩形柱，复合木模	m²	983.2689	20.38	20039
6	4-36	现浇混凝土直形圈过梁，复合木模	m²	851.35232	17.78	15137
7	4-40	现浇混凝土板，复合木模	m²	1816.7184	19.47	35372
8	4-40	现浇混凝土板，复合木模	m²	169.9656	20.52	3488
9	4-58	现浇混凝土直形楼梯模板	m²	109.86	69.37	7621
10	4-60	现浇混凝土悬挑阳台、雨篷模板	m²	166.91201	39.47	6588
11	4-61	现浇混凝土直形栏板、翻檐模板	m²	285.28096	16.46	4696
12	4-60	现浇混凝土悬挑阳台、雨篷模板	m²	89.71094	39.47	3541
13	4-63	现浇混凝土檐沟、挑檐模板	m²	230.6025	21.02	4847

（续）

序号	编号	名　　称	单位	数量	单价/元	合价/元
14	4-66	现浇混凝土小型构件模板	m^2	271.387	29.84	8098
15	4-31	现浇混凝土矩形梁，复合木模	m^2	38.272	25.86	990
16	16-58	防护脚手架，使用期6个月	$100m^2$	12.0572	1790.71	21591
17	16-7	综合脚手架，檐高30m内，层高6m内	$100m^2$	30.84	1609.39	49634
18	17-4	建筑物垂直运输，檐高30m内	$100m^2$	30.84	1813.37	55924
19	3022	施工电梯场外运输费用75m	台次	1	7803.65	7804
20	1003	施工电梯固定式基础	座	1	2375.44	2375
21	2013	施工电梯安装拆除费用75m	台次	1	5704.50	5705
22	2001	塔式起重机安拆费60kN·m以内	台次	1	6626.48	6626
23	3017	塔式起重机场外运输费用60kN·m以内	台次	1	9632.15	9632
24	1001	固定式基础（带配重）	座	1	4726.88	4727
25	18-1	超高施工人工增加费，30m内	项	1	1837.75	1838
26	18-19	超高施工机械增加费，30m内	项	1	753.88	754
合计						281196

技术措施费总价合计为281196元。其中人工费66557.76元，机械台班使用费为89585.46元。

按照××省取费定额的要求，施工组织措施费和综合费用（企业管理费和利润之和）的计费基数为直接工程费中的人工费和机械费之和再加上技术措施费中的人工费与机械费之和。

直接工程费中的人工费与机械费之和为：

$$人工费 + 机械费 = 347835.35元 + 53868.89元 = 401704.24元$$

技术措施费中的人工费与机械费之和为：

$$人工费 + 机械费 = 66557.76元 + 89585.46元 = 156143.22$$

施工组织措施费和综合费用（企业管理费和利润之和）的计费基数为：

$$取费基数 = 401704.24元 + 156143.22元 = 557847.46元$$

表5-4　组织措施费取费表

序　号	项目名称	单　位	计　算　式	金额/元
1	环境保护费	项	（人工费+机械费）×0.15%	837
2	文明施工费	项	（人工费+机械费）×0.7%	3905
3	安全施工费	项	（人工费+机械费）×0.65%	3626
4	临时设施费	项	（人工费+机械费）×4.8%	26777
5	夜间施工增加费	项	（人工费+机械费）×0%	0
6	二次搬运费	项	（人工费+机械费）×1.1%	6136
7	缩短工期增加费	项	（人工费+机械费）×1.15%	6415
8	已完工程及设备保护费	项	（人工费+机械费）×0.05%	279
9	合计	项	（1+2+3+4+5+6+7+8）	47975

表 5-5 主要材料价格表

序 号	材料编码	材料名称	单 位	单价/元
1	5443010091010100	低合金螺纹钢，综合	t	4787
2	5443010051010100	圆钢，综合	t	4781
3	4301110031010100	扁钢，4mm×30mm	kg	4.51
4	4301110011010500	扁铁，40mm×2mm	kg	2.42
5	4030030031010100	预埋铁件	kg	6.43
6	5440310051010100	钢楔（垫铁）	kg	7.75
7	4029030151000100	工具式钢模板	kg	3.9
8	5801011051010100	钢支撑	kg	2.77
9	4507010011010700	铸铁盖板，50mm	m^2	493
10	4203010031010300	杉格椽	m^3	876
11	4205110051010100	门窗框杉枋	m^3	1302
12	4203010131010100	杉木砖	m^3	630
13	4203010151010100	杉搭木	m^3	681
14	4205110051010100	门窗扇杉枋	m^3	1302
15	4205110011010100	围条硬木	m^3	3684
16	4203030011030100	木模	m^3	1100
17	4029020121010100	复合模板	m^2	32.54
18	4207010031010100	三夹板	m^2	26
19	4203071011010100	硬木扶手，成品	m	45
20	4001010111010100	白水泥	kg	0.52
21	4001010031030300	水泥，42.5 级	kg	0.29
22	4001010031030100	水泥，32.5 级	kg	0.26
23	4003040011010100	C20 素混凝土块	m^3	239
24	4005010031010100	标准砖，240mm×115mm×53mm	千块	305.4
25	4005010071010100	多孔砖，240mm×115mm×90mm	千块	417.4
26	4005050031030100	综合净砂	t	51.42
27	4005070032010500	碎石，13～25mm	t	35
28	4005070032010700	碎石，25～38mm	t	35
29	4005070032010900	碎石，38～70mm	t	35
30	4005070032010700	碎石，粒径 40mm 内	t	35
31	4005070032010500	碎石，粒径 20mm 内	t	35
32	4005070032010300	碎石，粒径 16mm 内	t	35

（续）

序　号	材料编码	材料名称	单　位	单价/元
33	4005070032010100	块石，毛石200~500mm	t	45
34	4005090011010100	石灰	kg	0.118
35	4015010041010300	外墙面砖，50mm×230mm	m^2	45
36	4015010041010700	外墙面砖，200mm×200mm	m^2	35.63
37	4015010041010700	仿花岗岩面砖	m^2	60
38	4015010711010300	地砖，300mm×300mm	m^2	23
39	4801030031010100	汽油	kg	6.6
40	4711010031010100	石油沥青	kg	3.65
41	4035010031010100	水	m^3	1.95
42	4009010011010100	钢板防盗门	m^2	250
43	4009034031010100	金属卷帘门	m^2	139
44	4009051071010100	塑钢推拉门	m^2	150
45	4009010031010100	普通钢门	m^2	157
46	4009052011070100	塑钢推拉窗	m^2	195

小　结

建筑工程定额计价法又称为工料单价法。工料单价由规定计量单位的人工费、材料费和施工机械使用费组成。它是以现行的消耗量定额并结合地区性的单位估价表为主要依据，通过编制施工图预算文件来确定整个工程的预算价格。单位工程造价=直接费+间接费+利润+税金。

建筑工程定额计价编制依据有：施工图样、说明和标准图集；施工组织设计或施工方案；现行定额（或单位估价表）；人工、材料、机械台班预算价格及调价规定以及预算工作手册及有关工具书等。

建筑工程定额计价主要步骤是：首先熟悉施工图样及准备有关资料、施工组织设计和施工现场情况的基础上，列项目并计算工程量，接下来套用定额、编制工料分析表并取费，然后进行校核、编制说明、填写封面，最后装订成册。

工程量计算是预算编制中最繁重而又需要细致的一道工序。工程量的计算方法常见有以下几种：按施工顺序列项计算；按定额的编排顺序列项计算；按顺时针方向列项计算；按先横后竖、从上而下、从左到右的顺序列项计算；按构件的分类和编号顺序计算等。工程量计算都应做到项目不重不漏，数据准确可靠，方法科学简便，以提高预算的编制速度和质量。

建筑工程定额计价的编制实例给出了6层砖混结构（建筑面积为3084m^2）的预算文件的全套表格和取费过程。建筑工程定额计价的编制是本章的重点，也是建筑工程计价的重难点之一，读者应注重对此部分的学习和掌握。

思 考 题

5-1 什么是工料单价?

5-2 简述建筑工程定额计价的编制思路?

5-3 建筑工程定额计价的编制依据有哪些?

5-4 简述建筑工程定额计价的主要编制步骤。

5-5 常见的工程量计算有哪些?

5-6 什么是列项目?建筑工程定额计价中对列项目有哪些要求?

5-7 根据第4章思考题4-14计算出的工程量,结合本地区的消耗量定额和市场价(单位估价表),编制该工程的预算文件。

第 6 章　工程量清单计价

学习目标

通过本章的学习，了解《建设工程工程量清单计价规范》（GB50500—2008）中定义的相关术语、工程量清单计价规范、工程量清单计价费用组成；熟悉工程量清单的编制及其格式。掌握工程量清单计价格式及建筑工程工程量清单计价与装饰工程工程量清单计价；能够独立完成工程量清单的编制，并结合工程量清单的费用构成，独立完成工程量清单计价的编制。

6.1　工程量清单计价概述

《建设工程工程量清单计价规范》（GB50500—2008）是 2008 年 7 月 9 日由中华人民共和国住房和城乡建设部与中华人民共和国国家质量监督检验检疫总局联合发布，从 2008 年 12 月 1 日施行。

《建设工程工程量清单计价规范》（GB50500—2008）规范了建设工程工程量清单计价活动。规范第 1.0.3 条规定：全部使用国有资金投资或国有资金投资为主（以下二者简称“国有资金投资”）的工程建设项目，必须采用工程量清单计价。

工程量清单由具有编制招标文件能力的招标人或受其委托，具有相应资质的工程造价咨询人编制。

《建设工程工程量清单计价规范》（GB50500—2008）第 2.0.1 条规定：工程量清单是建设工程的分部分项工程项目、措施项目、其他项目、规费项目和税金项目的名称及相应数量等的明细清单。工程量清单由分部分项工程项目清单、措施项目清单、其他项目清单、规费项目清单和税金项目清单组成。

工程量清单是工程量清单计价的基础，应作为编制招标控制价、投标报价、计算工程量、支付工程款、调整合同价款，办理竣工结算以及工程索赔等的依据。

采用工程量清单方式招标，工程量清单必须作为招标文件的组成部分，其准确性和完整性由招标人负责。以招标人提供的工程量清单为平台，投标人根据自身的技术、财务、管理、设备等能力进行投标报价，招标人根据具体的评标细则进行优选，这种计价方式是市场定价体系的具体表现形式。工程量清单计价价款由分部分项工程费、措施项目费、其他项目费、规费项目费和税金项目费构成。工程量清单采用综合单价计价，综合单价是指完成一个规定计量单位的分部分项工程量清单项目或措施清单项目所需的人工费、材料费、施工机械使用费、企业管理费和利润，以及一定范围的风险费用。

6.2　工程量清单的编制

6.2.1　工程量清单编制依据

1）《建设工程工程量清单计价规范》（GB50500—2008）。

2）国家或省级、行业建设主管部门颁发的计价依据和办法。

3）建设工程设计文件。

4）与建设工程项目有关的标准、规范、技术资料。

5）招标文件及其补充通知、答疑纪要。

6）施工现场情况、工程特点及常规施工方案。

7）其他相关资料。

6.2.2 分部分项工程量清单的编制

1. 分部分项工程量清单强制性条文

《建设工程工程量清单计价规范》（GB50500—2008）对分部分项工程量清单的编制有以下强制性规定：

1）分部分项工程量清单应包括项目编码、项目名称、项目特征、计量单位和工程量计算规则。

2）分部分项工程量清单应根据附录规定的项目编码、项目名称、项目特征、计量单位和工程量计算规则进行编制。

3）分部分项工程量清单的项目编码，应采用12位阿拉伯数字表示。1～9位应按附录的规定设置；10～12位应根据拟建工程的工程量清单项目名称设置，同一招标工程的项目编码不得有重码。

4）分部分项工程量清单的项目名称应按附录的项目名称结合拟建工程的实际确定。

5）分部分项工程量清单中所列工程量应按附录中规定的工程量计算规则计算。

6）分部分项工程量清单的计量单位应按附录中规定的计量单位确定。

7）分部分项工程量清单项目特征应按附录中规定的项目特征，结合拟建工程的实际予以描述。

2. 分部分项工程量清单编制程序（图6-1）

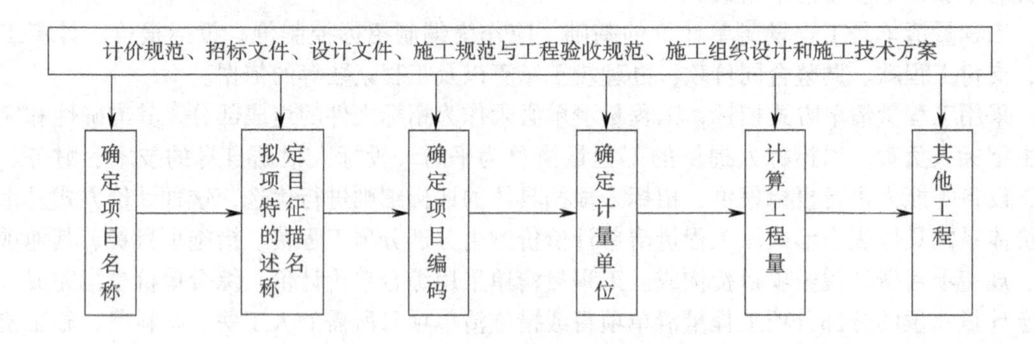

图6-1 分部分项工程量清单编制程序

【**例6-1**】编制如图6-2所示的土石方工程和基础工程的工程量清单。

【**解**】土石方工程为挖基础土方；查阅施工组织设计：弃土距离为4km；查阅地质资料：土壤类别为三类土。

垫层宽度：（300＋80＋120）mm×2＝1000mm

挖土深度：（500＋100＋600＋200＋400）mm＝1800mm

基础梁总长度：51.0m×2＋39.0m×2＝180m

分部分项工程量清单数量：1.0m×1.8m×180m＝$324m^3$

现浇钢筋混凝土带形基础：

分部分项工程量清单数量：（0.4×0.6＋0.24×0.1）m^2×180m＝$47.52m^3$

综合工程内容：3:7灰土垫层：1.0m×0.4m×180m＝$72m^3$

C15素混凝土垫层：1.0m×0.2m×180m＝$36m^3$

分部分项工程量清单设置见表6-1。

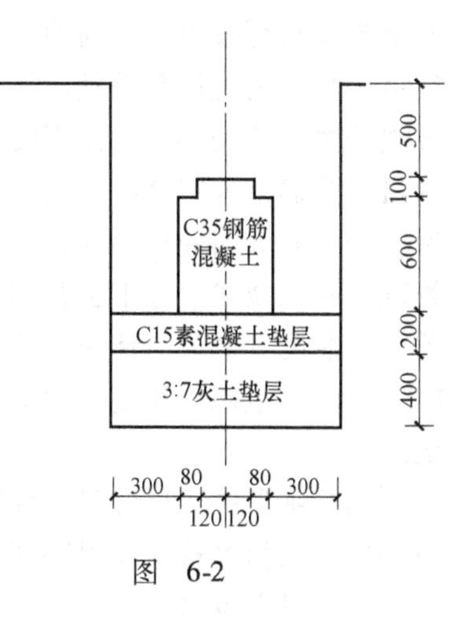

图　6-2

表6-1　分部分项工程量清单

序　号	项目编码	项目名称	计量单位	工程数量
1	010101003001	挖基础土方 三类土 带形基础，垫层宽度1.0m 挖土深度1.8m，弃土距离4km	m^3	324
2	010401001001	带形基础 混凝土强度C35 3:7　灰土垫层$72m^3$ C15素混凝土垫层$36m^3$	m^3	47.52

【例6-2】一台阶水平投影面积（不包括最后一步踏步300mm）为$29.34m^2$，台阶长度为32.6m、宽度为300mm、高度为150mm，80mm厚混凝土C10基层、体积为$6.06m^3$，100mm厚3:7灰土垫层、体积为$3.59m^3$，面层为芝麻白花岗石，厚25mm，粘结层为1:3水泥砂浆。编制该分部分项工程的工程量清单。

【解】分部分项工程量清单设置见表6-2。

表6-2　分部分项工程量清单

序　号	项目编码	项目名称	计量单位	工程数量
1	020108001001	石材台阶面 芝麻白花岗石，厚25mm，粘结层水泥砂浆1:3 基层80mm厚混凝土C10 垫层100mm厚灰土3:7	m^2	29.34

6.2.3　措施项目清单的编制

措施项目清单应根据拟建工程的具体情况，通用措施项目可参照表6-3列项，专业工程的措施项目可按表6-4列项。出现表6-3和表6-4中未列项目时编制人可做补充。所谓措施项目虽然不是直接凝固到产品上的直接资源消耗项目，但都是为了完成分部分项工程而必须发生的生产活动和资源耗用的保障项目，因此，称其为非工程实体项目也有一定道理。措施项目的内涵十分广泛，从施工技术措施、设备设置、施工必需的各种保障措施，到包括环保、安全和文明施工等项目的设置。要编好措施项目工程量清单，编者必须具有相关的施工管理、施工技术、施工工艺和施工方法等方面的知识及实践经验，掌握有关政策、法规和相关规章制度。例如对环境保护、文明施工、安全施工等方面的规定和要求，为了改善和美化施工环境，组织文明施工就会发生措施项目及其费用开支，否则就会发生漏项少计费的问题。

措施项目中可以计算工程量的项目清单宜采用分部分项工程量清单的方式编制，列出项目编码、项目名称、项目特征、计量单位和工程量计算规则；不能计算工程量的项目清单，以“项”为计量单位。

表6-3 通用措施项目

序号	项目名称	序号	项目名称
1	安全文明施工（含环境保护、文明施工、安全施工、临时设施）	6	施工排水
2	夜间施工	7	施工降水
3	二次搬运	8	地上、地下设施，建筑物的临时保护设施
4	冬雨期施工	9	已完工程及设备保护
5	大型机械设备进出场及安拆		

表6-4 专业工程措施项目

1. 建筑工程措施项目		2. 装饰装修工程措施项目	
1.1	混凝土、钢筋混凝土模板及支架	2.1	脚手架
1.2	脚手架	2.2	垂直运输机械
1.3	垂直运输机械	2.3	室内空气污染测试

6.2.4 其他项目清单的编制

其他项目清单宜按照下列内容列项：

1. 暂列金额

招标人在工程量清单中暂定并包括在合同价款中的一笔款项。用于施工合同签订时尚未明确或者不可预见的所需材料、设备、服务的采购，施工中可能发生的工程变更，合同约定调整因素出现时的工程价款调整以及发生的索赔、现场签证确认等的费用。

2. 暂估价

招标人在工程量清单中提供的用于支付必然发生但暂时不能确定价格的材料的单价以及专业工程的金额。包括材料暂估价和专业工程暂估价。

3. 计日工

在施工过程中，完成发包人提出的施工图样以外的零星项目或工作，按合同中约定的综合单价计价。

4. 总承包服务费

总承包人为配合协调发包人进行的工程分包自行采购的设备、材料等进行管理、服务以及施工现场管理、竣工资料汇总整理等服务所需要的费用。

出现上述未列的项目时，应根据省级政府或省级有关权力机关的规定列项。

6.2.5 规费项目清单的编制

规费项目清单应按照下列内容列项：工程排污费、工程定额测定费、社会保障费（包括养老保险费、失业保险费、医疗保险费）、住房公积金和危险作业意外伤害保险。出现上述未列的项目时，应根据省级政府或省级有关权力机关的规定列项。

6.2.6 税金项目清单的编制

税金项目清单应包括下列内容：营业税、城市维护建设税和教育费附加。出现上述未列的项目时，应根据税务部门的规定列项。

6.2.7 工程量清单的格式

工程量清单应采用统一格式。工程量清单格式应由下列内容组成：封面、总说明、分部分项工程量清单、措施项目清单、其他项目清单、规费和税金项目清单。工程量清单统一格式如下所示：

1. 封面

封面应按规定的内容填写、签字、盖章。造价员编制的工程量清单应有负责审核的造价工程师签字、盖章。

______________________工程

工程量清单

招标人：______________________ （单位盖章）	工程造价 咨询人：______________________ （单位资质专用章）
法定代表人 或其授权人：______________________ （签字或盖章）	法定代表人 或其授权人：______________________ （签字或盖章）
编制人：______________________ （造价人员签字盖专用章）	复核人：______________________ （造价工程师签字盖专用章）
编制时间：　　年　　月　　日	复核时间：　　年　　月　　日

2. 总说明

总说明应按下列要求填写：

1）工程概况：建设规模、工程特征、计划工期、施工现场实际情况、交通运输情况、自然地理条件、环境保护条件等。

2）工程招标和分包范围。

3）工程量清单编制依据。

4）工程质量、材料、施工等的特殊要求。

5）其他需要说明的问题。

总　说　明

工程名称：

1. 工程概况：建筑面积5000m^2，6层，毛石基础，砖混结构。施工工期12个月。施工现场邻近公路，交通运输方便，施工现场有少数积水，现场南200m处有学生食堂一座，施工要防噪声。

2. 招标范围：全部建筑工程。

3. 清单编制依据：《建设工程工程量清单计价规范》（GB50500—2008）、施工设计图文件、施工组织设计等。

4. 工程质量应达合格标准。

5. 考虑施工中可能发生的设计变更或清单有误，预留金额15万元。

6. 投标人在投标时应按《建设工程工程量清单计价规范》（GB50500—2008）规定的统一格式，提供“分部分项工程量清单综合单价分析表”、“措施项目费分析表”。

7. 随清单附有“主要材料价格表”，投标人应按其规定内容填写。

3. 分部分项工程量清单

分部分项工程量清单指拟建工程分项实体工程项目名称和相应数量的明细清单，其格式见表6-5。

表6-5　分部分项工程量清单

工程名称：　　　　　　　　标段：　　　　　　　　第　页　共　页

序　号	项目编码	项目名称（项目特征描述）	计量单位	工程量
		土石方工程		
1	010101003001	挖带形基槽：二类土，槽宽0.60m，深0.80m，弃土运距150.00m	m^3	350.00
2	010101003002	挖带形基槽：二类土，槽宽1.00m，深2.10m，弃土运距150.00m	m^3	450.00
3		（以下略）		
⋮		砌筑工程		
10	010305001001	毛石带形基础：M5.0水泥砂浆砌，深2.10m，3:7灰土垫层厚150mm	m^3	650.00
		（以下略）		
		（其他略）		

4. 措施项目清单

措施项目清单指为完成工程项目施工，发生于该工程施工前和施工过程过程中技术、生活、文明、安全等方面的非工程实体项目清单。措施项目清单应根据拟建工程的具体情况参照表6-3和表6-4列项，格式见表6-6及表6-7。

表6-6 措施项目清单与计价表（一）

工程名称： 标段： 第 页 共 页

序号	项目名称	计算基础	费率（%）	金额/元
1	安全文明施工费			
2	夜间施工费			
3	二次搬运费			
4	冬雨期施工			
5	大型机械设备进出场及安拆费			
6	施工排水			
7	施工降水			
8	地上、地下设施、建筑物的临时保护设施			
9	已完工程及设备保护			
10	各专业工程的措施项目			
11				
12				
合计				

表6-7 措施项目清单与计价表（二）

工程名称： 标段： 第 页 共 页

序号	项目编码	项目名称	项目特征描述	计量单位	工程量	金额（元）	
						综合单价	合价
合计							

5. 其他项目清单

其他项目清单是指分部分项工程量清单、措施项目清单所包含的内容以外，因招标人的特殊要求而发生的与拟建工程有关的其他费用项目和相应数量的清单。其他项目清单应根据拟建工程的具体情况列项，一般包括暂列金额、暂估价、计日工、总承包服务费等。格式见表6-8～表6-13。

表6-8 其他项目清单与计价汇总表

工程名称： 标段： 第 页 共 页

序号	项目名称	计量单位	金额/元	备注
1	暂列金额			
2	暂估价			
2.1	材料暂估价			

（续）

序　　号	项 目 名 称	计量单位	金额/元	备　　注
2.2	专业工程暂估价			
3	计日工			
4	总承包服务费			
5				
	合计			

表 6-9　暂列金额明细表

工程名称：　　　　　　　　　　　　标段：　　　　　　　　　　　　第　页　共　页

序　　号	项 目 名 称	计量单位	暂定金额/元	备注
	合计			

表 6-10　材料暂估单价表

工程名称：　　　　　　　　　　　　标段：　　　　　　　　　　　　第　页　共　页

序　　号	材料名称、规格、型号	计量单位	单价/元	备注

表 6-11　专业工程暂估价表

工程名称：　　　　　　　　　　　　标段：　　　　　　　　　　　　第　页　共　页

序　　号	工 程 名 称	工程内容	金额/元	备注
	合计			

表 6-12　计日工表

工程名称：　　　　　　　　　　　　标段：　　　　　　　　　　　　第　页　共　页

编　　号	项 目 名 称	单位	暂定数量	综合单价	合价
一	人工				
		人工小计			
二	材料				
		材料小计			

（续）

编　号	项目名称	单位	暂定数量	综合单价	合价
三	施工机械				
施工机械小计					
总计					

表6-13　总承包服务费计价表

工程名称：　　　　标段：　　　　第　页　共　页

序号	项目名称	项目价值/元	服务内容	费率（%）	金额/元
1	发包人发包专业工程				
2	发包人供应材料				
合计					

6. 规费、税金项目清单

规费、税金项目清单格式见表6-14。

表6-14　规费、税金项目清单与计价表

工程名称：　　　　标段：　　　　第　页　共　页

序　号	项目名称	计算基础	费率（%）	金额/元）
1	规费			
1.1	工程排污费			
1.2	社会保障费			
(1)	养老保险费			
(2)	失业保险费			
(3)	医疗保险费			
1.3	住房公积金			
1.4	危险作业意外伤害保险费			
1.5	工程定额测定费			
2	税金	分部分项工程费＋措施项目费＋其他项目费＋规费		
合计				

6.3 工程量清单计价

6.3.1 工程量清单计价格式

《建设工程工程量清单计价规范》（GB50500—2008）规定，工程量清单计价表格区分为招标控制价、投标报价和竣工结算价，其相应的工程量清单计价表格格式均不相同。此处以施工单位投标报价表格为主介绍。

投标人应按招标人提供的工程量清单填报价格。填写的项目编码、项目名称、项目特征、计量单位、工程量必须与招标人提供的一致。

投标报价应根据下列依据编制：《建设工程工程量清单计价规范》（GB50500—2008）；国家或省级、行业建设主管部门颁发的计价办法；企业定额、国家或省级、行业建设主管部门颁发的计价定额；招标文件、工程量清单及其补充通知、答疑纪要；建设工程设计文件及相关资料；施工现场情况、工程特点及拟定的投标施工组织设计或施工方案；与建设工程项目相关的标准、规范等技术资料；市场价格信息或工程造价管理机构发布的工程造价信息；其他的相关资料。

投标人应按招标文件的要求，附工程量清单综合单价分析表。工程量清单与计价表中列明的所有需要填写的单价和合价，投标人均应填写，未填写的单价和合价，视为此项费用已包含在工程量清单的其他单价和合价中。

1. 封面

封面应按规定内容填写、签字、盖章。除投标人自己编制的投标报价和竣工结算外，受委托编制的招标控制价、投标报价、竣工结算若为造价员编制的，应有负责审核的造价工程师签字、盖章以及工程造价咨询人盖章。

投标总价

招　标　人：________________________

工 程 名 称：________________________

投标总价(小写)：________________________

(大写)：________________________

投　标　人：________________________

(单位盖章)

法定代表人

或其授权人：________________________

(签字或盖章)

编　制　人：________________________

(造价人员签字盖专用章)

编制时间：　　年　月　日

2. 总说明

总说明应按下列要求填写：

1）工程概况：建设规模、工程特征、计划工期、合同工期、实际工期、施工现场及变化情况、施工组织设计的特点、自然地理条件、环境保护条件等。

2）编制依据等。

总　说　明

工程名称：　　　　　　　　　　　　　　　　　　第　页　共　页

3. 工程项目投标报价汇总表

工程项目总价表中单项工程名称应按单项工程费汇总表的工程名称填写，其金额应按单项工程费汇总表的合计金额填写，见表6-15。

表6-15 工程项目投标报价汇总表

工程名称： 第 页 共 页

序号	单项工程名称	金额/元	其中		
			暂估价/元	安全文明施工费/元	规费/元
合计					

4. 单项工程投标报价汇总表

单项工程费汇总表中单位工程名称应按单位工程费汇总表的工程名称填写，其金额应按单位工程费汇总表的合计金额填写，见表6-16。

表6-16 单项工程投标报价汇总表

工程名称： 第 页 共 页

序号	单项工程名称	金额/元	其中		
			暂估价/元	安全文明施工费/元	规费/元
合计					

5. 单位工程投标报价汇总表

单位工程费汇总表中的金额由分部分项工程、措施项目、其他项目的金额和按有关规定计算的规费、税金的总额填写，见表6-17。

表6-17 单位工程投标报价汇总表

工程名称： 第 页 共 页

序号	汇总内容	金额/元	其中：暂估价/元
1	分部分项工程		
1.1			
1.2			
1.3			
1.4			
1.5			
2	措施项目		
2.1	安全文明施工费		
3	其他项目		
3.1	暂列金额		
3.2	专业工程暂估价		
3.3	计日工		
3.4	总承包服务费		
4	规费		
5	税金		
合计			

6. 分部分项工程量清单计价表

分部分项工程量清单计价表中的序号、项目编码、项目名称、计量单位、工程数量必须按分部分项工程量清单中的相应内容填写，见表6-18。

表6-18 分部分项工程量清单计价表

工程名称： 标段： 第 页 共 页

<table>
<tr><th rowspan="2">序号</th><th rowspan="2">项目编码</th><th rowspan="2">项目名称</th><th rowspan="2">项目特征描述</th><th rowspan="2">计量单位</th><th rowspan="2">工程量</th><th colspan="3">金额/元</th></tr>
<tr><th>综合单价</th><th>合价</th><th>其中：暂估价</th></tr>
<tr><td></td><td></td><td></td><td></td><td></td><td></td><td></td><td></td><td></td></tr>
<tr><td></td><td></td><td></td><td></td><td></td><td></td><td></td><td></td><td></td></tr>
<tr><td></td><td></td><td></td><td></td><td></td><td></td><td></td><td></td><td></td></tr>
<tr><td></td><td></td><td></td><td></td><td></td><td></td><td></td><td></td><td></td></tr>
<tr><td colspan="7">合计</td><td></td><td></td></tr>
</table>

7. 工程量清单综合单价分析表

工程量清单综合单价分析表见表6-19。

表6-19 工程量清单综合单价分析表

工程名称： 标段： 第 页 共 页

<table>
<tr><td colspan="2">项目编码</td><td colspan="2"></td><td colspan="2">项目名称</td><td colspan="3"></td><td colspan="2">计量单位</td><td></td></tr>
<tr><td colspan="12">清单综合单价组成明细</td></tr>
<tr><th rowspan="2">定额编号</th><th rowspan="2">定额名称</th><th rowspan="2">定额单位</th><th rowspan="2">数量</th><th colspan="4">单价/元</th><th colspan="4">合价/元</th></tr>
<tr><th>人工费</th><th>材料费</th><th>机械费</th><th>管理费和利润</th><th>人工费</th><th>材料费</th><th>机械费</th><th>管理费和利润</th></tr>
<tr><td></td><td></td><td></td><td></td><td></td><td></td><td></td><td></td><td></td><td></td><td></td><td></td></tr>
<tr><td></td><td></td><td></td><td></td><td></td><td></td><td></td><td></td><td></td><td></td><td></td><td></td></tr>
<tr><td></td><td></td><td></td><td></td><td></td><td></td><td></td><td></td><td></td><td></td><td></td><td></td></tr>
<tr><td colspan="2">人工单价</td><td colspan="6">小计</td><td></td><td></td><td></td><td></td></tr>
<tr><td colspan="2">元/工日</td><td colspan="6">未计价材料费</td><td></td><td></td><td></td><td></td></tr>
<tr><td colspan="8">清单项目综合单价</td><td colspan="4"></td></tr>
<tr><td rowspan="8">材料费明细</td><td colspan="5">主要材料名称、规格、型号</td><td>单位</td><td>数量</td><td>单价（元）</td><td>合价（元）</td><td>暂估单价（元）</td><td>暂估合价（元）</td></tr>
<tr><td colspan="5"></td><td></td><td></td><td></td><td></td><td></td><td></td></tr>
<tr><td colspan="5"></td><td></td><td></td><td></td><td></td><td></td><td></td></tr>
<tr><td colspan="5"></td><td></td><td></td><td></td><td></td><td></td><td></td></tr>
<tr><td colspan="5"></td><td></td><td></td><td></td><td></td><td></td><td></td></tr>
<tr><td colspan="5"></td><td></td><td></td><td></td><td></td><td></td><td></td></tr>
<tr><td colspan="7">其他材料费</td><td>—</td><td></td><td>—</td><td></td></tr>
<tr><td colspan="7">材料费小计</td><td>—</td><td></td><td>—</td><td></td></tr>
</table>

8. 措施项目清单计价表

措施项目清单计价表见表 6-6 和表 6-7。措施项目清单中的安全文明施工费应按国家或省级、行业建设主管部门的规定计价，不得作为竞争性费用。

9. 其他项目清单计价表

其他项目清单计价表格式见表 6-8 ~ 表 6-13。

10. 规费、税金项目清单

规费、税金项目清单格式见表 6-14。规费和税金应按国家或省级、行业建设主管部门的规定计算，不得作为竞争性费用。

6.3.2　建筑工程工程量清单计价

建筑工程工程量清单项目包括：土石方工程，桩与地基基础工程，砌筑工程，混凝土及钢筋混凝土工程，厂（库）房大门、特种门、木结构工程，金属结构工程，屋面及防水工程，防腐隔热保温工程，共 8 部分。工程项目划分如图 6-3 所示。

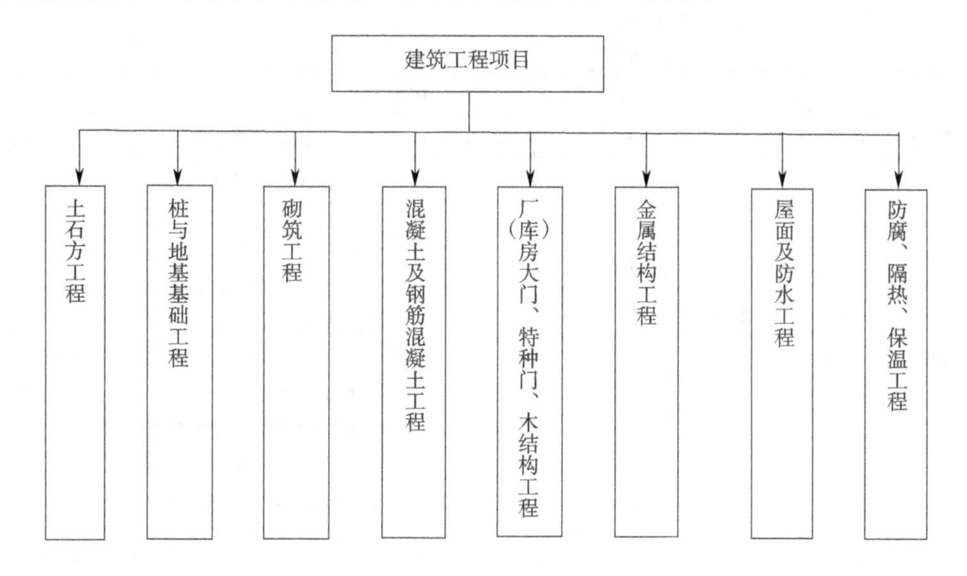

图 6-3　建筑工程项目划分

1. 土石方工程

（1）工程量清单编制

1）土石方工程项目划分，如图 6-4 所示。

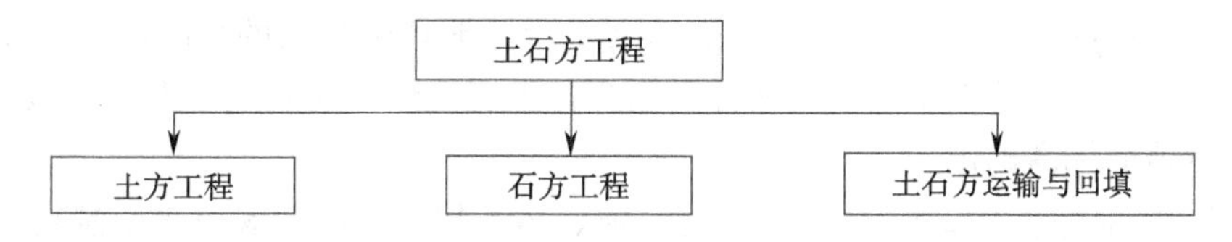

图 6-4　土石方工程项目划分

2）土石方工程工程量清单项目设置及工程量计算规则。按照《建设工程工程量清单计价规范》（GB50500—2008）的规定，土石方工程工程量清单项目设置及计算规则应按表

6-20的规定执行。

表 6-20　土石方工程（编码：010101）

<table>
<tr><th>项目编码</th><th>项目名称</th><th>项目特征</th><th>计量单位</th><th>工程量计算规则</th><th>工程内容</th></tr>
<tr><td>010101001</td><td>平整场地</td><td>1. 土壤类别
2. 弃土运距
3. 取土运距</td><td>m^2</td><td>按设计图示尺寸以建筑物首层面积计算</td><td>1. 土方挖填
2. 场地找平
3. 运输</td></tr>
<tr><td>010101002</td><td>挖土方</td><td>1. 土的类别
2. 挖土平均厚度
3. 弃土距离</td><td rowspan="2">m^3</td><td>按设计图示尺寸以体积计算</td><td rowspan="2">1. 排地表水
2. 土方开挖
3. 挡土板支拆
4. 截桩头
5. 基底钎探
6. 运输</td></tr>
<tr><td>010101003</td><td>挖基础土方</td><td>1. 土的类别
2. 基础类型
3. 垫层底宽、底面积
4. 挖土深度
5. 弃土运距</td><td>按设计图示尺寸以基础垫层底面积乘以挖土深度计算</td></tr>
</table>

土石方回填（编码：010103）

<table>
<tr><th>项目编码</th><th>项目名称</th><th>项目特征</th><th>计量单位</th><th>工程量计算规则</th><th>工程内容</th></tr>
<tr><td>010103001</td><td>土石方回填</td><td>1. 土质要求
2. 密实度要求
3. 粒径要求
4. 夯填（碾压）
5. 松填
6. 运输距离</td><td>m^3</td><td>按设计图示尺寸以体积计算
注：
1. 场地回填：回填面积乘以平均回填厚度
2. 室内回填：主墙间净面积乘以回填厚度
3. 基础回填：挖方体积减去设计室外地坪以下埋设的基础体积（包括基础垫层及其他构筑物）</td><td>1. 挖土（石）方
2. 装卸、运输
3. 回填
4. 分层碾压、夯实</td></tr>
</table>

3）土石方工程其他相关问题应按下列规定处理：

① 土壤及岩石的分类应按规范确定。

② 土石方体积应按挖掘前的天然密实体积计算。如需按天然密实体积折算时，按表 4-1 计算。

③ 挖土方平均厚度应按自然地面测量标高至设计地坪标高间的平均厚度确定。基础土方、石方开挖深度应按基础垫层底表面标高至交付施工场地标高确定，无交付施工场地标高时，应按自然地面标高确定。

④ 建筑物场地厚度在 ±30cm 以内的挖、填、运、找平，应按规范中平整场地项目编码列项。±30cm 以外的竖向布置挖土或山坡切土，应按规范中挖土方项目编码列项。

⑤ 挖基础土方包括带形基础、独立基础、满堂基础（包括地下室基础）及设备基础、人工挖孔桩等的挖方。带形基础应按不同底宽和深度，独立基础和满堂基础应按不同底面积和深度分别编码列项。

⑥ 管沟土石方工程量应按设计图示尺寸以长度计算。有管沟设计时，平均深度以沟垫层底表面标高至交付施工场地标高计算；无管沟设计时，直埋管深度应按管底外表面标高至交付施工场地标高的平均高度计算。

⑦ 设计要求采用减振孔方式减弱爆破振动波时，应按规范中预裂爆破项目编码列项。

⑧ 湿土的划分应按地质资料提供的地下常水位为界，地下常水位以下为湿土。

⑨ 挖方出现流砂、淤泥时，可根据实际情况由发包人与承包人双方认证。

4）土石方工程量清单编制。

【例6-3】 某多层砖混住宅工程，底层建筑面积为 $758m^2$ [（76.8 + 0.24）m ×（9.6 + 0.24）m = $758m^2$）]，土壤类别为三类土，基础为砖大放脚带形基础（工程量为 $37.5m^3$，其中370mm厚的体积为 $23.5m^3$，240mm厚的体积为 $14m^3$），垫层为C10细石混凝土，厚100mm，宽度为920mm，挖土深度为1.8m，弃土运距为4km，基础总长为1590.6m，垫层总长同基础总长。试完成场地平整，挖基础土方分部分项工程量清单的编制。

【解】 1）清单工程量的计算，见表6-21。

表6-21 清单工程量计算表

项目编码	项目名称	项目特征	工程量计算	计量单位	工程量
010101001001	场地平整	土壤类别：三类土 弃土距离：0m 取土运距：0m	底层建筑面积	m^2	758
010101003001	挖基础土方	土壤类别：三类土 基础类型：砖大放脚带形基础 挖土深度：1.8m 弃土运距：4km 垫层宽度：920mm	0.92 × 1.8 × 1590.6 = 2634.03	m^3	2634

2）分部分项工程量清单，见表6-22。

表6-22 分部分项工程量清单

序号	项目编码	项目名称	计量单位	工程数量
1	010101001001	平整场地	m^2	758
2	010101003001	挖基础土方	m^3	2634

（2）工程量清单计价

【例6-4】 由【例6-3】提供的工程信息，假如某投标人根据地质资料和招标文件拟定如下土方开挖的施工方案：采用人工开挖，工作面宽度各边0.25m，放坡系数为0.20。所挖土方除沟边堆土外，现场堆土 $2170.5m^3$，运距60m，采用人工运输；外运土方工程量为 $1210m^3$，装载机装自卸汽车运输，运距4km。根据投标人的施工定额，有关数据如下：大型机械进出场费1390元；人工挖土方分部分项工程量清单的费率为：管理费率为人工费、机械费和材料费之和的15%，利润率为人工费、机械费和材料费之和的7%，规费费率为4.21%，税率为3.413%，风险系数为1%（此处按人工费、材料费、机械费、管理费和利润之和考虑）。编制投标人平整场地，挖基础土方分部分项工程量清单的综合单价，并列出其综合单价分析表。

【解】1）经投标人根据地质资料和施工方案计算：

① 平整场地：（76.8 + 0.24）m ×（9.6 + 0.24）m + 2m ×（77.04 + 9.84）m × 2 + 16m^2 = 1121.6m^2

② 挖基础土方工程量：（0.92 + 2 × 0.25 + 1.8 × 0.2）m × 1.8m × 1590.6m = 5096.3m^3

现场堆土：2170.5m^3、运距60m，采用人工运土方。

装载机装自卸汽车运土：1210m^3，运距4km，自卸汽车运土。

2）投标人根据自身实际情况和市场信息确定的工料机价格见表6-23。

表6-23 工料机价格表

工料机	序号	内容	单位	单价/元
人工	1	人工平整场地	工日	31.00
	2	人工挖土方	工日	15.63
	3	人工运土方 装载机自卸汽车运土方	工日	25.00
材料	1	水	m^3	1.80
机械	1	电动打夯机	台班	8.00
	2	轮胎式装载机 1m^3	台班	280.00
	3	自卸汽车 4.5t	台班	340.00
	4	推土机 75kW 以内	台班	500.00
	5	洒水车 4000L	台班	300.00

3）工程量清单工料机计算分析：

平整场地（010101001001）：

① 人工费：0.0315 工日/m^2 × 31 元/工日 × 1121.6m^2 = 1095.24 元

② 材料费：0

③ 机械费：0

④ 工料机合计：1095.24 元

挖基础土方（010101003001）：

人工挖土：

① 人工费：15.63 元/工日 × 0.5373 工日/m^3 × 5096.3m^3 = 42798.72 元

② 材料费：0

③ 机械费：8 元/台班 × 0.0018 台班/m^3 × 5096.3m^3 = 73.39 元

④ 工料机小计：42798.72 元 + 73.39 元 = 42872.11 元

人工运土：

① 人工费：25 元/工日 × 0.2952 工日/m^3 × 2170.5m^3 = 16018.29 元

② 材料费：0

③ 机械费：0

④ 工料机小计：16018.29 元

装载机装自卸汽车运土：

① 人工费：25 元/工日 ×0.012 工日/m^3 ×1210m^3 =363.0 元

② 材料费：1.8 元/工日 ×0.012 工日/m^3 ×1210m^3 =26.14 元

③ 机械费：装载机（轮胎式 1m^3）：280 元/台班 ×0.00398 台班/m^3 ×1210m^3 =1348.42 元

自卸汽车（3.5t）：340 元/台班 ×0.04975 台班/m^3 ×1210m^3 =20467.15 元

推土机（5kW）：500 元/台班 ×0.00296 台班/m^3 ×1210m^3 =1790.80 元

洒水车（4000L）：300 元/台班 ×0.0006 台班/m^3 ×1210m^3 =217.8 元

小计：23824.17 元

④ 工料机小计：363.0 元 +26.14 元 +23824.17 元 =24213.31 元

注：大型机械进出场费计算列入工程量清单措施项目费中。

工料机合计：42872.11 元 +16018.29 元 +24213.31 元 =83103.71 元

4）分部分项工程量清单综合单价计算表见表 6-24。

表 6-24　分部分项工程量清综合单价计算表

<table>
<tr><td colspan="3">序　　号</td><td colspan="4">1</td></tr>
<tr><td colspan="3">清单编码</td><td colspan="4">010101001001</td></tr>
<tr><td colspan="3">清单项目名称</td><td colspan="4">平整场地</td></tr>
<tr><td colspan="3">计量单位</td><td colspan="4">m^2</td></tr>
<tr><td colspan="3">清单工程量</td><td colspan="4">758</td></tr>
<tr><td colspan="7">综合单价分析</td></tr>
<tr><td colspan="3">定额编号</td><td colspan="2">1 -48</td><td colspan="2"></td></tr>
<tr><td colspan="3">定额子目名称</td><td colspan="2">人工平整场地</td><td colspan="2"></td></tr>
<tr><td colspan="3">定额计量单位</td><td colspan="2">100m^2</td><td colspan="2"></td></tr>
<tr><td colspan="3">计价工程量</td><td colspan="2">11.216</td><td colspan="2"></td></tr>
<tr><td colspan="2" rowspan="2">工料机名称</td><td rowspan="2">单位</td><td>耗量</td><td>单价</td><td>耗量</td><td>单价</td></tr>
<tr><td>小计</td><td>合价</td><td>小计</td><td>合价</td></tr>
<tr><td rowspan="2">人工</td><td rowspan="2">人工</td><td rowspan="2">工日</td><td>3.15</td><td>31.00</td><td></td><td></td></tr>
<tr><td>35.33</td><td>1095.24</td><td></td><td></td></tr>
<tr><td rowspan="2">材料</td><td rowspan="2"></td><td rowspan="2"></td><td></td><td></td><td></td><td></td></tr>
<tr><td></td><td></td><td></td><td></td></tr>
<tr><td rowspan="2">机械</td><td rowspan="2"></td><td rowspan="2"></td><td></td><td></td><td></td><td></td></tr>
<tr><td></td><td></td><td></td><td></td></tr>
<tr><td colspan="3">工料机小计/元</td><td colspan="4">1095.24</td></tr>
<tr><td colspan="3">工料机合计/元</td><td colspan="4">1095.24</td></tr>
<tr><td colspan="3">管理费/元</td><td colspan="4">1095.24 ×15% =164.29</td></tr>
<tr><td colspan="3">利润/元</td><td colspan="4">1095.24 ×7% =76.67</td></tr>
<tr><td colspan="3">风险费用/元</td><td colspan="4">（1095.24 +164.29 +76.67） ×1% =13.36</td></tr>
<tr><td colspan="3">清单单价/元</td><td colspan="4">1095.24 +164.29 +76.67 +13.36 =1349.56</td></tr>
<tr><td colspan="3">综合单价</td><td colspan="4">1349.56 元 ÷758m^3 =1.78 元/m^3</td></tr>
</table>

（续）

序号			2					
清单编码			010101003001					
清单项目名称			挖基础土方					
计量单位			m^3					
清单工程量			2634					
综合单价分析								
定额编号			1－8		1－49H		1－174＋1－195	
定额子目名称			人工挖土方，三类土深度2.0m以内		人工运土方三类土（60m）		装载机自卸汽车运土方（4km）	
定额计量单位			$100m^3$		$100m^3$		$1000m^3$	
计价工程量			50.963		21.705		1.210	
工料机名称		单位	耗量	单价	耗量	单价	耗量	单价
			小计	合价	小计	合价	小计	合价
人工	人工	工日	53.73	15.63	20.4＋4.56×2＝29.52	25	12	25
			2738.24	42798.72	640.73	16018.29	14.52	363.0
材料	水	m^3					12	1.8
							14.52	26.14
机械	电动打夯机	台班	0.18	8.00				
			9.17	73.39				
	轮胎式装载机$1m^3$	台班					3.98	280
							4.82	1348.42
	自卸汽车4.5t	台班					49.75	340
							60.20	20467.15
	推土机75kW内	台班					2.96	500
							3.58	1790.80
	洒水车4000L	台班					0.6	300
							0.726	217.80
工料机小计/元			42798.72 ＋ 73.39 ＝ 42872.11		16018.29		24213.31	
工料机合计/元			42872.11＋16018.29＋24213.31＝83103.71					
管理费/元			83103.71×15%＝12465.56					
利润/元			83103.71×7%＝5817.26					
风险费用/元			（83103.71＋12465.56＋5817.26）×1%＝1013.87					
清单单价/元			83103.71＋12465.56＋5817.26＋1013.87＝102400.40					
综合单价			102400.40元÷2634m^3＝38.88元/m^3					

5）分部分项工程量清单计价表（见表6-25）

表6-25　分部分项工程量清单计价表

序号	项目编码	项目名称	计量单位	工程数量	金额/元	
					综合单价	合价
1	010101001001	平整场地	m^2	758	1.78	1349.56
2	010101003002	挖基础土方	m^3	2634	38.88	102400.40

6）分部分项工程量清单综合单价分析表见表6-26。

表6-26　分部分项工程量清单综合单价分析表

序号	项目编码	项目名称	综合单价组价/元						综合单价
			人工费	材料费	机械费	管理费	利润	风险	
1	010101001001	平整场地 土壤类别：三类土 弃土距离：0m 取土运距：0m	1.44	0	0	0.22	0.10	0.02	1.78
2	010101003002	挖基础土方 土壤类别：三类土， 基础类型：砖大放脚带形基础 挖土深度：1.8m 弃土运距：4km 垫层宽度：920mm	22.47	0.01	9.07	4.73	2.21	0.39	38.88

2. 桩与地基基础工程

（1）工程量清单编制

1）桩与地基基础工程项目划分如图6-5所示。

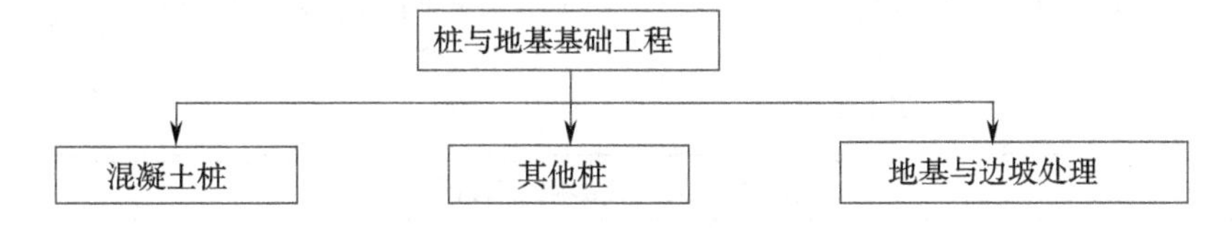

图6-5　桩与地基基础工程项目划分

2）桩与地基基础工程工程量清单项目设置及工程量计算规则。按照《建设工程工程量清单计价规范》（GB50500—2008）的规定，桩与地基基础工程工程量清单项目设置及计算规则应按表6-27的规定执行。

表6-27　桩与地基基础工程工程量清单项目

混凝土桩（编码：010201）

项目编码	项目名称	项目特征	计量单位	工程量计算规则	工程内容
010201001	预制钢筋混凝土桩	1. 土壤级别 2. 单桩长度、根数 3. 桩截面 4. 板桩面积 5. 管桩填充材料种类 6. 桩倾斜度 7. 混凝土强度等级 8. 防护材料种类	m/根	按设计图示尺寸以桩长（包括桩尖）或根数计算	1. 桩制作、运输 2. 打桩、试验桩、斜桩 3. 送桩 4. 管桩填充材料、刷防护材料 5. 清理、运输

（续）

项目编码	项目名称	项目特征	计量单位	工程量计算规则	工程内容
010201002	接桩	1. 桩截面 2. 接头长度 3. 接桩材料	个/m	按设计图示规定以接头数量（板桩按接头长度）计算	1. 桩制作、运输 2. 接桩、材料运输
010201003	混凝土灌注桩	1. 土壤级别 2. 单桩长度、根数 3. 桩截面 4. 成孔方法 5. 混凝土强度等级	m/根	按设计图示尺寸以桩长（包括桩尖）或根数计算	1. 成孔、固壁 2. 混凝土制作、运输、灌注、振捣、养护 3. 泥浆池及沟槽砌筑、拆除 4. 泥浆制作、运输 5. 清理、运输

其他桩（编码：010202）

项目编码	项目名称	项目特征	计量单位	工程量计算规则	工程内容
010202001	砂石灌注桩	1. 土壤级别 2. 桩长 3. 桩截面 4. 成孔方法 5. 砂石级配	m	按设计图示尺寸以桩长（包括桩尖）计算	1. 成孔 2. 砂石运输 3. 填充 4. 振实
010202002	灰土挤密桩	1. 土壤级别 2. 桩长 3. 桩截面 4. 成孔方法 5. 灰土级配	m	按设计图示尺寸以桩长（包括桩尖）计算	1. 成孔 2. 灰土拌和、运输 3. 填充 4. 夯实

地基与边坡处理（编码：010203）

项目编码	项目名称	项目特征	计量单位	工程量计算规则	工程内容
010203001	地下连续墙	1. 墙体厚度 2. 成槽深度 3. 混凝土强度等级	m^3	按设计图示墙中心线长乘以厚度乘以槽深以体积计算	1. 挖土成槽、余土运输 2. 导墙制作、安装 3. 锁口管吊拔 4. 浇筑混凝土连续墙 5. 材料运输
010203002	振冲灌注碎石	1. 振冲深度 2. 成孔直径 3. 碎石级配	m^3	按设计图示孔深乘以孔截面积以体积计算	1. 成孔 2. 碎石运输 3. 灌注、振实
010203003	地基强夯	1. 夯击能量 2. 夯击遍数 3. 地耐力要求 4. 夯填材料种类	m^2	按设计图示尺寸以面积计算	1. 铺夯填材料 2. 强夯 3. 夯填材料运输

3）桩与地基基础工程量清单编制。

【例6-5】 某钻孔混凝土灌注桩，土壤级别二级土，单根桩设计长度8m，总根数127根，桩截面直径为800mm，灌注混凝土强度等级C30。试完成钻孔灌注混凝土桩分部分项工程量清单的编制。

【解】 1）清单工程量的计算见表6-28。

表6-28 清单工程量计算表

项目编码	项目名称	项目特征	工程数量计算式	计量单位	工程量
010201003001	混凝土灌注桩	土壤类别：二级土 桩单根设计长度：8m 桩截面：ϕ800mm 混凝土强度：C30	8m×127=1016m	m	1016

2）分部分项工程量清单见表6-29。

表6-29 分部分项工程量清单

序号	项目编码	项目名称	计量单位	工程数量
1	010201003001	混凝土灌注桩	m	1016

（2）工程量清单计价。

【例6-6】 由【例6-5】提供的工程信息，假设分部分项工程量中泥浆池挖土方58m^3，泥浆池垫层2.96m^3，池壁砌砖7.55m^3，池底砌砖3.16m^3，池底、池壁抹灰25m^2、30m^2，泥浆运输5km以内。分部分项工程量清单的费率为：管理费率为人工费、材料费、机械费的15%，利润率为人工费、材料费、机械费的7%，规费为4.21%，税率为3.41%。风险因素暂不考虑。试完成钻孔灌注桩分项工程量清单的综合单价，并列出其综合单价分析表。

【解】 1）经投标人根据地质资料和施工方案，对工料机工程量进行计算（基础定额工程量的计算）：

混凝土桩总体积为：$\pi\times(0.4\text{m})^2\times1016\text{m}=510.7\text{m}^3$

2）投标人根据自身实际情况和市场信息确定的工料机价格见表6-30。

表6-30 工料机价格表

工料机	序号	内容	单位	单价/元
人工	1	钻孔灌注混凝土	工日	25.00
	2	泥浆运输	工日	25.00
	3	池壁砌砖	工日	25.00
	4	池底、池壁抹灰人工	m^2	3.30、5.00
	5	泥浆池挖土方人工	m^3	12.00
	6	池底砌砖人工	m^3	35.00
	7	泥浆池垫层人工	m^3	33.00

（续）

工料机	序号	内容	单位	单价/元
材料	1	钻孔灌注混凝土 C30	m^3	210
	2	模板板枋材	m^3	1200
	3	粘土	m^3	340
	4	电焊条	kg	5.0
	5	水	m^3	1.8
	6	钢钉	kg	2.4
	7	泥浆池垫层材料	m^3	154
	8	池壁砌砖材料	m^3	135
	9	池底砌砖材料	m^3	126
	10	池底、池壁抹灰材料	m^2	7.75；5.50
机械	1	潜水钻机（ϕ1250mm 内）	台班	290
	2	交流焊机（40kVA）	台班	59
	3	空气压缩机（$9m^3/min$）	台班	110
	4	混凝土搅拌机（400L）	台班	90
	5	泥浆泵	台班	100
	6	泥浆运输车（400L）	台班	330
	7	池壁砌砖机械	m^3	4.5
	8	池底砌砖机械	m^3	4.5
	9	池底、池壁抹灰机械	m^2	0.5
	10	泥浆池垫层机械	m^3	16

3）工程量清单工料机计算分析：

① 灌注混凝土的计算：

人工费：25 元/工日 ×11.436 工日/m^3 ×510.7m^3 =146009.13 元

材料费：

C30 混凝土：210 元/m^3 ×1.319m^3/m^3 ×510.7m^3 =141458.79 元

板材：1200 元/m^3 ×0.0107m^3/m^3 ×510.7m^3 =6557.39 元

粘土：340 元/m^3 ×0.054m^3/m^3 ×510.7m^3 =9376.45 元

电焊条：5 元/kg ×0.145kg/m^3 ×510.7m^3 =370.26 元

水：1.8 元/m^3 ×2.62m^3/m^3 ×510.7m^3 =2408.46 元

钢钉：2.4 元/kg ×0.039kg/m^3 ×510.7m^3 =47.80 元

其他材料费：160219.15 ×16.04% =25699.15 元

小计：185918.30 元

机械费：

潜水钻机（ϕ1250 内）：290 元/台班 ×0.422 台班/m^3 ×510.7m^3 =62499.47 元

交流焊机（40kVA）：59 元/台班 ×0.026 ×510.7m^3 =783.41 元

空气压缩机（9m^3/min）110 元/台班 ×0.045 台班/m^3 ×510.7m^3 =2527.97 元

混凝土搅拌机（400L）90 元/台班 ×0.078 台班/m^3 ×510.7m^3 =3585.11 元

其他机械费：69395.96 元 ×11.57% =8029.11 元

小计：77425.07 元

合计：409352.50 元

② 泥浆运输（泥浆总用量为：510.7m^3）

人工费：25 元/日 ×0.744 工日/m^3 ×510.7m^3 =9499.02 元

机械费：

泥浆运输车：330 元/台班 ×0.186 台班/m^3 ×510.7m^3 =31346.77 元

泥浆泵：100 元/台班 ×0.062 台班/m^3 ×510.7m^3 =3166.34 元

小计：34513.11 元

合计：44012.13 元

③ 泥浆池挖土方（58m^3）人工费：12 元/m^3 ×58m^3 =696 元

④ 泥浆池垫层（2.96m^3）

人工费：33 元/m^3 ×2.96m^3 =97.68 元

材料费：154 元/m^3 ×2.96m^3 =455.84 元

机具费：16 元/m^3 ×2.96m^3 =47.36 元

合计：600.88 元

⑤ 池壁砌砖（7.55m^3）

人工费：25 元/工日 ×1.608 工日/m^3 ×7.55m^3 =303.51 元

材料费：135 元/m^3 ×7.55m^3 =1019.25 元

机具费：4.5 元/m^3 ×7.55m^3 =33.98 元

合计：1356.74 元

⑥ 池底砌砖（3.16m^3）

人工费：35 元/m^3 ×3.16m^3 =110.6 元

材料费：126 元/m^3 ×3.16m^3 =398.16 元

机具费：4.5 元/m^3 ×3.16m^3 =14.22 元

合计：522.98 元

⑦ 池底、池壁抹灰：

人工费：3.3 元/m^2 ×25m^2 +5.00 元/m^2 ×30m^2 =232.50 元

材料费：7.75 元/m^2 ×25m^2 +5.50 元/m^2 ×30m^2 =358.75 元

机具费：0.5 元/m^2 ×55m^2 =27.5 元

合计：618.75 元

⑧ 拆除泥浆池：施工单位考虑实际情况后确定此项所需的人工费为：600 元，其余不计。

⑨ 综合：工料机费合计 457759.98 元

4）分部分项工程量清单综合单价计算见表 6-31。

表 6-31 工程量清单综合单价计算表

序号			1							
清单编码			010201003001							
清单项目名称			混凝土灌注桩							
计量单位			m							
清单工程量			1016							
综合单价分析										
定额编号			2-88		2-97					
定额子目名称			钻孔灌注混凝土桩		泥浆运输 5km 以内		泥浆池挖土方		泥浆池垫层	
定额计量单位			$10m^3$		$10m^3$		m^3		m^3	
计价工程量			51.07		51.07		58		2.96	
工料机名称		单位	耗量	单价	耗量	单价	耗量	单价	耗量	单价
			小计	合价	小计	合价	小计	合价	小计	合价
人工	人工	工日	114.36	25	7.44	25		12		33
			5840.36	146009.13	379.97	9499.02		696		97.68
材料	C30 混凝土	m^3	13.19	210						
			67.36	141458.79						
	板材	m^3	0.107	1200						
			5.46	6557.39						
	粘土	m^3	0.54	340						
			27.5778	9376.45						
	电焊条	kg	1.45	5						
			74.0515	370.26						
	水	m^3	26.23	1.8						
			1338.034	2408.46						
	钢钉	kg	0.39	2.4						
			19.9173	47.80						
	其他材料费	%	16.04							154
				25699.15						455.84
机械	潜水钻机	台班	4.22	290						
			215.51	62499.47						
	交流焊机	台班	0.26	59						
			13.278	783.41						
	空气压缩机	台班	0.45	110						
			22.98	2527.97						
	混凝土搅拌机	台班	0.78	90						
			39.83	3585.11						
	其他机械费	%	11.57							16
				8029.11						47.36
	泥浆运输车	台班			1.86	330				
					95	31346.77				
	泥浆泵	台班			0.62	100				
					31.66	3166.34				
工料机小计			409352.50		44012.13		696		600.88	

(续)

序　　号			2							
清单编码			010201003001							
清单项目名称			混凝土灌注桩							
计量单位			m							
清单工程量			1016							
综合单价分析										
定额编号			4－10							
定额子目名称			砖砌池壁		砖砌池底		池底、池壁抹灰		拆除泥浆池	
定额计量单位			$10m^3$		m^2		m^2			
计价工程量			0.755		3.16		25.30			
工料机名称		单位	耗量	单价	耗量	单价	耗量	单价	耗量	单价
			小计	合价	小计	合价	小计	合价	小计	合价
人工	人工	工日	16.08	25		35		3.30、5.00		
			12.14	303.51		110.6		232.50		600
材料	材料费			135		126		7.75、5.5		
				1019.25		398.16		358.75		
机械	机具费			4.5		4.5		0.5		
				33.98		14.22		27.5		
工料机小计/元			1356.74		522.98		618.75		600	
工料机合计/元			457759.98							
管理费/元			457759.98×15%＝68664.00							
利润/元			457759.98×7%＝32043.20							
风险费用/元			0							
综合费用/元			457759.98＋68664.00＋32043.20＝558467.18							
综合单价			558467.18元÷1016m＝549.67元/m							

5）分部分项工程量清单计价表见表6-32。

表6-32　分部分项工程量清单计价表

序　　号	项目编码	项目名称	计量单位	工程数量	金额/元	
					综合单价	合价
1	010201003001	混凝土灌注桩	m	1016	549.67	558467.18

6）分部分项工程量清单综合单价分析表见表6-33。

表 6-33 分部分项工程量清单综合单价分析表

序号	项目编码	项目名称	综合单价组价/元					综合单价
			人工费	材料费	机械费	管理费	利润	
1	010201003001	混凝土灌注桩 土壤类别：二级土 桩单根设计长度：8m 桩截面：ϕ800mm 混凝土强度：C30 泥浆运输 5km 以内	155.07	185.19	110.30	67.58	31.54	549.67

3. 砌筑工程

（1）工程量清单编制

1）砌筑工程项目划分如图 6-6 所示。

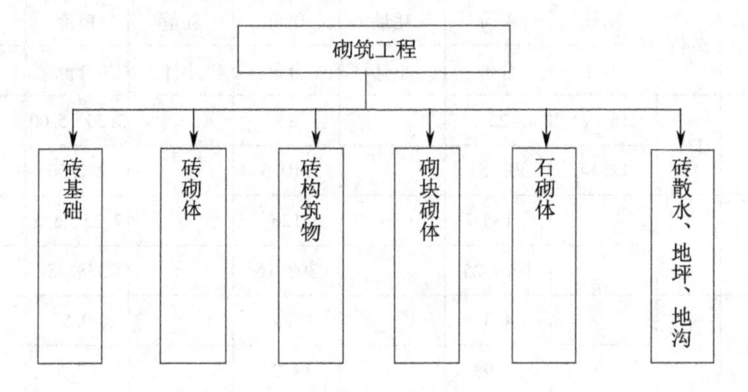

图 6-6 砌筑工程项目划分

2）砌筑工程工程量清单项目设置及工程量计算规则。按照《建设工程工程量清单计价规范》（GB50500—2008）的规定，砌筑工程工程量清单项目设置及计算规则应按表6-34的规定执行。

表 6-34 砖基础（编码：010301）

项目编码	项目名称	项目特征	计量单位	工程量计算规则	工程内容
010301001	砖基础	1. 砖品种、规格、强度等级 2. 基础类型 3. 基础深度 4. 砂浆强度等级	m^3	按设计图示尺寸以体积计算。包括附墙垛基础宽出部分体积，扣除地梁（圈梁）、构造柱所占体积，不扣除基础大放脚T形接头处的重叠部分及嵌入基础内的钢筋、铁件、管道、基础砂浆防潮层和单个面积 0.3m^2 以内的孔洞所占体积，靠墙暖气沟的挑檐不增加 基础长度：外墙按中心线，内墙按净长线计算	1. 砂浆制作、运输 2. 砌砖 3. 防潮层铺设 4. 材料运输

（续）

砖砌体（编码：010302）					
项目编码	项目名称	项目特征	计量单位	工程量计算规则	工程内容
010302001	实心砖墙	1. 砖品种、规格、强度等级 2. 墙体类型 3. 墙体厚度 4. 墙体高度 5. 勾缝要求 6. 砂浆强度等级、配合比	m^3	按设计图示尺寸以体积计算。扣除门窗洞口、过人洞、空圈、嵌入墙内的钢筋混凝土柱、梁、圈梁、挑梁、过梁及凹进墙内的壁龛、管槽、暖气槽、消火栓箱所占体积。不扣除梁头、板头、檩头、垫木、木楞头、檐缘木、木砖、门窗走头、砖墙内加固钢筋、木筋、铁件、钢管及单个面积 $0.3m^2$ 以内的孔洞所占体积。凸出墙面的腰线、挑檐、压顶、窗台线、虎头砖、门窗套的体积亦不增加。凸出墙面的砖垛并入墙体体积内计算 1. 墙长度：外墙按中心线，内墙按净长计算 2. 墙高度： （1）外墙：斜（坡）屋面无檐口天棚者算至屋面板底；有屋架且室内外均有天棚者算至屋架下弦底另加200mm；无天棚者算至屋架下弦底另加300mm，出檐宽度超过600mm时按实砌高度计算；平屋面算至钢筋混凝土板底 （2）内墙：位于屋架下弦者，算至屋架下弦底；无屋架者算至天棚底另加100mm；有钢筋混凝土楼板隔层者算至楼板顶；有框架梁时算至梁底 （3）女儿墙：从屋面板上表面算至女儿墙顶面（如有混凝土压顶时算至压顶下表面） （4）内、外山墙：按其平均高度计算 3. 围墙：高度算至压顶上表面（如有混凝土压顶时算至压顶下表面），围墙柱并入围墙体积内	1. 砂浆制作、运输 2. 砌砖 3. 勾缝 4. 砖压顶砌筑 5. 材料运输
010302004	填充墙	1. 砖品种、规格、强度等级 2. 墙体厚度 3. 填充材料种类 4. 勾缝要求 5. 砂浆强度等级	m^3	按设计图示尺寸以填充墙外形体积计算	1. 砂浆制作、运输 2. 砌砖 3. 装填充料 4. 勾缝 5. 材料运输
010302005	实心砖柱	1. 砖品种、规格、强度等级 2. 柱类型 3. 柱截面 4. 柱高 5. 勾缝要求 6. 砂浆强度等级、配合比		按设计图示尺寸以体积计算。扣除混凝土及钢筋混凝土梁垫、梁头、板头所占体积	1. 砂浆制作、运输 2. 砌砖 3. 勾缝 4. 材料运输

（续）

砌块砌体（编码：010304）					
项目编码	项目名称	项目特征	计量单位	工程量计算规则	工程内容
010304001	空心砖墙、砌块墙	1. 墙体类型 2. 墙体厚度 3. 空心砖、砌块品种、规格、强度等级 4. 勾缝要求 5. 砂浆强度等级、配合比	m^3	按设计图示尺寸以体积计算。扣除门窗洞口、过人洞、空圈、嵌入墙内的钢筋混凝土柱、梁、圈梁、挑梁、过梁及凹进墙内的壁龛、管槽、暖气槽、消火栓箱所占体积，不扣除梁头、板头、檩头、垫木、木楞头、檐缘木、木砖、门窗走头、砖墙内加固钢筋、木筋、铁件、钢管及单个面积 $0.3m^2$ 以内的孔洞所占体积，凸出墙面的腰线、挑檐、压顶、窗台线、虎头砖、门窗套的体积不增加，凸出墙面的砖垛并入墙体体积内 1. 墙长度：外墙按中心线，内墙按净长计算 2. 墙高度： （1）外墙：斜（坡）屋面无檐口天棚者算至屋面板底；有屋架且室内外均有天棚者算至屋架下弦底另加200mm；无天棚者算至屋架下弦底另加300mm，出檐宽度超过600mm时按实砌高度计算；平屋面算至钢筋混凝土板底 （2）内墙：位于屋架下弦者，算至屋架下弦底；无屋架者算至天棚底另加100mm；有钢筋混凝土楼板隔层者算至楼板顶；有框架梁时算至梁底 （3）女儿墙：从屋面板上表面算至女儿墙顶面（如有压顶时算至压顶下表面） （4）内、外山墙：按其平均高度计算 3. 围墙：高度算至压顶上表面（如有混凝土压顶时算至压顶下表面），围墙柱并入围墙体积内	1. 砂浆制作、运输 2. 砌砖、砌块 3. 勾缝 4. 材料运输
010304002	空心砖柱、砌块柱	1. 柱高度 2. 柱截面 3. 空心砖、砌块品种、规格、强度等级 4. 勾缝要求 5. 砂浆强度等级、配合比		按设计图示尺寸以体积计算。扣除混凝土及钢筋混凝土梁垫、梁头、板头所占体积	

3）砌筑工程其他相关问题应按下列规定处理：

① 基础垫层包括在基础项目内。

② 烧结普通砖尺寸应为240mm×115mm×53mm。标准砖墙厚度应按表6-35计算。

表6-35 标准墙计算厚度表

砖数（厚度）	1/4	1/2	3/4	1	1½	2	2½	3
计算厚度/mm	53	115	180	240	365	490	615	740

③ 砖基础与砖墙（身）划分应以设计室内地坪为界（有地下室的按地下室室内设计地坪为界），以下为基础，以上为墙（柱）身。基础与墙身使用不同材料，位于设计室内地坪±300mm以内时以不同材料为界，超过±300mm，应以设计室内地坪为界。砖围墙应以设计室外地坪为界，以下为基础，以上为墙身。

④ 框架外表面的镶贴砖部分，应单独按规范中相关零星项目编码列项。

⑤ 附墙烟囱、通风道、垃圾道，应按设计图示尺寸以体积（扣除孔洞所占体积）计算，并入所依附的墙体体积内。当设计规定孔洞内需抹灰时，应按规范中相关项目编码列项。

⑥ 空斗墙的窗间墙，窗台下、楼板下等的实砌部分，应按规范中零星砌砖项目编码列项。

⑦ 台阶、台阶挡墙、梯带、锅台、炉灶、蹲台、池槽、池槽腿、花台、花池、楼梯栏板、阳台栏板、地垄墙、屋面隔热板下的砖墩、0.3m^{2}以内孔洞填塞等，应按零星砌砖项目编码列项。砖砌锅台与炉灶可按外形尺寸以个为单位计算，砖砌台阶可按水平投影面积以平方米为单位计算，小便槽、地垄墙可按长度计算，其他工程量以立方米为单位计算。

4）砌筑工程工程量清单编制。

【例6-7】 某工程单层建筑物平面图、立面图如图6-7所示，标准砖墙身为M5.0水泥砂浆砌筑，砖柱为M10.0混合砂浆砌筑，MU7.5烧结普通砖，内外墙厚度为240mm。已知M1尺寸为900mm×2400mm，C1尺寸为1500mm×1500mm，C2尺寸为1100mm×1500mm，独立柱断面尺寸为240mm×240mm。圈梁沿外墙满布，断面尺寸为180mm×240mm；矩形梁L断面尺寸为240mm×300mm。试编制实心砖墙、实心砖柱分部分项工程量清单。

【解】 1）清单工程量的计算见表6-36。

表6-36 清单工程量计算表

项目编码	项目名称	工程数量计算式	计量单位	工程量
010302001001	实心砖墙 砂浆：M5.0水泥砂浆 砖：MU7.5烧结普通砖	V=（墙长×墙高－门窗面积）×墙厚－圈梁体积 =（36.72×3.60－0.90×2.40×4－1.50×1.50×6－1.10×1.50）×0.24－29.20×0.18×0.24=24.91m^3	m^3	24.91
010302005001	实心砖柱 砂浆：M10.0混合砂浆 砖：MU7.5烧结普通砖	V=柱断面×柱高 =0.24×0.24×3.30 =0.19m^3	m^3	0.19

2）分部分项工程量清单见表6-37。

表6-37 分部分项工程量清单

序 号	项目编码	项目名称	计量单位	工程数量
1	010302001001	M5.0 水泥砂浆烧结普通砖墙	m^3	24.91
2	010302005001	M10.0 混合砂浆烧结普通砖柱	m^3	0.19

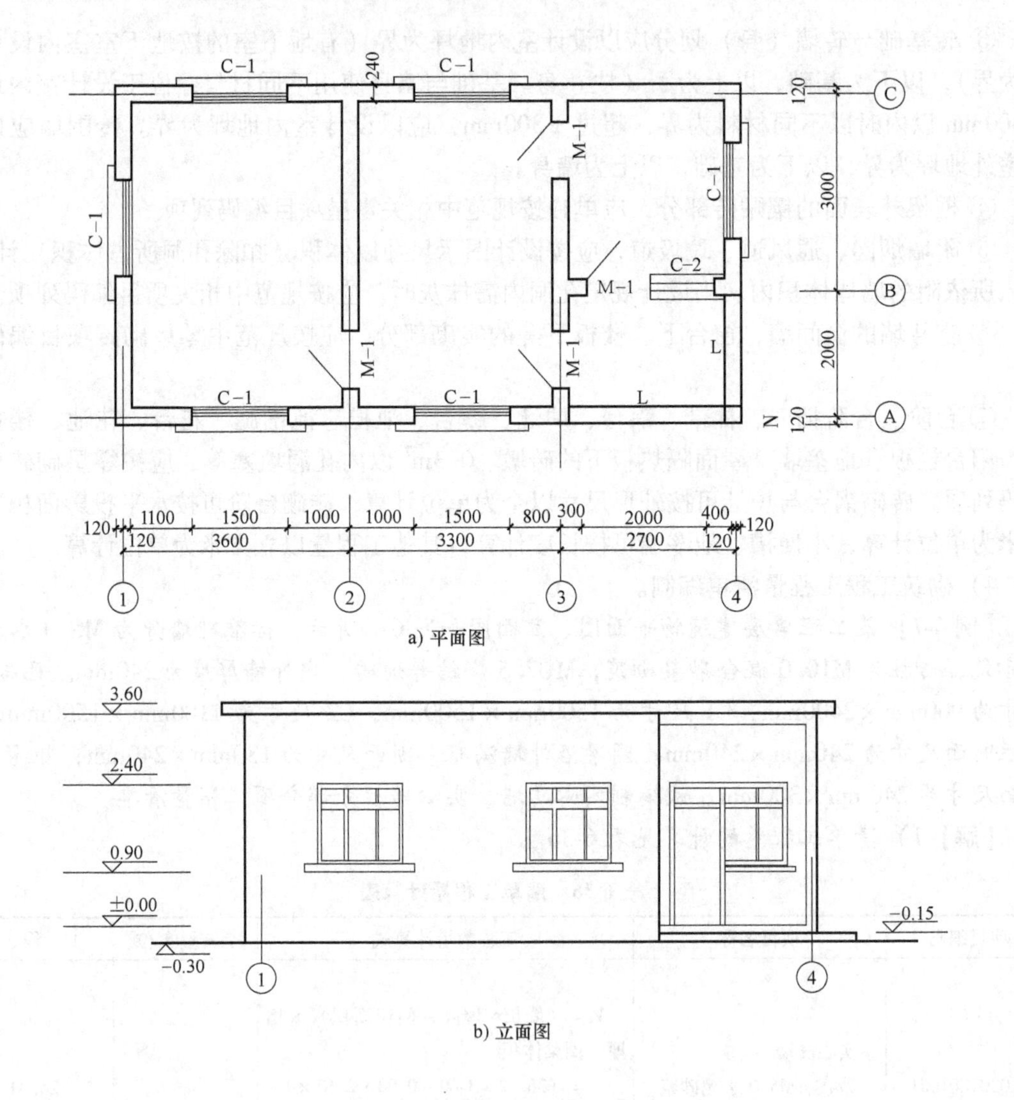

图6-7 建筑物平面图、立面图

（2）工程量清单计价

【例6-8】 由【例6-7】提供的工程信息，假设分部分项工程量清单的费率为：管理费率为15%，利润率为7%，规费为4.21%，税率为3.41%。风险因素暂不考虑。试完成M5水泥砂浆实心砖墙、M10混合砂浆实心砖柱分项工程量清单的综合单价，并列出其综合单价分析表。

【解】1）基础定额工程量的计算：

① M5水泥砂浆砌实心砖墙：

$V=(36.72\times3.60-0.90\times2.40\times4-1.50\times1.50\times6-1.10\times1.50)\mathrm{m}^2\times0.24\mathrm{m}-29.20\mathrm{m}\times0.18\mathrm{m}\times0.24\mathrm{m}$

$=24.91\mathrm{m}^3$

② M10混合砂浆砌实心砖柱：

$V=0.24\mathrm{m}\times0.24\mathrm{m}\times3.30\mathrm{m}=0.19\mathrm{m}^3$

2）投标人根据自身实际情况和市场信息确定的工料机价格表，见表6-38。

表6-38 工料机价格表

工 料 机	序 号	内 容	单 位	单价/元
人工	1	人工砌砖墙	工日	22.00
	2	人工砌砖柱	工日	22.00
材料	1	M5水泥砂浆	m^3	99.00
	2	M10混合砂浆	m^3	99.00
	3	标准砖	块	0.15
	4	水	m^3	1.80
机械	1	灰浆搅拌机200L（水泥砂浆）	台班	57.00
	2	灰浆搅拌机200L（混合砂浆）	台班	60.00

3）工程量清单工料机计算分析：

① M5水泥砂浆砌实心砖墙：

人工费：1.887工日/m^3 ×24.91m^3 ×22.0元/工日 =1034.11元

材料费：M5水泥砂浆：0.225m^3/m^3 ×24.91m^3 ×99.00元/m^3 =554.87元

烧结普通砖：0.5314千块/m^3 ×24.91m^3 ×0.15元/块×1000 =1985.58元

水：0.106m^3/m^3 ×24.91m^3 ×1.80元/m^3 =4.75元

小计：2545.20元

机械费：灰浆搅拌机（200L）：0.038台班/m^3 ×24.91m^3 ×57.00元/台班 =53.96元

工料机合计：3633.27元

② M10混合砂浆砌实心砖柱：

人工费：2.76工日/m^3 ×0.19m^3 ×22.0元/工日 =11.54元

材料费：M10混合砂浆：0.196m^3/m^3 ×0.19m^3 ×99.00元/m^3 =3.69元

烧结普通砖：0.568千块/m^3 ×0.19m^3 ×0.15元/块×1000 =16.19元

水：0.114m^3/m^3 ×0.19m^3 ×1.80元/m^3 =0.04元

小计：19.92元

机械费：灰浆搅拌机（200L）：0.033台班/m^3 ×0.19m^3 ×60.00元/台班 =0.38元

工料机合计：31.84元

4）分部分项工程量清单综合单价计算表，见表6-39。

表 6-39 分部分项工程量清单综合单价计算表

序号			1		2	
清单编码			010302001001		010302005001	
清单项目名称			M5 水泥砂浆砖砌墙		M10 混合砂浆砖砌柱	
计量单位			m^3		m^3	
清单工程量			24.91		0.19	
综合单价分析						
定额编号			4-4		4-38	
定额子目名称			M5 水泥砂浆砖砌墙		M10 混合砂浆砖砌柱	
定额计量单位			$10m^3$		$10m^3$	
计价工程量			2.491		0.019	
工料机名称		单位	耗量	单价	耗量	单价
			小计	合价	小计	合价
人工	人工	工日	18.87	22	27.6	22
			47.01	1034.11	0.524	11.54
材料	砂浆	m^3	2.25	99.00	1.96	99.00
			5.60	554.87	0.037	3.69
	烧结普通砖	千块	5.314	0.15	5.68	0.15
			13.237	1985.58	0.108	16.19
	水	m^3	1.06	1.80	1.14	1.80
			2.64	4.75	0.022	0.04
机械	灰浆搅拌机 200L	台班	0.38	57	0.33	60
			0.95	53.96	0.006	0.38
工料机小计/元			3633.27		31.84	
工料机合计/元			3633.27		31.84	
管理费/元			3633.27 × 15% = 544.99		31.84 × 15% = 4.78	
利润/元			3633.27 × 7% = 254.33		31.84 × 7% = 2.23	
综合费用/元			3633.27 + 544.09 + 254.33 = 4432.59		31.84 + 4.78 + 2.23 = 38.85	
综合单价			4432.59 元 ÷ 24.91m^3 = 177.94 元/m^3		38.85 元 ÷ 0.19m^3 = 204.47 元/m^3	

5）分部分项工程量清单计价表见表 6-40。

表 6-40 分部分项工程量清单计价表

序号	项目编码	项目名称	计量单位	工程数量	金额/元	
					综合单价	合价
1	010302001001	M5.0 水泥砂浆烧结普通砖墙	m^3	24.91	177.94	4432.59
2	010302005001	M10.0 混合砂浆烧结普通砖柱	m^3	0.19	204.5	38.85

6）分部分项工程量清单综合单价分析表见表6-41。

表6-41 分部分项工程量清单综合单价分析表

序号	项目编码	项目名称	工程内容	综合单价组价/元					综合单价
				人工费	材料费	机械费	管理费	利润	
1	010302001001	砖砌墙	M5.0水泥砂浆，烧结普通砖	41.51	102.18	2.17	21.88	10.21	177.94
2	010302005001	砖砌柱	M10.0混合砂浆，烧结普通砖	60.74	104.84	2.00	25.16	11.74	204.47

4. 混凝土及钢筋混凝土工程

（1）工程量清单编制

1）混凝土及钢筋混凝土工程项目划分如图6-8所示。

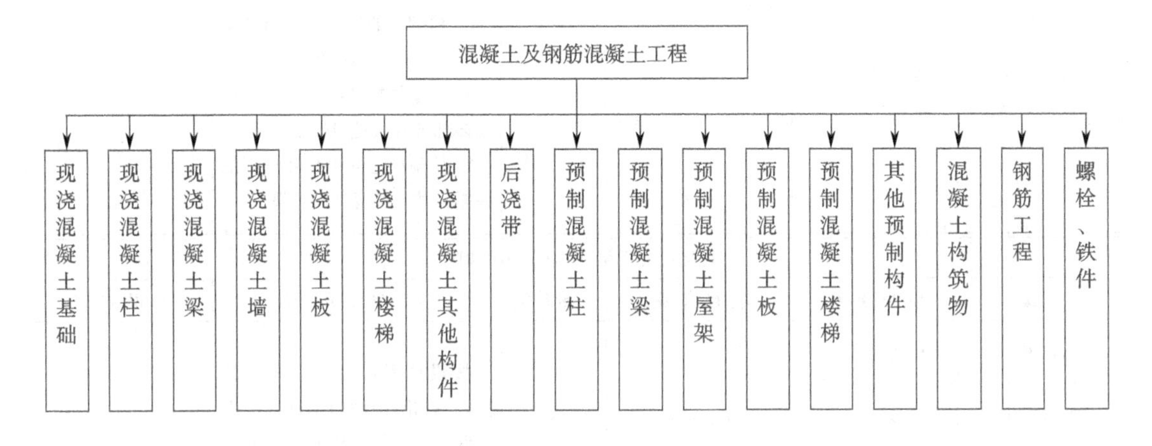

图6-8 混凝土及钢筋混凝土工程项目划分

2）混凝土及钢筋混凝土工程工程量清单项目设置及工程量计算规则。按照《建设工程工程量清单计价规范》（GB50500—2008）的规定，混凝土及钢筋混凝土工程工程量清单项目设置及计算规则应按表6-42的规定执行。

表6-42 现浇混凝土基础（编码：010401）

项目编码	项目名称	项目特征	计量单位	工程量计算规则	工程内容
010401001	带形基础	1. 混凝土强度等级 2. 混凝土拌和料要求 3. 砂浆强度等级	m^3	按设计图示尺寸以体积计算。不扣除构件内钢筋、预埋铁件和伸入承台基础的桩头所占体积	1. 混凝土制作、运输、浇筑、振捣、养护 2. 地脚螺栓二次灌浆
010401002	独立基础				
010401003	满堂基础				
010401004	设备基础				
010401005	桩承台基础				
010401006	垫层				

（续）

现浇混凝土柱（编码：010402）

项目编码	项目名称	项目特征	计量单位	工程量计算规则	工程内容
010402001	矩形柱	1. 柱高度 2. 柱截面尺寸 3. 混凝土强度等级 4. 混凝土拌和料要求	m^3	按设计图示尺寸以体积计算。不扣除构件内钢筋、预埋铁件所占体积 柱高： 1. 有梁板的柱高，应自柱基上表面（或楼板上表面）至上一层楼板上表面之间的高度计算 2. 无梁板的柱高，应自柱基上表面（或楼板上表面）至柱帽下表面之间的高度计算 3. 框架柱的柱高，应自柱基上表面至柱顶高度计算 4. 构造柱按全高计算，嵌接墙体部分并入柱身体积 5. 依附柱上的牛腿和升板的柱帽，并入柱身体积计算	混凝土制作、运输、浇筑、振捣、养护
010402002	异形柱				

现浇混凝土梁（编码：010403）

项目编码	项目名称	项目特征	计量单位	工程量计算规则	工程内容
010403001	基础梁	1. 梁底标高 2. 梁截面 3. 混凝土强度等级 4. 混凝土拌和料要求	m^3	按设计图示尺寸以体积计算。不扣除构件内钢筋、预埋铁件所占体积，伸入墙内的梁头、梁垫并入梁体积内 梁长： 1. 梁与柱连接时，梁长算至柱侧面 2. 主梁与次梁连接时，次梁长算至主梁侧面	混凝土制作、运输、浇筑、振捣、养护
010403002	矩形梁				
010403003	异形梁				
010403004	圈梁				
010403005	过梁				
010403006	弧形、拱形梁				

现浇混凝土墙（编码：010404）

项目编码	项目名称	项目特征	计量单位	工程量计算规则	工程内容
010404001	直形墙	1. 墙类型 2. 墙厚度 3. 混凝土强度等级 4. 混凝土拌和料要求	m^3	按设计图示尺寸以体积计算。不扣除构件内钢筋、预埋铁件所占体积，扣除门窗洞口及单个面积 $0.3m^2$ 以外的孔洞所占体积，墙垛及突出墙面部分并入墙体体积内计算	混凝土制作、运输、浇筑、振捣、养护
010404002	弧形墙				

（续）

现浇混凝土板（编码：010405）

项目编码	项目名称	项目特征	计量单位	工程量计算规则	工程内容
010405001	有梁板	1. 板底标高 2. 板厚度 3. 混凝土强度等级 4. 混凝土拌和料要求	m^3	按设计图示尺寸以体积计算。不扣除构件内钢筋、预埋铁件及单个面积 $0.3m^2$ 以内的孔洞所占体积。有梁板（包括主、次梁与板）按梁、板体积之和计算，无梁板按板和柱帽体积之和计算，各类板伸入墙内的板头并入板体积内计算，薄壳板的肋、基梁并入薄壳体积内计算。	混凝土制作、运输、浇筑、振捣、养护
010405002	无梁板				
010405003	平板				
010405004	拱板				
010405005	薄壳板				
010405006	栏板				
010405007	天沟、挑檐板	1. 混凝土强度等级 2. 混凝土拌和料要求		按设计图示尺寸以体积计算	
010405008	雨篷、阳台板			按设计图示尺寸以墙外部分体积计算。包括伸出墙外的牛腿和雨篷反挑檐的体积	
010405009	其他板			按设计图示尺寸以体积计算	

现浇混凝土楼梯（编码：010406）

项目编码	项目名称	项目特征	计量单位	工程量计算规则	工程内容
010406001	直形楼梯	1. 混凝土强度等级 2. 混凝土拌和料要求	m^2	按设计图示尺寸以水平投影面积计算。不扣除宽度小于500mm的楼梯井，伸入墙内部分不计算	混凝土制作、运输、浇筑、振捣、养护
010406002	弧形楼梯				

预制混凝土柱（编码：010409）

项目编码	项目名称	项目特征	计量单位	工程量计算规则	工程内容
010409001	矩形柱	1. 柱类型 2. 单件体积 3. 安装高度 4. 混凝土强度等级 5. 砂浆强度等级	m^3（根）	1. 按设计图示尺寸以体积计算。不扣除构件内钢筋、预埋铁件所占体积 2. 按设计图示尺寸以“数量”计算	1. 混凝土制作、运输、浇筑、振捣、养护 2. 构件制作、运输 3. 构件安装 4. 砂浆制作、运输 5. 接头灌缝、养护
010409002	异形柱				

（续）

预制混凝土梁（编码：010410）					
项目编码	项目名称	项目特征	计量单位	工程量计算规则	工程内容
010410001	矩形梁	1. 单件体积 2. 安装高度 3. 混凝土强度等级 4. 砂浆强度等级	m^3（根）	按设计图示尺寸以体积计算。不扣除构件内钢筋、预埋铁件所占体积	1. 混凝土制作、运输、浇筑、振捣、养护 2. 构件制作、运输 3. 构件安装 4. 砂浆制作、运输 5. 接头灌缝、养护
010410002	异形梁				
010410003	过梁				
010410004	拱形梁				
010410005	鱼腹梁 吊车梁				
010410006	风道梁				

钢筋工程（编码：010416）					
项目编码	项目名称	项目特征	计量单位	工程量计算规则	工程内容
010416001	现浇混凝土钢筋	钢筋种类、规格	t	按设计图示钢筋（网）长度（面积）乘以单位理论质量计算	1. 钢筋（网、笼）制作、运输 2. 钢筋（网、笼）安装
010416002	预制构件钢筋				
010416003	钢筋网片				
010416004	钢筋笼				
010416005	先张法预应力钢筋	1. 钢筋种类、规格 2. 锚具种类		按设计图示钢筋长度乘以单位理论质量计算	1. 钢筋制作、运输 2. 钢筋张拉

3）混凝土及钢筋混凝土工程其他相关问题应按下列规定处理：

① 混凝土垫层包括在基础项目内。

② 有肋带形基础、无肋带形基础应分别编码（第五级编码）列项，并注明肋高。

③ 箱式满堂基础，可按规范中满堂基础、柱、梁、墙、板分别编码列项；也可利用规范的第五级编码分别列项。

④ 框架式设备基础，可按规范中设备基础、柱、梁、墙、板分别编码列项；也可利用规范的第五级编码分别列项。

⑤ 构造柱应按规范中矩形柱项目编码列项。

⑥ 现浇挑檐、天沟板、雨篷、阳台与板（包括屋面板、楼板）连接时，以外墙外边线为分界线；与圈梁（包括其他梁）连接时，以梁外边线为分界线。外边线以外为挑檐、天沟、雨篷或阳台。

⑦ 整体楼梯（包括直形楼梯、弧形楼梯）水平投影面积包括休息平台、平台梁、斜梁和楼梯的连接梁。当整体楼梯与现浇楼板无梯梁连接时，以楼梯的最后一个踏步边缘加300mm为界。

⑧ 现浇混凝土小型池槽、压顶、扶手、垫块、台阶、门框等，应按规范中其他构件项目编码列项。其中扶手、压顶（包括伸入墙内的长度）应按延长米为单位计算，台阶应按水平投影面积计算。

⑨ 三角形屋架应按规范中折线形屋架项目编码列项。

⑩ 不带肋的预制遮阳板、雨篷板、挑檐板、栏板等，应按规范中平板项目编码列项。

4）混凝土及钢筋混凝土工程工程量清单编制。

【例6-9】 由【例6-7】提供的工程信息，试完成现浇C25混凝土矩形梁、现浇C25混凝土圈梁分部分项工程量清单的编制。

【解】 1）清单工程量的计算见表6-43。

表6-43 清单工程量计算表

项目编码	项目名称	工程数量计算式	计量单位	工程量
010403002001	混凝土矩形梁 混凝土等级：C25 梁截面：240mm×300mm	V = 梁长×梁断面 = (2.70 + 0.12 + 2.0 + 0.12) × 0.24×0.30 = 0.36m^3	m^3	0.36
010403004001	混凝土圈梁 混凝土等级：C25 梁截面：180mm×240mm	V = 圈梁长×断面积 = 29.20×0.18×0.24 = 1.26m^3	m^3	1.26

2）分部分项工程量清单见表6-44。

表6-44 分部分项工程量清单

序号	项目编码	项目名称	计量单位	工程数量
1	010403002001	现浇C25混凝土矩形梁	m^3	0.36
2	010403004001	现浇C25混凝土圈梁	m^3	1.26

（2）工程量清单计价

【例6-10】 由【例6-9】提供的工程信息，假设分部分项工程量清单的费率为：管理费率为15%，利润率为7%，规费为4.21%，税率为3.41%。风险因素暂不考虑。试完成现浇C25混凝土矩形梁、现浇C25混凝土圈梁分项工程量清单的综合单价，并列出其综合单价分析表。

【解】 1）基础定额工程量的计算：

① 现浇C20混凝土矩形梁：

$V = (2.70 + 0.12 + 2.0 + 0.12)\text{m} \times 0.24\text{m} \times 0.30\text{m} = 0.36\text{m}^3$

② 现浇C20混凝土圈梁：

$V = 29.20\text{m} \times 0.18\text{m} \times 0.24\text{m} = 1.26\text{m}^3$

2）投标人根据自身实际情况和市场信息确定的的工料机价格表见表6-45。

表 6-45 工料机价格表

工料机	序号	内容	单位	单价/元
人工	1	人工费	工日	22.00
材料	1	C25 混凝土	m^3	180.53
	2	水	m^3	1.80
	3	其他材料（混凝土梁）	m^3	1.78
	4	其他材料（混凝土圈梁）	m^3	2.47
机械	1	混凝土搅拌机（400L）	台班	98.00
	2	混凝土振动器	台班	15.00

3）工程量清单工料机计算分析：

① 现浇 C25 混凝土梁：

人工费：$1.551m^3/m^3 \times 0.36m^3 \times 22.00$ 元/工日 $=12.28$ 元

材料费：

C25 混凝土：$1.015m^3/m^3 \times 0.36m^3 \times 180.53$ 元/$m^3 = 65.97$ 元

水：$1.019m^3/m^3 \times 0.36m^3 \times 1.80$ 元/$m^3 = 0.66$ 元

其他材料：1.78 元/$m^3 \times 0.36m^3 = 0.64$ 元

机械费：

混凝土搅拌机（400L）：0.063 台班/$m^3 \times 0.36m^3 \times 98.00$ 元/台班 $=2.22$ 元

混凝土振动器（插入式）：0.125 台班/$m^3 \times 0.36m^3 \times 15.00$ 元/台班 $=0.68$ 元

工料机合计：82.45 元

② 现浇 C25 圈梁：

人工费：2.410 工日/$m^3 \times 1.26m^3 \times 22.0$ 元/工日 $=66.81$ 元

材料费：

C25 混凝土：$1.015m^3/m^3 \times 1.26m^3 \times 180.53$ 元/$m^3 = 230.88$ 元

水：$0.984m^3/m^3 \times 1.26m^3 \times 1.80$ 元/$m^3 = 2.23$ 元

其他材料：2.47 元/$m^3 \times 1.26m^3 = 3.11$ 元

机械费：

混凝土搅拌机（400L）：0.039 台班/$m^3 \times 1.26m^3 \times 98.00$ 元/台班 $=4.82$ 元

混凝土振动器（插入式）：0.077 台班/$m^3 \times 1.26m^3 \times 15.00$ 元/台班 $=1.46$ 元

工料机合计：309.31 元

4）分部分项工程量清单综合单价计算表见表 6-46。

表 6-46 分部分项工程量清单综合单价计算表

序号	1	2
清单编码	010302001001	010302005001
清单项目名称	现浇 C25 混凝土矩形梁	现浇 C25 混凝土圈梁
计量单位	m^3	m^3
清单工程量	0.36	1.26

（续）

序号			1		2	
综合单价分析						
定额编号			5-406		5-408	
定额子目名称			现浇 C25 混凝土梁		现浇 C25 圈梁	
定额计量单位			$10m^3$		$10m^3$	
计价工程量			0.036		0.126	
工料机名称		单位	耗量	单价	耗量	单价
			小计	合价	小计	合价
人工	人工	工日	15.51	22	24.10	22
			0.558	12.28	3.04	66.81
材料	C25 混凝土	m^3	10.15	180.53	10.15	180.53
			0.3654	65.97	1.279	230.88
	水	m^3	10.19	1.8	9.84	1.8
			0.367	0.66	1.24	2.23
	其他材料	元		1.78		2.47
				0.64		3.11
机械	混凝土搅拌机 400L	台班	0.63	98	0.39	98
			0.023	2.25	0.05	4.82
	混凝土振捣器	台班	1.25	15	0.77	15
			0.045	0.68	0.097	1.46
工料机小计/元			82.45		309.31	
工料机合计/元			82.45		309.31	
管理费/元			82.45 ×15% =12.37		309.31 ×15% =46.40	
利润/元			82.45 ×7% =5.77		309.31 ×7% =21.65	
综合费用/元			82.45 +12.37 +5.77 =100.59		309.31 +46.40 +21.65 =377.36	
综合单价			100.59 元 ÷0.36m^3 =279.42 元/m^3		377.36 元 ÷1.26m^3 =299.49 元/m^3	

5）分部分项工程量清单计价表见表 6-47。

表 6-47 分部分项工程量清单计价表

序号	项目编码	项目名称	计量单位	工程数量	金额/元	
					综合单价	合价
1	010403002001	现浇 C25 混凝土矩形梁	m^3	0.36	279.42	100.59
2	010403004001	现浇 C25 混凝土圈梁	m^3	1.26	299.49	377.36

6）分部分项工程量清单综合单价分析表见表 6-48。

表 6-48　分部分项工程量清单综合单价分析表

序号	项目编码	项目名称	工程内容	综合单价组价/元					综合单价
				人工费	材料费	机械费	管理费	利润	
1	010403002001	矩形梁	现浇混凝土，等级：C25	34.11	186.86	8.06	34.36	16.03	279.42
2	010403004001	圈梁	现浇混凝土，等级：C25	53.02	187.48	4.98	36.83	17.18	299.49

5. 厂库房大门、特种门、木结构工程

(1) 工程量清单编制

1）厂库房大门、特种门、木结构工程项目划分如图 6-9 所示。

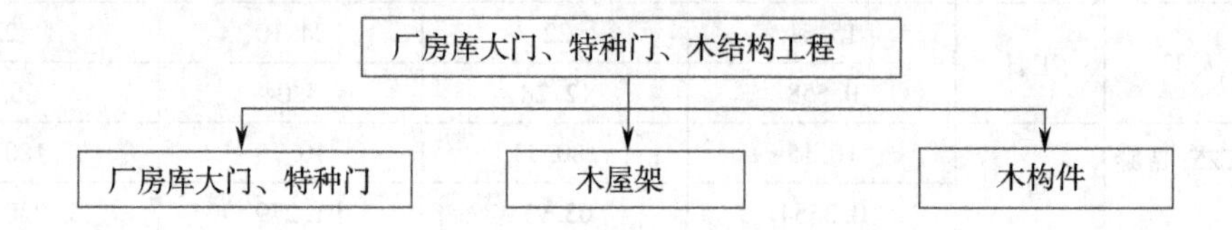

图 6-9　厂库房大门、特种门、木结构工程项目划分

2）厂库房大门、特种门、木结构工程工程量清单项目设置及工程量计算规则。按照《建设工程工程量清单计价规范》（GB50500—2008），厂库房大门、特种门、木结构工程工程量清单项目设置及计算规则应按表 6-49 的规定执行。

表 6-49　厂库房大门、特种门（编码：010501）

项目编码	项目名称	项目特征	计量单位	工程量计算规则	工程内容
010501001	木板大门	1. 开启方式 2. 有框、无框 3. 含门扇数 4. 材料品种、规格 5. 五金种类、规格 6. 防护材料种类 7. 油漆品种、刷漆遍数	樘/m^2	按设计图示数量或设计图示洞口尺寸以面积计算	1. 门（骨架）制作、运输 2. 门、五金配件安装 3. 刷防护材料、油漆
010501002	钢木大门				
010501003	全钢板大门				
010501004	特种门				
010501005	围墙钢丝门				

木屋架（编码：010502）

项目编码	项目名称	项目特征	计量单位	工程量计算规则	工程内容
010502001	木屋架	1. 跨度 2. 安装高度 3. 材料品种、规格 4. 刨光要求 5. 防护材料种类 6. 油漆品种、刷漆遍数	樘	按设计图示数量计算	1. 制作、运输 2. 安装 3. 刷防护材料、油漆
010502002	钢木屋架				

（续）

<table>
<tr><th colspan="6">木构件（编码：010503）</th></tr>
<tr><th>项目编码</th><th>项目名称</th><th>项目特征</th><th>计量单位</th><th>工程量计算规则</th><th>工程内容</th></tr>
<tr><td>010503001</td><td>木柱</td><td rowspan="2">1. 构件高度、长度
2. 构件截面
3. 木材种类
4. 刨光要求
5. 防护材料种类
6. 油漆品种、刷漆遍数</td><td rowspan="2">m^3</td><td rowspan="2">按设计图示尺寸以体积计算</td><td rowspan="4">1. 制作
2. 运输
3. 安装
4. 刷防护材料、油漆</td></tr>
<tr><td>010503002</td><td>木梁</td></tr>
<tr><td>010503003</td><td>木楼梯</td><td>1. 木材种类
2. 刨光要求
3. 防护材料种类
4. 油漆品种、刷漆遍数</td><td>m^2</td><td>按设计图示尺寸以水平投影面积计算。不扣除宽度小于300mm的楼梯井，伸入墙内部分不计算</td></tr>
<tr><td>010503004</td><td>其他木结构</td><td>1. 构件名称
2. 构件截面
3. 木材种类
4. 刨光要求
5. 防护材料种类
6. 油漆品种、刷漆遍数</td><td>m^3（m）</td><td>按设计图示尺寸以体积或长度计算</td></tr>
</table>

3）厂库房大门、特种门、木结构工程其他相关问题应按下列规定处理：

① 冷藏门、冷冻间门、保温门、变电室门、隔声门、防射线门、人防门、金库门等，应按规范中特种门项目编码列项。

② 屋架的跨度应以上、下弦中心线两交点之间的距离计算。

③ 带气楼的屋架和马尾、折角以及正交部分的半屋架，应按相关屋架项目编码列项。

④ 木楼梯的栏杆（栏板）、扶手，应按规范中相关项目编码列项。

4）厂库房大门、特种门、木结构工程工程量清单编制。

【例6-11】 某住宅室内木楼梯，共21套，楼梯斜梁界面尺寸80mm×150mm，踏步板尺寸900mm×300mm×25mm，踢脚板尺寸900mm×150mm×20mm，楼梯栏杆ϕ50，硬木扶手为圆形ϕ60，除扶手材质为桦木外，其余材质为杉木。木楼梯斜梁体积为0.256m^3，楼梯面积为6.21m^2（水平投影面积）。根据已知条件，试编制木楼梯分部分项工程量清单。

【解】 1）清单工程量的计算，业主根据木楼梯施工图计算：

木楼梯斜梁体积为：0.256m^3

楼梯面积为6.21m^2（水平投影面积）

清单工程量为：$6.21m^2 \times 21 = 130.41m^2$

2）分部分项工程量清单见表6-50。

表 6-50 分部分项工程量清单

序号	项目编码	项目名称	计量单位	工程数量
1	01050303001	木楼梯 木材种类：杉木 刨光要求：露面部分刨光 踏步板 900mm×300mm×25mm，踢脚板 900mm×150mm×20mm 斜梁截面：80mm×150mm 刷地板漆两遍	m^2	130.41

（2）工程量清单计价

【例 6-12】 由【例 6-11】提供的工程信息，假设分部分项工程量清单的费率为：管理费率为 15%，利润率为 7%，规费为 4.21%，税率为 3.41%。风险因素暂不考虑。试完成木楼梯分项工程量清单的综合单价，并列出其综合单价分析表。

【解】 由【例 6-9】可知：木楼梯斜梁体积为 $0.256m^3$，楼梯面积为 $6.21m^2$（水平投影面积）。

1）投标人根据自身实际情况和市场信息确定的工料机价格如下表见表 6-51。

表 6-51 工料机价格表

工料机	序号	内容	单位	单价/元
人工	1	木斜梁制作、安装	m^3	75.08
	2	楼梯制作、安装	m^2	51.56
	3	楼梯刷地板漆三遍	m^2	9.83
材料	1	木斜梁制作、安装	m^3	1068.73
	2	楼梯制作、安装	m^2	184.60
	3	楼梯刷地板漆三遍	m^2	5.72
机械	1	楼梯刷地板漆三遍	m^2	0.48

2）工程量清单工料机计算分析：

① 木斜梁制作、安装：

人工费：75.08 元/m^3 ×0.256m^3 =19.22 元

材料费：1068.73 元/m^3 ×0.256m^3 =273.59 元

工料机小计：292.81 元

② 楼梯制作、安装：

人工费：51.56 元/m^2 ×6.21m^2 =320.19 元

材料费：184.60 元/m^2 ×6.21m^2 =1146.37 元

工料机小计：1466.56 元

③ 楼梯刷地板漆三遍：

人工费：9.83 元/m^2 ×6.21m^2 =61.04 元

材料费：5.72 元/m^2 ×6.21m^2 =35.52 元

机械费：0.48 元/m^2 ×6.21m^2 =2.98 元

工料机小计：99.54 元

④ 楼梯综合：

直接费合计：1957.69 元

3）分部分项工程量清单综合单价计算表见表 6-52。

表 6-52　分部分项工程量清单综合单价计算表

序　号			1		
清单编码			010503003001		
清单项目名称			木楼梯		
计量单位			m^2		
清单工程量			130.41		
定额编号					
定额子目名称			方木梁制作、安装	木楼梯制作、安装	楼梯刷地板漆三遍
定额计量单位			m^3	m^2	m^2
计价工程量			0.256	6.21	6.21
工料机名称		单位	单价	单价	单价
			合价	合价	合价
人工	人工费	元	75.08	51.56	9.83
			19.22	320.19	61.04
材料	材料费	元	1068.73	184.6	5.72
			273.59	1146.37	35.52
机械	机械费	元			0.48
					2.98
工料机小计/元			292.81	1466.56	99.54
工料机合计/元			1858.91		
管理费/元			1858.91 ×15% =278.84		
利润/元			1858.91 ×7% =130.12		
综合费用/元			（1858.91 +278.84 +130.12）元 ×21 =2267.87 ×21 =47625.27		
综合单价			47625.27 元 ÷130.41m^2 =365.20 元/m^2		

4）分部分项工程量清单计价表见表 6-53。

表 6-53　分部分项工程量清单计价表

序号	项目编码	项目名称	计量单位	工程数量	金额/元	
					综合单价	合价
1	010503003001	木楼梯	m^2	130.41	365.20	47625.27

5）分部分项工程量清单综合单价分析表见表 6-54。

表 6-54 分部分项工程量清单综合单价分析表

序号	项目编码	项目名称	综合单价组价/元					综合单价
			人工费	材料费	机械费	管理费	利润	
1	010503003001	木楼梯 木材种类：杉木 刨光要求：露面部分刨光 踏步板 900mm × 300mm × 25mm 踢脚板 900mm × 150mm ×20mm 斜梁截面：80mm × 150mm 刷地板漆两遍	64.48	234.39	0.48	44.90	20.95	365.20

6. 金属结构工程

（1）工程量清单编制

1）金属结构工程项目划分如图 6-10 所示。

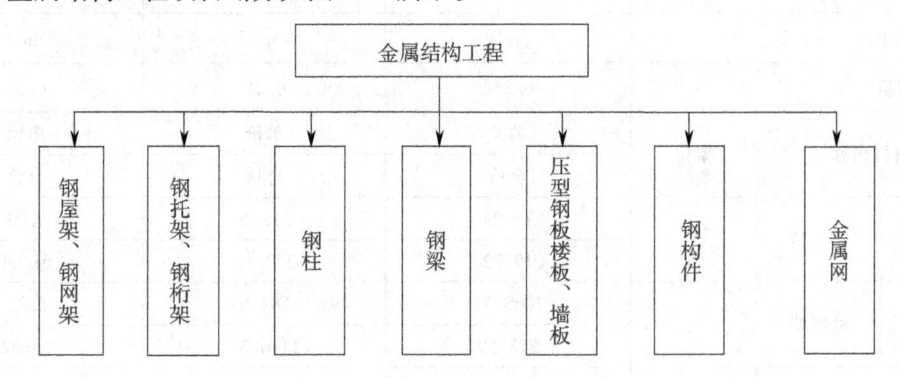

图 6-10 金属结构工程项目划分

2）金属结构工程工程量清单项目设置及工程量计算规则应按表 6-55 的规定执行。

表 6-55 钢屋架、钢网架（编码：010601）

项目编码	项目名称	项目特征	计量单位	工程量计算规则	工程内容
010601001	钢屋架	1. 钢材品种、规格 2. 单榀屋架的重量 3. 屋架跨度、安装高度 4. 探伤要求 5. 油漆品种、刷漆遍数	T（榀）	按设计图示尺寸以质量计算。不扣除孔眼、切边、切肢的质量，焊条、铆钉、螺栓等不另增加质量，不规则或多边形钢板以其外接矩形面积乘以厚度乘以单位理论质量计算	1. 制作 2. 运输 3. 拼装 4. 安装 5. 探伤 6. 刷油漆
010601002	钢网架	1. 钢材品种、规格 2. 网架节点形式、连接方式 3. 网架跨度、安装高度 4. 探伤要求 5. 油漆品种、刷漆遍数			

（续）

钢梁（编码：010604）					
项目编码	项目名称	项目特征	计量单位	工程量计算规则	工程内容
010604001	钢梁	1. 钢材品种、规格 2. 单根重量 3. 安装高度 4. 探伤要求 5. 油漆品种、刷漆遍数	t	按设计图示尺寸以质量计算。不扣除孔眼、切边、切肢的质量，焊条、铆钉、螺栓等不另增加质量，不规则或多边形钢板，以其外接矩形面积乘以厚度乘以单位理论质量计算，制动梁、制动板、制动桁架、车挡并入钢吊车梁工程量内	1. 制作 2. 运输 3. 拼装 4. 安装 5. 探伤 6. 刷油漆
010604002	钢吊车梁				

钢构件（编码：010606）					
项目编码	项目名称	项目特征	计量单位	工程量计算规则	工程内容
010606001	钢支撑	1. 钢材品种、规格 2. 单式、复式 3. 支撑高度 4. 探伤要求 5. 油漆品种、刷漆遍数	t	按设计图示尺寸以质量计算。不扣除孔眼、切边、切肢的质量，焊条、铆钉、螺栓等不另增加质量，不规则或多边形钢板以其外接矩形面积乘以厚度乘以单位理论质量计算	1. 制作 2. 运输 3. 安装 4. 探伤 5. 刷油漆
010606002	钢檩条	1. 钢材品种、规格 2. 型钢式、格构式 3. 单根重量 4. 安装高度 5. 油漆品种、刷漆遍数			
010606003	钢天窗架	1. 钢材品种、规格 2. 单榀重量 3. 安装高度 4. 探伤要求 5. 油漆品种、刷漆遍数			
010606004	钢挡风架	1. 钢材品种、规格 2. 单榀重量 3. 探伤要求 4. 油漆品种、刷漆遍数			
010606005	钢墙架				
010606006	钢平台	1. 钢材品种、规格 2. 油漆品种、刷漆遍数			
010606007	钢走道				
010606008	钢梯	1. 钢材品种、规格 2. 钢梯形式 3. 油漆品种、刷漆遍数			
010606009	钢栏杆	1. 钢材品种、规格 2. 油漆品种、刷漆遍数			

3）金属结构工程其他相关问题应按下列规定处理：

① 型钢混凝土柱、梁浇筑混凝土和压型钢板楼板上浇筑钢筋混凝土，混凝土和钢筋应按规范中相关项目编码列项。

② 钢墙架项目包括墙架柱、墙架梁和连接杆件。

③ 加工铁件等小型构件，应按规范中零星钢构件项目编码列项。

4）金属结构工程工程量清单编制。

【例 6-13】 某工程钢栏杆，工程量为 1.5t。试编制其分部分项工程量清单。

【解】 1）清单工程量的计算

业主根据施工图计算出钢栏杆工程量为 1.5t。

2）分部分项工程量清单见表 6-56。

表 6-56 分部分项工程量清单

序号	项目编码	项目名称	计量单位	工程数量
1	010606009001	钢栏杆（制作、安装、刷调和漆两遍）	t	1.50

（2）工程量清单计价

【例 6-14】 由【例 6-13】提供的工程信息，假设分部分项工程量清单的费率为：管理费率为 15%，利润率为 7%，规费为 4.21%，税率为 3.41%。风险因素暂不考虑。试完成完成钢栏杆分项工程量清单的综合单价，并列出其综合单价分析表。

【解】 1）基础定额工程量的计算：

根据金属结构工程工程量计算规则计算出钢栏杆工程量为 1.5t。

2）投标人根据自身实际情况和市场信息确定的工料机计算分析见表 6-57。

表 6-57 工料机计算分析

① 钢栏杆（钢管为主）制作					计量单位：t
序号	工作内容	放样、划线、截料、平直、钻孔、拼装、焊接、成品矫正、除锈、刷防锈漆一遍及成品编号堆放			
	名称	单位	单价/元	消耗量	合价/元
1	综合人工	工日	22.00	35.88	789.36
2	钢管 33.5mm×32.5mm	kg	3.23	590	1905.70
3	钢板 4	kg	3.13	235	735.55
4	钢板 3	kg	3.13	235	735.55
5	电焊条	kg	6.14	24.99	153.43
6	氧气	m^3	3.50	3.08	10.78
7	乙炔气	m^3	7.50	1.34	10.05
8	防锈漆	kg	9.70	11.60	112.052
9	汽油	kg	2.85	3.00	8.55
10	龙门式起重机，10t 以内	台班	277.83	0.45	125.02
11	龙门式起重机，20t 以内	台班	604.92	0.17	102.83
12	轨道平车 10t 以内	台班	70.46	0.28	19.72

（续）

① 钢栏杆（钢管为主）制作					计量单位：t
序号	工作内容	放样、划线、截料、平直、钻孔、拼装、焊接、成品矫正、除锈、刷防锈漆一遍及成品编号堆放			
	名称	单位	单价/元	消耗量	合价/元
13	空气压缩机 $9m^3/min$	台班	290.88	0.08	23.27
14	型钢剪断机 500mm 以内	台班	166.95	0.11	18.36
15	剪板机 40mm×3100mm	台班	730.70	0.02	14.61
16	型钢校正机	台班	166.95	0.11	18.36
17	钢板校平机 30mm×2600mm	台班	1841.25	0.02	36.83
18	刨边机 12000mm 以内	台班	672.81	0.03	20.18
19	交流电焊机 40kVA 以内	台班	99.10	5.6	554.96
20	摇臂钻床 $\phi50$	台班	79.86	0.14	11.18
21	焊条烘干箱	台班	17.32	0.89	15.41
22	恒温箱	台班	134.49	0.89	119.70
	合计	元			5541.92

② 钢吊车梯台包括钢梯扶手					计量单位：t
序号	工作内容	制作、运输、安装、探伤			
	名称	单位	单价/元	消耗量	合价/元
1	综合人工	工日	22.00	19.49	428.78
2	电焊条	kg	6.14	1.51	9.27
3	二等板方材摊销（松）	m^3	975.68	0.02	19.51
4	镀锌铁丝 8 号	kg	4.24	6.09	25.82
5	其他材料费占材料费	%	54.6	2.58	1.41
6	交流电焊机 30kVA	台班	68.78	0.18	12.38
	合计	元			497.17

③ 钢栏杆刷油漆					计量单位：t
序号	工作内容				
	名称	单位	单价/元	消耗量	合价/元
1	综合人工	工日	22.00	1.8	39.60
2	调和漆	kg	11.01	6.32	69.58
3	油漆溶剂油	kg	3.12	0.66	2.05
4	催干剂	kg	7.24	0.11	0.79
5	砂纸	张	1.05	3.00	3.15
6	白布 0.9m	m^2	2.44	0.03	0.07
	合计	元			115.24

3）分部分项工程量清单综合单价计算表见表6-58。

表 6-58　分部分项工程量清单综合单价计算表

序　　号			1								
清单编码			010606009001								
清单项目名称			钢栏杆								
计量单位			t								
清单工程量			1.5								
综合单价分析											
定额编号											
定额子目名称			钢栏杆（钢管为主）制作			钢吊车梯台包括钢梯扶手安装			其他金属面油漆（二遍）		
定额计量单位			t			t			t		
计价工程量			1.5			1.5			1.5		
工料机名称		单位	耗量	单价	合价	耗量	单价	合价	耗量	单价	合价
人工	人工	工日	35.88	22.00	789.36	19.49	22.00	428.78	1.8	22.00	39.60
材料	钢管 33.5mm × 32.5mm	kg	590	3. 23	1905. 7						
	钢板 4	kg	235	3.13	735.55						
	钢板 3	kg	235	3.13	735.55						
	电焊条	kg	24.99	6.14	153.43	1.51	6.14	9.27			
	氧气	m^3	3.08	3.50	10.78						
	乙炔气	m^3	1.34	7.50	10.05						
	防锈漆	kg	11.60	9.70	112.052						
	汽油	kg	3.00	2.85	8.55						
	二等板方材摊销（松）	m^3				0.02	975.68	19.51			
	镀锌铁丝 8 号	kg				6.09	4.24	25.82			
	其他材料费占材料费	%				2.58	54.6	1.41			
	调和漆	kg							6.32	11.01	69.58
	油漆溶剂油	kg							0.66	3.12	2.05
	催干剂	kg							0.11	7.24	0.79
	砂纸	张							3.00	1.05	3.15
	白布 0.9m	m^2							0.03	2.44	0.07

（续）

工料机名称		单位	耗量	单价	合价	耗量	单价	合价	耗量	单价	合价
机械	龙门式起重机 10t 以内	台班	0.45	277.83	125.02						
	龙门式起重机 20t 以内	台班	0.17	604.92	102.83						
	轨道平车 10t 以内	台班	0.28	70.46	19.72						
	空气压缩机 $9m^3$/min	台班	0.08	290.88	23.27						
	型钢剪断机 500mm 以内	台班	0.11	166.95	18.36						
	剪板机 40mm × 3100mm	台班	0.02	730.70	14.61						
	型钢校正机	台班	0.11	166.95	18.36						
	钢板校平机 30mm × 2600mm	台班	0.02	1841.25	36.83						
	刨边机 12000 以内	台班	0.03	672.81	20.18						
	交流电焊机 40kVA 以内	台班	5.6	99.10	554.96						
	摇臂钻床 ϕ50	台班	0.14	79.86	11.18						
	焊条烘干箱	台班	0.89	17.32	15.41						
	恒温箱	台班	0.89	134.49	119.70						
	交流电焊机 30kVA	台班				0.18	68.78	12.38			
工料机小计/元			5541.92			497.17			115.24		
工料机合计/元		5541.92 + 497.17 + 115.24 = 6154.33									
管理费/元		6154.33 × 15% = 923.15									
利润/元		6154.33 × 7% = 430.80									
综合费用/元		（6154.33 + 923.15 + 430.8）× 1.5t = 7508.28 × 1.5t = 11262.42 元									
综合单价		7508.28 元									

4）分部分项工程量清单计价表见表 6-59。

表 6-59 分部分项工程量清单计价表

序　号	项 目 编 码	项目名称	计量单位	工程数量	金额/元	
					综合单价	合　价
1	010606009001	钢栏杆	t	1.5	5005.52	7508.28

5）分部分项工程量清单综合单价分析表见表 6-60。

表 6-60 分部分项工程量清单综合单价分析表

序号	项目编码	项目名称	工程内容	综合单价组价/元					综合单价
				人工费	材料费	机械费	管理费	利润	
1	010606009001	钢栏杆	制作、安装、刷调和漆两遍	1257.74	3816.16	1080.43	923.16	430.8	7508.29

7. 屋面及防水工程

（1）工程量清单编制

1）屋面及防水工程项目划分如图 6-11 所示。

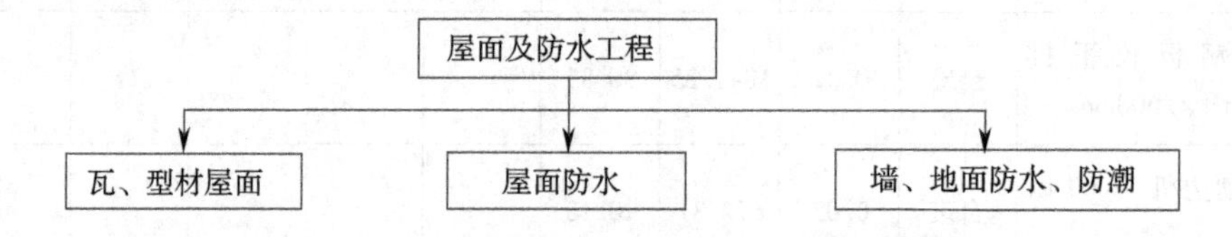

图 6-11　屋面及防水工程项目划分

2）屋面及防水工程工程量清单项目设置及工程量计算规则。按照《建设工程工程量清单计价规范》（GB 50500—2008）的规定，屋面及防水工程工程量清单项目设置及计算规则应按表 6-61 的规定执行。

表 6-61 瓦、型材屋面（编码：010701）

项 目 编 码	项 目 名 称	项 目 特 征	计量单位	工程量计算规则	工 程 内 容
010701001	屋面瓦	1. 瓦品种、规格、品牌、颜色 2. 防水材料种类 3. 基层材料种类 4. 檩条种类、截面 5. 防护材料种类	m^2	按设计图示尺寸以斜面积计算。不扣除房上烟囱、风帽底座、风道、小气窗、斜沟等所占面积，小气窗的出檐部分不增加面积	1. 檩条、椽子安装 2. 基层铺设 3. 铺防水层 4. 安顺水条和挂瓦条 5. 安瓦 6. 刷防护材料
010701002	型材屋面	1. 型材品种、规格、品牌、颜色 2. 骨架材料品种、规格 3. 接缝、嵌缝材料种类			1. 骨架制作、运输、安装 2. 屋面型材安装 3. 接缝、嵌缝

（续）

墙、地面防水、防潮（编码：010703）					
项目编码	项目名称	项目特征	计量单位	工程量计算规则	工程内容
010703001	卷材防水	1. 卷材、涂膜品种 2. 涂膜厚度、遍数、增强材料种类 3. 防水部位 4. 防水做法 5. 接缝、嵌缝材料种类 6. 防护材料种类	m^2	按设计图示尺寸以面积计算 1. 地面防水：按主墙间净空面积计算，扣除凸出地面的构筑物、设备基础等所占面积，不扣除间壁墙及单个 $0.3m^2$ 以内的柱、垛、烟囱和孔洞所占面积 2. 墙基防水：外墙按中心线，内墙按净长乘以宽度计算	1. 基层处理 2. 抹找平层 3. 刷粘结剂 4. 铺防水卷材 5. 铺保护层 6. 接缝、嵌缝
010703002	涂膜防水				1. 基层处理 2. 抹找平层 3. 刷基层处理剂 4. 铺涂膜防水层 5. 铺保护层
010703003	砂浆防水（潮）	1. 防水（潮）部位 2. 防水（潮）厚度、层数 3. 砂浆配合比 4. 外加剂材料种类			1. 基层处理 2. 挂钢丝网片 3. 设置分格缝 4. 砂浆制作、运输、摊铺、养护
010703004	变形缝	1. 变形缝部位 2. 嵌缝材料种类 3. 止水带材料种类 4. 盖板材料 5. 防护材料种类	m	按设计图示以长度计算	1. 清缝 2. 填塞防水材料 3. 止水带安装 4. 盖板制作 5. 刷防护材料

3）屋面及防水工程其他相关问题应按下列规定处理：

① 小青瓦、水泥平瓦、琉璃瓦等，应按规范中瓦屋面项目编码列项。

② 压型钢板、阳光板、玻璃钢等，应按规范中型材屋面编码列项。

4）屋面及防水工程工程量清单编制。

【例6-15】 由【例6-7】提供的工程信息，屋面刚性防水做法：C20细石混凝土找平层30mm厚；1:2水泥砂浆找平层；1:2防水砂浆（6%防水粉）。墙基防水防潮层做法：1:2防水砂浆（6%防水粉）。已知屋面刚性防水 $S=(5.0+0.20\times2)\text{m}\times(9.60+0.3\times2)\text{m}=55.08\text{m}^2$。试完成屋面刚性防水、砂浆防水分部分项工程量清单的编制。

【解】 1）清单工程量的计算见表6-62。

表6-62　清单工程量计算表

项目编码	项目名称	工程数量计算式	计量单位	工程量
010702003001	屋面刚性防水 30厚C20细石混凝土找平层 1:2水泥砂浆找平层 1:2防水砂浆（6%防水粉）	$S=(5.0+0.20\times2)\text{m}\times(9.60+0.3\times2)\text{m}$ $=55.08\text{m}^2$	m^2	55.08

（续）

项目编码	项目名称	工程数量计算式	计量单位	工程量
010703003001	砂浆防潮 1:2 防水砂浆（6%防水粉）	$S=36.72m\times0.24m+0.24m\times0.24m=8.87m^2$	m^2	8.87

2）分部分项工程量清单见表6-63。

表6-63　分部分项工程量清单

序号	项目编码	项目名称	计量单位	工程数量
1	010702003001	屋面刚性防水	m^2	55.08
2	010703003001	砂浆防潮	m^2	8.87

（2）工程量清单计价

【例6-16】 由【例6-15】提供的工程信息，假设分部分项工程量清单的费率为：管理费率为15%，利润率为7%，规费为4.21%，税率为3.41%。风险因素暂不考虑。试完成屋面刚性防水、砂浆防水分项工程量清单的综合单价，并列出其综合单价分析表。

【解】 1）基础定额工程量的计算：

① 屋面刚性防水：

$S=(5.0+0.20\times2)m\times(9.60+0.3\times2)m=55.08m^2$

1:2 水泥砂浆找平层30mm厚：$55.08m^2$

1:2 防水砂浆（加6%防水粉）：$55.08m^2$

② 砂浆防水，加6%防水粉：

$S=36.72m\times0.24m+0.24m\times0.24m=8.87m^2$

2）投标人根据自身实际情况和市场信息确定的资料和数据见表6-64。

表 6-64

① C20 细石混凝土刚性屋面				计量单位：m^2
序号	工作内容	1. 清理基层 2. 混凝土搅拌、捣平、压实 3. 刷素水泥浆		
	名称	单位	单价/元	消耗量
1	综合人工	工日	20.00	0.142
2	水	kg	0.90	0.0872
3	C20 细石混凝土	m^3	162.30	0.0406
4	水泥砂浆	m^3	455.10	0.0012
5	冷底子油 3:7	kg	2.11	0.0746
6	二等锯材	m^3	1300	0.0006
7	建筑油膏	kg	2.00	0.198
8	其他材料	施工单位考虑自身实际情况后，报价为0.17992 元/m^3		
9	机械费	施工单位考虑自身实际情况后，报价为0.21 元/m^3		

（续）

② 1:2 水泥砂浆 30mm 厚				计量单位：m^2
序　号	工 作 内 容	1. 清理基层、调运砂浆、抹平、压实 2. 刷素水泥浆		
	名　称	单　位	单价/元	消 耗 量
1	综合人工	工日	20.00	0.194
2	水	kg	0.90	0.0121
3	1:2 水泥砂浆	m^2	221.60	0.0202
4	机械费	施工单位考虑自身实际情况后，报价为 0.05 元/m^3		

③ 防水砂浆				计量单位：m^2
序　号	工 作 内 容	1. 清理基层 2. 调制砂浆 3. 抹水泥砂浆		
	名　称	单　位	单价/元	消 耗 量
1	综合人工	工日	20.00	0.104
2	水	kg	0.90	0.042
3	1:2 水泥砂浆	m^2	221.60	0.0207
4	防水粉	kg	1.00	0.6638
5	机械费	施工单位考虑自身实际情况后，报价为 0.04 元/m^3		

3）工程量清单工料机计算分析：

屋面混凝土刚性防水：

① C20 刚性屋面

人工费：0.142 工日/m^2 ×55.08m^2 ×20.00 元/工日 =156.40 元

材料费：

C20 混凝土：0.0406m^3/m^2 ×55.08m^2 ×162.30 元/m^3 =362.90 元

水泥砂浆：0.0012m^3/m^2 ×55.08m^2 ×455.10 元/m^3 =30.04 元

二等锯材：0.0006m^3/m^2 ×55.08m^2 ×1300 元/m^3 =42.90 元

建筑油膏：0.198kg/m^2 ×55.08m^2 ×2.00 元/kg =21.82 元

冷底子油：0.0746kg/m^2 ×55.08m^2 ×2.11/kg =8.67 元

水：0.0872m^3/m^2 ×55.08m^2 ×0.90 元/m^3 =4.32 元

其他材料：0.17992 元/m^3 ×55.08m^3 =9.91 元

机械费：

0.21 元/m^2 ×55.08m^2 =11.57 元

工料机小计：648.53 元

② 1:2 砂浆防水（找平层厚 30mm）：

人工费：0.194 工日/m^2 ×55.08m^2 ×20.00 元/工日 =213.80 元

材料费：

1:2 水泥砂浆：$0.0202m^3/m^2 \times 55.08m^2 \times 221.60$ 元/$m^3 = 246.64$ 元

水：$0.0121m^3/m^2 \times 55.08m^2 \times 0.90$ 元/$m^3 = 0.60$ 元

机械费：

0.05 元/$m^2 \times 55.08m^2 = 2.74$ 元

工料机小计：463.79 元

③ 防水砂浆（加6%防水粉）：

人工费：0.104 工日/$m^2 \times 55.08m^2 \times 20.00$ 元/工日 $= 114.60$ 元

材料费：

1:2 水泥砂浆：$0.0207m^3/m^2 \times 55.08m^2 \times 221.60$ 元/$m^3 = 252.62$ 元

防水粉：$0.6638kg/m^2 \times 55.08m^2 \times 1.00$ 元/kg $= 36.56$ 元

水：$0.042m^3/m^2 \times 55.08m^2 \times 0.90$ 元/$m^3 = 2.08$ 元

机械费：

0.04 元/$m^2 \times 55.08m^2 = 2.20$ 元

工料机小计：408.06 元

综合工料机合计：1520.38 元

砂浆防水：

①人工费：0.104 工日/$m^2 \times 8.87m^2 \times 20.00$ 元/工日 $= 18.40$ 元

②材料费：

1:2 水泥砂浆：$0.0207m^3/m^2 \times 8.87m^2 \times 221.60$ 元/$m^3 = 40.77$ 元

防水粉：$0.6638kg/m^2 \times 8.87m^2 \times 1.00$ 元/kg $= 5.89$ 元

水：$0.042m^3/m^2 \times 8.87m^2 \times 0.90$ 元/$m^3 = 0.33$ 元

③机械费：

0.04 元/$m^2 \times 8.87m^2 = 0.35$ 元

工料机小计：65.74 元

综合工料机合计：65.74 元

4）分部分项工程量清单综合单价计算表见表 6-65。

表 6-65 分部分项工程量清单综合单价计算表

序号	1			2
清单编码	010702003001			010703003001
清单项目名称	屋面混凝土刚性防水			砂浆防水
计量单位	m^2			m^2
清单工程量	55.08			8.87
综合单价分析				
定额编号				
定额子目名称	C20 刚性屋面	1:2 水泥砂浆找平	防水砂浆	防水砂浆
定额计量单位	m^2	m^2	m^2	m^2
计价工程量	55.08	55.08	55.08	8.87

（续）

工料机名称		单位	耗 量	单 价	耗 量	单价	耗量	单价	耗 量	单 价
			小 计	合 价	小 计	合价	小计	合价	小 计	合 价
人工	人工	工日	0.142	20.00	0.194	20.00	0.104	20.00	0.104	20.00
			7.82	156.40	10.69	213.80	5.73	114.60	0.92	18.40
材料	C20混凝土	m^3	0.0406	162.30						
			2.236	362.90						
	水泥砂浆	m^3	0.0012	455.10						
			0.066	30.04						
	二等锯材	m^3	0.0006	1300						
			0.033	42.90						
	建筑油膏	kg	0.198	2.00						
			10.91	21.82						
	冷底子油3:7	kg	0.0746	2.11						
			4.11	8.67						
	水	m^3	0.0872	0.90	0.0121	0.90	0.042	0.90	0.042	0.90
			4.80	4.32	0.67	0.60	2.31	2.08	0.37	0.33
	1:2水泥砂浆	m^2			0.0202	221.60	0.0207	221.60	0.0207	221.60
					1.113	246.64	1.14	252.62	0.184	40.77
	防水粉	kg					0.6638	1.00	0.6638	1.00
							36.56	36.56	5.89	5.89
	其他材料	元		0.17992						
				9.91						
机械	机械费	元		0.21		0.05		0.04		0.04
				11.57		2.74		2.20		0.35
工料机小计/元			648.53		463.79		408.06		65.74	
工料机合计/元			1520.38						65.74	
管理费/元			1520.38×15% =228.06						65.74×15% =9.86	
利润/元			1520.38×7% =106.4						65.74×7% =4.60	
综合费用/元			1520.38+228.06+106.4=1854.86						65.74+9.86+4.6=80.20	
综合单价			1854.86元÷55.08m^2 =33.68元/m^2						80.20元÷8.87m^2 =9.04元/m^2	

5）分部分项工程量清单计价表见表6-66。

表 6-66 分部分项工程量清单计价表

序号	项目编码	项目名称	计量单位	工程数量	金额/元	
					综合单价	合价
1	010702003001	屋面刚性防水	m^2	55.08	33.68	1854.86
2	010703003001	砂浆防水	m^2	8.87	9.04	80.20

6）分部分项工程量清单综合单价分析表见表 6-67。

表 6-67 分部分项工程量清单综合单价分析表

序号	项目编码	项目名称	工程内容	综合单价组价/元					综合单价
				人工费	材料费	机械费	管理费	利润	
1	010702003001	屋面刚性防水	C20 刚性屋面	2.84	8.72	0.21	1.77	0.82	14.36
			1:2 水泥砂浆找平层	3.88	4.49	0.05	1.26	0.59	10.27
			1:2 防水砂浆（6% 防水粉）	2.08	5.29	0.04	1.11	0.52	9.04
合计				8.8	18.5	0.3	4.14	1.92	33.67
2	010703003001	砂浆防潮	加 6% 防水粉	2.07	5.30	0.04	1.11	0.52	9.04

8. 防腐、保温、隔热工程

（1）工程量清单编制

1）防腐、隔热、保温工程项目划分如图 6-12 所示。

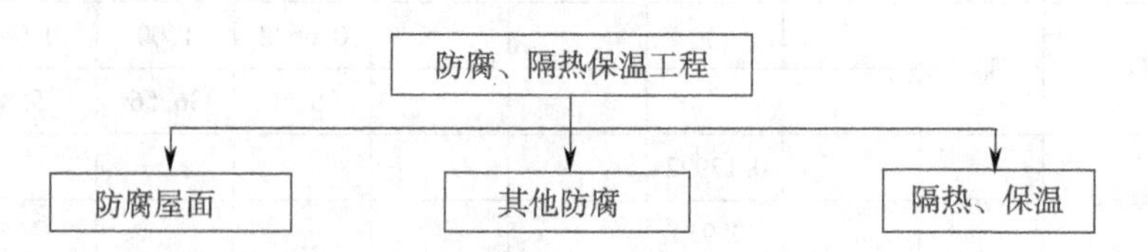

图 6-12 防腐、隔热、保温工程项目划分

《建设工程工程量清单计价规范》（GB50500—2008）附录 A 相关条文如下：

A.8 防腐、隔热、保温工程包括防腐面层，其他防腐，隔热、保温共 3 节。

A.8.1 防腐面层：包括防腐混凝土面层、防腐砂浆面层、防腐胶泥面层、玻璃钢防腐面层、聚氯乙烯面层和块料防腐面层 6 个子目。均按平方米为单位计算。

A.8.2 其他防腐：包括隔离层、砌筑沥青浸渍砖和防腐涂料 3 个子目。其中砌筑沥青浸渍砖按立方米为单位计算，其余均按平方米为单位计算。

A.8.3 隔热、保温：包括保温隔热屋面、保温隔热天棚、保温隔热墙、保温柱和隔热楼地面 5 个子目。均按平方米为单位计算。

2）防腐、隔热、保温工程工程量清单项目设置及工程量计算规则。按照《建设工程工程量清单计价规范》（GB50500—2008）的规定，防腐、隔热、保温工程工程量清单项目设置及计算规则应按表 6-68 的规定执行。

表6-68 防腐屋面（编码：010801）

项目编码	项目名称	项目特征	计量单位	工程量计算规则	工程内容
010801001	防腐混凝土面层	1. 防腐部位 2. 面层厚度 3. 砂浆、混凝土、胶泥种类	m^2	按设计图示尺寸以面积计算 1. 平面防腐：扣除凸出地面的构筑物、设备基础等所占面积 2. 立面防腐：砖垛等突出部分按展开面积并入墙面积内	1. 基层清理 2. 基层刷稀胶泥 3. 砂浆制作、运输、摊铺、养护 4. 混凝土制作、运输、摊铺、养护
010801002	防腐砂浆面层				
010801003	防腐胶泥面层				1. 基层清理 2. 胶泥调制、摊铺
010801004	玻璃钢防腐面层	1. 防腐部位 2. 玻璃钢种类 3. 贴布层数 4. 面层材料品种			1. 基层清理 2. 刷底漆、刮腻子 3. 胶浆配制、涂刷 4. 粘布、涂刷面层

其他防腐（编码：010802）

项目编码	项目名称	项目特征	计量单位	工程量计算规则	工程内容
010802001	隔离层	1. 隔离层部位 2. 隔离层材料品种 3. 隔离层做法 4. 粘贴材料种类	m^2	按设计图示尺寸以面积计算 1. 平面防腐：扣除凸出地面的构筑物、设备基础等所占面积 2. 立面防腐：砖垛等突出部分按展开面积并入墙面积内	1. 基层清理、刷油 2. 煮沥青 3. 胶泥调制 4. 隔离层铺设

隔热、保温（编码：010803）

项目编码	项目名称	项目特征	计量单位	工程量计算规则	工程内容
010803001	保温隔热屋面	1. 保温隔热部位 2. 保温隔热方式（内保温、外保温、夹心保温） 3. 踢脚线、勒脚线保温做法 4. 保温隔热面层材料品种、规格、性能 5. 保温隔热材料品种、规格 6. 隔气层厚度 7. 粘结材料种类 8. 防护材料种类	m^2	按设计图示尺寸以面积计算。不扣除柱、垛所占面积	1. 基层清理 2. 铺粘保温层 3. 刷防护材料
010803002	保温隔热顶棚				
010803003	保温隔热墙			按设计图示尺寸以面积计算。扣除门窗洞口所占面积；门窗洞口侧壁需做保温时，并入保温墙体工程量内	1. 基层清理 2. 底层抹灰 3. 粘贴龙骨 4. 填贴保温材料 5. 粘贴面层 6. 嵌缝 7. 刷防护材料
010803004	保温柱			按设计图示以保温层中心线展开长度乘以保温层高度计算	
010803005	隔热楼地面			按设计图示尺寸以面积计算。不扣除柱、垛所占面积	1. 基层清理 2. 铺设粘贴材料 3. 铺贴保温层 4. 刷防护材料

3）防腐、隔热、保温工程其他相关问题应按下列规定处理：

① 保温隔热墙的装饰面层，应按规范中相关项目编码列项。

② 柱帽保温隔热应并入天棚保温隔热工程量内。

③ 池槽保温隔热，池壁、池底应分别编码列项，池壁应并入墙面保温隔热工程量内，池底应并入地面保温隔热工程量内。

4）防腐、隔热、保温工程工程量清单编制。

【例 6-17】 某玻璃钢防腐工程和沥青隔离层，面积为 25.3m^2。试完成玻璃钢防腐工程、沥青隔离层分部分项工程量清单的编制。

【解】 1）清单工程量的计算

清单工程量为：玻璃钢防腐工程 25.3m^2，沥青隔离层 25.3m^2。

2）分部分项工程量清单见表 6-69。

表 6-69 分部分项工程量清单计算表

项目编码	项目名称	工程数量计算式	计量单位	工程量
010801004001	玻璃钢防腐面层	按设计图示尺寸以面积计算	m^2	25.3
010802001001	沥青隔离层	按设计图示尺寸以面积计算	m^2	25.3

（2）工程量清单计价

【例 6-18】 由【例 6-17】提供的工程信息，假设分部分项工程量清单的费率为：管理费率为 15%，利润率为 7%，规费为 4.21%，税率为 3.41%。风险因素暂不考虑。试完成完成玻璃钢防腐工程、沥青隔离层工程量清单的综合单价，并列出其综合单价分析表。

【解】 1）基础定额工程量的计算：

玻璃钢防腐工程工程量：25.3m^2

沥青隔离层工程量：25.3m^2

2）投标人根据自身实际情况和市场信息确定的的工料机计算分析见表 6-70。

表 6-70 工料机价格表

工料机	序号	内容	单位	单价/元
人工	1	综合人工	工日	22.00
材料	1	环氧树脂	kg	27.72
	2	丙酮	kg	4.14
	3	乙二胺	kg	14.00
	4	石英粉	kg	0.44
	5	砂布	张	0.90
	6	木材	kg	0.34
	7	玻璃丝布	m^2	1.67
	8	耐酸沥青胶泥	m^3	2217.41
	9	冷底子油 30:70	kg	2.76
	10	沥青胶泥	kg	1983.79
机械	1	轴流风机 7.5kW 小型	台班	33.65

3）分部分项工程量清单综合单价计算表见表6-71。

表6-71　分部分项工程量清单综合单价计算表

序　号			1							
清单编码			010801004001							
清单项目名称			玻璃钢防腐面层							
计量单位			m^2							
清单工程量			25.30							
综合单价分析										
定额编号			10－28		10－29		10－30		10－31	
定额子目名称			底漆		刮腻子		玻璃钢贴布面层		环氧玻璃钢面漆	
定额计量单位			$100m^2$		$100m^2$		$100m^2$		$10m^2$	
计价工程量			0.253		0.253		0.253		0.253	
工料机名称		单位	耗量	合价	耗量	合价	耗量	合价	耗量	合价
人工	综合人工	工日	5.29	116.38	3.31	72.82	44	968.0	3.41	75.02
材料	石英粉	kg	2.39	1.05	7.18	3.15	3.59	1.57	0.84	0.36
	丙酮	kg	9.68	40.07	0.72	2.98	6.09	25.21	4.29	17.76
	环氧树脂	kg	11.96	331.53	3.59	99.51	17.94	497.29	11.96	331.53
	乙二胺	kg	0.84	11.76	0.25	3.50	1.26	17.64	0.84	11.76
	砂布	张			40	36.00	20	18.00		
	玻璃丝布	m^2					115	192.05		
	其他材料（占材料费）	%	2	7.68	2	2.90	2	15.03		
机械	轴流风机7.5kW小型	台班	1	33.65	1.6	53.84	5	168.25	1.00	33.65
工料机小计/元			542.12		274.70		1903.04		470.08	
工料机合计/元			3189.94							
管理费/元			3189.94×15%＝478.49							
利润/元			3189.94×7%＝223.30							
综合费用			3189.94＋478.49＋223.30＝3891.73元/$100m^2$ 3891.73元/m^2×0.253m^2＝984.67元							
综合单价			984.67元÷25.3m^2＝38.92元/m^2							

序　号	2		
清单编码	010802001001		
清单项目名称	沥青隔离层耐酸胶泥玻璃布		
计量单位	m^2		
清单工程量	25.3		
综合单价分析			
定额编号	10－47	10－48	10－49

（续）

序号			2					
定额子目名称			耐酸胶泥玻璃布一布一油		耐酸沥青胶泥玻璃布增减一布一油		沥青胶泥	
定额计量单位			$100m^2$		$10m^2$		$100m^2$	
计价工程量			0.253		0.253		0.253	
工料机名称		单位	耗量	合价	耗量	合价	耗量	合价
人工	人工	工日	5.36	117.92	4.11	90.42	25	550.00
材料	木材	kg	194	65.96	89	30.26	355	120.70
	玻璃丝布	m^2	115	192.05	115	192.05		
	耐酸沥青胶泥	m^3	0.40	886.96	0.20	443.48		
	冷底子油 30:70	kg	107.08	295.54				
	沥青胶泥	kg					0.80	1587.03
工料机小计/元			1558.43		756.21		2257.73	
工料机合计/元			4572.37					
管理费/元			4572.37 × 15% = 685.86					
利润/元			4572.37 × 7% = 320.07					
综合费用			4572.37 + 685.86 + 320.07 = 5578.30 元/$100m^2$					
			55.78 元/m^2 × 25.30m^2 = 1411.12 元					
综合单价			1411.12 元 ÷ 25.3m^2 = 55.78 元/m^2					

4）分部分项工程量清单计价表见表 6-72。

表 6-72　分部分项工程量清单计价表

序号	项目编码	项目名称	计量单位	工程数量	金额/元	
					综合单价	合价
1	010801004001	玻璃钢防腐面层	m^2	25.30	38.92	984.67
2	010802001001	沥青隔离层耐酸胶泥玻璃布	m^2	25.30	55.78	1411.12

5）分部分项工程量清单综合单价分析表见表 6-73。

表 6-73　分部分项工程量清单综合单价分析表

序号	项目编码	项目名称	工程内容	综合单价组价/元					综合单价
				人工费	材料费	机械费	管理费	利润	
1	010801004001	玻璃钢防腐面层	玻璃钢防腐面层 玻璃钢面层刮腻子 环氧玻璃钢贴布面层 环氧玻璃钢面漆	12.32	16.68	2.89	4.785	2.233	38.92

（续）

序号	项 目 编 码	项目名称	工 程 内 容	综合单价组价/元					综合单价
				人工费	材料费	机械费	管理费	利润	
2	010802001001	隔离层	耐酸胶泥玻璃布一布一油 耐酸沥青胶泥玻璃布增减一布一油 沥青胶泥	7.58	38.14	0	6.86	3.20	55.78

6.3.3　装饰工程工程量清单计价

装饰装修工程工程量清单项目包括：楼地面工程，墙、柱面工程，天棚工程，门窗工程，油漆、涂料、裱糊工程和其他工程，共6章。装饰装修工程项目划分如图6-13所示。

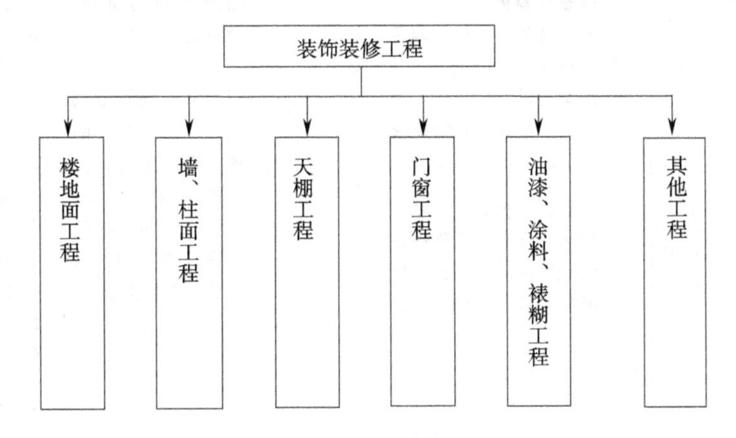

图6-13　装饰装修工程项目划分

1. 楼地面工程

（1）工程量清单编制

1）楼地面工程项目划分，如图6-14所示。

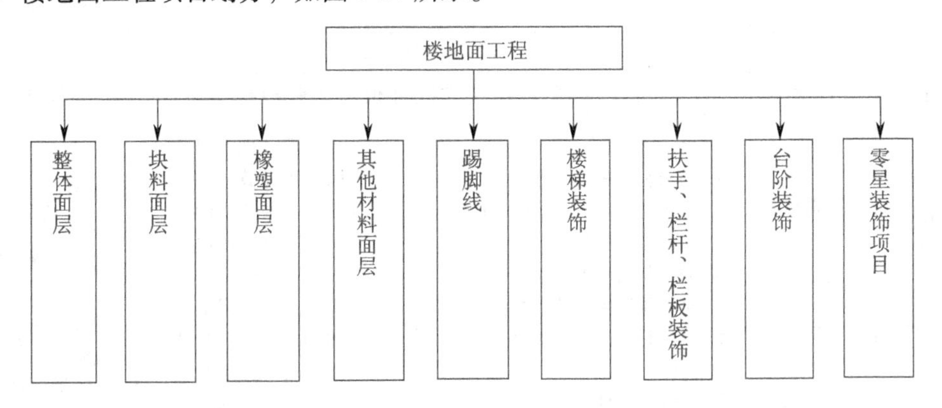

图6-14　楼地面工程项目划分

2）楼地面工程工程量清单项目设置及工程量计算规则见表6-74。

表6-74 整体面层（编码：020101）

项目编码	项目名称	项目特征	计量单位	工程量计算规则	工程内容
020101001	水泥砂浆楼地面	1. 垫层材料种类、厚度 2. 找平层厚度、砂浆配合比 3. 防水层厚度、材料种类 4. 面层厚度、砂浆配合比	m^2	按设计图示尺寸以面积计算。扣除凸出地面构筑物、设备基础、室内铁道、地沟等所占面积，不扣除间壁墙和 $0.3m^2$ 以内的柱、垛、附墙烟囱及孔洞所占面积。门洞、空圈、暖气包槽、壁龛的开口部分不增加面积	1. 基层清理 2. 垫层铺设 3. 抹找平层 4. 防水层铺设 5. 抹面层 6. 材料运输
020101002	现浇水磨石楼地面	1. 垫层材料种类、厚度 2. 找平层厚度、砂浆配合比 3. 防水层厚度、材料种类 4. 面层厚度、水泥石子浆配合比 5. 嵌条材料种类、规格 6. 石子种类、规格、颜色 7. 颜料种类、颜色 8. 图案要求 9. 磨光、酸洗、打蜡要求			1. 基层清理 2. 垫层铺设 3. 抹找平层 4. 防水层铺设 5. 面层铺设 6. 嵌缝条安装 7. 磨光、酸洗、打蜡 8. 材料运输
020101003	细石混凝土楼地面	1. 垫层材料种类、厚度 2. 找平层厚度、砂浆配合比 3. 防水层厚度、材料种类 4. 面层厚度、混凝土强度等级			1. 基层清理 2. 垫层铺设 3. 抹找平层 4. 防水层铺设 5. 面层铺设 6. 材料运输
020101004	菱苦土楼地面	1. 垫层材料种类、厚度 2. 找平层厚度、砂浆配合比 3. 防水层厚度、材料种类 4. 面层厚度 5. 打蜡要求			1. 清理基层 2. 垫层铺设 3. 抹找平层 4. 防水层铺设 5. 面层铺设 6. 打蜡 7. 材料运输

块料面层（编码：020102）

项目编码	项目名称	项目特征	计量单位	工程量计算规则	工程内容
020102001	石材楼地面	1. 垫层材料种类、厚度 2. 找平层厚度、砂浆配合比 3. 防水层、材料种类 4. 填充材料种类、厚度 5. 结合层厚度、砂浆配合比 6. 面层材料品种、规格、品牌、颜色 7. 嵌缝材料种类 8. 防护层材料种类 9. 酸洗、打蜡要求	m^2	按设计图示尺寸以面积计算。扣除凸出地面构筑物、设备基础、室内铁道、地沟等所占面积，不扣除间壁墙和 $0.3m^2$ 以内的柱、垛、附墙烟囱及孔洞所占面积。门洞、空圈、暖气包槽、壁龛的开口部分不增加面积	1. 基层清理、铺设垫层、抹找平层 2. 防水层铺设、填充层铺设 3. 面层铺设 4. 嵌缝 5. 刷防护材料 6. 酸洗、打蜡 7. 材料运输
020102002	块料楼地面				

（续）

楼梯装饰（编码：020106）					
项目编码	项目名称	项目特征	计量单位	工程量计算规则	工程内容
020106001	石材楼梯面层	1. 找平层厚度、砂浆配合比 2. 贴结层厚度、材料种类 3. 面层材料品种、规格、品牌、颜色 4. 防滑条材料种类、规格 5. 勾缝材料种类 6. 防护层材料种类 7. 酸洗、打蜡要求	m²	按设计图示尺寸以楼梯（包括踏步、休息平台及500mm以内的楼梯井）水平投影面积计算。楼梯与楼地面相连时，算至梯口梁内侧边沿；无梯口梁者，算至最上一层踏步边沿加300mm	1. 基层清理 2. 抹找平层 3. 面层铺贴 4. 贴嵌防滑条 5. 勾缝 6. 刷防护材料 7. 酸洗、打蜡 8. 材料运输
020106002	块料楼梯面层				
020106003	水泥砂浆楼梯面层	1. 找平层厚度、砂浆配合比 2. 面层厚度、砂浆配合比 3. 防滑条材料种类、规格			1. 基层清理 2. 抹找平层 3. 抹面层 4. 抹防滑条 5. 材料运输
020106004	现浇水磨石楼梯面	1. 找平层厚度、砂浆配合比 2. 面层厚度、水泥石子浆配合比 3. 防滑条材料种类、规格 4. 石子种类、规格、颜色 5. 颜料种类、颜色 6. 磨光、酸洗、打蜡要求			1. 基层清理 2. 抹找平层 3. 抹面层 4. 贴嵌防滑条 5. 磨光、酸洗、打蜡 6. 材料运输

3）楼地面工程其他相关问题应按下列规定处理：

① 楼梯、阳台、走廊、回廊及其他的装饰性扶手、栏杆、栏板，应按规范项目编码列项。

② 楼梯、台阶侧面装饰，0.5m^2 以内少量分散的楼地面装修，应按规范中项目编码列项。

2. 墙、柱面工程

（1）工程量清单编制

1）墙、柱面工程项目划分如图6-15所示。

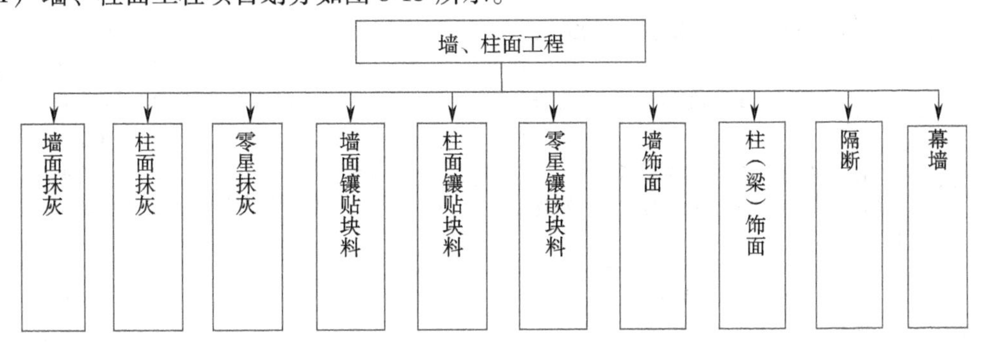

图6-15　墙、柱面工程项目划分

2）墙、柱面工程工程量清单项目设置及工程量计算规则见表6-75。

表6-75 墙、柱面工程工程量清单项目设置及工程量计算规则

墙面抹灰（编码：020201）

项目编码	项目名称	项目特征	计量单位	工程量计算规则	工程内容
020201001	墙面一般抹灰	1. 墙体类型 2. 底层厚度、砂浆配合比 3. 面层厚度、砂浆配合比 4. 装饰面材料种类 5. 分格缝宽度、材料种类	m^2	按设计图示尺寸以面积计算。扣除墙裙、门窗洞口及单个0.3m^2以外的孔洞面积，不扣除踢脚线、挂镜线和墙与构件交接处的面积，门窗洞口和孔洞的侧壁及顶面不增加面积。附墙柱、梁、垛、烟囱侧壁并入相应的墙面面积内 1. 外墙抹灰面积按外墙垂直投影面积计算 2. 外墙裙抹灰面积按其长度乘以高度计算 3. 内墙抹灰面积按主墙间的净长乘以高度计算 （1）无墙裙的，高度按室内楼地面至天棚底面计算 （2）有墙裙的，高度按墙裙顶至天棚底面计算 4. 内墙裙抹灰面按内墙净长乘以高度计算	1. 基层清理 2. 砂浆制作、运输 3. 底层抹灰 4. 抹面层 5. 抹装饰面 6. 勾分格缝
020201002	墙面装饰抹灰				
020201003	墙面勾缝	1. 墙体类型 2. 勾缝类型 3. 勾缝材料种类			1. 基层清理 2. 砂浆制作、运输 3. 勾缝

柱面抹灰（编码：020202）

项目编码	项目名称	项目特征	计量单位	工程量计算规则	工程内容
020202001	柱面一般抹灰	1. 柱体类型 2. 底层厚度、砂浆配合比 3. 面层厚度、砂浆配合比 4. 装饰面材料种类 5. 分格缝宽度、材料种类	m^2	按设计图示柱断面周长乘以高度以面积计算	1. 基层清理 2. 砂浆制作、运输 3. 底层抹灰 4. 抹面层 5. 抹装饰面 6. 勾分格缝
020202002	柱面装饰抹灰				
020202003	柱面勾缝	1. 墙体类型 2. 勾缝类型 3. 勾缝材料种类			1. 基层清理 2. 砂浆制作、运输 3. 勾缝

（续）

<table>
<tr><th colspan="6">墙面镶贴块料（编码：020204）</th></tr>
<tr><th>项目编码</th><th>项目名称</th><th>项目特征</th><th>计量单位</th><th>工程量计算规则</th><th>工程内容</th></tr>
<tr><td>020204001</td><td>石材墙面</td><td rowspan="3">1. 墙体类型
2. 底层厚度、砂浆配合比
3. 贴结层厚度、材料种类
4. 挂贴方式
5. 干挂方式（膨胀螺栓、钢龙骨）
6. 面层材料品种、规格、品牌、颜色
7. 缝宽、嵌缝材料种类
8. 防护材料种类
9. 磨光、酸洗、打蜡要求</td><td rowspan="3">m^2</td><td rowspan="3">按设计图示尺寸以镶贴表面积计算</td><td rowspan="3">1. 基层清理
2. 砂浆制作、运输
3. 底层抹灰
4. 结合层铺贴
5. 面层铺贴
6. 面层挂贴
7. 面层干挂
8. 嵌缝
9. 刷防护材料
10. 磨光、酸洗、打蜡</td></tr>
<tr><td>020204002</td><td>碎拼石材墙面</td></tr>
<tr><td>020204003</td><td>块料墙面</td></tr>
<tr><td>020204004</td><td>干挂石材钢骨架</td><td>1. 骨架种类、规格
2. 油漆品种、刷油遍数</td><td>t</td><td>按设计图示尺寸以质量计算</td><td>1. 骨架制作、运输、安装
2. 骨架油漆</td></tr>
</table>

<table>
<tr><th colspan="6">柱面镶贴块料（编码：020205）</th></tr>
<tr><th>项目编码</th><th>项目名称</th><th>项目特征</th><th>计量单位</th><th>工程量计算规则</th><th>工程内容</th></tr>
<tr><td>020205001</td><td>石材柱面</td><td rowspan="3">1. 柱体材料
2. 柱截面类型、尺寸
3. 底层厚度、砂浆配合比
4. 粘结层厚度、材料种类
5. 挂贴方式
6. 干贴方式
7. 面层材料品种、规格、品牌、颜色
8. 缝宽、嵌缝材料种类
9. 防护材料种类
10. 磨光、酸洗、打蜡要求</td><td rowspan="3">m^2</td><td rowspan="3">按设计图示尺寸以镶贴表面积计算</td><td rowspan="3">1. 基层清理
2. 砂浆制作、运输
3. 底层抹灰
4. 结合层铺贴
5. 面层铺贴
6. 面层挂贴
7. 面层干挂
8. 嵌缝
9. 刷防护材料
10. 磨光、酸洗、打蜡</td></tr>
<tr><td>020205002</td><td>拼碎石材柱面</td></tr>
<tr><td>020205003</td><td>块料柱面</td></tr>
</table>

（续）

墙饰面（编码：020207）					
项目编码	项目名称	项目特征	计量单位	工程量计算规则	工程内容
020207001	装饰板墙面	1. 墙体类型 2. 底层厚度、砂浆配合比 3. 龙骨材料种类、规格、中距 4. 隔离层材料种类、规格 5. 基层材料种类、规格 6. 面层材料品种、规格、品牌、颜色 7. 压条材料种类、规格 8. 防护材料种类 9. 油漆品种、刷漆遍数	m^2	按设计图示墙净长乘以净高以面积计算。扣除门窗洞口及单个 $0.3m^2$ 以上的孔洞所占面积	1. 基层清理 2. 砂浆制作、运输 3. 底层抹灰 4. 龙骨制作、运输、安装 5. 钉隔离层 6. 基层铺钉 7. 面层铺贴 8. 刷防护材料、油漆

柱（梁）饰面（编码：020208）					
项目编码	项目名称	项目特征	计量单位	工程量计算规则	工程内容
020208001	柱（梁）面装饰	1. 柱（梁）体类型 2. 底层厚度、砂浆配合比 3. 龙骨材料种类、规格、中距 4. 隔离层材料种类 5. 基层材料种类、规格 6. 面层材料品种、规格、品种、颜色 7. 压条材料种类、规格 8. 防护材料种类 9. 油漆品种、刷漆遍数	m^2	按设计饰面外围尺寸以面积计算。柱帽、柱墩并入相应柱饰面工程量内	1. 清理基层 2. 砂浆制作、运输 3. 底层抹灰 4. 龙骨制作、运输、安装 5. 钉隔离层 6. 基层铺钉 7. 面层铺贴 8. 刷防护材料、油漆

3）墙、柱面工程其他相关问题应按下列规定处理：

① 石灰砂浆、水泥砂浆、水泥混合砂浆、聚合物水泥砂浆、麻刀石灰、纸筋石灰、石膏灰等的抹灰应按规范中一般抹灰项目编码列项；水刷石、斩假石（剁斧石、剁假石）、干粘石、假面砖等的抹灰应按规范中装饰抹灰项目编码列项。

② $0.5m^2$ 以内少量分散的抹灰和镶贴块料面层，应按规范中相关项目编码列项。

3. 天棚工程

（1）工程量清单编制

1）天棚工程项目划分如图 6-16 所示。

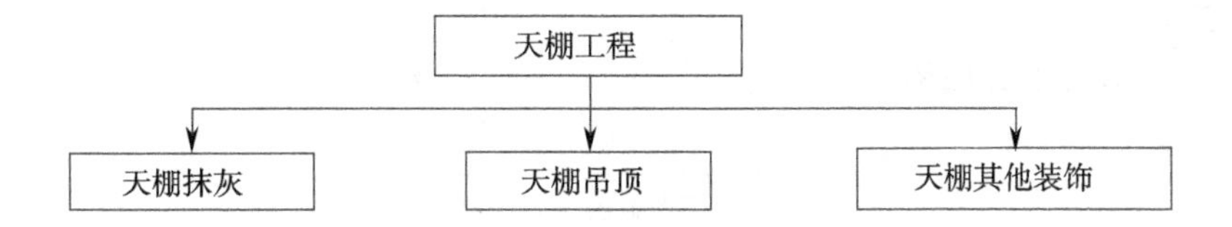

图6-16　天棚工程项目划分

2）天棚工程工程量清单项目设置及工程量计算规则见表6-76。

表6-76　天棚抹灰（编码：020301）

项目编码	项目名称	项目特征	计量单位	工程量计算规则	工程内容
020301001	天棚抹灰	1. 基层类型 2. 抹灰厚度、材料种类 3. 装饰线条道数 4. 砂浆配合比	m^2	按设计图示尺寸以水平投影面积计算。不扣除间壁墙、垛、柱、附墙烟囱、检查口和管道所占的面积，带梁天棚、梁两侧抹灰面积并入天棚面积内，板式楼梯底面抹灰按斜面积计算，锯齿形楼梯底板抹灰按展开面积计算	1. 基层清理 2. 底层抹灰 3. 抹面层 4. 抹装饰线条

天棚吊顶（编码：020302）

项目编码	项目名称	项目特征	计量单位	工程量计算规则	工程内容
020302001	天棚吊顶	1. 吊顶形式 2. 龙骨类型、材料种类、规格、中距 3. 基层材料种类、规格 4. 面层材料品种、规格、品牌、颜色 5. 压条材料种类、规格 6. 嵌缝材料种类 7. 防护材料种类 8. 油漆品种、刷漆遍数	m^2	按设计图示尺寸以水平投影面积计算。天棚面中的灯槽及跌级、锯齿形、吊挂式、藻井式天棚面积不展开计算。不扣除间壁墙、检查口、附墙烟囱、柱垛和管道所占面积，扣除单个0.3m^2以外的孔洞、独立柱及与天棚相连的窗帘盒所占的面积	1. 基层清理 2. 龙骨安装 3. 基层板铺贴 4. 面层铺贴 5. 嵌缝 6. 刷防护材料、油漆
020302002	格栅吊顶	1. 龙骨类型、材料种类、规格、中距 2. 基层材料种类、规格 3. 面层材料品种、规格、品牌、颜色 4. 防护材料种类 5. 油漆品种、刷漆遍数		按设计图示尺寸以水平投影面积计算	1. 基层清理 2. 底层抹灰 3. 安装龙骨 4. 基层板铺贴 5. 面层铺贴 6. 刷防护材料、油漆

4. 门窗工程

1）门窗工程项目划分如图6-17所示。

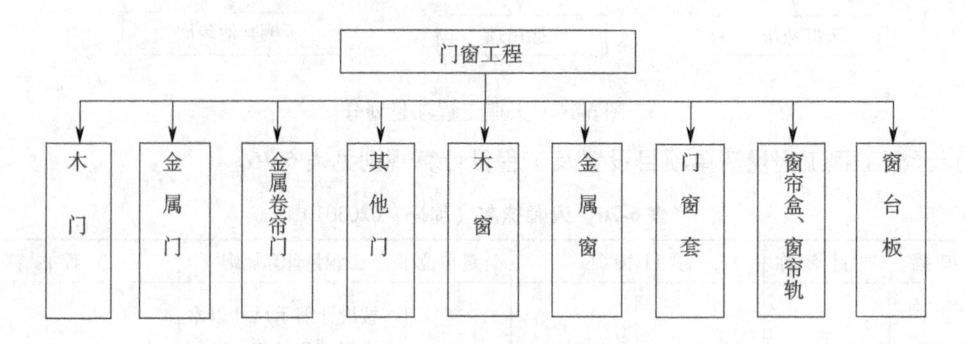

图6-17 门窗工程项目划分

2）门窗工程工程工程量清单项目设置及工程量计算规则。按照《建设工程工程量清单计价规范》（GB50500—2008）的规定，门窗工程工程量清单项目设置及计算规则应按表6-77的规定执行。

表6-77 木门（编码：020401）

项目编码	项目名称	项目特征	计量单位	工程量计算规则	工程内容
020401001	镶板木门	1. 门类型 2. 框截面尺寸、单扇面积 3. 骨架材料种类 4. 面层材料品种、规格、品牌、颜色 5. 玻璃品种、厚度、五金材料、品种、规格 6. 防护层材料种类 7. 油漆品种、刷漆遍数	樘/m^2	按设计图示数量或设计图示洞口尺寸以面积计算	1. 门制作、运输、安装 2. 五金、玻璃安装 3. 刷防护材料、油漆
020401002	企口木门板				
020401003	实木装饰门				
020401004	胶合板门				

金属门（编码：020402）

项目编码	项目名称	项目特征	计量单位	工程量计算规则	工程内容
020402001	金属平开门	1. 门类型 2. 框材质、外围尺寸 3. 扇材质、外围尺寸 4. 玻璃品种、厚度、五金材料、品种、规格 5. 防护材料种类 6. 油漆品种、刷漆遍数	樘/m^2	按设计图示数量或设计图示洞口尺寸以面积计算	1. 门制作、运输、安装 2. 五金、玻璃安装 3. 刷防护材料、油漆
020402002	金属推拉门				
020402003	金属地弹门				
020402004	彩板门				
020402005	塑钢门				
020402006	防盗门				
020402007	钢质防火门				

（续）

木窗（编码：020405）					
项目编码	项目名称	项目特征	计量单位	工程量计算规则	工程内容
020405001	木质平开窗	1. 窗类型 2. 框材质、外围尺寸 3. 扇材质、外围尺寸 4. 玻璃品种、厚度、五金材料、品种、规格 5. 防护材料种类 6. 油漆品种、刷漆遍数	樘/m^2	按设计图示数量或设计图示洞口尺寸以面积计算	1. 窗制作、运输、安装 2. 五金、玻璃安装 3. 刷防护材料、油漆
020405002	木质推拉窗				
020405003	矩形木百叶窗				
020405004	异形木百叶窗				
020405005	木组合窗				
020405006	木天窗				
020405007	矩形木固定窗				
020405008	异形木固定窗				
020405009	装饰空花木窗				

金属窗（编码：020406）					
项目编码	项目名称	项目特征	计量单位	工程量计算规则	工程内容
020406001	金属推拉窗	1. 窗类型 2. 框材质、外围尺寸 3. 扇材质、外围尺寸 4. 玻璃品种、厚度、五金材料、品种、规格 5. 防护材料种类 6. 油漆品种、刷漆遍数	樘/m^2	按设计图示数量或设计图示洞口尺寸以面积计算	1. 窗制作、运输、安装 2. 五金、玻璃安装 3. 刷防护材料、油漆
020406002	金属平开窗				
020406003	金属固定窗				
020406004	金属百叶窗				
020406005	金属组合窗				
020406006	彩板窗				
020406007	塑钢窗				
020406008	金属防盗窗				
020406009	金属格栅窗				
020406010	特殊五金	1. 五金名称、用途 2. 五金材料、品种、规格	个/套	按设计图示数量计算	1. 五金安装 2. 刷防护材料、油漆

门窗套（编码：020407）					
项目编码	项目名称	项目特征	计量单位	工程量计算规则	工程内容
020407001	木门窗套	1. 底层厚度、砂浆配合比 2. 立筋材料种类、规格 3. 基层材料种类 4. 面层材料品种、规格、品种、品牌、颜色 5. 防护材料种类 6. 油漆品种、刷油遍数	m^2	按设计图示尺寸以展开面积开算	1. 清理基层 2. 底层抹灰 3. 立筋制作、安装 4. 基层板安装 5. 面层铺贴 6. 刷防护材料、油漆
020407002	金属门窗套				
020407003	石材门窗套				
020407004	门窗木贴脸				
020407005	硬木筒子板				
020407006	饰面夹板、筒子板				

窗帘盒、窗帘轨（编码：020408）					
项目编码	项目名称	项目特征	计量单位	工程量计算规则	工程内容
020408001	木窗帘盒	1. 窗帘盒材质、规格、颜色 2. 窗帘轨材质、规格 3. 防护材料种类 4. 油漆种类、刷漆遍数	m	按设计图示尺寸以长度计算	1. 制作、运输、安装 2. 刷防护材料、油漆
020408002	饰面夹板、塑料窗帘盒				
020408003	金属窗帘盒				
020408004	窗帘轨				

3）门窗工程其他相关问题应按下列规定处理：

①玻璃、百叶面积占其门扇面积一半以内者应为半玻门或半百叶门，超过一半时应为全玻门或全百叶门。

②木门五金应包括：折页、插销、风钩、弓背拉手、搭扣、木螺钉、弹簧折页（自动门）、管子拉手（自由门、地弹门）、地弹簧（地弹门）、角钢、门轧头（地弹门、自由门）等。

③木窗五金应包括：折页、插销、风钩、木螺钉、滑轮滑轨（推拉窗）等。

④铝合金窗五金应包括：卡锁、滑轮、铰链、执手、拉把、拉手、风撑、角码、牛角制等。

⑤铝合门五金应包括：地弹簧、门锁、拉手、门插、门铰、螺钉等。

⑥其他门五金应包括L型执手插锁（双舌）、球形执手锁（单舌）、门轧头、地锁、防盗门扣、门眼（猫眼）、门碰珠、电子销（磁卡销）、闭门器、装饰拉手等。

5. 油漆、涂料、裱糊工程

（1）工程量清单编制

1）油漆、涂料、裱糊工程项目划分如图6-18所示。

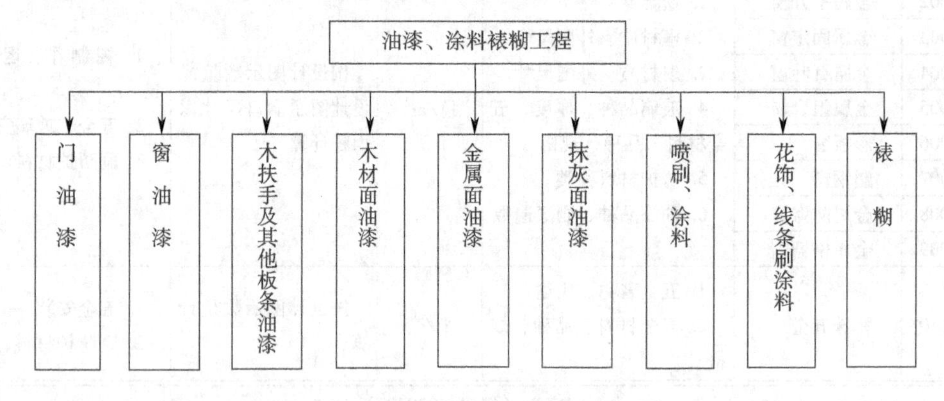

图6-18 油漆、涂料、裱糊工程项目划分

2）油漆、涂料、裱糊工程工程量清单项目设置及工程量计算规则见表6-78。

表6-78 门油漆（编码：020501）

项目编码	项目名称	项目特征	计量单位	工程量计算规则	工程内容
020501001	门油漆	1. 门类型 2. 腻子种类 3. 刮腻子要求 4. 防护材料种类 5. 油漆品种、刷漆遍数	樘/m²	按设计图示数量或设计图示洞口尺寸以面积计算	1. 基层清理 2. 刮腻子 3. 刷防护材料、油漆

窗油漆（编码：020502）

项目编码	项目名称	项目特征	计量单位	工程量计算规则	工程内容
020502001	窗油漆	1. 窗类型 2. 腻子种类 3. 刮腻子要求 4. 防护材料种类 5. 油漆品种、刷漆遍数	樘/m²	按设计图示数量或设计图示洞口尺寸以面积计算	1. 基层清理 2. 刮腻子 3. 刷防护材料、油漆

<table>
<tr><th colspan="6">木扶手及其他板条线条油漆（编码：020503）</th></tr>
<tr><th>项目编码</th><th>项目名称</th><th>项目特征</th><th>计量单位</th><th>工程量计算规则</th><th>工程内容</th></tr>
<tr><td>020503001</td><td>木扶手油漆</td><td rowspan="5">1. 腻子种类
2. 刮腻子要求
3. 油漆部位单位展开面积
4. 油漆部位长度
5. 防护材料种类
6. 油漆品种、刷漆遍数</td><td rowspan="5">m</td><td rowspan="5">按设计图示尺寸以长度计算</td><td rowspan="5">1. 基层清理
2. 刮腻子
3. 刷防护材料、油漆</td></tr>
<tr><td>020503002</td><td>窗帘盒油漆</td></tr>
<tr><td>020503003</td><td>封檐板、顺水板油漆</td></tr>
<tr><td>020503004</td><td>挂衣板、黑板框油漆</td></tr>
<tr><td>020503005</td><td>挂镜线、窗帘棍、单独木线油漆</td></tr>
</table>

<table>
<tr><th colspan="6">木材面油漆（编码：020504）</th></tr>
<tr><th>项目编码</th><th>项目名称</th><th>项目特征</th><th>计量单位</th><th>工程量计算规则</th><th>工程内容</th></tr>
<tr><td>020504001</td><td>木板、纤维板、胶合板油漆</td><td rowspan="14">1. 腻子种类
2. 刮腻子要求
3. 防护材料种类
4. 油漆品种、刷漆遍数</td><td rowspan="15">m^2</td><td rowspan="7">按设计图示尺寸以面积计算</td><td rowspan="14">1. 基层清理
2. 刮腻子
3. 刷防护材料、油漆</td></tr>
<tr><td>020504002</td><td>木护墙、木墙裙油漆</td></tr>
<tr><td>020504003</td><td>窗台板、筒子板、盖板、门窗套、踢脚线油漆</td></tr>
<tr><td>020504004</td><td>清水板条天棚、檐口油漆</td></tr>
<tr><td>020504005</td><td>木方格吊顶天棚油漆</td></tr>
<tr><td>020504006</td><td>吸音板墙面、天棚面油漆</td></tr>
<tr><td>020504007</td><td>暖气罩油漆</td></tr>
<tr><td>020504008</td><td>木间壁、木隔断油漆</td><td rowspan="3">按设计图示尺寸以单面外围面积计算</td></tr>
<tr><td>020504009</td><td>玻璃间壁露明墙筋油漆</td></tr>
<tr><td>020504010</td><td>木栅栏、木栏杆（带扶手）油漆</td></tr>
<tr><td>020504011</td><td>衣框、壁框油漆</td><td rowspan="3">按设计图示尺寸以油漆部分展开面积计算</td></tr>
<tr><td>020504012</td><td>梁柱饰面油漆</td></tr>
<tr><td>020504013</td><td>零星木装修油漆</td></tr>
<tr><td>020504014</td><td>木地板油漆</td><td rowspan="2">按设计图示尺寸以面积计算。空洞、空圈、暖气包槽、壁龛的开口部分并入相应的工程量内</td></tr>
<tr><td>020504015</td><td>木地板烫硬蜡面</td><td>1. 硬蜡品种
2. 面层处理要求</td><td>1. 基层清理
2. 烫蜡</td></tr>
</table>

（续）

金属面油漆（编码：020505）					
项目编码	项目名称	项目特征	计量单位	工程量计算规则	工程内容
020505001	金属面油漆	1. 腻子种类 2. 刮腻子要求 3. 防护材料种类 4. 油漆品种、刷漆遍数	t	按设计图示尺寸以质量计算	1. 基层清理 2. 刮腻子 3. 刷防护材料、油漆

抹灰面油漆（编码：020506）					
项目编码	项目名称	项目特征	计量单位	工程量计算规则	工程内容
020506001	抹灰面油漆	1. 基层类型 2. 线条宽度、道数 3. 腻子种类 4. 刮腻子要求 5. 防护材料种类 6. 油漆品种、刷漆遍数	m^2	按设计图示尺寸以面积计算	1. 基层清理 2. 刮腻子 3. 刷防护材料、油漆
020506002	抹灰线条油漆		m	按设计图示尺寸以长度计算	

喷刷、涂料（编码：020507）					
项目编码	项目名称	项目特征	计量单位	工程量计算规则	工程内容
020507001	喷刷涂料	1. 基层类型 2. 腻子种类 3. 刮腻子要求 4. 涂料品种、刷喷遍数	m^2	按设计图示尺寸以面积计算	1. 基层清理 2. 刮腻子 3. 刷、喷涂料

3）油漆、涂料、裱糊工程其他相关问题应按下列规定处理：

① 门油漆应区分单层木门、双层（一玻一纱）木门、双层（单裁口）木门、全玻自由门、半玻自由门、装饰门及有框门或无框门等，分别编码列项。

② 窗油漆应区分单层玻璃窗、双层（一玻一纱）木窗、双层框扇（单裁口）木窗、双层框三层（二玻一纱）木窗、单层组合窗、双层组合窗、木百叶窗、木推拉窗等，分别编码列项。

③ 木扶手应区分带托板与不带托板，分别编码列项。

6. 其他工程

（1）工程量清单编制

1）其他工程项目划分如图6-19所示。

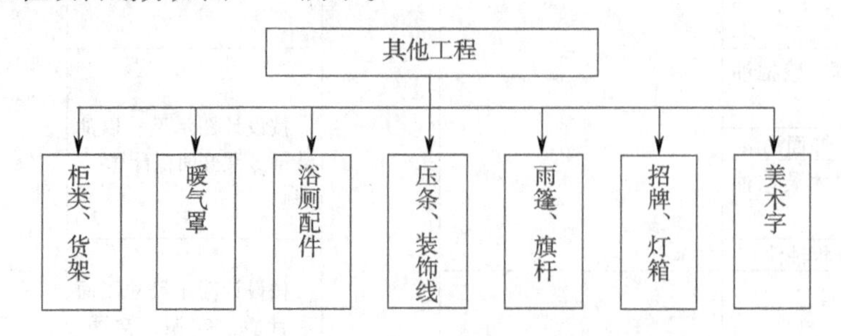

图6-19 其他工程项目划分

2）其他工程工程量清单项目设置及工程量计算规则。按照《建设工程工程量清单计价规范》（GB50500—2008）的规定，其他工程工程量清单项目设置及计算规则应按表6-79的规定执行。

表6-79 柜类、货架（编码：020601）

项目编码	项目名称	项目特征	计量单位	工程量计算规则	工程内容
020601001	柜台	1. 台柜规格 2. 材料种类、规格 3. 五金种类、规格 4. 防护材料种类 5. 油漆品种、刷漆遍数	个	按设计图示数量计算	1. 台柜制作、运输、安装（安放） 2. 刷防护材料、油漆
020601002	酒柜				
020601003	衣柜				
020601004	存包柜				
020601005	鞋柜				
020601006	书柜				
020601007	厨房低柜				
020601008	木壁柜				
020601009	厨房吊柜				
020601010	厨房吊柜				
020601011	矮柜				
020601012	吧台背柜				
020601013	酒吧吊柜				
020601014	酒吧台				
020601015	展台				
020601016	收银台				
020601017	试衣间				
020601018	货架				
020601019	书架				
020601020	服务台				

暖气罩（编码：020602）

项目编码	项目名称	项目特征	计量单位	工程量计算规则	工程内容
020602001	饰面板暖气罩	1. 暖气罩材质 2. 单个罩垂直投影面积 3. 防护材料种类 4. 油漆品种、刷漆遍数	m^2	按设计图示尺寸以垂直投影面积（不展开）计算	1. 暖气罩制作、运输、安装 2. 刷防护材料、油漆
020602002	塑料板暖气罩				
020602003	金属暖气罩				

浴厕配件（编码：020603）

项目编码	项目名称	项目特征	计量单位	工程量计算规则	工程内容
020603001	洗漱台	1. 材料品种、规格、品牌、颜色 2. 支架、配件品种、规格、品牌 3. 油漆品种、刷漆遍数	m^2	按设计图示尺寸以台面外接矩形面积计算。不扣除孔洞、挖弯、削角所占面积，挡板、吊沿板面积并入台面面积内	1. 台面及支架制作、运输、安装 2. 杆、环、盒、配件安装 3. 刷油漆
020603002	晒衣架		根（套）	按设计图示数量计算	
020603003	帘子杆				
020603004	浴缸拉手				
020603005	毛巾杆（架）				
020603006	毛巾环		副		
020603007	卫生纸盒		个		
020603008	肥皂盒				

（续）

压条、装饰线（编码：020604）

项目编码	项目名称	项目特征	计量单位	工程量计算规则	工程内容
020604001	金属装饰线	1. 基层类型 2. 线条材料品种、规格、颜色 3. 防护材料种类 4. 油漆品种、刷漆遍数	m	按设计图示尺寸以长度计算	1. 线条制作、安装 2. 刷防护材料、油漆
020604002	木质装饰线				
020604003	石材装饰线				
020604004	石膏装饰线				
020604005	镜面玻璃线				
020604006	铝塑装饰线				
020604007	塑料装饰线				

雨篷、旗杆（编码：020605）

项目编码	项目名称	项目特征	计量单位	工程量计算规则	工程内容
020605001	雨篷吊挂饰面	1. 基层类型 2. 龙骨材料种类、规格、中距 3. 面层材料品种、规格、品牌 4. 吊顶（天棚）材料、品种、规格、品牌 5. 嵌缝材料种类 6. 防护材料种类 7. 油漆品种、刷漆遍数	m^2	按设计图示尺寸以水平投影面积计算	1. 底层抹灰 2. 龙骨基层安装 3. 面层安装 4. 刷防护材料、油漆
020605002	金属旗杆	1. 旗杆材料、种类、规格 2. 旗杆高度 3. 基础材料种类 4. 基座材料种类 5. 基座面层材料、种类、规格	根	按设计图示数量计算	1. 土石方挖填 2. 基础混凝土浇注 3. 旗杆制作、安装 4. 旗杆台座制作、饰面

招牌、灯箱（编码：020606）

项目编码	项目名称	项目特征	计量单位	工程量计算规则	工程内容
020606001	平面、箱式招牌	1. 箱体规格 2. 基层材料种类 3. 面层材料种类 4. 防护材料种类 5. 油漆品种、刷漆遍数	m^2	按设计图示尺寸以正立面边框外围面积计算。复杂形的凸凹造型部分不增加面积	1. 基层安装 2. 箱体及支架制作、运输、安装 3. 面层制作、安装 4. 刷防护材料、油漆
020606002	竖式标箱		个	按设计图示数量计算	
020606003	灯箱				

小 结

《建设工程工程量清单计价规范》（GB50500—2008）规范了建设工程工程量清单计价活动。工程量清单由具有编制招标文件能力的招标人或受其委托，具有相应资质的工程造价咨询人编制。工程量清单由分部分项工程项目清单、措施项目清单、其他项目清单、规费项目清单和税金项目清单组成。采用工程量清单方式招标，工程量清单必须作为招标文件的组成部分。以招标人提供的工程量清单为平台，投标人根据自身的技术、财务、管理、设备等能力进行投标报价，招标人根据具体的评标细则进行优选，这种计价方式是市场定价体系的具体表现形式。《建设工程工程量清单计价规范》（GB50500—2008）中对分部分项工程量清单、措施项目清单、其他项目清单、规费项目清单和税金项目清单所包括的内容、具体的编制要求和编制方法都有详细的规定。工程量清单应采用统一的格式。

工程量清单计价价款由分部分项工程费、措施项目费、其他项目费、规费和税金构成。工程量清单采用综合单价计价，综合单价是指完成一个规定计量单位的分部分项工程量清单项目或措施清单项目所需的人工费、材料费、施工机械使用费、企业管理费和利润，以及一定范围的风险费用。《建设工程工程量清单计价规范》（GB50500—2008）规定工程量清单计价表格区分招标控制价、投标报价和竣工结算价，其相应的工程量清单计价表格格式均不相同。投标报价的工程量清单计价格式和内容有：封面总说明、工程项目投标报价汇总表、单项工程投标报价汇总表、单位工程投标报价汇总表、分部分项工程量清单计价表、工程量清单综合单价分析表、措施项目清单计价表、其他项目清单计价表、规费和税金项目清单计价表。

建筑工程工程量清单项目包括：土石方工程，桩与地基基础工程，砌筑工程，混凝土及钢筋混凝土工程，厂库房大门、特种门、木结构工程，金属结构工程，屋面及防水工程和防腐隔热保温工程。装饰装修工程工程量清单项目包括：楼地面工程，墙、柱面工程，天棚工程，门窗工种，油漆、涂料、裱糊工程和其他工程。

本章的典型例题首先采用《建设工程工程量清单计价规范》（GB50500—2008）编制清单，随后对所编制的清单进行报价。报价中的“量”采用《全国统一建筑工程基础定额》（GJD—101—95）和某企业定额数据，“价”全部采用信息价，例题中涉及的所有企业定额数据和信息价均以表格形式反映在教材中，读者可清晰、方便、全面地学习此部分内容。

思 考 题

6-1 工程量清单的基本概念、清单的组成及计价规范的特点？

6-2 简述工程量清单计价的基本原理和特点。

6-3 简述工程量清单费用构成。

6-4 简述预留金、材料购置费、总承包服务费、零星工作费。

6-5 工程量清单格式组成内容有哪些？

6-6 分部分项工程量清单遵循的“四统一”是指什么？

6-7 简述工程量清单项目划分和列项规则。

6-8 根据第4章思考题4-14中的条件和工程图样，完成工程量清单的编制，并结合本地定额，完成工程量清单报价。

下篇　建设工程投资控制

第7章　建设工程前期阶段投资控制

学习目标

通过本章学习，应了解和认识建设工程前期的投资控制和管理内容，了解可行性研究的作用和阶段划分，掌握可行性研究的内容、投资方案比选的方法及投资估算的编制。熟悉财务报表的编制并能初步进行财务评价，掌握财务评价指标的计算和运用。了解工程设计优化途径，熟悉设计方案评价的内容和方法，掌握设计概算的编制方法及设计概算的审查。掌握施工图预算的方法及预算的审查，熟悉工程招标标底和投标报价的确定。

7.1　项目投资决策阶段的投资控制

7.1.1　建设项目可行性研究

1. 建设项目可行性研究的概述

所谓建设项目的可行性研究就是在投资决策前，对拟建设项目从社会、经济、技术等各方面进行深入细致地调查研究，对各种可能采取的技术方案和建设方案进行认真细致地技术经济分析和比较论证，科学地预测和评价项目建成后的经济效益，由此判定该项目的建设是否可行。

（1）建设项目可行性研究的作用

建设项目可行性研究的主要作用是作为项目投资决策的科学依据，防止和减少决策失误造成的浪费，提高投资效益。经批准的可行性研究报告，其具体作用如下：

1）作为建设项目投资决策的依据。

2）作为编制设计文件的依据。

3）作为向银行贷款的依据。

4）作为建设单位与各协作单位签订合同和有关协议的依据。

5）作为环保部门、地方政府和规划部门审批项目的依据。

6）作为施工组织、工程进度安排及竣工验收的依据。

7）作为项目后评估的依据。

（2）建设项目可行性研究的阶段

根据可行性研究的目的、要求和内容的不同，可以将可行性研究划分为以下四个阶段：机会研究阶段、初步可行性研究阶段、详细可行性研究阶段、评价和决策阶段。各阶段的要求见表7-1。

表7-1 可行性研究各工作阶段的要求

工作阶段	机会研究阶段	初步可行性研究	详细可行性研究阶段	评价和决策阶段
研究性质	项目设想	项目初选	项目准备	项目评估
研究要求	编制项目建议书	编制初步可行性研究报告	编制初步可行性研究报告	提出项目评估报告
估算精度	±30%	±20%	±10%	±10%
研究费用（占总投资的比例）	0.2%～1%	0.25%～1.25%	大项目0.2%～1% 小项目1%～3%	—
需要时间/月	1～3	4～6	8～12	—

2. 建设项目可行性研究的步骤和内容

（1）建设项目可行性研究的步骤

建设项目可行性研究，一般都由建设单位委托有相应资质的设计咨询单位进行，并编制可行性研究报告。其研究工作的步骤如下：

1）首先建设单位与设计咨询机构签订项目可行性研究的委托书。在项目建设书或初步可行性研究报告批复后，建设单位一般委托有相应资质的设计咨询机构进行可行性研究工作。双方签订设计合同，明确工作的内容、研究的深度、支付咨询费用的方式。在签订合同后，设计咨询机构组织相关人员编制可行性研究工作的设计大纲。

2）开展调查研究工作。设计咨询机构在已有的项目建议书的基础上，根据要求的可行性研究的工作内容，收集有关设计参数、规范、标准等，并确定调查的内容。

3）进行方案选择和优化。依据已批复的项目建议书，已调查和收集的市场和资源的资料和信息，设计咨询机构提出若干投资方案。通过对各方案的技术和经济上的反复论证和比较后，最终确定合理的投资方案，并明确建设项目的规模、建筑类型、生产工艺、设备选型等技术经济指标。

4）进行经济分析和评价。在明确投资方案后，根据相关的经济评价基础数据和参数，进行方案的国民经济评价和社会效益分析，财务预测，财务分析。

5）编制可行性研究报告。在完成上述一系列研究工作后，汇总研究成果，按照国家的有关规范，编制项目的可行性研究报告，提出结论性建议，提供给项目主管部门和建设单位。

（2）建设项目可行性研究报告的内容

建设项目的可行性研究报告是项目决策阶段最重要的一个环节，是主管部门审批和建设单位决策的重要依据。一般可行性研究报告一经批准将成为项目的最终决策。对于工业项目的可行性研究报告的内容包括以下方面：

1）总论。包括项目的背景：项目的名称、建设单位、咨询机构、拟建的地点、建设的背景、建设的必要性和经济意义、研究工作的内容和范围；项目的概况：项目的规模与目标、主要的经济条件、项目总投入的资金及经济效益、主要的技术经济指标等。

2）产品的市场分析和拟建的规模。包括产品需求量的调查、产品价格的分析、未来发展趋势的预测、销售价格和需求量的预测、拟建项目生产规模、产品方案等。

3）资源、原材料、燃料及公用设施情况。包括资源评述，原材料、主要辅助材料需用量及供应，燃料、动力及其公用设施的供应，材料试验情况等。

4）建设条件和厂址选择。包括拟建厂区的地理位置，地形、地貌的基础情况，水能、水文、地质条件，气象条件，供水、供电、运输、排水、电信、供热等情况，施工条件，市政建设及生活设施，社会经济条件等。

5）项目设计方案。包括生产技术方法，总平面布置和运输方案，主要建筑物、构筑物的建筑结构和特征，特殊基础工程的设计，土建工程的投资估算，给排水、动力、公用工程设计方案，地震设防，生活福利设施设计方案。

6）环境保护与劳动安全。包括分析建设地区的环境现状、主要污染源和污染物、项目拟采用的环境保护标准、治理环境的方案、环境监测制度的建议、环境保护投资估算、环境影响评价结论以及劳动保护与安全卫生。

7）企业组织、劳动定员和员工培训。包括企业组织形式、企业的工作制度、劳动定员、年工资总额和职工年平均工资估算以及人员的培训和费用。

8）项目施工计划和进度安排。明确项目实施的各个阶段，编排项目实施的进度表以及项目实施的费用估算。

9）项目投资估算与资金筹措。项目的投资估算包括固定资产投资总额和流动资金；资金筹措包括资金的来源和项目筹资的方案；投资使用计划包括投资使用计划和借款偿还计划。

10）项目经济评价。包括财务评价基础数据的计算、项目的财务评价、项目的国民经济评价、不确定分析、社会效益和社会影响分析等。

11）项目结论和建议。根据上述项目的综合评价，提出项目可行或不可行的理由，并提出存在的问题和改进的建议。

12）附件及附图。包括项目建议书、项目立项批文、厂址选择报告、资源勘探报告、贷款意向书、环境保护报告等附件，厂址地形图、总平面布置图、建筑方案设计图、工艺流程图、主要车间布置方案图等。

7.1.2 建设项目投资估算

投资估算是指在项目投资决策过程中，依据现有的资料和特定的估算方法，预测建设项目的投资总额。它是项目建设前期编制项目建议书和可行性研究报告的重要组成部分，是项目决策的重要依据之一。

1. 投资估算的作用

1）投资估算是项目投资决策的重要依据，也是研究、分析、计算项目投资效果的重要条件。

2）投资估算对工程设计概算起到控制作用，即设计概算不得突破已批复的投资估算。

3）投资估算是项目资金筹措及制定建设贷款计划的依据。

4）投资估算是核算建设项目固定资产投资需要额和编制固定投资计划的重要依据。

5）投资估算是进行工程设计招标、优选设计和设计方案的依据。

6）投资估算是实行工程限额设计的依据。

2. 建设项目投资估算的内容

建设项目投资估算包括该项目从筹建、施工至竣工投产所需的全部费用，可分为固定资产投资估算和铺底流动资金估算两部分。

固定资产投资估算的内容包括建筑安装工程费、设备及工器具购置费、工程建设其他费用、基本预备费、涨价预备费、建设期贷款利息、固定资产投资方向调节税。固定资产投资可分为静态部分和动态部分。涨价预备费、建设期贷款利息和固定资产投资方向调节税构成动态部分，其余费用组成静态投资部分。

铺底流动资金是指生产经营性项目投产后，用于购买原材料、燃料、支付工资及其他经营费用等所需的周转资金。

3. 投资估算的编制方法

（1）静态投资部分估算方法

建设项目静态投资估算方法主要有生产能力指数法、比例估算法、系数估算法和指标估算法等。前三种估算方法估算精度相对不高，主要适用于投资机会研究和项目预可行性研究阶段。在项目可行性研究阶段应采用投资估算指标法。

1）生产能力指数法。生产能力指数法是根据已建成的类似项目生产能力和投资额来粗略估算拟建项目投资额的方法，其计算公式为：

$$C_2 = C_1 \times \left(\frac{Q_2}{Q_1}\right)^n \times f$$

式中　C_2——拟建项目或装置的投资额；

C_1——已建类似项目或装置投资额；

Q_2——拟建项目或装置的生产能力；

Q_1——已建类似项目或装置的生产能力；

f——不同时间、不同地点的定额、单价、费用变更等的综合调整系数；

n——生产能力指数，$0 \leqslant n \leqslant 1$。

若已建类似项目或装置的规模和拟建项目或装置的规模相差不大，生产规模比值在0.5～2之间，则指数n的取值近似为1。若已建类似项目或装置的规模和拟建项目或装置的规模相差不大于50倍，且拟建项目规模的扩大仅靠增大设备规模来达到时，则n取值约在0.6～0.7之间；若是靠增加相同规格设备的数量达到时，则n取值约在0.8～0.9之间。

2）比例估算法。根据统计资料，先求出已有同类企业主要设备投资占全厂建设投资的比例，然后再估算出拟建项目的主要设备投资，即可按比例求出拟建项目的建设投资。计算公式为：

$$I = \frac{1}{K}\sum_{i=1}^{n} Q_i P_i$$

式中　I——拟建项目的投资额；

K——主要设备投资占拟建项目投资的比例；

n——设备种类数；

Q_i——第i种设备的数量；

P_i——第i种设备的单价（到厂价格）。

3）系数估算法。

① 设备系数法。此种估算方法以拟建项目的设备费为基数，根据已建成的同类项目的建筑安装费和其他工程费等占设备价值的百分比，求拟建项目建筑安装费及其他工程费等，再加上拟建项目的其他有关费用，其总和即为项目或装置的总投资。计算公式为：

$$C = E(1 + f_1P_1 + f_2P_2 + f_3P_3 + \cdots\cdots) + I$$

式中 C——拟建项目的投资额；

E——拟建项目设备费；

P_1、P_2、P_3、…——已建项目中建筑安装费及其他工程费等占设备费百分比；

f_1、f_2、…——由于时间因素引起的定额、价格、费用标准等变化的综合调整系数；

I——拟建项目的其他费用。

② 主体专业系数法。此种估算方法以拟建项目中投资比重较大，并与生产能力直接相关的工艺设备的投资为基数，根据已建同类项目的有关统计资料，计算出拟建项目的各专业工程（总图、土建、暖通、给排水、管道、电气、自控等）占工艺设备投资的百分比，据以求出拟建项目各专业投资，然后把各部分投资相加求和，再加上工程其他有关费用，即为项目的总投资。其计算公式为：

$$C = E(1 + f_1P_1' + f_2P_2' + f_3P_3' + \cdots) + I$$

式中 P_1'、P_2'、P_3'、…——已建项目中各专业工程费用占设备费的百分比。

③ 朗格系数法。这种方法是以设备费为基础，乘以适当系数来推算项目的建设费用。估算公式为：

$$C = E(1 + \sum K_i) \times K_c$$

式中 C——总建设费用；

E——主要设备费用；

K_i——管线、仪表、建筑物等项费用的估算系数；

K_c——管理费、合同费、应急费等间接费在内的总估算系数。

总建设费用与设备费用之比为朗格系数 K_L。即：

$$K_L = (1 + \sum K_i) \times K_c$$

4）指标估算法。投资估算法是把建设项目划分为建筑工程、设备安装工程、设备购置费及其他基本建设费等费用项目或单位工程，再根据各种具体的投资估算指标，进行各项费用项目或单位工程投资的估算。在此基础上，可汇总成某一单项工程的投资。另外，再估算工程建设其他费用及预备费，即求得建设项目总投资。

需要指出的是静态投资的估算，要按某一确定的时间来进行，一般以开工的前一年为基准年，以这一年的价格为依据计算，否则就会失去基准作用，影响投资估算的准确性。

（2）动态投资部分估算方法

动态投资估算主要包括涨价预备费、建设期贷款利息和固定资产投资方向调节税等内容，对于涉外项目还应考虑汇率的变化对投资的影响。

1）涨价预备费估算。其计算公式如下：

$$PF = \sum_{t=1}^{n} I_t[(1 + f)^t - 1]$$

式中 PF——涨价预备费；

I_t——建设期中第 t 年的投资计划额，包括建筑安装工程费、设备及工器具购置费、工程建设其他费用和基本预备费；

f——年均投资价格上涨率；

n——建设期年份数。

【例7-1】某项目的建设期为4年，静态投资为5890万元。4年的投资分年度使用比例分为第一年20%，第二年为25%，第三年为25%，第四年为30%，建设期内年均价格变动率为5%，试估算该项目建设期的涨价预备费。

【解】第一年的投资计划数：5890万元×20%＝1178万元

第一年的涨价预备费：$PF_1 = 1178$万元$\times[(1+5\%)-1] = 58.9$万元

第二年的投资计划数：5890万元×25%＝1472.5万元

第二年的涨价预备费：$PF_2 = 1472.5$万元$\times[(1+5\%)^2-1] = 150.93$万元

第三年的投资计划数：5890万元×25%＝1472.5万元

第三年的涨价预备费：$PF_3 = 1472.5$万元$\times[(1+5\%)^3-1] = 232.10$万元

第四年的投资计划数：5890万元×30%＝1767万元

第四年的涨价预备费：$PF_4 = 1767$万元$\times[(1+5\%)^4-1] = 380.80$万元

最后，建设期的涨价预备费为：

$PF = 58.9$万元$+150.93$万元$+232.10$万元$+380.80$万元$=822.73$万元

2）建设期贷款利息估算。

① 对于一次性贷款且利率固定的贷款，计算公式如下：

$$F = P(1+i)^n$$

$$I = F - P$$

式中　F——建设期还款时的本利和；

P——一次性贷款金额；

i——年利率；

I——贷款利息；

n——贷款期限。

② 对于总贷款是分年度均衡发放时，建设期利息的计算可按当年借款在年中支付考虑，通常假定当年贷款按半年利息考虑，上年贷款按全年利息考虑，计算公式如下：

$$I_n = \left(P_{n-1} + \frac{1}{2} \times A_n\right) \times i$$

式中　I_n——第n年的贷款利息；

P_{n-1}——第$n-1$年的贷款本利和；

A_n——第n年的贷款金额；

i——年利率。

【例7-2】某项目的建设期为2年。分年均衡贷款，第一年贷款1000万元，第二年贷款1540万元，年利率为12%，试计算该项目建设期的贷款利息。

【解】各年的贷款利息为：

第1年：$I_1 = 1000$万元$\times 50\% \times 12\% = 60$万元

第2年：$I_2 = (1000 + 60 + 1540 \times 50\%)$万元$\times 12\% = 219.6$万元

建设期贷款利息＝（60＋219.6）万元＝279.6万元

3）铺底流动资金估算。铺底流动资金是指项目建成后，为保证项目正常生产或服务运营所必需的周转资金。流动资金估算一般采用分项详细估算法，项目决算分析与评价的初期阶段或者小型项目可采用扩大指标法。

① 扩大指标估算法。扩大指标估算法简便易行，但准确度不高，一般适用于项目建议书阶段的流动资金估算。扩大指标估算法的计算基数有：销售收入、年经营成本、固定资产价值总额、年生产能力等。计算公式为：

流动资金额 = 年产值(或销售收入) × 产值(销售收入) 资金率

流动资金额 = 年经营成本 × 经营成本资金率

流动资金额 = 固定资产价值总额 × 固定资产价值资金率

流动资金额 = 年生产能力 × 单位产量资金率

② 分项详细估算法。流动资金的显著特点是在生产过程中不断周转，其周转额的大小与生产规模及周转速度直接相关。分项详细估算法是根据周转额与周转速度之间的关系，对构成流动资金的各项流动资产和流动负债分别进行估算。它是国际上通行的流动资金估算方法。在可行性研究中，为简化起见，仅对存款、现金、应收账款和应付账款 4 项内容进行估算，计算公式为：

流动资金 = 流动资产 - 流动负债

流动资产 = 现金 + 应收账款 + 存款

流动负债 = 应付账款

流动资金本年增加额 = 本年流动资金 - 上年流动资金

【例 7-3】 某勘测设计院在院区内修建新办公楼 17000m^2，初步按 13 层框架式钢筋混凝土结构标准修建。施工现场地处市中心，场地平坦，地基良好，交通顺畅，现场施工条件具备。计算其投资估算费用。

【解】 投资估算费用：

1）建筑安装工程费用：根据房屋结构及标准，结合当地造价水平及市场状况，按单位指标估算法进行估算。

① 建筑工程费用：按每平方米造价 1500 元计。

建筑工程费用估算值 = 17000m^2 × 1500 元/m^2 = 2550 万元

② 建筑安装费用：电气照明工程按 50 元/m^2，管道工程按 30 元/m^2，弱电工程按 30 元/m^2，通风空调系统工程按 50 元/m^2，消防工程按 20 元/m^2。

建筑安装费用估算值 = 17000m^2 × (50 + 30 + 30 + 50 + 20) 元/m^2 = 306 万元

③ 室外工程：包括道路、绿化、化粪池、排污管、各种管沟工程以及水、电等配套工程费用。按建筑安装工程造价的 10% 计。

室外工程估算值 = (2550 + 306) 万元 × 10% = 285.6 万元

建筑安装工程费用 = (2550 + 306 + 285.6) 万元 = 3141.6 万元

2）设备及工器具购置费、考虑中央空调系统、办公自动化系统及火灾自动报警系统等的设备购置，估算费用暂定为 1000 万元。

3）工程建设其他费用：

① 土地使用费：由于办公楼为原址上修建，故土地费用不列。

② 勘察及设计费：暂按工程费用的 2% 计。

勘察及设计费估算值 = 3141.6 万元 × 2% = 62.832 万元

③ 工程监理、招标代理、造价咨询等费用：暂按工程费用的 2% 计。

工程监理、招标代理、造价咨询估算值 = 3141.6 万元 × 2% = 62.832 万元

④ 建设单位管理费，暂按25万元计。

工程建设其他费用估算值 = (62.832 + 62.832 + 25) 万元 = 150.664 万元

4）预备费用估算：基本预备费按15%计，涨价预备费目前暂不估算。

预备费用估算值 = (3141.6 + 1000 + 150.664) 万元 × 15% = 643.840 万元

5）建设期贷款利息估算：工期为1年，年利率3.2%，贷款比例为50%，年初一次性贷款。

建设期贷款利息估算值 = (3141.6 + 1000 + 150.664 + 643.840) 万元 × 50% × 3.2%
= 78.98 万元

6）固定资产投资方向调节税，此项费用目前暂不计列。

7）投资费用总额：(3141.6 + 1000 + 150.664 + 643.840 + 78.98) 万元 = 5015.08 万元

7.1.3　建设项目投资方案的比较和选择

在投资方案比较和选择过程中，一般将方案按其经济关系分为互斥方案和独立方案两种。互斥方案就是各方案之间存在着互不相容、互相排斥的关系，也就是多个投资方案中只能选择一个方案，其余的均必须放弃。而独立方案则是各个投资方案的现金流量是独立的，不具相关性，其中任一方案的采取与否只与自身的可行性有关，而与其他方案是否被采用没有关系。下面就以互斥方案的比选为主要内容进行方案比选的介绍。

1. 寿命期相同的多个投资方案的比选

（1）净年值法（*NAV*）

净年值法是通过计算各投资方案的净年值，然后比较其大小，从而选择投资方案。净年值越大，方案越优。净年值法就是将所有的净现金按行业基准收益率或设定的收益率折现为每年年末的等额资金。

【例7-4】 某建设项目有三个可行而互斥的投资方案，三个方案的寿命期均为6年，行业基准收益率为10%。三个方案的现金流量见表7-2。用净年值法进行方案比选。

表7-2　三个方案的现金流量表　（单位：万元）

方　案	初始投资	年收益
A	670	125
B	736	180
C	565	105

【解】 $NAV(10\%)_A = -670$ 万元(A/P, 10%, 6) + 125 万元 = −28.85 万元

$NAV(10\%)_B = -736$ 万元(A/P, 10%, 6) + 180 万元 = 11 万元

$NAV(10\%)_C = -565$ 万元(A/P, 10%, 6) + 105 万元 = −24.74 万元

根据计算结果可知，B方案的净年值最大，所以B方案最佳。

（2）净现值法（*NPV*）

净现值法是通过计算多个备选方案的净现值并比较其大小从而进行方案的选择。净现值越大，方案越优。净现值就是将各年的净现值按行业基准收益率或设定的收益率折现到建设起初的现值和。

【例 7-5】 根据【例 7-4】，用净现值法进行三个方案的比选。

【解】 $NPV(10\%)_A = -670$ 万元 $+125(P/A, 10\%, 6)$ 万元 $= -125.63$ 万元

$NPV(10\%)_B = -736$ 万元 $+180(P/A, 10\%, 6)$ 万元 $=47.9$ 万元

$NPV(10\%)_C = -565$ 万元 $+105(P/A, 10\%, 6)$ 万元 $= -107.73$ 万元

根据计算结果可知，B 方案的净现值最大，所以 B 方案最佳。

（3）差额内部收益率法（ΔIRR）

在多个方案两两比较时，往往采用比较差额内部收益率的大小来进行方案的比选。所谓的差额内部收益率法，就是投资额大的方案的净现金流量减去投资小的方案的净现金流量所得到的差额投资净现金流量的内部收益率。如 A 方案的投资额大于 B 方案的投资额，则当 $\Delta NPV_{A-B}=0$ 时，求得 ΔIRR_{A-B}。若 $\Delta IRR_{A-B} \geqslant i_C$ 时，则 A 方案优于 B 方案。

计算步骤：

1）验证各投资方案的可行性。

2）投资额大的方案与投资额小的方案进行比较，得出的 $\Delta IRR_{A-B} \geqslant i_C$ 时，投资额大的方案为优。

3）将保留的较优方案依次与相邻方案两两逐对比较，直至全部方案比较完毕，则最后保留的方案就是最优方案。

（4）最小费用法

1）费用年值法（AC）。通过计算并比较各个投资方案的费用年值，判断并确定方案。所谓费用年值法就是将所有的费用按行业基准收益率或设定的收益率折现到每年年末的等额资金。费用年值最小，方案最优。

2）费用净现值法（PC）。通过计算并比较各个投资方案的费用净现值判断并确定方案。所谓费用净现值法就是将各年的费用按行业基准收益率或设定的收益率折现到建设起初的现金和。费用净现值最小，方案最优。

【例 7-6】 某建设项目有两个投资方案，有关数据见表 7-3，假定行业基准收益率为 10%，试分别用费用年值法和费用净现值法进行方案的比选。

表 7-3　方案的基础数据

项　　目	方 案 A	方 案 B
初始投资/万元	2000	3500
年经营成本/万元	800	650
残值/万元	80	100
生产期/月	8	8

【解】 费用年值法：

$AC(10\%)_A = [2000(A/P,10\%,8) + 800 - 80(A/F,10\%,8)]$ 万元 $= 1167.81$ 万元

$AC(10\%)_B = [3500(A/P,10\%,8) + 650 - 100(A/F,10\%,8)]$ 万元 $= 1297.16$ 万元

根据计算结果可知，A 方案的费用年值最小，因此 A 方案最优。

费用净现值法：

$PC(10\%)_A = [2000 + 800(P/A,10\%,8) - 80(P/F,10\%,8)]$ 万元 $= 6230.60$ 万元

$PC(10\%)_B = [3500 + 650(P/A,10\%,8) - 100(P/F,10\%,8)]$ 万元 $= 6921.04$ 万元

根据计算结果可知，A方案的费用净现值最小，因此A方案最优。

2. 寿命期不同的多个方案的比选

（1）年值法（AW）

年值法是对寿命期不相等的互斥方案进行比选时用到的一种简明的方法。它是通过分别计算各备选方案净现金流量的等额年值（AW）并进行比较，以$AW\geqslant 0$，且AW最大者为最优方案。

【例7-7】 某学校拟建面积3000m^{2}的实训大楼，拟采用钢筋混凝土结构和砖混结构两种方式进行比较。两种方案的造价和寿命期以及年维修费见表7-4所示。假定行业基准收益率为10%，建设期不考虑持续时间。试进行方案比较。

表7-4 方案的基础数据

方　　案	寿命期/年	建筑造价/（元/m^2）	年维修费/元	残　　值
砖混结构	40	1500	50000	造价的2%
钢筋混凝土结构	50	2000	25000	造价的6%

【解】 $AW_{砖混} = [3000\times1500(A/P,10\%,40)+50000-3000\times1500\times2\% \times(A/F,10\%,40)]$ 万元

$= 51.46$ 万元

$AW_{钢混} = [3000\times2000(A/P,10\%,50)+25000-3000\times2000\times6\% \times(A/F,10\%,50)]$ 万元

$= 63.61$ 万元

根据费用年值最小，方案最优的原则，选择砖混结构方案。

（2）最小公倍数法

最小公倍数法以各投资方案的寿命期的最小公倍数为方案的共同寿命期，各投资方案在共同的寿命期内反复实施，然后采用寿命期相同的投资方案比选的常用方法进行比较选择。在【例7-7】中，两个方案的最小公倍数为200，因此可以将两个方案的共同寿命期定为200年。砖混结构方案在200年寿命期中重复5次，而钢混结构方案重复4次。将两个方案在共同的寿命期内进行方案比选。

（3）研究期法

将各投资方案的最短寿命期为共同寿命期，然后采用寿命期相同的投资方案比选的常用方法进行方案选择。在【例7-7】中，两个方案的最短寿命为40年，那么两个方案的共同寿命期为40年。然后按40年的寿命期进行方案的比选。

7.1.4 建设项目财务评价

1. 建设项目财务评价的概念

建设项目财务评价是指根据国家现行的财税制度和价格体系，分析、计算项目直接发生的财务效益和费用，编制财务报表，计算评价指标，考察项目的盈利能力、清偿能力以及外汇平衡等财务状况，以此判别项目财务上的可行性。建设项目财务评价主要从微观投资主体的角度分析项目可能给投资主体带来的经济效益以及存在的投资风险。建设项目经济评价的另一个层次是国民经济评价，它主要针对一些在国民经济中有着重要作用和影响

的大中型重点建设项目以及特殊行业和交通运输、水利等基础设施、公益性建设项目。而对于企业的投资项目，由于投资主体属于市场经济的微观主体，因此一般只进行财务评价。

（1）建设项目财务评价的作用

1）考察项目的财务盈利能力。

2）用于制定适宜的资金规划。

3）为协调企业利益和国家利益提供依据。

（2）建设项目财务评价的程序

1）估算现金流量。

2）编制基本财务报表。

3）计算与评价财务评价指标。

4）进行不确定性分析。

5）进行风险分析。

6）得出项目财务评价结论。

（3）建设项目财务评价的内容和评价指标

建设项目财务评价内容主要包括项目的盈利能力分析、偿债能力分析、外汇平衡分析、不确定分析和风险分析等，具体见表7-5。

表7-5 建设项目财务评价的内容与评价指标

评价内容	基本报表	评价指标	
		静态指标	动态指标
盈利能力分析	全部投资现金流量表	全部投资回收期	财务内部收益率 财务净现值
	自有资金现金流量表		财务内部收益率 财务净现值
	损益表	投资利润率 投资利税率 资本金利润率	
偿债能力分析	资金来源于资金运用表	借款偿还期	
	资产负债表	资产负债率 流动比率 速动比率	
外汇平衡分析	财务外汇平衡表		
不确定性分析	盈亏平衡分析	盈亏平衡产量 盈亏平衡生产能力利用率	
	敏感性分析	灵敏度 不确定因素的临界值	
风险分析	概率分析	$NPV \geq 0$ 的累计概率	
		定性分析	

1）盈利能力分析主要考察投资项目的盈利能力。需编制全部投资现金流量表、自有资金现金流量表和损益表三个基本财务报表。并计算财务内部收益率、财务净现值、投资回收期、投资收益率等指标。

2）偿债能力分析主要考察项目的偿债能力。故需要编制资金来源于资金运用表、资产负债表。并计算借款偿还期、资产负债率、流动比率、速动比率等指标。

3）外汇平衡分析主要考察涉及外汇收支的项目在计算期内各年的外汇余缺状况，在编制财务外汇平衡表的基础上，了解各年外汇余缺的程度，对外汇不能平衡的年份根据外汇短缺的程度，提出切实可行的解决方案。

4）不确定性分析是指在信息不足，无法用概率描述因素变动规律的情况下，估计可变因素变动对项目可行性的影响程度及项目承受风险能力的一种分析方法。包括盈亏平衡分析和敏感性分析。并计算盈亏平衡产量、盈亏平衡生产能力的利用率、灵敏度、不确定因素的临界值。

5）风险分析是指在可变因素的概率分布已知的情况下，分析可变因素在各种可能状况下项目经济评价指标的取值，从而了解项目的风险状况。

2. 基础财务报表的编制

（1）现金流量表的编制

在商品货币经济中，任何建设项目的效益和费用都可以抽象为现金流量系统。从项目的财务评价角度看，在某一个时点上留出项目的资金为现金流出，记为 *CO*；流入项目的资金为现金流入，记为 *CI*。现金流入和现金流出统称为现金流量，现金流入为正值，现金流出为负值，同一点上的现金流入量和流出量的代数和称为净现金流量，记为 *NCF*。

现金流量表就是将项目计算期内各年的现金流入和现金流出按照发生时点的顺序用表格反映为具有时间概念的现金流量系统，以此计算各项静态和动态的评价指标，进行项目的财务盈利分析。现金流量表分为全部投资现金流量表和自有资金现金流量表。

1）全部投资现金流量表的编制。全部投资现金流量表是将所有投资均设定为自有资金的条件下的项目现金流量系统的表格形式。格式见表7-6。

① 现金流入为产品销售（营业）收入、回收固定资产余值、回收流动资金和其他收入四项之和。其中，产品销售（营业）收入是项目建成投产后销售产品和提供劳务所得的收入。另外，固定资产余值和流动资金的回收均放在计算期的最后一年。固定资产余值回收额为固定资产折旧费估算表中最后一年的固定资产期末净值。流动资金回收额为项目正常生产年份流动资金的占用额。

② 现金流出由固定资产投资、流动资金、经营成本、销售税金及附加、所得税组成。固定资产投资和流动资金的数值分别取自固定资产投资估算表和流动资金估算表。固定资产投资包含固定资产投资方向调节税，但不包含建设期贷款利息。流动资金投资为各年流动资金增加额。经营成本取自总费用估算表。销售税金和附加包含营业税、消费税、资源税、城乡维护建设税和教育费附加，它们取自产品销售（营业）收入和销售税金及附加估算表。所得税的数额来源于损益表。

③ 项目计算期各年的净现金流量为各年现金流入量与现金流出量的差值，各年的累计净现金流量为本年及以前各年净现金流量之和。

④ 所得税前净现金流量为净现金流量加所得税的和。所得税前累计净现金流量为累计

净现金流量加本年和以前各年的所得税的和。

表 7-6 全部投资现金流量表 （单位：万元）

序号	项 目	合计	建设期		投产期		达 产 期			
			1	2	3	4	5	6	…	n
	生产负荷（%）									
1	现金流入									
1.1	产品销售收入									
1.2	回收固定资产余值									
1.3	回收流动资金									
1.4	其他收入									
2	现金流出									
2.1	固定资产投资									
2.2	流动资金									
2.3	经营成本									
2.4	销售税金及附加									
2.5	所得税									
3	净现金流量（1－2）									
4	累计净现金流量									
5	所得税前净现金流量（3＋2.5）									
6	所得税前累计净现金流量									

计算指标：所得税前

财务内部收益率 $FIRR$ =

财务净现值 $FNPV$ =（i_c = %）=

投资回收期 P_t =

所得税后

财务内部收益率 $FIRR$ =

财务净现值 $FNPV$ =（i_c = %）=

投资回收期 P_t =

注：表中计算期的年序为 1，2，3，…，n。建设开始年作为计算期的第一年，年序为 1。

2）自有资金现金流量表的编制。自有资金现金流量表是从投资主体的角度考察项目的现金流入和流出的情况，见表 7-7。从建设项目的投资主体角度看，建设项目投资借款是现金流入，同时将借款用于项目投资又是现金流出，两者在同一时点上，数额相同，所以互相抵消，因此对净现金流量的计算没有影响。所以在表中投资只计列自有资金。同时，现金流入又是因项目全部投资所获得，故将借款本金的偿还和利息支付计入现金流出。其中：

① 现金流入各项的数据来源同全部投资现金流量表。

② 现金流出包括：自有资金、借款本金偿还、借款利息支出、经营成本及所得税。其中，自有资金数额来自投资计划与资金筹措表中资金筹措项下中的自有资金分项。借款本金偿还由两部分组成：其一为借款还本计算表中的本年还本额；其二为流动资金借款本金偿还，一般发生在计算期的最后一年。借款利息支付额来源于总成本费用的估算表中的利息支出。

③ 项目计算期各年的净现金流量为各年现金流入量与当年现金流出间的差额。

表 7-7 财务现金流量（自有资金） （单位：万元）

序号	项　目	合计	建设期		投产期		达 产 期			
			1	2	3	4	5	6	…	n
	生产负荷（%）									
1	现金流入									
1.1	产品销售收入									
1.2	回收固定资产余值									
1.3	回收流动资金									
1.4	其他收入									
2	现金流出									
2.1	自有资金									
2.2	借款本金偿还									
2.3	借款利息支出									
2.4	经营成本									
2.5	销售税金及附加									
2.6	所得税									
3	净现金流量（1－2）									

计算指标：财务内部收益率 $FIRR$ =

财务净现值 $FNPV$ =（i_c = %）=

（2）损益表的编制

损益表是反映项目在计算期内各年的利润总额、所得税及税后利润的分配情况。损益表的格式见表7-8。

利润总额的计算公式为：

$$利润总额 = 营业利润 + 投资净收益 + 营业外收支净额$$

其中：

$$营业利润 = 主营业务利润 + 其他业务利润 - 管理费用 - 财务费用$$

$$主营业务利润 = 主营业务收入 - 主营业务成本 - 销售税金及附加$$

$$营业外收支净额 = 营业外收入 - 营业外支出$$

表中产品销售（营业）收入、销售税金及附加、总成本费用的各年度数据均取自相应的辅助报表。利润总额为产品销售（营业）收入减销售税金及附加再减总成本费用后的值。所得税为应纳税所得额与所得税税率的乘积。税后利润为利润总额与所得税的差值。弥补损失主要包括支付被没收的财物损失，支付各项税收的滞纳金和罚款，弥补上年度的亏损。税后利润按法定盈余公积金、公益金、应付利润及未分配利润等项进行分配。

表 7-8 损益表 （单位：万元）

序号	项　目	合计	投产期		达 产 期			
			3	4	5	6	…	n
	生产负荷（%）							
1	销售（营业）收入							
2	销售税金及附加							

（续）

序号	项　目	合计	投产期		达 产 期			
			3	4	5	6	…	*n*
3	总成本费用							
4	利润总额（1－2－3）							
5	所得税（33%）							
6	税后利润（4－5）							
7	弥补损失							
8	法定盈余公积金							
9	公益金							
10	应付利润							
11	未分配利润（6－7－8－9－10）							
12	累计未分配利润							

（3）资金来源与资金运用表的编制

资金来源与资金运用表是用来反映项目资金活动全貌的。编制该报表时，首先计算项目计算期内各年的资金来源与资金运用，然后再根据两者之间的差额来反映项目各年资金的盈余或短缺情况。一般资金来源与资金运用表用于资金筹措方案的选择，以及制定适宜的借款及偿还计划，并为编制资产负债表提供依据。资金来源与资金运用表见表7-9。

表7-9　资金来源与资金运用表　（单位：万元）

序号	项　目	合计	建设期		投产期		达 产 期			
			1	2	3	4	5	6	…	*n*
	生产负荷（%）									
1	资金来源									
1.1	利润总额									
1.2	折旧费									
1.3	摊销费									
1.4	长期借款									
1.5	流动资金借款									
1.6	短期借款									
1.7	资本金									
1.8	其他资金									
1.9	回收固定资产余值									
1.10	回收流动资金									
2	资金运用									
2.1	固定资产投资									
2.2	建设期贷款利息									
2.3	流动资金									

（续）

序号	项　　目	合计	建设期		投产期		达　产　期			
			1	2	3	4	5	6	…	n
2.4	所得税									
2.5	应付利润									
2.6	长期借款还本									
2.7	流动资金借款还本									
2.8	其他短期借款还本									
3	盈余资金（1－2）									
4	累计盈余资金									

1）利润总额、折旧费、摊销费均来源于损益表、固定资产折旧费估算表、无形及递延资产摊销估算表。

2）长期借款、流动资金借款、其他短期借款、自有资金及其他项的数据均来源于投资计划与资金筹措表。其中，在建设期长期借款当年应计利息若未用自有资金支付，应计入当年的长期借款额。其他短期借款主要指为解决当年资金短缺的情况而产生的短期借款，其利息计入当年的财物费用，而本金在下一年度偿还。

3）回收固定资产余值及回收流动资金见全部投资现金流量表的有关说明。

4）固定资产投资、建设期贷款利息及流动资金的数据均来源于投资计划与资金筹措表。

5）所得税及应付利润数据来源于损益表。

6）长期借款本金偿还额为借款还本利息计算表中本年还本数；流动资金借款本金则一般在项目计算期末一次偿还；其他短期借款本金偿还额为上年度其他短期借款额。

7）盈余资金为资金来源与资金运用的差额。

8）累计盈余资金为当年及以前各年盈余资金之和。

（4）资产负债表的编制

资产负债表反映项目计算期内各年末资产、负债和所有者权益的增减变化及对应关系，用于考察项目资产、负债、所有者权益的结构是否合理，进行清偿能力分析。资产负债表的编制的依据是“资产＝负债＋所有者权益”，报表格式见表7-10。

表7-10　资产负债表　（单位：万元）

序号	项　　目	合计	建设期		投产期		达　产　期			
			1	2	3	4	5	6	…	n
1	资产									
1.1	流动资产									
1.1.1	应收账款									
1.1.2	存货									
1.1.3	现金									
1.1.4	累计盈余资金									

（续）

序号	项目	合计	建设期		投产期		达产期			
			1	2	3	4	5	6	…	n
1.1.5	其他流动资产									
1.2	在建工程									
1.3	固定资产									
1.3.1	原值									
1.3.2	累计折旧									
1.3.3	净值									
1.4	无形及递延资产净值									
2	负债及所有者权益									
2.1	流动负债总额									
2.1.1	应付账款									
2.1.2	流动资金借款									
2.1.3	其他流动负债									
2.2	中长期借款									
	负债小计									
2.3	所有者权益									
2.3.1	资本金									
2.3.2	资本公积金									
2.3.3	累计盈余公积金									
2.3.4	累计未分配利润									

清偿能力分析：1. 资产负债率
2. 流动比率
3. 速动比率

1）资产由流动资产、在建工程、固定资产净值、无形及递延资产净值四项组成。

2）负债包括流动负债和长期负债。流动负债中的应付账款数据来源于流动资产估算表。流动资金借款、其他短期借款及长期借款均指借款余额，数据均来源于资金来源与运用表中的相应本金偿还项进行计算。

3）所有者权益包括资本金、资本公积金、累积盈余公积金及累计未分配利润。其中累计未分配利润来源于损益表；累计盈余公积金为损益表中盈余公积金项各年的累积值；资本金为项目投资中累计自有资金。资本公积金为累计资本溢价及赠款，转增资本金时资产负债表应进行相应地调整，使其满足等式：资产 = 负债 + 所有者权益。

（5）财务外汇平衡表的编制

财务外汇平衡表主要用于有外汇的项目，反映项目计算期内的外汇余缺程度，从而进行外汇平衡分析。

3. 财务评价指标体系与方法

（1）财务评价指标的分类

1）按是否考虑时间价值，可分为静态经济评价指标和动态经济评价指标。

① 静态经济评价指标，静态投资回收期、借款偿还期、投资利润率、投资利税率、资本金利润率、资产负债率、流动比率和速动比率。

② 动态评价指标：动态投资回收期、财务净现值和财务内部收益率。

2）按指标的性质分类，可分为时间性指标、价值性指标和比率性指标。

① 时间性指标：投资回收期和借款偿还期。

② 价值性指标：财务净现值。

③ 比率性指标：财务内部收益率、投资利润率、投资利税率、资本金利润率、资产负债率、流动比率和速动比率。

（2）财务评价的方法

1）财务盈利能力评价。

① 净现值（*NPV*）：净现值是指将计算期内各年的净现金流量，按照给定的标准折现率（基准收益率）折现到建设期期初的现值之和。它是考察项目在计算期内盈利能力的主要动态评价指标。其计算公式如下：

$$NPV = \sum_{t=0}^{n}(CI - CO)_t(1 + i_c)^{-t}$$

式中 NPV——财务净现值；

$(CI-CO)_t$——第 t 年的净现金流量；

CI——现金流入量；

CO——现金流出量；

n——计算期；

i_c——标准折现率。

当项目的财务净现值大于或等于零时，则项目可行；反之则不可行。

② 内部收益率（*IRR*）：内部收益率是指在当整个计算期内各年净现金流量的现值之和等于零时的折现率。其计算公式如下：

$$\sum_{t=0}^{n}(CI - CO)_t(1 + IRR)^{-t} = 0$$

式中 IRR——财务内部收益率

一般情况下，当财务内部收益率大于或等于行业基准收益率时，项目可行；反之则不可行。

③ 投资回收期：投资回收期可分为静态投资回收期和动态投资回收期。

（a）静态投资回收期：静态投资回收期是指以项目每年的净收益收回全部投资所需的时间，是考察项目财务上投资回收能力的重要指标。计算公式如下：

$$\sum_{t=0}^{P_t}(CI - CO)_t = 0$$

式中 P_t——静态投资回收期。

通常静态投资回收期可根据累计净现流量计算，计算公式如下：

$$\begin{aligned}P_t =\ & \text{累计净现金流量开始出现正值的年份} - 1 \\ & + \text{上一年累计净现金流量的绝对值} / \text{当年净现金流量}\end{aligned}$$

当静态投资回收期小于或等于基准投资回收期时，项目可行；反之，项目不可行。

(b) 动态投资回收期：动态投资回收期是指在考虑资金的时间价值的情况下，以每年的净收益回收项目全部投资所需的时间。其计算公式如下：

$$\sum_{t=0}^{P'_t}(CI-CO)_t(1+i_c)^{-t}=0$$

式中 P'_t——动态投资回收期。

一般在实际运用中，动态投资回收期用以下公式计算：

P'_t = 累计净现金流量现值开始出现正值的年份 − 1
+ 上一年累计净现金流量现值的绝对值 / 当年净现金流量现值

当动态投资回收期不大于项目寿命期时，项目可行；反之，项目不可行。

④ 投资收益率：是指在项目达到设计能力后，其每年的净收益与项目全部投资之间的比率。它是考察项目单位投资盈利能力的指标。其计算公式如下：

投资收益率 = 年净收益 / 项目全部投资 × 100%

当投资收益率大于或等于行业平均的投资收益率时，项目可行；反之，则不可行。

投资收益率可分为：投资利润率、投资利税率和资本金利润率等指标。

其中：

投资利润率 = 年利润总额 / 项目全部投资 × 100%

投资利税率 = (年利润总额 + 销售税金及附加) / 项目全部投资 × 100%

资本金利润率 = 税后利润 / 资本金 × 100%

2）清偿能力评价。偿债能力分析是考察项目还款能力，也是所有投资者最为关心的，因此是财务分析中的一项重要内容。包括贷款偿还期分析、资产负债率、流动比率和速动比率等。

① 贷款偿还期分析：一般在计算中，贷款利息作如下假设：长期借款，当年贷款按半年计息，当年还款按全年计息，流动资金借款及其他短期借款按全年计息。贷款还偿期计算公式如下：

贷款偿还期 = 偿还借款本金的资本来源大于年初借款本息累计的年份 − 开始借款的年份
+ (年初借款本息累计 / 当年实际偿还本金的来源)

当贷款偿还期小于借款合同规定的期限时，项目可行；反之，项目不可行。

② 资产负债率：资产负债率反映项目各年所面临的风险程度及偿债能力的指标。计算公式如下：

资产负债率 = 负债总额 / 资产总额 × 100%

一般情况下，该比率越低越好，但由于资产负债率的高低还体现了负债资金的程度，所以该项指标应适当。

③ 流动比率：流动比率反映项目各年偿付流动负债能力的指标。计算公式如下：

流动比率 = 流动资产总额 / 流动负债总额 × 100%

一般情况下，该比率越高说明短期偿债能力越强，但有时可能会导致流动资产利用率过于低下，因此流动比率一般应大于200%。

④ 速动比率：速动比率反映项目快速偿付流动负债能力的指标。计算公式如下：

速动比率 = 速动资产总额 / 流动负债总额 × 100%

一般情况下，该项指标为1左右较好。

7.2　项目设计阶段的投资控制

7.2.1　设计方案的优选和优化

1. 设计方案的优选

（1）设计方案评价原则

为了提高工程建设投资效果，从选择建设场地和工程总平面布置开始，直到最后结构零件的设计，都应进行多方案的比选，从中选取技术先进、经济合理的最佳设计方案。在设计方案优选的过程中，应遵循以下原则：

1）必须处理好经济合理性与技术先进性之间的关系。经济合理性即要求工程造价尽可能的低，但有时会出现一味讲究经济效益而忽视项目功能的情况。而技术先进性则要求项目在技术上先进，功能上完美，但有时可能造成造价偏高。因此，经济合理性和技术先进性是一对矛盾体，如何处理好两者的关系，是设计者的首要任务。

2）必须兼顾工程造价和使用成本的关系。在项目建设过程中，往往以工程造价控制为目标。但在控制工程造价的同时，还必须满足项目的功能水平和项目的工程质量。如果过多地降低工程造价而降低了项目的功能水平，则在今后的使用过程中会增加使用成本；同样，如果由于减低工程造价而影响了工程质量，则会增加使用过程中的维修费用。这些都造成项目全寿命费用的增加。所以，方案的设计必须考虑项目的全寿命费用，即工程造价和使用成本。在进行方案比选过程中，应选择项目全寿命费用最低的方案为最优方案。

3）必须兼顾近期与远期的要求。如果设计方案为了节约造价，而只满足近期的功能要求，不考虑远期功能的需要，这样在使用若干年后，由于原有功能不能满足发展的需要而增加技术改造的费用，从而造成工程造价的增加，投资的浪费。因此，设计人员必须兼顾工程近期和远期的需要，进行多方案的必选，考虑长远发展的需要而适当提高功能水平。

（2）工程设计方案评价的内容

1）工业建筑设计评价的内容。工业建筑设计评价的内容见表7-11。

表7-11　工业建筑设计评价的内容

序　号	一级评价指标	二级评价指标
1	总平面设计	厂区占地面积
2		新建建筑面积
3		厂区绿化面积
4		绿化率
5		建筑密度
6		土地利用系数
7		经营费用

（续）

序　　号	一级评价指标	二级评价指标
8	工艺设计	生产能力
9		工程定员
10		主要原材料消耗
11		公用工程系统消耗
12		年运输量
13		三废排数量
14		净现值
15		差额内部收益率
16	建筑设计	单位面积造价
17		建筑物周长与建筑面积比
18		厂房展开面积
19		厂房有效面积与建筑面积比
20		建设投资

2）民用建筑设计方案评价的内容。民用建筑一般包括公用建筑和住宅建筑两大类。公用建筑设计方案评价的内容见表7-12。住宅建筑设计方案评价的内容见表7-13。

表7-12　公用建筑设计方案技术经济评价指标

序　　号	一级评价指标	二级评价指标
1	设计主要特征	建筑面积
2		建筑层数
3		建筑结构类别
4		地震设防等级
5		耐火等级
6		建设规模
7		建设投资
8	面积及面积系数	用地面积
9		建筑物占地面积
10		构筑物占地面积
11		道路、广场、停车场等占地面积
12		绿化面积
13		建筑密度
14		平面系数
15		单方造价

（续）

序　　号	一级评价指标	二级评价指标
16	能源消耗	总用水量
17		总采暖耗热量
18		总空调冷量
19		总用电量
20		总燃气量

表 7-13　住宅建筑设计方案设计经济评价指标

序　　号	一级评价指标	二级评价指标
1	平面空间布置	平均每套卧室、起居室数
2		平均每套良好朝向卧室、起居室数
3		平均空间布置合理程度
4		家具布置适宜程度
5		储藏设施
6	平面指数	建筑面积
7		建筑层数
8		建筑层高
9		建筑密度
10		建筑容积率
11		使用面积系数
12		绿化率
13		单方造价
14	物理性能	采光
15		通风
16		保温与隔热
17		隔声
18	厨卫	厨房
19		卫生间
20	安全性	安全措施
21		结构安全
22		耐用年限
23	建筑艺术	室内效果
24		外观效果
25		环境效果

（3）优选方案的方法

优选方案的方法一般包括综合评价法、静态评价法、动态评价法三种。

1）综合评价法。综合评价法就是根据建设项目不同的功能要求和使用目的，设置若干个设计方案的技术经济评价指标，并按照这些指标在项目中的重要性分配权重，然后有关专家对各设计方案的评价指标的满意度进行评分，最后计算各方案的综合得分，由此选择综合得分最高的设计方案为最优方案。其计算公式如下：

$$S = \sum_{i=1}^{n} S_i W_i$$

式中 S——设计方案的综合得分；

S_i——各设计方案在 i 评价指标上的得分；

W_i——评价指标 i 的权重；

n——评价指标数。

2）静态评价法。静态评价法就是在多个设计方案寿命期相同，并能满足相同需要，不考虑资金时间价值的情况下，比较各设计方案的项目总费用，总费用最低，则该方案为最优。总费用计算公式如下：

$$PC = K + C \times P_{\mathrm{c}}$$

式中 PC——总费用；

K——建设费用；

C——年生产费用；

P_{c}——基准投资回收期。

3）动态评价法。动态评价法就是在考虑资金时间价值的情况下，对多个设计方案进行优选。其方法如 7.1.3 内容。

2. 设计方案的优化的途径

（1）通过设计招标和设计方案竞选优化设计方案

一般建设单位可以通过设计招投标来进行方案的优化。建设单位公开发布拟建工程的设计任务招标公告，吸引有相应资质的设计单位参加设计招标和设计方案竞选。通过一定的招投标程序，由专家组成的评标委员会采用科学的方法，按照经济、适用、美观的原则，以及技术先进、功能全面、结构合理、安全适用、满足建设节能及环境等要求，综合评定各方案的优劣，从中选取最佳设计方案，或对方案进一步地改进和优化。

（2）运用价值工程优化设计方案

价值工程是用最低寿命周期成本可靠地实现使用者所需的功能，并着重于功能分析的有组织的活动。价值、功能和成本三者的关系如下：

$$价值 = \frac{功能}{成本}$$

价值工程的目的就是以研究对象的最低寿命周期成本可靠地实现使用者所需的功能，以获得最佳的综合效益。价值的高低取决于功能和成本两个因素。一般可以通过以下 5 种方式提高价值：提高功能和降低成本同时进行；保持成本不变的情况下，提高功能水平；保持功能不变的情况下，降低成本；成本略微增加，但功能水平大幅度增加；功能水平略微下降，但成本大幅度下降。

价值工程是一项有组织的活动，一般工作程序是：对象选择→收集整理信息资料→功能分析→功能评价→方案创新与评价。

运用价值工程对方案优化，主要是利用加权评分法，计算不同方案的综合得分（价值系数)，反映方案功能和费用的比例，选择合理的方案，进行效果评价。基本步骤如下：

1）确定各项功能重要性系数。

功能重要性系数又称功能权重，确定功能权重的方法由 0～1 评分法、0～4 评分法、环比评分法等。计算公式为：

$$某功能评价系数 = \sum \frac{该功能对各评价指标得分 \times 该指标权重}{各评价指标得分之和}$$

2）计算方案的成本系数。计算公式为：

$$某方案成本系数 = 该方案成本 / 各方案成本之和$$

3）计算方案的价值系数。计算公式为：

$$某方案价值系数 = 该方案功能评价系数 / 该方案成本系数$$

4）比较各方案的价值系数。

5）进行效果评价，以价值系数最大的方案为最佳方案。

【例 7-8】 某住宅工程项目设计人员根据业主的要求，提出甲、乙、丙三个方案，邀请专家进行论证。专家从五个方面（以 f_1～f_5 表示）对方案的功能进行评价，各方案的功能得分见表 7-14。各功能的重要性分析如下：f_3 相对 f_4 很重要，f_3 相对 f_1 较重要，f_2 相对 f_5 同样重要，f_4 相对 f_5 同样重要。如建设规模为 12000m^2，甲、乙、丙三个方案的单位造价分别为 1685 元/m^2、1585 元/m^2、1750 元/m^2。试运用价值系数法选择最优方案，并评价效果。

表 7-14 方案各功能得分表

功能名称	方案功能得分		
	甲	乙	丙
f_1	8	7	10
f_2	9	9	9
f_3	10	5	6
f_4	6	8	8
f_5	9	9	10

【解】 根据各功能之间的关系，运用 0～4 评分法，得出功能评分见表 7-15。

表 7-15 功能权重计算表

	f_1	f_2	f_3	f_4	f_5	得分	权 重
f_1	×	3	1	3	3	10	10/40 = 0.25
f_2	1	×	0	2	2	5	5/40 = 0.125
f_3	3	4	×	4	4	15	15/40 = 0.375
f_4	1	2	0	×	2	5	5/40 = 0.125
f_5	1	2	0	2	×	5	5/40 = 0.125
合 计						40	1.000

然后再计算功能系数：将各方案的各功能得分与该功能的权重相乘，汇总后得到该方案的功能加权得分。

$$W_{甲} = 8 \times 0.25 + 9 \times 0.125 + 10 \times 0.375 + 6 \times 0.125 + 9 \times 0.125 = 8.75$$

$W_{乙} = 7 \times 0.25 + 9 \times 0.125 + 5 \times 0.375 + 8 \times 0.125 + 9 \times 0.125 = 6.875$

$W_{丙} = 10 \times 0.25 + 9 \times 0.125 + 6 \times 0.375 + 8 \times 0.125 + 10 \times 0.125 = 8.125$

$W = W_{甲} + W_{乙} + W_{丙} = 8.75 + 6.875 + 8.125 = 23.75$

各方案的功能系数为：

$F_{甲} = 8.75/23.75 = 0.368$

$F_{乙} = 6.875/23.75 = 0.290$

$F_{丙} = 8.125/23.75 = 0.342$

各方案的成本系数：

$C_{甲} = 1685/(1685 + 1585 + 1750) = 0.336$

$C_{乙} = 1585/(1685 + 1585 + 1750) = 0.316$

$C_{丙} = 1750/(1685 + 1585 + 1750) = 0.348$

各方案的价值系数：

$V_{甲} = F_{甲}/C_{甲} = 0.368/0.336 = 1.095$

$V_{乙} = F_{乙}/C_{乙} = 0.290/0.316 = 0.918$

$V_{丙} = F_{丙}/C_{丙} = 0.342/0.348 = 0.983$

由于甲方案的价值系数最大，所以甲方案为最佳方案。

根据近年来，当地同类建筑的每平方米建筑面积的造价为1850元，而方案甲为1685元，可节约投资8.92%，12000m^2的规模可以节省投资198万元。

（3）推广标准化设计，优化设计方案

标准化设计是指对各类工程建设的构件、配件、零部件，通用的建筑物、构筑物、公用设施等制定统一的设计标准、统一的设计规范。其目的就是获得最佳的设计方案，取得最佳的社会效益。它是工程建设标准化的组成部分。其基本原理概括为“统一、简化、协调、择优”。推广标准化设计有益于降低设计成本和工程成本，提高设计的正确性和科学性，缩短建设周期。

（4）实施限额设计，优化设计方案

限额设计是在资金一定的情况下，尽可能提高工程功能水平的一种设计方法，也就是优化设计方案的一个重要手段。

7.2.2 设计概算的编制和审查

1. 设计概算的编制

设计概算是指在工程建设项目初步设计（或扩大初步设计）阶段，在投资估算的控制下，由设计单位根据初步设计（或扩大初步设计）图样，概算定额（或概算指标），设备、材料预算价格，各项费用定额或取费标准（指标），建设地区自然、技术经济条件等资料，编制和确定的建设项目从筹建至竣工交付使用（或生产）所需全部费用的文件。

（1）设计概算的作用

1）设计概算是编制建设项目投资计划、确定和控制建设项目投资的依据。

2）设计概算是衡量设计方案经济合理性和选择最佳设计方案的依据。

3）设计概算是工程造价管理及编制招标标底和投标报价的依据。

4）设计概算是控制施工图设计及施工图预算的依据。

5）设计概算是考核和评价工程效果的依据。

（2）设计概算的内容

设计概算按照编制对象的不同可分单位工程概算、单项工程综合概算和建设项目总概算三级。如图7-1所示。

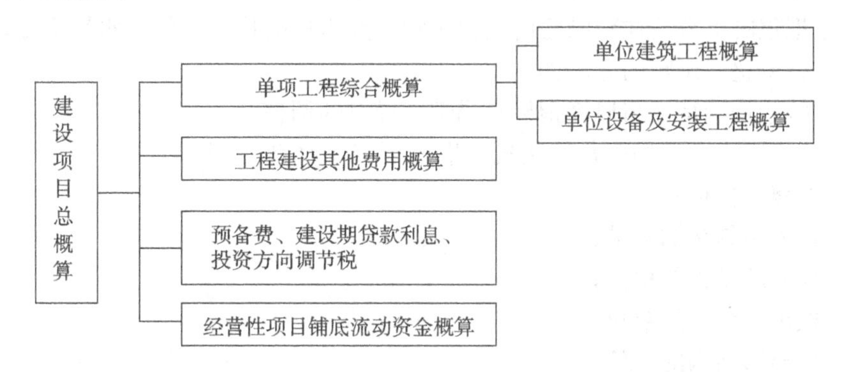

图7-1　单位工程概算、单项工程综合概算和建设项目总概算的关系

（3）设计概算的编制原则和依据

1）设计概算的编制原则：

① 严格遵循国家的建设方针和经济政策的原则。

② 完整、准确地反映设计内容的原则。

③ 如实地反映拟建工程的情况和工程所在地当期价格水平的原则。

2）设计概算的编制依据：

① 国家相关的建设方针、政策、法律法规、规章规程等文件。

② 批准的可行性研究报告及投资估算、设计图样等资料。

③ 有关部门颁发的现行概算定额、概算指标、费用定额等和建设项目设计概算编制方法。

④ 有关部门发布的人工、材料、设备的价格和当地的造价指数等资料。

⑤ 建设地区的经济、技术、自然条件等资料。

⑥ 有关合同、协议、类似工程的造价资料。

⑦ 其他有关资料。

（4）设计概算的编制方法

1）单位工程概算。单位工程概算分建筑工程概算和设备安装工程概算两大类。建筑工程概算的编制方法有：概算定额法、概算指标法、类似工程预算法等；设备安装工程概算的编制方法有：预算单价法、扩大单价法、设备价值百分比法和综合吨位指标法等。

① 建筑单位工程概算的编制方法：

（a）概算定额法。概算定额法又叫扩大单价法或扩大结构定额法。它是采用概算定额编制建筑工程概算的方法。它是根据初步设计图样资料和概算定额的项目划分计算出工程量，并套用概算定额单价（基价），计算汇总后，再计取有关费用，最后得出单位工程概算造价的一种编制方法。一般当拟建项目初步设计达到一定深度，建筑结构较为明确，能根据设计图样进行项目划分和各主要分部分项工程量计算时，就可采用此方法编制概算。

（b）概算指标法。概算指标法是用拟建的厂房、住宅的建筑面积（体积）乘以概算指标得出直接工程费，然后按规定计算出措施费、间接费、利润和税金等，编制出单位工程概算的方法。一般当设计深度不够，不能准确计算工程量，但工程采用的技术较为成熟且有类似概算指标可以利用时，可采用此种方法编制概算。

概算指标法较概算定额法更为综合、扩大和简略。但要合理地选用概算指标及正确调整和换算。由于拟建的工程往往和已建的类似工程概算指标的技术和价格水平不尽相同，因此必须对指标进行调整。调整的方法如下：

设计对象的结构和特征与概算指标有局部差异时的调整：

$$\text{结构变化修正概算指标} = Z + Q_1P_1 - Q_2P_2$$

式中 Z——原概算指标；

Q_1——换入新结构的数量；

P_1——换入新结构的单价；

Q_2——换出旧结构的数量；

P_2——换出旧结构的单价。

【例 7-9】 某普通办公楼。其建筑面积为 5000m^2，每平方米建筑面积的造价为 1350 元，其中土建工程为 1249. 94 元（其中外墙带形毛石基础为 42 元/m^2），采暖工程 56. 34 元，给排水工程为 34. 6 元，照明工程为 9. 12 元。现拟建一幢建筑面积为 13000m^2 新办公楼，设计与概算指标比较，其结构构件部分变更，采用外墙钢筋混凝土带形基础（71 元/m^2），其余不变。需对概算单价进行调整。求新建办公楼的造价。

【解】 调整后的概算指标 = (1249. 94 − 42 + 71 + 56. 34 + 34. 6 + 9. 12) 元/m^2

= 1379 元/m^2

拟建办公楼的造价 = 13000m^2 × 1379 元/m^2 = 1792. 7 万元

（c）类似工程预算法。类似工程预算法是利用技术条件与设计对象相类似的已完工程或在建工程的工程造价资料来编制拟建工程设计概算的方法。当拟建项目尚无完整的初步设计方案，或是概算定额与概算指标不全，而拟建的工程与已建的工程相似，可采用此种方法。

类似工程预算法适用于拟建工程初步设计与已完工程或在建工程的设计相类似又没有可用的概算指标时采用，但必须对建筑结构差异和价差进行调整。建筑结构差异的调整方法与概算指标法的调整方法相同；类似工程造价的价差调整常用的两种方法是：

类似工程造价资料有具体的人工、材料、机械台班的用量时，可按类似工程预算造价资料中的主要材料用量、工日数量、机械台班用量乘以拟建工程所在地的主要材料预算价格、人工单价、机械台班单价，计算出直接工程费，再乘以当地的综合费率，即可得到所需的造价指标。

类似工程造价资料只有人工、材料、机械台班费用和措施费、间接费时，可按下列公式调整：

$$D = A \times K$$

式中 D——拟建工程单方概算造价；

A——类似工程单方预算造价；

K——综合调整系数。

$$K = a\% \times K_1 + b\% \times K_2 + c\% \times K_3 + d\% \times K_4 + e\% \times K_5$$

$a\%$、$b\%$、…、$e\%$——类似工程预算中的人工费、材料费、机械台班费、措施费、间接费占预算造价的比重；

K_1、K_2、…、K_5——拟建工程地区与类似工程预算造价在人工费、材料费、机械台班费、措施费、间接费之间的差异系数。

② 设备安装单位工程概算的编制方法：设备安装工程费概算的编制是根据初步设计深度和要求明确程度来确定的，其主要编制方法有：

（a）预算单价法。当初步设计较深，有详细的设备清单时，则可以直接采用安装工程预算定额编制安装工程概算，概算编制程序与安装工程施工图预算程序基本相同。

（b）扩大单价法。当初步设计深度不够，设备清单不完备，只有主要设备或仅有成套设备的质量时，可采用主要设备、成套设备的综合扩大安装单价来编制概算。

（c）设备价值百分比法。设备价值百分比法又叫安装设备百分比法。当初步设计深度不够，只有设备出厂价而没有详细规格、质量时，安装费可按其占设备费的百分比计算。其百分比值由主管部门制定或由设计单位根据已完类似工程的资料总结确定。计算公式如下：

$$设备安装费 = 设备原价 \times 安装费率(\%)$$

（d）综合吨位指标法。当初步设计提供了设备的规格和质量时，可采用综合吨位指标编制概算。综合吨位指标由主管部门或设计单位根据已完类似工程的资料总结确定。计算公式如下：

$$设备安装费 = 设备吨位重 \times 每吨设备安装费指标(元/t)$$

2）单项工程综合概算的编制。单项工程综合概算文件一般包括编制说明（不编制总概算时列入）和综合概算表两部分。

① 编制说明。编制说明应列在综合概算表的前面，其内容包括编制依据、编制方法、主要设备、材料的数量和其他需要说明的有关问题。

② 综合概算表。综合概算是根据单项工程所辖范围内的各单位概算等基础资料，按照国家所规定的统一表格进行编制。对于工业建筑，其概算包括建筑工程和设备安装工程两大部分；民用建筑工程概算表就建筑工程一项。

3）建设项目总概算的编制。建设项目总概算一般包括：封面及目录、编制说明、总概算表、工程建设其他费用概算表、单项工程综合概算表、单位工程概算表、工程量计算表、分年度投资汇总表与分年度资金流量汇总表以及主要材料汇总表与工日数量表等。表 7-16 为某工业建设项目总概算。

2. 设计概算的审查

设计概算编制得准确合理，才能保证投资计划的真实性。审核概算的目的就是确保投资的准确、完整，防止扩大投资规模或出现漏项，减少投资缺口。

（1）审查设计概算的编制依据

审查采用的编制依据是否经过国家和授权机关的批准，是否符合国家现行的编制规定，并是否在规定的范围内使用。

（2）审查概算编制深度

1）审查编制说明。检查概算的编制方法、深度和编制依据等是否存在重大原则问题。因为一旦编制说明有差错，则具体的概算必定有差错。

2）审查概算编制深度。审查概算深度是否符合规定的“三级概算”。各级概算的编制、校对、审核是否按规定签署，或有无随意简化，有无把“三级概算”简化为“二级概算”。

表 7-16 某工业建设项目总概算

序号	主项号	工程项目或费用名称	建设规模（t/年）	概算价值										技术经济指标		占总投资额（%）	
				静态部分							动态部分		静、动态合计	静态指标	动态指标	静态部分	动态部分
				建筑工程费	设备购置费		安装工程费	其他	合计	其他外币（币种）	合计	其他外币（币种）					
					需安装设备	不需安装设备											
一		工程费用															
	1	主要生产工程															
	2	辅助生产工程															
	3	公用设施工程															
		小计															
二		工程建设其他费用															
	1	土地征用费															
	2	勘察设计费															
	3	其他															
		小计															
三		预备费															
	1	基本预备费															
	2	涨价预备费															
		小计															
四		投资方向调节税															
五		建设期贷款利息															
		固定资产投资合计															
六		铺底流动资金															
		建设项目概算总投资															

3）审查概算的编制范围。审查概算的编制范围及具体内容是否与主管部门批准的建设项目范围及具体工程内容一致；审查分期建设项目的建筑范围与具体内容有无重复交叉，是否重复计算或漏算；审查其他费用应列的项目是否符合规定，静态投资、动态投资和经营性项目铺底流动资金是否分别列出等。

（3）审查工程概算的内容

1）审查概算的编制是否符合党的方针、政策，是否根据工程所在地的自然条件编制。

2）审查建设规模、建设标准、配套工程、设计定员等是否符合已批准的可行性研究报告或立项批文的标准。

3）审查编制方法、计价依据和程序是否符合现行规定，包括定额或指标的适用范围和调整方法是否正确。

4）审查工程量是否正确。

5）审查材料用量和价格。

6）审查设备规格、数量和配置。

7）审查建筑安装工程各项费用的计取是否符合国家或地方有关部门的现行规定，计算程序与取费标准是否正确。

8）审查综合概算、总概算的编制内容、方法是否符合现行规定和设计文件的要求。

9）审查总概算文件的组成内容是否完整地包括了建设项目从筹建到竣工投产为止的全部费用组成。

10）审查工程建设其他各项费用。

11）审查项目的“三废”处理。

12）审查技术经济指标。

13）审查投资经济效果。

（4）审查设计概算的方法

1）对比分析法。对比分析法主要是通过建设规模、标准与立项批文对比；工程数量与设计图样对比；综合范围、内容与编制方法、规定对比；各项取费与规定标准对比；材料、人工单价与统一信息对比；引进设备、技术投资与报价要求对比；技术经济指标与同类工程对比等。通过上述对比，容易发现设计概算存在的主要问题和偏差。

2）查询核实法。查询核实法是对一些关键设备和设施、重要装置、引进工程图样不全、难以核算的较大投资进行多方查询核对，逐项落实的方法。

3）联合会审法。联合会审前，可先采取多种形式分头审查，包括设计单位自审，主管、建设、承包单位初审，工程造价咨询公司评审，邀请同行专家预审，审批部门复审等，经层层审查把关后，由有关单位和专家进行联合会审。在会审大会上，由设计单位介绍概算编制情况及有关问题，各有关单位、专家汇报初审、预审的意见。然后进行认真分析、讨论，结合对各专业技术方案的审查意见所产生的投资增减，逐一核实原概算出现的问题。经过充分协商，认真听取设计单位意见后，实事求是地处理和调整。

7.2.3　施工图预算的编制和审查

1. 施工图预算的编制

施工图预算是由设计单位在施工图设计完成后，根据施工图设计图样，现行预算定额，费用定额以及地区设备、材料、人工、施工机械台班等预算价格编制和确定的建筑安装工程造价的文件。

(1) 施工图预算的作用

1) 施工图预算是设计阶段控制工程造价的重要环节，是控制施工图设计不突破设计概算的重要措施。

2) 施工图预算是编制或调整固定资产投资计划的依据。

3) 对于实行施工招标的工程，施工图预算是编制标底的依据，也是承包企业投标报价的基础。

4) 对于不宜实行招标而采用施工图预算加调整价结算的工程，施工图预算可作为确定合同价款的基础或作为审查施工企业提出的施工图预算的依据。

(2) 施工图预算的内容

施工图预算以单位工程为对象进行编制。单位工程预算包括建筑工程预算和设备安装工程预算。建筑工程预算按工程性质分为一般土建工程预算、卫生工程预算（包括室内外给排水工程、采暖通风工程、煤气工程等）、电气照明工程预算、弱电工程预算、特殊构筑物（如炉窑、烟囱、水塔等）工程预算和工业管道工程预算等。设备安装工程预算分为机械设备安装工程预算、电气设备安装工程预算和热力设备安装工程预算等。

(3) 施工图预算编制的依据

1) 施工图样及说明书和标准图集。

2) 现行预算定额及单位估价表。

3) 施工组织设计或施工方案。

4) 人工、材料、机械台班预算价格及调价规定。

5) 建筑安装工程费用定额。

6) 预算员工作手册及有关工具书。

(4) 施工图预算的编制方法

1) 单价法。单价法是指用事先编制好的分项工程单位估价表来编制施工图预算的方法。即先按施工图计算各分项工程的工程量，并乘以相应单价，汇总得到单位工程的人工费、材料费、机械台班费之和，然后按规定程序计算措施费、间接费、利润和税金，最终得到单位工程的施工图预算造价。

2) 实物法。实物法是指根据施工图样计算出分项工程的工程量，然后套用相应的人工、材料、机械台班的预算定额用量，计算出单位工程所需的人工、材料、机械台班的总用量，再分别乘以工程所在地当时的人工、材料、机械台班的实际单价，得到单位工程的人工费、材料费和机械台班费，进而得到直接工程费，再按规定计取其他各项费用，最后汇总得到单位工程施工图预算造价。

2. 施工图预算的审查

施工图预算编制完成后，需要认真审查，对于提高预算的准确性、正确贯彻党和国家的有关方针政策、降低工程造价具有重要的现实意义。

施工图预算审查的内容主要是：审查工程量，设备、材料的预算价格，预算单价的套用，有关费用项目及计取是否符合现行规定等方面。

施工图预算审查的方法主要有：

(1) 全面审查法

全面审查又叫逐项审查法，就是按预算定额顺序或施工的先后顺序，逐一地全部进行审查的方法。其具体计算方法和审查过程与编制施工图预算基本相同。此法的优点是全面、细致，经审查的工程预算差错比较少，质量比较高。缺点是工作量大。

(2) 标准预算审查法

对于利用标准图样或通用图样施工的工程，先编制标准预算，以此为标准审查预算的方法。按标准图样设计或通用图样施工的工程一般上部结构和做法相同，可集中力量细审一份预算或编制一份预算，作为这种标准图样的标准预算，或用这种标准图样的工程量为标准，对照审查，而对局部不同的部分作单独审查即可。此法的优点是时间短、效果好。缺点是只适应按标准图样设计的工程，适用范围小。

(3) 分组计算审查法

分组计算审查法是把预算中的项目划分为若干组，并把相邻且有一定内在联系的项目编为一组，审查或计算同一组中某个分项工程量，利用工程量间具有相同或相似计算基础的关系，判断同组中其他几个分项工程量计算的准确程度的方法。

(4) 对比审查法

对比审查法是用已建成工程的预算或虽未建成但已审查修正的工程预算对比审查拟建的类似工程预算的一种方法。一般根据工程的不同条件可以分为以下几种情况：

1）两个工程采用同一施工图，但基础部分和现场条件不同。其新建工程基础以上部分可采用对比审查法；不同部分可分别采用相应的审查方法。

2）两个工程设计相同，但建筑面积不同。根据两个工程建筑面积之比和两个工程分部分项工程量之比基本一致的特点，可审查新建工程分部分项工程的工程量，或者用两个工程每平方米建筑面积造价以及每平方米建筑面积的分部分项工程量，进行对比审查。如果基本相同，说明新建工程预算正确；反之，说明新建工程预算有问题。

3）两个工程的面积相同，但设计图样不完全相同。可以把相同部分进行工程量的对比审查，不能对比的部分按图样计算。

(5) 筛选审查法

筛选法是统筹法的一种，也是一种对比方法。建筑工程虽然有建筑面积和高度的不同，但是它们的各个分部分项工程的工程量、造价、用工量在每个单位面积上的数值变化不大，把这些数据加以汇集、优选、归纳为工程量、造价（价值）、用工三个单方基本值表，并注明其适用的建筑标准。这些基本值犹如“筛子孔”，用来筛选各分部分项工程，筛下去的就不审查了，没有筛下去的就意味着此分部分项的单位建筑面积数值不在基本值范围之内，应对该分部分项工程详细审查。当所审查的预算建筑面积标准与“基本值”所适用的标准不同，就要对其进行调整。此法的优点是简单易懂，便于掌握，审查速度和发现问题快。但解决差错分析其原因需继续审查。因此，此法适用于住宅工程或不具备全面审查条件的工程。

(6) 重点抽查法

重点抽查法是抓住工程预算中的重点进行审查的方法。审查的重点一般是：工程量大或造价较高、工程结构复杂的工程，补充单位估价表，计取各项费用（计费基础、取费标准等）。此法的优点是重点突出，审查时间短、效果好。

(7) 利用手册审查法

此法是把工程中常用的构件、配件事先整理成预算手册，按手册对照审查的方法。

（8）分解对比审查法

一个单位工程，将直接费与间接费进行分解，然后再把直接费按工种和分部工程进行分解，分别与审定的标准预算进行对比分析的方法，叫分解对比审查法。

7.3 项目招投标阶段的投资控制

7.3.1 建设工程招标标底的确定

1. 工程招标标底的编制与审查

标底是指由招标人编制的完成招标项目所需的全部费用，是根据国家规定的计价依据和计价办法计算出来的工程造价，是招标人对建设工程的期望价格。

（1）工程招标标底编制的原则

1）编制依据具有可靠性。标底编制应根据设计图样及有关资料、招标文件，参照行政主管部门发布的社会平均消耗量定额、地区预算定额及建设项目工程量清单计价规范，以及市场要素价格等。

2）标底作为招标人的期望价格，应力求与市场的实际变化吻合，要利于竞争和保证工程质量。

3）标底应由直接费、间接费、利润、税金等组成，一般应控制在批准的建设工程投资估算或总概算（修正概算）以内。

4）标底应考虑人工、材料、设备、机械台班等价格因素，还应考虑措施费及不可预见费、预算包干费、现场因素、保险等。采用固定价格的，还应考虑工程的风险金等。

5）一个工程只能编制一个标底。

6）工程标底编制完成后应及时封存，在开标前应严格保密，所有接触工程标底的人员都负有保密的职责，不得泄露。

（2）工程招标标底的编制程序

1）确定标底的编制单位。标底由招标单位自行编制或委托有资质的设计单位、造价咨询公司或招标代理机构编制标底。

2）收集编制资料。标底编制需要收集建设行政主管部门制定的有关工程造价的文件、规定，设计文件、施工图样、施工技术说明，拟采用的施工组织设计、施工方案、施工技术措施等，工程定额、市场价格信息等。

3）参加交底会及现场勘察。

4）编制标底。

5）审核标底价格。

（3）标底文件的主要内容

1）标底的编制单位名称、编制人员职业资格证章等。

2）标底的综合编制说明。

3）标底价格审定书、标底价格计算书、带有价格的工程量清单、现场因素、各种施工措施费的测算明细以及采用固定价格工程的风险系数测算明细等。

4）主要人工、材料、机械设备用量表。

5）标底附件。包括各项交底的纪要，各种材料和设备的价格来源说明，现场的水文、地质资料，施工方案等。

（4）标底价格的编制方法

按照国家有关部门的规定，编制标底时，分部分项工程单价可采用工料单价法或综合单价法。我国现行建设工程施工招标标底的编制，主要采用定额计价法和工程量清单计价法。

1）定额计价法。定额计价法编制标底采用的是分部分项工程量的工料单价法，仅包括人工、材料、机械费用。工料单价法又分为单位估价法和实物量法两种。

① 单位估价法。其具体做法是根据施工图样等资料，按照预算定额规定的分部分项工程子目，逐项计算出工程量，再套用定额单价（或单位估价表）确定直接费，然后按规定费用定额确定措施费、间接费、利润和税金，再加上材料调价系数和适当的不可预见费，汇总后即为标底的基础。

② 实物量法。用实物量法编制标底时，先用计算出的各分项工程实物工程量，分别套取预算定额中的人工、材料、机械消耗指标，并按类相加，求出单位工程所需的各种人工、材料、施工机械台班的总消耗量，然后分别乘以当时当地的人工、材料、施工机械台班市场单价，得到人工费、材料费、施工机械台班费，然后汇总求和。对于措施费、间接费、利润和税金等费用的计算规则根据当时当地建筑市场的供求情况给予具体确定。

2）工程量清单计价法。工程量清单计价法采用的是综合单价，综合单价包括完成规定计量单位的合格产品所需的人工费、材料费、施工机械使用费、管理费、利润以及考虑风险因素的全部费用。

用综合单价编制标底价格，要根据统一的项目划分，按照统一的工程量计算规则计算工程量，形成工程量清单。接下来估算分项工程综合单价，该单价是根据具体项目分别估算的。综合单价确定以后，填入工程量清单中，再与分部分项工程量相乘得到合价，汇总后即得到标底价格。

2. 标底的审查

（1）审查的内容

1）标底计价依据是否正确。

2）标底价格的组成内容是否齐全。

3）标底价格的相关费用是否正确。

（2）审查的方法

标底审查的方法有：全面审查法、重点审查法、分解对比审查法、分组计算审查法、标准预算审查法、筛选法、应用手册审查法等。

7.3.2　标底价及中标价控制

标底价是招标人控制建设工程投资，确定工程合同价格的参考和依据；标底也是衡量、评审投标人投标报价是否合理的尺度和依据。因此，必须以严肃认真的态度和科学合理的方法进行编制，并应在实际工作中研究合理标底价的问题。

业主选择中标承包人，主要考虑三个方面的因素：质量、造价、工期。这三个方面存在既统一又互相制约的辩证关系。所谓统一是指必须全面考虑三个方面的因素，缺一不可；所谓互相制约是指压低造价，工期不变，可能会影响工程质量；缩短工期，造价不变，也会影响工程质量；提高质量，可能会提高工程造价；过度延长工期，也会增加工程造价。

从上述几个因素考虑，标底价及中标价的控制有以下几种方法：

1. 不低于工程成本的合理标底

根据2000年1月1日起实施的《中华人民共和国招标投标法》规定：以不低于工程成本的合理标底来选择中标承包人，是指在保证税金的前提下，标底价不能低于直接费与间接费之和。采用该方法控制标底符合我国的国情，较好地体现了价格竞争机制，使有能力的施工企业占据更多的市场份额，也使业主能以较少的投资获得较大的经济效益，从而促进建筑市场的充分发展。同样采用该方法控制标底，给投标单位营造了一个较大空间，可以在竞争机制的作用下达到降低工程造价的目的。这对于只要求获得合格建筑产品，在工期上有活动余地而资金筹措较困难的业主来说，是一个较好的选择。

不低于工程成本的合理标底的确定方法有：

1）选择与拟投标工程的结构类型相同、建筑面积相近、在近期完工的工程，将其工程成本数据资料作为确定拟投标工程合理底价的依据。

2）根据拟投标工程施工图和消耗量定额计算拟建工程的人工、材料、机械台班消耗量。

3）根据拟投标工程的人工、材料、机械台班消耗量和对应的市场价格计算直接费。

4）根据已完工程的间接费费率、利润率和计算基数，计算拟投标工程的间接费和利润。

5）计算拟投标工程的正常报价。

6）根据已完工程的成本数据和投标决策，将拟投标工程的正常报价调整为合理低价。

7）对比分析合理低价的降低幅度。

2. 综合评分法确定中标单位

综合评分法是对投标单位的报价、质量、工期、社会信誉等方面分别评分，然后选择总分最高的投标单位为中标单位的评标方法。确定中标单位的主要依据是报价合理、能保证质量和工期、经济效益好、社会信誉高。

报价合理是指报价与标底价较为接近。但并不是报价越低越好，一般报价的浮动不应超过审定标底价格的±5%。

投标单位提交的施工方案，在技术上应达到国家规定的质量验收规范的合格标准，所采用的施工方法和技术措施能满足建设工程的要求。招标单位如要求更高的工程质量，则应考虑施工单位能否保证达到这一目标的实现，同时还应考虑优质优价的因素。

建设工程应根据建设部颁发的工期定额以及考虑采取技术措施和改进管理办法后适度地压缩的工期。若招标工程有工期提前的要求，则投标工期应接近或者少于标底所规定的工期。

企业的社会信誉高是指投标单位过去执行承包合同的情况良好，承建的类似工程质量好，造价合理，工期适当等。一般以优质工程年竣工面积、近两年获得的“鲁班奖”等工程质量奖、上年度安全生产情况、工程项目班子业绩等为指标，进行定量评分，加权评分后汇总计算。

评标方法为：

1）确定评标定标目标。

2）评标定标目标的量化。

3）确定各评标定标量化指标的相对权重，对于不同的工程项目，由于侧重不同，因此各个评标定标指标的权重也不相同。

4）对投标单位进行综合评分。

3. 以各投标报价的算术平均值为评标标底价

工程招标时按需编制标底，开标时先判断各投标报价是否在标底的 ±5%（或另外确定的范围），将在此范围内的各投标报价确定为有效报价，再将各有效报价的算术平均值确定为评标标底。以最为接近评标标底的投标报价为中标价，或以评标标底为依据计算各投标报价的分值。

评标的方法为：

1）编制工程标底。

2）以标底的 ±5% 范围内为有效报价，筛选有效报价。

3）确定评标标底，评标标底 = ∑有效报价/有效投标个数。

4）计算最接近评标标底的投标报价分值，并排序，排名第一的投标报价得分最高。

4. 投标报价算术平均值与标底价加权平均来确定中标价

首先确定投标报价算术平均值和标底价各自的权重，然后计算评标标底，最接近评标标底的投标报价得高分。技术评标和商务评标得分最高者为中标单位。

评标的方法为：

1）确定权重。权重在招标文件中应当明确，如投标报价算术平均值和标底价格占50%，或投标报价算术平均值、标底价各占40%，60%等。

2）计算评标标底。开标后，首先去掉一个最高报价和一个最低报价，再将剩余的投标报价算术平均得出投标报价算术平均值。然后根据权重、投标报价算术平均值、标底价计算评标标底。

3）计算投标报价的接近评标标底程度。计算公式如下：

投标报价的接近评标标底程度 = ｜投标报价 - 评标标底｜/ 评标标底 × 100%

5. 用工程单价法编制标底价

工程单价法编制标底价是指根据工程量清单，分别确定各分项工程的完全工程单价后，再计算工程标底价的方法。由于按照现行招标投标实施办法规定：招标文件中应包含招标工程的工程量清单。由于工程量项目和工程量是统一的，因此中标的关键是工程单价的高低，所以编制合理的完全工程单价是编制工程标底的关键。

完全工程单价法编制标底的意义有：

（1）能明显反映出各投标报价的水平

由于采用统一的工程量清单，采用工程单价法编制标底后，各投标报价与标底价的差额能明显反映出各施工企业的报价水平，能为选择中标单位提供明确的数字依据。

（2）工程单价固定，工程量按实调整

施工单位一旦中标后，其工程单价一般不允许调整。但工程量可以按实调整。这样就将投标的侧重点放在工程单价的报价上，而不会出现由于工程量计算错误而影响投标报价或标底的准确性。

(3) 调整工程造价简单方便

在签订合同后到竣工验收的整个过程中，由于多方面原因，总会发生减少或增加若干项目的情况。用完全工程单价法调整工程造价非常方便，容易操作。

6. 异地编制标底

为了避免本地编制标底，出现泄露标底的情况，可以采取异地编制标底的方式进行。就是行业协会有计划地联系若干个城市的标底编制小组成立协作网。当某地需要编制标底时，在招标主管部门的监督下，用随机的方式，选定异地编制标底的城市，然后将招标资料送达到编标小组，最后在规定的时间内将编好的标底密封后交给委托方。异地编制标底的意义是可以确保标底的保密性，此外，还可以充分利用技术力量，确保标底的质量。

异地编制标底的步骤是：

1) 招标单位向行业协会提出异地编制标底的申请。

2) 行业协会根据有关规定采用随机的方式选定编制标底的地点。

3) 将完整的招标文件送到指定的具有编制资格的编制小组或事务所。

4) 招标单位与编制单位签订异地编制标底的合同。

5) 编制小组按要求编制好标底后，按合同规定的时间将密封的标底送达到委托方。

7. 先分后合法

先分后合法是指当采用编制施工图预算的方法确定标底时，适当将单位工程划分为若干个分部工程，由若干个编制人员"背靠背"分别计算，然后在开标时再将各个分部汇总成一个完整的标底价。此法增强了标底的保密性，具有一定的现实意义。

8. 用工程主材费控制标底

用工程主材费控制标底是指在编制标底时，一律按招标单位规定的材料价格计算材料费，或主材费不列入标底价的控制法。

编制方法如下：

(1) 统一规定材料价格

首先一般招标单位统一规定的材料价格不能高于市场价；其次，新材料、高档材料应制定暂估价，执行价在工程建设中解决。统一规定材料价格的优点是：从整体上能实现控制工程造价的目标；当有工程量清单，材料价格也确定后，能降低报价与标底的误差率，增强标底的稳定性和可靠性；可以灵活地实施采用材料费包干或可调整的承包方式，使权利和义务很好地结合，使风险和利润机会并存。

(2) 不计主材费

这是安装工程和装饰工程在招标时比较适用的方法。此法目的是通过控制主材费从而来控制工程造价。不计主材费有两种方式：一是将来由业主提供材料，承包单位只收取部分材料的保管费。二是招标时不计算，中标后由业主和承包单位共同确定材料价格。

7.3.3 建设工程投标价的确定和控制

1. 工程投标价的确定

(1) 投标报价的编制计算依据

1) 经批准的招标文件和招标图样、标准图集及有关施工规范。

2) 现行的消耗量定额、概算定额、预算定额、费用定额。

3）建设行政主管部门发布的人工、材料、机械台班指导价格。

4）招标单位招标答疑的书面资料。

5）企业有关取费、价格等的规定、标准。

6）其他与有关政策规定及调整系数等。

（2）投标报价的编制步骤

投标报价的编制方法和标底的编制方法基本相同。不同之处就是各投标单位可根据企业自身的情况确定取费、价格、单价。

投标报价的计算步骤如下：

1）计算或复核工程量。如需要计算工程量，则应根据施工图、工程量计算规则认真、详尽地计算。如已提供了工程量清单，也应根据施工图认真复核，一旦发现问题，应及时反馈给招标单位或在投标书中加以说明。

2）确定单价。在定额计价方式下，分项工程单价一般可以从预算定额、概算定额、单位估价表或单位估价汇总表中查得。但为了增强自身的竞争能力，一般各施工企业会根据本企业的劳动效率、技术水平、材料供应渠道、管理水平等状况自行编制分项工程综合单价表，为计算投标价提供依据。将确定的单价乘以相应的分项工程量则得到该分项工程的合价。

3）确定直接工程费。在定额计价的方式下，工程量乘以分项工程单价汇总成单位工程直接费后再根据规定的取费计算措施费。在工程量清单计价的方式下，清单工程量乘以综合单价，然后汇总成单位工程分部分项工程量清单项目费。

4）确定间接费。在定额计价的方式下，根据直接工程费和规定的费率计算间接费。在工程量清单计价方式下，管理费、风险费已包括在综合单价内。

5）确定利润和税金。在定额计价的方式下，根据预算成本和利润率计算利润；以成本加利润为基数乘以税率计算税金。在工程量清单计价方式下，利润已包括在综合单价内。

6）在工程量清单计价方式下，还应计算措施项目清单费、其他项目清单费、规费等。

7）在将上述费用汇总后，就构成该工程的基础投标价，然后根据投标策略调整有关费用最终确定投标报价。

（3）确定投标报价的策略

投标报价的策略主要内容有：以信取胜、以快取胜、以廉取胜、靠改进设计取胜、采用以退为进的策略、采用长远发展的策略等。

2. 工程投标报价的控制

为提高承包商在建筑市场的竞争能力，合理地控制工程投标价是非常必要的。

（1）不平衡报价法

所谓不平衡报价就是在总报价基本确定后，通过调整内部各个项目的报价，以期既不提高总报价、不影响中标，又能在结算时得到更理想的经济效益。其主要目的就是为了尽早收取工程预付款和进度款，从而增强流动资金数量，有利于资金周转。

在以下几方面可采用不平衡报价：能够早日结账收款的项目，单价可适当提高；预计工程量会增加的项目，单价适当提高；设计图样不明确，估计修改后工程量要增加的，可以提高单价，而工程内容不明确的，则可适当降低一些单价，待澄清后可再要求提价；暂定项目，对这类项目要具体分析。

不平衡报价的计算方法和步骤：

1）分析工程量清单。确定调增工程单价的分项工程项目。例如，根据某招标工程的工程量清单，将先行施工完成的基础垫层、混凝土基础、混凝土灌注桩等的工程单价适当提高。将工程量清单中少算了工程量的幕墙工程的单价提高。

2）分析工程量清单。确定调减工程单价的分项工程项目。根据工程量清单，将后期完成墙面抹灰、天棚抹面等的工程单价降低；将多算工程量的铝合金卷帘门的单价降低。

3）根据数学模型，用不平衡报价计算表分析计算。

不平衡数学模型：假设工程量清单中存在 x 个分项工程可以进行不平衡报价；同时工程量清单中存在 m 个分项工程可以调增工程单价；还存在 n 个分项工程可以调减工程单价。且有 $x = m + n$。则不平衡数学模型如下：

$$\sum_{i=1}^{x}(A_i \times V_i) = \sum_{j=1}^{m}(B_j \times P_j) + \sum_{p=1}^{n}(C_p \times Q_p)$$

式中 A_i——可以进行不平衡报价的第 i 个分项工程工程量；

V_i——可以进行不平衡报价的第 i 个分项工程的正常报价；

B_j——第 j 个可以进行调增单价的分项工程工程量；

P_j——第 j 个可以进行调增单价的分项工程调增后的单价；

C_p——第 p 个可以进行调减单价的分项工程工程量；

Q_p——第 p 个可以进行调减单价的分项工程调减后的单价。

某工程不平衡报价计算分析表见表 7-17、表 7-18。

表 7-17 不平衡报价计算分析表

序号	项目名称	单位	正常报价			不平衡报价			差额/元
			工程量	工程单价/元	合价/元	工程量	工程单价/元	合价/元	
1	挖掘机挖三类土，汽车运 1km 内，深 6m 上	m^3	32545	8.93	290627	32545	9.33	303645	13018
2	自卸汽车运土增加 4km	m^3	29295	4.72	138272	29295	4.91	143838	5566
3	钻孔灌注桩 ϕ800mm 内	m^3	1407.50	178.93	251844	1407.50	182.51	256883	5039
4	钻孔灌注桩入岩增加费 ϕ800mm 上	m^3	20.10	430.10	8645	20.10	451.39	9073	428
5	C30（40）钻孔桩灌注水下商品混凝土	m^3	1427.60	326.36	465912	1427.60	332.89	475233	9321
6	C20（16）屋面细石混凝土防水层，厚 4cm	m^2	1320	14.80	19536	1320	12.35	16302	-3234
7	1:2 屋面水泥砂浆保护层	m^2	1320	9.82	12962	1320	8.95	11814	-1148
8	屋面纸筋灰隔离层	m^2	1320	1.50	1980	1320	1.49	1967	-13
9	刷氟碳外墙金属涂料	m^2	5022	150.00	753300	5022	144.23	724323	-28977
	合计				1943078			1943078	0

表7-18 不平衡报价效果分析

早期施工项目			预计工程量增加项目						
项目名称	提高工程单价后可多结算费用/元	多结算费用带来利息收入（10%）	项目名称	预计增加工程量	平衡报价金额		不平衡报价金额		增加金额/元
					工程单价	小计/元	工程单价	小计/元	
挖掘机挖三类土汽车运1km内，深6m	13018	1301.80	钻孔灌注桩ϕ800mm内	422.25	178.93	75553.19	182.51	77064.85	1511.66
自卸汽车运土增加4km	5566	556.60	钻孔灌注桩入岩增加费ϕ800mm上	6.03	430.10	2593.50	451.39	2721.88	128.38
			C30（40）钻孔桩灌注水下商品混凝土	428.28	326.36	139773.46	332.89	142570.13	2796.67
合计		1858.40							4436.71

（2）用企业定额确定工程消耗量

目前一般以预算定额的消耗量作为投标价的计算依据。如果采用比预算定额水平更高的企业定额来编制报价，就能有根据地降低工程成本，编制出合理的工程报价。施工企业内部使用的定额，称为施工定额。施工定额是企业根据自身的施工技术和管理水平，以及有关工程资料制定的，并供本企业使用的人工、材料和机械台班消耗量。为了能使施工企业从客观上起到提高劳动生产率和管理水平的作用，其定额水平必然要高于预算定额。由于施工定额反映了本企业的技术和管理水平，而一般来说，企业的生产成本低于行业平均成本，所以采用该定额确定消耗量，计算投标价，能使企业在投标报价中处于价格优势地位。

（3）预算成本法

预算成本法是根据投标工程施工图、预算定额和招标文件预先计算预算成本价，然后在此基础上调整有关费用，最后确定工程报价的方法。

预算成本法适用的条件为：采用预算定额编制标底和报价的地区；招标文件中允许间接费、利润率浮动；招标文件中规定以最接近标底的较低报价为中标价。

预算成本法确定投标价的步骤为：

1）根据施工图、预算定额及相关文件计算工程量。

2）根据工程量、预算定额和生产要素单价计算直接工程费。

3）根据直接费和间接费定额计算间接费后确定工程预算成本。

4）根据工程预算成本和利润率、税率计算利润和税金。

5）汇总上述费用，确定工程造价。

6）根据投标策略和企业经营管理水平、施工技术水平状况调减间接费和利润，使工程报价总额控制在企业预算成本加税金的范围内。

（4）相似程度估价法

在一定地区的一定时期内，同类建筑或装饰工程在建筑物层高、开间、进深等方面具有一定的相似性；同时在建筑物的结构类型、各部位的材料使用及装饰方案上具有一定的可比性。因此可以采用已完同类工程的结算资料，通过相似程度系数计算的方法来确定投标工程报价。所谓相似程度估价法就是利用已完工程的竣工资料估算投标工程的方法。

相似程度估价法的适用条件为：工程报价的时间紧迫；定额缺项较多；建筑装饰工程。

相似程度估算法确定投标价的计算式为：

投标工程报价 = 投标工程建筑面积 × 已完工程平方米造价 × 投标工程相似度系数

其中：

$$\text{投标工程相似度系数} = \sum(\text{已完工程的分部工程造价占总造价的百分比} \times \text{投标工程的分部工程造价相似度百分比})$$

$$\text{已完工程的分部工程造价占总造价的百分比} = \frac{\text{已完工程的分部工程造价}}{\text{已完工程总造价}} \times 100\%$$

$$\text{投标工程的分部工程造价相似度百分比} = \frac{\text{投标工程主要材料单价}}{\text{已完工程主要材料单价}} \times 100\%$$

或

$$\text{投标工程的分部工程造价相似度百分比} = \frac{\text{投标工程的分部工程的主要项目定额基价}}{\text{已完工程的分部工程的主要项目定额基价}} \times 100\%$$

（5）面积系数法

由于同一建筑物的建筑面积与建筑装饰面积具有相关性，所以可以利用建筑面积或墙面面积等乘以相关系数，就可以比较方便地估算出建筑装饰工程的工程造价。而所谓的面积系数法就是通过计算有关面积系数，进而估算建筑装饰工程造价，最终确定装饰工程投标报价的方法。

面积系数法首先根据建筑面积、墙面面积与各个装饰面积相关性的内在联系，用统计、测算的方法确定若干相关系数，再用投标工程的建筑面积、墙面面积乘以对应的相关系数估算出装饰工程量，最后乘以单位造价后汇总得出整个工程的报价。

1）面积系数法工程量计算公式及相关系数见表7-19。

表7-19　主要装饰工程量计算公式及相关系数表

序号	项目名称	计 算 公 式	相关系数 （经统计测算而得）
1	楼地面	工程量 = 建筑面积 × 净面积系数	净面积系数： 商场：0.98 住宅：0.90 宾馆：0.93

（续）

序号	项目名称	计算公式	相关系数（经统计测算而得）
2	内墙面	工程量 = 室内净高 ×［（内墙轴线长 ×2 + 外墙轴线长）- 装饰房间数 ×0.96］- 内外墙门窗面积 × 调整系数	门窗面积调整系数： 内墙上门：1.64 外墙上门：0.64 有内窗台：0.74 无内窗台：0.97 铝塑窗：0.82
3	天棚	工程量 = 建筑面积 × 净面积系数 × 复杂程度系数	天棚复杂程度系数： 在同一平面上：1.0 高差10cm内：1.05 高差20cm内：1.10
4	外墙面	工程量 = 外墙面全部面积 - 门窗面积 + 门窗面积 × 门窗洞口侧面面积系数	门窗洞口侧面面积系数： 门：0.36 窗：0.26
5	台阶	工程量 = 台阶投影水平面积 × 台阶装饰系数	台阶装饰系数： 1 +0.15 × 台阶踏步系数
6	楼梯	工程量 = 梯间轴线面积（或净面积）× 展开系数	展开系数：1.45

2）面积系数法计算步骤。

① 基础数据计算。基础数据包括建筑面积，按不同装饰材料分类计算轴线尺寸的水平面积，室内净高，内、外墙轴线长，建筑物总高，门窗及洞口面积，台阶投影面积等。

② 计算装饰工程量。其计算公式为：

$$装饰工程量 = 基本数据 \times 相关系数$$

③ 估算装饰工程的投标报价。其计算公式为：

$$装饰工程投标价 = \sum(各分项装饰工程量 \times 单位造价)$$

其中：

$$单位造价 = 装饰工程预算定额基价 \times (1 + 间接费费率) \times (1 + 利润率) \times (1 + 税率) \times (1 + 风险率)$$

【例7-10】 某商住楼的基本数据如下，运用面积系数法计算该楼的装饰工程投标报价。

（1）根据基本数据计算装饰工程量（表7-20）

表7-20　装饰工程量计算表

序号	项目名称	单位	基本数据	装饰工程量计算公式	备　注
1	建筑面积	m^2	2345.9		包括半山墙厚面积 $12.45m^2$
2	每层建筑面积	m^2	469.18		
3	水磨石楼梯	m^2	23.45	$S = 23.45 \times 1.45 = 34.00$	
4	地砖地面	m^2	89	$S = 89 \times 0.90 = 80.10$	

（续）

序号	项目名称	单位	基本数据	装饰工程量计算公式	备注
5	花岗石地面	m^2	424	$S = 424 \times 0.90 = 381.60$	
6	木地板楼面	m^2	789	$S = 789 \times 0.90 = 710.10$	
7	地砖楼面	m^2	1008	$S = 1008 \times 0.90 = 907.20$	
8	花岗石台阶	m^2	32.12	$S = 32.12 \times (1 + 0.15 \times 2) = 41.76$	
9	住宅净高	m	2.95	—	
10	外墙总高	m	17.12	—	
11	层数	层	5	—	
12	装饰房间数	间	125	—	25间/层
13	内墙上木门面积	m^2	213	—	
14	外墙上铝塑窗面积	m^2	312	$S = 312$	
15	内墙上金属防盗门	m^2	23	$S = 23$	
16	外墙长	m	97	—	
17	内墙长	m	245	—	
18	墙厚	m	0.24	—	
19	天棚高差	m	0	$S = 469.18m^2$/层 $\times 0.90 \times 1.0 \times 5$ 层 $= 2111.31$	乳胶漆面
20	内墙面装饰	m^2		$S = 2.95m \times [(245 \times 2 + 97m) - 25$间$\times 0.96] \times 5$层$- 213m^2 \times 1.64 - 312m^2 \times 0.82 - 23m^2 \times 1.64 = 7661.37$	乳胶漆面
21	外墙面装饰	m^2		$S = 97m \times 17.12m - 312m^2 + 312m^2 \times 0.26 = 1429.76$	墙面砖

（2）装饰工程单价计算（表7-21）

表7-21 装饰工程单价计算表

序号	项目名称	单位	定额基价/元	单价/元
1	水磨石楼梯	m^2	83.8	123.64
2	地砖地面	m^2	35.25	52.01
3	花岗石地面	m^2	152.57	225.10
4	木地板楼面	m^2	93.68	138.22
5	地砖楼面	m^2	35.25	52.01
6	花岗石台阶	m^2	153.24	226.09
7	铝塑窗安装	m^2	210.83	311.06
8	金属防盗门安装	m^2	254.31	375.21
9	天棚面乳胶漆	m^2	8.1	11.95
10	内墙面乳胶漆	m^2	8.1	11.95
11	外墙面贴面砖	m^2	40.95	60.42

注：1. 综合费率：$(1+35\%) \times (1+5.58\%) \times (1+3.513\%) = 147.54\%$

2. 单价=定额基价×综合费率

（3）装饰工程造价计算（表7-22）

表7-22　装饰工程造价计算表

序号	项目名称	单位	工　程　量	单价/元	分项工程造价/元
1	水磨石楼梯	m^2	34	123.64	4203.76
2	地砖地面	m^2	80.1	52.01	4166.00
3	花岗石地面	m^2	381.6	225.10	85898.16
4	木地板楼面	m^2	710.1	138.22	98150.02
5	地砖楼面	m^2	907.2	52.01	47183.47
6	花岗石台阶	m^2	41.76	226.09	9441.52
7	铝塑窗安装	m^2	312	311.06	97050.72
8	金属防盗门安装	m^2	23	375.21	8629.83
9	天棚面乳胶漆	m^2	2111.31	11.95	25230.15
10	内墙面乳胶漆	m^2	7661.37	11.95	91553.37
11	外墙面贴面砖	m^2	1429.76	60.42	86386.10
	工程造价				557893.10
	单位造价：	557893.10/2345.9m^2			237.82

小　　结

项目投资决策阶段投资控制关键是做好项目的可行性研究工作。可行性研究是在投资决策前，对拟建设项目有关的社会、经济、技术等各方面进行深入细致的调查研究，对各种技术方案和建设方案进行认真的技术经济分析和比较论证，对项目建成后的经济效益进行科学的预测和评价，最终判定项目建设是否可行。投资估算是在可行性研究阶段对根据建设项目从筹建到竣工投产所需全部费用的预测。它对初步设计阶段的设计概算投资具有控制作用。可行性研究阶段的工作重点是进行各投资方案的比选。互斥方案的比选方法按项目的寿命期是否相同采取不同的方法。如净年值法（*NAV*）、净现值法（*NPV*）、差额内部收益率法（ΔIRR）、最小费用法；年值法（*AW*）、最小公倍数法、研究期法等。选定项目建设可行的方案后，还应对方案进行财务评价，判定方案在财务上是否可行。财务评价的内容主要包括项目的盈利能力分析，偿债能力分析，外汇平衡分析，不确定分析，风险分析等。

项目设计阶段的投资控制重点是进行设计方案的优选和优化，以及编制设计概算和施工图预算。设计方案优选的方法有综合评价法，静态评价法和动态评价法。设计方案的优化是通过设计招标和设计方案竞选，运用价值工程，推广标准化设计和限额设计等方法选取最佳设计方案，或对方案进一步地改进和优化。设计概算是在初步设计阶段编制的建设项目从筹建直至竣工交付使用所需全部费用的文件。其内容包括单位工程概算、单项工程综合概算和建设项目总概算。其中单位工程概算分建筑工程概算和设备安装工程概算两大类。建筑工程概算的编制方法有：概算定额法、概算指标法、类似工程预算法等；设备安装工程概算的编制方法有：预算单价法、扩大单价法、设备价值百分比法和综合吨位指标法等。设计概算的审查方法有对比分析法、查询核实法和联合会审法。施工图预算是根据施工图设计图样，现行预算定额，费用定额以及地区设备、材料、人工、施工机械台班等预算价格编制和确定的建筑安装工程造价文件。施工图预算的编制方法有单价法和实物法编制两种。施工图预算审查的方法有：全面审查法、标准预算审查法、分组计算审查法、对比审查法、筛选审查法、重点抽查法、利用手册审查法和分解对比审查法等。

项目招投标阶段的投资控制重点，对业主而言是招标标底的确定和中标价的控制；对投标单位而言则是投标价的确定和控制。标底是指由招标人编制的完成招标项目所需的全部费用。现行的标底编制一般采用采用定额计价法和工程量清单计价法。标底价及中标价的控制方法一般有：不低于工程成本的合理标底，综合评分法确定中标单位，以各投标报价的算术平均值为评标标底价，投标报价算术平均值与标底价加权平均来确定中标价等。为使报价更具有竞争力，一般投标报价采取不平衡报价法、用企业定额确定工程消耗量、预算成本法、相似程度估价法和面积系数法等。

思 考 题

7-1 简述可行性研究的作用以及阶段划分。
7-2 简述投资估算的内容以及费用组成。
7-3 投资估算中静态投资部分的编制方法有哪些？
7-4 投资方案的比选有哪些方法？
7-5 简述建设项目财务评价的概念，以及内容与评价指标。
7-6 简述财务评价的方法。
7-7 简述建设项目优选的方法。
7-8 简述建设项目优化的方法。
7-9 简述设计概算的含义及作用。
7-10 单项工程概算的内容有哪些？
7-11 单位工程概算编制的方法有哪些？
7-12 单价法如何编制施工图预算？
7-13 施工图预算的编制方法有哪些？
7-14 简述标底的编制方法。
7-15 简述标底价和中标价的控制方法。
7-16 简述工程投标报价的控制方法。

第 8 章　建设工程施工阶段投资控制

学习目标

通过本章学习，了解和认识建设工程施工阶段的投资控制和管理的内容和施工阶段投资控制的工作流程；掌握工程变更的处理和控制；了解工程索赔的分类，掌握费用索赔的方法，熟悉工期索赔的方法；掌握投资偏差概念，了解投资偏差的参数，熟悉投资偏差的分析方法。

8.1　施工阶段投资控制概述

施工阶段是实现建设工程价值的主要阶段，也是资金投入量最大的阶段。因此施工阶段是工程投资控制中的重要阶段。在这一阶段投资控制的主要任务是控制工程付款，控制工程变更费用，预防并处理好费用索赔，挖掘节约工程造价潜力。

1. 施工阶段工程投资控制的工作内容

（1）组织工作内容

1）在项目管理班子中落实进行施工跟踪的人员分工、任务分工和职能分工。

2）编制本阶段工程投资控制的工作计划和详细的工作流程图。

（2）经济工作内容

1）编制资金使用计划，确定、分解工程造价控制目标。

2）对工程项目造价控制目标进行风险分析，并制定防范性对策。

3）进行工程计量。

4）复核工程付款账单，签发付款证书。

5）在施工过程中进行工程投资跟踪控制，定期进行投资实际支出值与计划目标值的比较。发现偏差，分析产生偏差的原因，采取纠偏措施。

6）协商确定工程变更的价款。

7）审核竣工结算。

8）对工程施工过程中的造价支出做好分析与预测，经常或定期向业主提交项目造价及其存在问题的报告。

（3）技术工程内容

1）对设计变更进行技术经济比较，严格控制设计变更。

2）继续寻找通过设计挖潜节约造价的可能性。

3）审核承包人编制的施工组织设计，对主要施工方案进行技术经济分析。

（4）合同工作内容

1）做好工程施工纪录，保存各种文件图样，特别是注有实际施工变更情况的图样，注意积累素材，为正确处理可能发生的索赔提供依据。

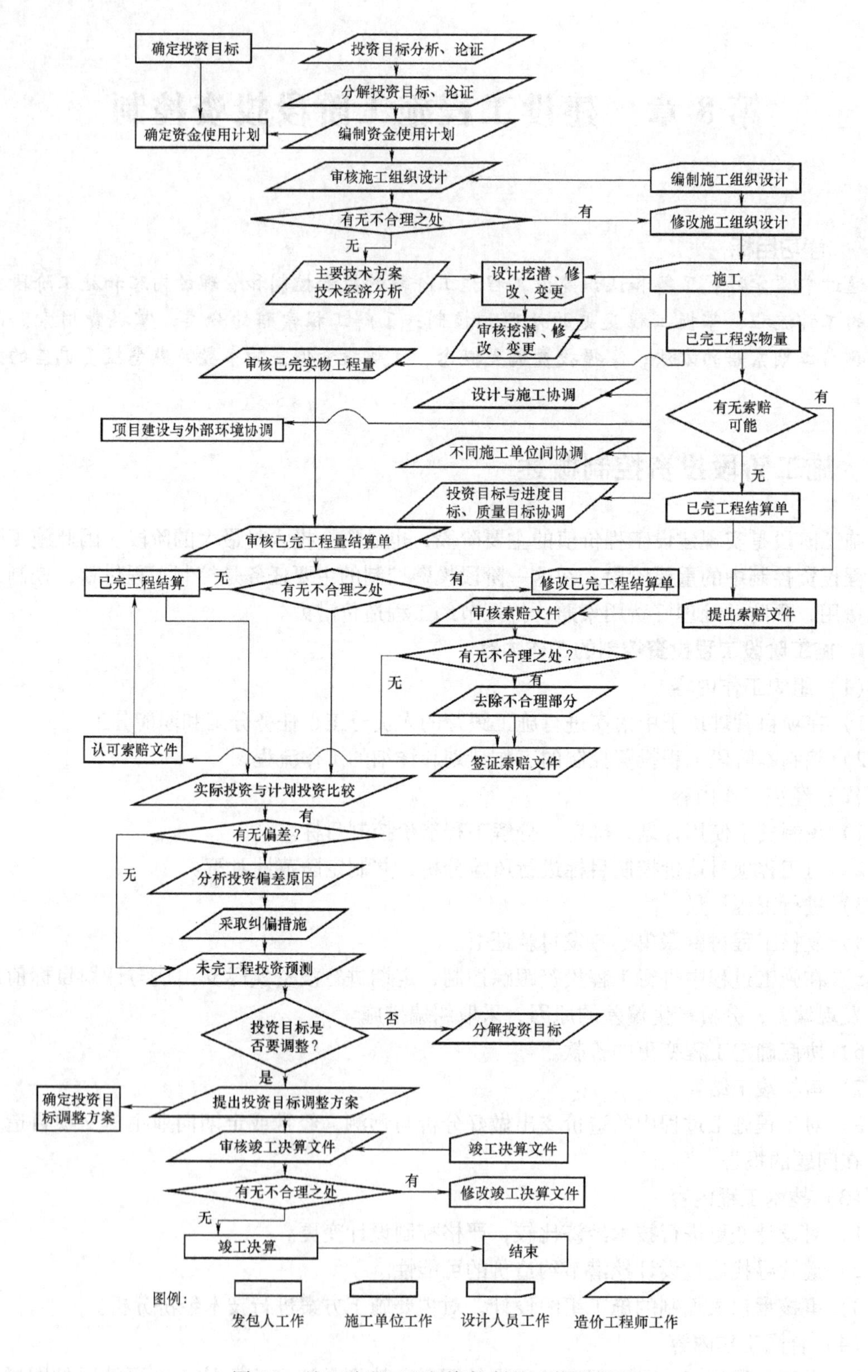

图 8-1 施工阶段工程投资控制的工作流程图

2）参与处理索赔事宜。

3）认真对待合同的修改和补充工作，着重考虑它对投资控制的影响。

2. 施工阶段工程投资控制的工作流程

施工阶段涉及的面和人员都非常广，因此工程投资控制相关的工作也很多。图8-1为施工阶段工程投资控制的工作流程图。

8.2 工程变更的控制

8.2.1 工程变更的概念

1. 概述

工程变更是指施工过程中由于出现了与签订合同时的预计条件不一致的情况，而需要改变原定施工承包范围的某些工作内容。产生工程变更的原因是多方面的，比如由于工程项目的规模大，结构复杂，建设周期长等特点，建设参与各方面的描述、勘察设计、工程量估算等方面难免有不完善的地方，在现场施工时不得不作出局部修改；又比如由于项目建设具有建筑物的固定性，施工作业的流动性和对材料、设备、施工技术的依赖性，承包人在施工过程中受施工条件、自然条件、社会环境、材料设备的供应以及施工技术水平等因素的制约，作出局部修改也是在所难免的。

由于工程变更直接影响工程造价。在工程实践中，常采取根据施工合同规定，由发包人办理签证的方式，来反映工程变更对工程造价的影响。通过工程经济签证可明确发包人和承包人的经济关系和责任，对施工中发生的一切合同预算未包括的工程项目和费用，给予及时确认，避免事后补签和结算的困难。

2. 工程变更的分类

（1）设计变更

在施工过程中如果发生设计变更，将对施工进度产生很大的影响。因此，应尽量减少设计变更，如果必须对设计进行变更，必须严格按照国家规定和合同约定的程序进行。

由于发包人对原设计变更，以及经工程师同意的、承包人要求进行的设计变更，导致合同价款的增减及造成的承包人损失，由发包人承担，延误的工期相应顺延。

（2）其他变更

合同履行中发包人要求变更工程质量标准及发生其他实质性变更，由双方协商解决。

8.2.2 工程变更的处理和控制

1. 工程变更的处理

（1）《建设工程施工合同（示范文本）》条件下的工程变更处理

1）发包人对原设计进行变更。发包人如果需要对原工程设计进行变更，应不迟于变更前14d以书面形式向承包人发出变更通知。变更超过原设计标准或者批准的建设规模时，须经原规划管理部门和其他有关部门审查批准，并由原设计单位提供变更相应的图样和说明。

2）承包人变更。承包人应当严格按图样施工，不得随意变更设计。施工中承包人提出的合理化建议涉及对设计图样或者施工组织设计的更改及对原材料、设备的更换，须经工程师同意。工程师同意变更后，也须经原规划管理部门和其他有关部门审查批准，并由原设计单位提供变更的相应的图样和说明。

3）设计变更事项。能够构成设计变更的事项包括以下变更：更改有关部分的标高、基线、位置和尺寸；增减合同中约定的工程量；改变有关工程的施工时间和顺序；其他有关工程变更需要的附加工作。

合同价款的变更价格，是在双方协商的时间内，由承包人提出变更价格，报工程师批准后调整合同价款。变更合同价款按照下列方法进行：

① 合同中已有适用于变更工程的价格，按合同已有的价格计算、变更合同价款。

② 合同中只有类似于变更工程的价格，可参照此价格确定变更价格，变更合同价款。

③ 合同中没有适用或类似变更工程的价格，由承包人提出适当的变更价格，经工程师确认后执行。

设计变更发生后，承包人在工程设计变更确定后14d内，提出变更工程价款的报告，经工程师确认后调整合同价款；承包人在确定变更后14d内不向工程师提出变更工程价款报告时，视为该项设计变更不涉及合同价款的变更。工程师收到变更工程价款报告之日起14d内，予以确认。工程师无正当理由不确认时，自变更价款报告送达之日起14d后变更工程价款报告自行生效。其他变更应当参照这一程序进行。

（2）FIDIC合同条件下的工程变更处理

在FIDIC合同条件下，发包人提供的设计一般比较粗略，因此工程师可以根据施工进度的实际情况，在认为必要时下达变更指令。变更程序为颁发工程接收证书前的任何时间，工程师可以通过发布变更指示或以要求承包人递交建议书的任何一种方式提出变更。

合同价款变更价格确定的原则：

1）变更工作在工程量表中有同种工作内容的单价或价格，应以该单价计算变更工程费用。实施变更工作未引起工程施工组织和施工方法发生实质性变动，不应调整该项目的单价。

2）工程量表中虽列有同类工作的价格，但对具体工作而言已不适用，则应在原单价或价格的基础上制定合理的新单价或价格。

3）变更工作的内容在工程量表中没有同类工作的单价或价格，应按照与合同单价水平相一致的原则，确定新的单价或价格。

2. 工程变更的控制

由于工程变更会增加或减少某些项目细目或工程量，引起工程价款的变化，影响工期，甚至工程质量。同时还会增加无效的重复劳动，造成不必要的各种损失。因此发包人、设计人、承包人、工程师都应有责任严格控制，尽量减少变更。变更可以从以下几个方面进行控制：

（1）不提高建设标准

应严格控制随意提高建设标准。做到不改变主要设备和建筑结构，不扩大建筑面积，不提高建筑标准，不增加某些不必要的工程内容。避免“三超”现象出现。如的确需要，则必须经过严格审查，经原批准部门同意方可。

（2）不影响建设工期

工程变更应及早提出，避免由于时间紧造成的材料准备、施工人员调遣不及时，从而影响工期。

（3）不扩大范围

工程设计变更应有一定的控制范围。不能将不属于设计变更的内容列入。

（4）建立工程变更的相关制度

工程变更产生的原因主要是由于规划欠妥，勘察不明，设计不周，工作疏忽等主观原因造成的。因此避免由于主观原因造成的变更，就需要建立工程变更的相关制度。如：建立项目法人制度，规划要完善；树立超前意识，强化勘察、设计制度；落实勘察、设计责任制；建立勘察、设计内部赔偿制度，加强工作人员的责任心和职业道德，建立相应的经济措施、行政措施、法律措施等。

（5）建立严格的工程变更程序

对于提高设计标准的工程设计变更必须经原设计审查部门批准才能取得相应的追加投资。对于其他工程变更，要有规范的文件形式和流转程序。变更后的施工图、设计变更单和协商纪录应经三方或四方签字认可才能生效。

8.3 工程索赔控制

8.3.1 索赔的概念和分类

1. 工程索赔的概念

（1）工程索赔的含义

工程索赔是在工程承包合同履行中，当事人一方由于另一方未履行合同所规定的义务或者出现了应当由对方承担的风险而遭受损失时，向另一方提出赔偿要求的行为。在实际工作中，“索赔”是双向的，发包人和承包人都可能提出索赔要求。但发包人索赔数量较小，而且处理方便，可以通过冲账、扣拨工程款、扣保证金等实现对承包人的索赔。而承包人对发包人的索赔则比较困难一些。通常情况下，索赔是指承包人（施工单位）在合同实施过程中，对非自身原因造成的工程延期、费用增加而要求发包人给予补偿损失的一种权利要求。而发包人对于属于承包人应承担责任造成的，且实际发生了损失，向承包人要求赔偿，称为反索赔。

（2）工程索赔的类型

1）一方违约使另一方蒙受损失，受损方向对方提出赔偿损失的要求。

2）发生应由发包人承担责任的特殊风险或不利自然条件等，使承包人蒙受较大损失。

3）承包人本人应当获得的正当利益，由于没能及时得到工程师的确认和发包人应给予的支付，而以正式函件向发包人索赔。

（3）工程索赔产生的原因

1）当事人违约。当事人违约常常表现为没有按照合同约定履行自己的义务。如发包人的违约通常表现为没有按合同的规定提供施工条件，或未按约定的期限和数额付款，未能及时提供施工图样，或发出错误的指令，所供材料未及时到场或质量不符合要求等。承包人的违约通常表现为没有按合同约定的质量、进度完成施工，或者由于不当行为给发包人造成损失等。

2）不可抗力事件。不可抗力可分为自然事件和社会事件。自然事件是指不利的自然条件和客观障碍，如在施工过程中遇到了经现场调查无法发现、发包人提供的资料中也未提到的、无法预料的情况，例如地下水、地质断层等；社会事件则包括国家政策、法律、法令等的变更，战争、罢工等。

3）合同缺陷。合同缺陷表现为合同文件规定不严谨甚至矛盾，合同中的遗漏或错误。在这种情况下，工程师应当给予解释，如果这种解释将导致成本增加或工期延长，发包人应当给予补偿。

4）合同变更。合同变更表现为设计变更、施工方法变更、追加或者取消某些工作、合同其他规定的变更等。

5）工程师指令。工程师指令有时也会产生索赔，如工程师指令承包人加快施工速度，进行某些工作，更换某些材料，采取某些措施等。

6）其他第三方原因。

2. 工程索赔的分类

从不同的角度，按不同的方法和不同的标准，索赔有多种分类方法，见表8-1。

表8-1 索赔分类表

序号	类别	分类	索赔内容
1	按索赔目的分	工期索赔	要求延长合同工期
		费用索赔	要求补偿费用，提高合同价格
2	按合同类型分	总承包合同索赔	总承包人与发包人之间的索赔
		分包合同索赔	总承包人与分包商之间的索赔
		合伙合同索赔	合伙人之间的索赔
		供应合同索赔	发包人与供应商之间的索赔
		劳务合同索赔	劳务供应商与雇佣者之间的索赔
		其他	向银行、保险公司的索赔等
3	按索赔起因分	当事人违约	如发包人未按合同规定提供施工条件（场地、道路、水电、图样等），下达错误指令、拖延下达指令、未按合同支付工程款等
		合同变更	发包人指令修改设计、施工进度、施工方案、合同条款缺陷等，双方协商达成新的附加协议、修正案、备忘录等
		工程环境变化	如地质、水文条件与合同规定不一致
		不可抗力因素	物价上涨，法律变化等；反常气候条件、洪水、地震、战争等
4	按干扰事件性质分	工期的延长或中断	由于干扰事件的影响造成工期延期或工程中断一段时间
		工程变更索赔	干扰时间引起工程量增加、减少，增加新的工程变更施工次序
		工程终止索赔	干扰事件造成工程被迫停止，并不再进行
		其他	如货币贬值、汇率变化、物价上涨、政策变化等

（续）

序号	类　别	分　类	索赔内容
5	按处理方式分	单项索赔	在工程施工中，针对某一项干扰事件的索赔
		总索赔	将早已提出但未获得解决的单项索赔集中起来，提出一份总索赔报告。通常在工程竣工前提出，双方进行最终谈判，以一个一揽子方案解决
6	按索赔依据	合同之内的索赔	索赔内容所涉及的均可在合同中找到依据
		合同之外的索赔	索赔的内容和权利虽然难于在合同条件中找到依据，但权利可以来自普通法律
		道义索赔	承包人在合同中找不到依据，而发包人也没有触犯法律，承包人对其损失寻求某些优惠性质的付款

8.3.2　索赔的处理

1. 工程索赔的处理

（1）工程索赔的处理原则

1）必须以合同为依据。不论索赔事件的发生是属于哪一种原因，都必须在合同中找到相应的依据。当然，有些依据可能是合同中隐含的。工程师依据合同和事实对索赔进行处理是其公平性的重要体现。在不同的合同条件中，这些依据可能是不同的。如因为不可抗力导致的索赔，在我国的《建设工程施工合同（示范文本）》条件下，承包人机械设备损坏的损失，是由承包人承担的，不能向发包人索赔；但在FIDIC条件下，不可抗力事件一般都列为发包人承担的风险，损失都应当由发包人承担。如果到了具体的合同中，各个合同的协议条款不同，其依据的差别就更大了。

2）及时、合理地处理索赔。索赔事件发生后，索赔的提出应当及时，索赔的处理也应当及时。如果处理不及时对双方都会产生不利的影响。如承包人的索赔长期得不到合理解决，索赔积累的结果会导致其资金困难，同时会影响工程进度，给双方都带来不利的影响。处理索赔既应考虑到国家的有关规定，也应当考虑到工程的实际情况。

3）加强主动控制，减少工程索赔。对于工程索赔应当主动控制，尽量减少索赔。这就要求在工程管理过程中，做好事先控制，减少索赔事件的发生。

（2）索赔的依据

1）招标文件、施工合同文本及附件，其他各签约（如备忘录、修正案等），经认可的工程实施计划，各种工程图样、技术规范等。

2）双方的往来信件及各种会谈纪要。

3）进度计划和具体的进度，项目现场的有关文件。

4）气象资料、工程检查验收报告和各种技术鉴定报告，工程中送停电、送停水、道路开通和封闭的记录和证明。

5）国家有关法律、法令、政策文件，官方的物价指数、工资指数，各种会计核算资料，材料的采购、订货、运输、进场、使用方面的凭据。

（3）工程索赔程序

索赔主要程序是承包人向发包人提出索赔意向，并调查干扰事件、寻找索赔理由和证据、计算索赔值、起草索赔报告。双方通过谈判、调解或仲裁，最终解决索赔争议。发包人未能按合同约定履行各项义务或发生错误以及应由发包人承担的其他情况，造成工期延误和（或）承包人不能及时得到合同价款及承包人的其他经济损失，承包人可按以书面形式向发包人提出索赔。

我国《建设工程施工合同（示范文本）》对索赔的程序和时间要求有明确的严格的限定，主要包括：

1）发包人未能按合同约定履行自己的各项义务或发生错误以及应由发包人承担责任的其他情况，造成工期延误和（或）向承包人延期支付合同价款及承包人的其他经济损失，承包人可按下列程序以书面形式向发包人索赔。

① 索赔事件发生28d内，向工程师发出索赔意向通知。

② 发出索赔意向通知后28d内，向工程师提出延长工期和（或）补偿经济损失的索赔报告及有关资料。

③ 工程师在收到承包人送交的索赔报告及有关资料后，于28d内给予答复，或要求承包人进一步补充索赔理由和证据。

④ 工程师在收到承包人送交的索赔报告和有关资料后28d内未予答复或未对承包人作进一步要求，视为该项索赔已经认可。

⑤ 当该索赔事件持续进行时，承包人应当阶段性向工程师发出索赔意向，在索赔事件终了28d内，向工程师送交索赔的有关资料和最终索赔报告。索赔答复程序与③、④规定相同。

⑥ 工程师与承包人谈判。若双方通过谈判达不成共识的话，按照条款规定工程师有权力确认一个他认为合理的单价或价格作为最终的处理意见报送发包人并相应通知承包人。

⑦ 发包人审核工程师的索赔处理证明，决定是否批准工程师的索赔报告。

⑧ 承包人是否接受最终的索赔决定。承包人同意了最终的索赔决定，这一索赔事件即告结束。若承包人不接受工程师单方面或业主删减的索赔或工期展延天数，就会导致合同纠纷。通过谈判和协商双方达成互让的解决方案是处理纠纷的理想方式。如果双方不能达成谅解，就只能诉诸仲裁或者诉讼。

2）承包人未能按合同约定履行自己的各项义务和发生错误给发包人造成损失的，发包人也可按上述时限向承包人提出反索赔。

2. 索赔的计算

（1）费用索赔

费用索赔都是以补偿实际损失为原则，实际损失包括直接损失和间接损失两个方面，但是索赔对发包人不具有任何惩罚性质。所有干扰事件引起的损失以及这些损失的计算，都应有详细的具体证明，并在索赔报告中出具这些证据。没有证据，索赔要求不能成立。

1）索赔费用的组成。

① 人工费。对于索赔费用中的人工费部分包括：人工费是指完成合同之外的额外工作所花费的人工费用；由于非承包人责任导致的工效降低所增加的人工费用；法定的人工费增长以及非承包人责任工程延误导致的人员窝工费和工资上涨费等。

② 材料费。对于索赔费用中的材料费部分包括：由于索赔事项的材料实际用量超过计划用量而增加的材料费；由于客观原因材料价格大幅度上涨；由于非施工单位责任工程延误导致的材料价格上涨和材料超期储存费用。

③ 施工机械使用费。对于索赔费用中的施工机械使用费部分包括：由于完成额外工作增加的机械使用费；非承包人责任的工效降低增加的机械使用费；由于建设单位或工程师原因导致机械停工的窝工费。

④ 分包费用。分包费用索赔指的是分包人的索赔费。分包人的索赔应如数列入总承包人的索赔款总额以内。

⑤ 工地管理费。工地管理费指承包人完成额外工程、索赔事项工作以及工期延长期间的工地管理费，但如果对部分工人窝工损失索赔时，因其他工程仍然进行，可能不予计算工地管理费索赔。

⑥ 利息。对于索赔费用中的利息部分包括：拖期付款利息；由于工程变更的工程延误增加投资的利息；索赔款的利息；错误扣款的利息。这些利息的具体利率，有这样几种规定：按当时的银行贷款利率；按当时的银行透支利率；按合同双方协议的利率。

⑦ 总部管理费。主要指工程延误期间所增加的管理费。

⑧ 利润。一般来说由于工程范围的变更和施工条件变化引起的索赔，承包人可列入利润。索赔利润的款额计算通常是与原报价单中的利润百分率保持一致，即在直接费用的基础上增加原报价单元中的利润率，作为该项索赔的利润。

2）费用索赔计算方法。

索赔金额的计算方法很多，各个工程项目都可能因具体情况不同而采用不同的方法，主要有：

① 总费用法。总费用法就是当发生多次索赔事件以后，重新计算出该工程的实际总费用，再从这个实际总费用中减去原合同报价，即得索赔金额。此法存在一定的不合理性，因为实际完成工程的总费用中，可能包括由于承包人的原因（如管理不善、材料浪费、效率太低等）所增加的费用，而这些费用是属于不该索赔的；另一方面，原合同价也可能因工程变更或单价合同中的工程量变化等原因而不能代表真正的工程成本。由于上述原因，使得采用此法往往会引起争议，故一般不常用。但是在某些特定条件下，如具体计算索赔金额很困难，甚至不可能时，则采用此法。但应具体核实已开支的实际费用，取消其不合理部分，以求接近实际情况。

② 修正的总费用法。原则上与总费用法相同，某些方面作出相应的修正，使之结果更趋合理。修正的内容主要有：一是将计算索赔款的时限局限于受到外界影响的时间，而不是整个工期；二是只计算在该时段内的某项工作所受影响的损失，而不是计算该时间段内所有施工工作所受的损失；三是与该项工作无关的费用不列入总费用中；四是对投标报价费用重新进行核算，按受影响时间段内该项工作的设计单价进行核算，乘以实际完成的该项工作的工程量，得出调整后的报价费用。根据上述修正，可比较全面地计算出索赔事件影响而实际增加的费用。

③ 实际费用法。实际费用法即根据索赔事件所造成的损失或成本增加，按费用项目逐项进行分析、计算索赔金额的方法。这种方法比较复杂，但能客观地反映承包人的实际损失，比较合理，易于被当事人接受，在国际工程中被广泛采用。实际费用法是按每个索

赔事件所引起损失的费用项目分别分析计算索赔值的一种方法，通常分三步：第一步分析每个或每类索赔事件所影响的费用项目，不得有遗漏，这些费用项目通常应与合同报价中的费用项目一致；第二步计算每个费用项目受索赔事件影响后的数值，通过与合同价中的费用值进行比较即可得到该项费用的索赔值；第三步将各费用项目的索赔值汇总，得到总费用索赔值。

【例8-1】 某建设项目发包人与承包人签订了工程施工承包合同，根据合同及补充协议的有关规定，对索赔有如下规定：

因窝工发生的人工费以30元/工日计算。

机械台班费，大型起重机1050元/台班；5t自卸汽车318元/台班；8t自卸汽车458元/台班。因窝工而闲置时，只考虑折旧费，按台班费60%计算。

因临时停工不补偿管理费和利润。

在施工过程中发生以下情况：

1）7月9日至7月15日，因发包人采购的设备没有按计划时间到场，施工受到影响，承包人一台大型起重机，一台5t自卸汽车，一台8t自卸汽车各闲置7d，工人窝工70工日，工期延误7d。

2）8月3日至8月5日，因一台8t自卸汽车故障而使10名工人停工。

3）8月21日至8月24日，因场外停电停水而使一台大型起重机和15名工人停工。

承包人及时提出索赔要求，试问合理的索赔的费用是多少？

【解】 合理的索赔费用如下：

1）窝工人工费：

事件1，因发包人原因造成的窝工：70工日 × 30元/工日 = 2100元

事件2，自卸汽车故障而造成的人员停工不予补偿。

事件3，窝工：15 × 4工日 × 30元/工日 = 1800元

小计：2100元 + 1800元 = 3900元

2）机械闲置费：

事件1，事件3机械闲置只计算折旧费。

大型起重机：(7台班 + 4台班) × 1050元/台班 × 60% = 6930元

5t自卸汽车：7台班 × 318元/台班 × 60% = 1335.6元

8t自卸汽车：7台班 × 458元/台班 × 60% = 1923.6元

小计：6930元 + 1335.6元 + 1923.6元 = 10189.2元

不计管理费、利润，所以索赔费用为：3900元 + 10189.2元 = 14089.2元

(2) 工期索赔

在工程施工中，常常会发生一些未能预见的干扰事件使施工不能顺利进行，使预定的施工计划受到干扰，造成工期延长，这样，对合同双方都会造成损失。承包人提出工期索赔的目的通常有两个：一是免去或推卸自己对已产生的工期延长的合同责任，使自己不支付或尽可能不支付工期延长的罚款；二是进行因工期延长而造成的费用损失的索赔。对已经产生的工期延长，发包人一般采用两种解决办法：一是不采取加速措施，工程仍按原方案和计划实施，但将合同期顺延；二是承包人采取加速措施，以全部或部分弥补已经损失的工期。如果工期延缓责任不是由承包人造成，而发包人已认可承包人工期索赔，则承包人还可以提出因

采取加速措施而增加的费用索赔。

工期索赔的计算方法有：网络分析法和比例计算法两种。

1）网络分析法。网络分析法是利用进度计划的网络图，分析其关键线路。如果延误的工作为关键工作，则总延误时间为批准顺延的工期；如果延误的工作为非关键工作，当该工作由于延误超过时差限制而成为关键工作时，可以批准延误时间与时差的差值；若该工作延误后仍为非关键工作，则不存在工期索赔问题。

2）比例计算法。比例计算法公式为：

对于已知部分工程延期的时间，其计算公式如下：

工期索赔值 = 受干扰部分工程的合同价 / 原合同总价 × 该受干扰部分工期拖延时间

对于已知额外增加工程量的价格，其计算公式如下：

工期索赔值 = 额外增加的工程量的价格 / 原合同总价 × 原合同总工期

比例计算法简单方便，但有时不尽符合实际情况，比例计算法不适用于变更施工顺序、加速施工、删减工程量等事件的索赔。

8.4　投资偏差分析

8.4.1　投资偏差

1. 投资偏差的概念

投资偏差指投资计划值与实际值之间存在的差异，即：

投资偏差 = 已完工程实际投资 - 已完工程计划投资

其中：

已完工程实际投资 = $\sum$[已完工程量(实际工程量) × 实际单价]

已完工程计划投资 = $\sum$[已完工程量(实际工程量) × 计划单价]

投资偏差为正表示投资增加，投资偏差为负表示投资节约。但是由于进度偏差对投资偏差分析的结果有重要的影响（如某一阶段的投资超支，可能是由于进度超前导致的，也可能是由于物价上涨导致的），因此，必须引入进度偏差才能正确反映投资偏差的实际情况。

进度偏差$_1$ = 已完工程实际时间 - 已完工程计划时间

进度偏差$_2$ = 拟完工程计划投资 - 已完工程计划投资

所谓拟完工程计划投资是指根据进度计划安排在某一确定时间内所应完成的工程内容的计划投资，即：

拟完工程计划投资 = $\sum$[拟完工程量(计划工程量) × 计划单价]

进度偏差为正表示工期拖延，进度偏差为负表示工期提前。

2. 投资偏差参数

在投资偏差分析时，投资偏差参数有局部偏差和累计偏差、绝对偏差和相对偏差等。

(1) 局部偏差和累计偏差

局部偏差有两层含义：一是相对于整个项目而言，指各单项工程、单位工程和分部分项工程的投资偏差；另一含义是对于整个项目已经实施的时间而言，是指每一控制周期所发生的投资偏差。累计偏差是一个动态概念，其数值总是与具体时间联系在一起的。第一个累计偏差在数值上等于局部偏差，最终的累积偏差就是整个项目的投资偏差。

局部偏差的引入可使项目投资管理人员清楚地了解偏差发生的时间、所在的单项工程，这有利于分析其发生的原因；而累计偏差所涉及的工程内容更多，范围更大，且原因也较复杂，因而累计偏差分析必须以局部偏差分析为基础。从另一方面来看，由于累计偏差分析是建立在对局部偏差进行综合分析的基础上，其结果更能体现代表性和规律性，因而在较大范围内对投资控制工作具有指导意义。

（2）绝对偏差和相对偏差

绝对偏差是指投资实际值与计划值之间的差额。绝对偏差的结果是直观的，有助于投资管理人员了解项目投资出现偏差的绝对数额，并依次采取一定的措施。制定或调整投资支付计划和资金筹措计划。但由于绝对偏差存着不可忽视的局限性，比如同样的1万元的投资偏差，对于总投资1000万元的项目和总投资10万元的项目而言，其影响程度是不同的，因此又引入了相对偏差这一参数。

相对偏差 = 绝对偏差 / 投资计划值

= (投资实际值 - 投资计划值)/ 投资计划值

相对偏差可正可负。正值表示投资超支，负值表示投资节约。

绝对偏差和相对偏差由于只涉及投资的计划值和实际值，既不受项目层次的限制，也不受项目实施时间的限制，因此在各种投资比较中均可采用。

（3）偏差程度

偏差程度是指投资实际值相对计划值的偏离程度，其表达式为：

投资偏差程度 = 投资实际值 / 投资计划值

偏差程度可参照局部偏差和累计偏差分为局部偏差程度和累计偏差程度。但必须注意累计偏差程度不能简单的等于局部偏差程度。以月为控制周期，则两者计算公式为：

投资局部偏差程度 = 当月投资实际值 / 当月投资计划值

投资累计偏差程度 = 累计投资实际值 / 累计投资计划值

将偏差程度与进度结合，引入进度偏差程度的概念。其表达计算公式为：

进度偏差程度 = 已完工程计划时间 / 已完工程计划时间

或

进度偏差程度 = 已完工程计划投资 / 已完工程计划投资

上述各组偏差和偏差程度变量都是投资比较的基本内容和主要参数。投资比较的程度越深，为偏差分析提供的支持就越有力。

8.4.2 投资偏差的分析与纠正

1. 投资偏差的分析

（1）投资偏差的分析方法

常用的偏差分析方法有横道图法、表格法和曲线法。

1）横道图法。横道图法是用不同的横道标识已完工程计划投资、拟完工程计划投资和已完工程实际投资，横道的长度与其金额成正比，见表8-2。

表 8-2　横道图法

项目编码	项目名称	投资参数数额/万元	投资偏差/万元	进度偏差/万元	偏差原因
010	平整场地	30 30 30	0	0	
011	基坑土方开挖	40 30 50	−10	−20	
012	混凝土基础柱	40 40 50	−10	−10	
	合计	10　20　30　40　50 110 100 130 100　150	−20	−30	

其中：已完工程实际投资　拟完工程计划投资　已完工程计划投资

横道图具有形象、直观、一目了然等优点，它能够准确表达出投资的绝对偏差。但由于这种方法反映出的信息量少，因此一般在项目较高层中使用。

2）表格法。表格法是进行偏差分析最常用的一种方法。它将项目编号、名称、各投资参数及投资偏差等综合纳入一张表格中，并且直接在表格中进行比较，见表 8-3。

表 8-3　投资偏差分析表

项目编码	(1)	010	011	012
项目名称	(2)	平整场地	基坑土方开挖	混凝土基础柱
单位	(3)			
计划单价	(4)			
拟完工程量	(5)			
拟完工程计划投资	(6) = (4) × (5)	30	30	40
已完工程量	(7)			
已完工程计划投资	(8) = (4) × (7)	30	50	50
实际单价	(9)			
其他款项	(10)			
已完工程实际投资	(11)	30	40	40
投资局部偏差	(12) = (11) − (8)	0	−10	−10
投资局部偏差程度	(13) = (11) ÷ (8)	1	0.80	0.80
投资累计偏差	(14) = $\sum$(12)			
投资累计偏差程度	(15) = $\sum$(11) ÷ $\sum$(8)			
进度局部偏差	(16) = (6) − (8)	0	−20	−10
进度局部偏差程度	(17) = (6) ÷ (8)	1	0.60	0.8
进度累计偏差	(18) = $\sum$(16)			
进度累计偏差程度	(19) = $\sum$(6) ÷ $\sum$(8)			

由于各偏差参数都在表中列出，使投资管理者能综合了解并处理这些数据。用表格法进行偏差分析具有以下优点：灵活、适用性强，可根据实际需要设计表格；信息量大，可以反映偏差分析所需的资料，有利于投资控制管理者及时采取针对措施，加强控制；表格处理可以借助于计算机，从而节约大量数据处理所需的人力，并提高速度。

3）曲线法。曲线法就是用投资时间曲线来进行投资偏差分析的一种方法，如图 8-2 所示。三条曲线分别为：已完工程实际投资曲线 a、已完工程计划投资曲线 b 和拟完工程计划投资曲线 p。图中曲线 a 与曲线 b 的竖向距离表示投资偏差，曲线 b 与曲线 p 的水平距离表示进度偏差。图 8-2 中反映的偏差为累计偏差，而且主要是绝对偏差。用曲线法进行偏差分析同样具有形象、直观的特点，但不能直接用于定量分析，只能对定量分析起到一定的指导作用。如果能与表格法结合起来，则会取得较好的效果。

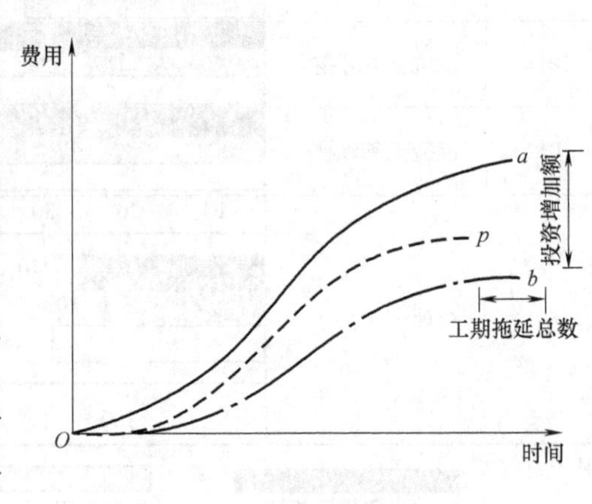

图 8-2　三种投资曲线

（2）投资偏差的原因分析

偏差分析的目的就是要找出引起偏差的原因，从而有可能采取针对性的措施，减少或避免相同原因的偏差再次发生。在进行偏差原因分析时，首先应当将已经导致和可能导致偏差的各种原因逐项列出，并进行归纳、总结，为该项目采取预防措施提供依据。一般而言，投资偏差形成原因有四个方面：客观原因、设计原因、发包人原因和施工原因，见表 8-4。

表 8-4　投资偏差形成原因

序号	项目名称	内　容	序号	项目名称	内　容
1	客观原因	物价上涨	3	发包人原因	增加内容
		自然因素			投资规划不当
		基础处理			组织不落实
		社会原因			建设手续不全
		法律变化			协调不佳
		其他			未及时提供场地
					其他
2	设计原因	设计错误缺陷	4	施工原因	施工组织设计不合理
		设计标准变更			质量事故
		结构变更			进度安排不当
		图样提供不及时			其他
		其他			

2. 投资偏差的纠正

对于投资偏差原因分析的目的就是为了有针对性的采取纠正措施，从而对投资采取动态控制和主动控制。

纠正的首要工作是应确定纠正的主要对象。客观原因是无法避免的，只能对其少数原因做到防患于未然，力求减少该原因所产生的经济损失；由于施工原因所导致的经济损失通常由承包人自己承担，从投资控制的角度只能加强合同的管理，避免被承包商索赔。因此这些都不是纠正的主要对象。发包人原因和设计原因才是投资控制纠正的主要对象。在确定纠正的主要对象后，就需要采取有针对性的纠正措施。通常把纠偏措施分为组织措施、经济措施、技术措施、合同措施四个方面。

（1）组织措施

组织措施是指从投资控制的组织管理方面采取的措施，例如：落实投资控制的组织机构和人员；明确各级投资控制人员的任务、职能分工、权利和责任；改善投资控制工作流程等。

（2）经济措施

经济措施最易为人们接受，但运用中要注意不可把经济措施简单理解为审核工程量及相应的支付价款，应从全局出发考虑问题，如检查投资目标分解的合理性，资金使用计划的保障性，施工进度计划的协调性。另外，通过偏差分析和未完工程预测还可以发现潜在的问题，及时采取预防措施，从而取得造价控制的主动权。

（3）技术措施

技术措施并不都是因为发生了技术问题才加以考虑的，也可以因为出现了较大的投资偏差而加以运用。不同的技术措施往往会有不同的经济效果，因此运用技术措施纠正偏差时，要对不同的技术方案进行技术经济分析综合评价后加以选择。

（4）合同措施

合同措施在纠偏方面主要是指索赔的管理。在施工过程中，索赔事件的发生是难免的，造价工程师在发生索赔事件后，要认真审查有关索赔依据是否符合合同的规定，索赔费用的计算是否合理等，从主动控制的角度出发，加强日常的合同管理，落实合同规定的责任。

小　　结

施工阶段工程投资控制的主要任务是控制工程进度款，控制工程变更费用，预防并处理好费用索赔，挖掘节约工程造价潜力。施工阶段投资控制的主要工作是组织工作、经济工作、技术工作、合同工作。控制工作要严格按照工作流程图进行。

工程变更分为设计变更、施工条件变更、进度计划变更、新增（减）工程项目内容。无论是我国的《建设工程施工合同（示范文本）》还是FIDIC条件，都对工程变更的处理作出了相应的规定。由于工程变更会引起工程价款的变化，影响工期，甚至工程质量。同时增加无效的重复劳动，造成不必要的各种损失。因此发包人、设计人、承包人都应有责任严格控制，尽量减少变更。

工程索赔可以按索赔的目的、合同的类型、索赔的起因、干扰事件的性质、索赔的处理方式和索赔的依据等进行分类。索赔的处理原则是必须以合同为依据；及时、合理地处理；加强主动控制，减少工程索赔。索赔的计算包括费用索赔和工期索赔两种。费用索赔的计算方法有总费用法、修正的总费用法和实际费用法。工期索赔计算有网络分析法和比例计算法。

投资偏差是指投资的实际值与计划值之间的差异。投资偏差为已完工程实际投资减去已完工程计划投资，投资偏差结果为正，表示投资超支；结果为负，表示投资节约。进度偏差为拟完工程计划投资减去已完工程计划投资，进度偏差为正，表示工期拖延；结果为负，表示工期提前。投资偏差分析的方法有横道图法、表格法和曲线法。投资偏差纠正可以分为组织措施、经济措施、技术措施和合同措施四个方面。

思 考 题

8-1 简述施工阶段投资控制的工作内容。
8-2 简述施工阶段投资控制的工作程序。
8-3 简述工程变更的分类。
8-4 简述《建设工程施工合同（示范文本）》条件下工程变更合同价款的确定原则。
8-5 简述 FIDIC 合同条件下工程变更合同价款的确定原则。
8-6 简述工程变更的控制。
8-7 简述工程索赔的分类。
8-8 简述工程索赔的程序。
8-9 简述费用索赔包括的内容和计算方法。
8-10 简述工期索赔的计算方法。
8-11 简述投资偏差参数。
8-12 简述投资偏差分析的方法。
8-13 投资偏差产生的原因有哪些？
8-14 如何进行投资偏差的纠正？

第 9 章　建设工程竣工阶段投资控制

学习目标

通过本章学习，掌握建设项目工程价款的结算与支付，了解竣工决算特点、作用，并且能够结合工程实际，熟练地进行竣工决算的编制和竣工项目新增资产的核定。

9.1　竣工结算

9.1.1　竣工结算的概念

工程竣工结算是指施工企业按照合同规定的内容全部完成所承包的工程，经验收质量合格，并符合合同要求之后，向发包单位进行的最终工程价款的结算。工程竣工结算分为单位工程竣工结算、单项工程竣工结算和建设项目竣工总结算。

9.1.2　工程预付款

1. 工程预付款的概念

工程预付款是建设项目施工合同订立后由发包方按照合同约定，在正式开工前预先支付给承包商的工程款。它是施工准备和购买所需要材料、结构件等流动资金的主要来源，国内习惯上又称为预付备料款。

预付工程款的具体事宜由发承包双方根据建设行政主管部门的规定，结合工程款、建设工期和包工包料情况在合同中约定。在具备施工条件的前提下，发包人应在双方签订合同后的一个月内或不迟于约定开工日期前 7d 内预付工程款，发包人不按约定预付工程款，承包人可以在预付时间到期后 10d 内向发包人发出要求预付的通知，发包人收到通知后仍不按要求预付工程款，承包人可在发出通知 14d 后停止施工，发包人应从约定应付之日起向承包人支付应付款利息（利率按同期银行贷款利率计），并承担违约责任。

工程预付款仅用于承包人支付施工开始时与本工程有关的动员费用。如承包人滥用此款，发包人有权立即收回。在承包人向发包人提交金额等于预付款数额（发包人认可的银行开出）的银行保函后，发包人应在规定的时间按规定的金额向承包人支付预付款，在发包人全部扣回预付款之前，该银行保函将一直有效。当预付款被发包人扣回时，银行保函金额相应递减。

2. 工程预付款的额度

（1）预付款限额

按照国家财政部、建设部关于《建设工程价款结算暂行办法》（财建【2004】369 号）的规定：包工包料的工程预付款按合同约定拨付，原则上预付的比例不低于合同金额的 10%，不高于合同金额的 30%，对重大工程项目，按年度工程计划逐年预付。计价执行

《建设工程工程量清单计价规范》（GB50500—2008）的工程，实体性消耗和非实体性消耗部分应在合同中分别约定预付款比例。

（2）预付款限额的计算

预付款限额由下列因素决定：主要材料（包括外购构件）占工程造价的比重；材料储备期；施工工期。对于施工企业常年应备的预付款限额，可按下式计算：

$$预付款限额 = 年度承包工程总值 \times 主要材料所占比重 \times 材料储备天数 / 年度施工日历天数$$

一般建筑工程主要材料不应超过当年建筑安置工作量（包括水、电、暖）的30%，安装工程按年安装工作量的10%；材料所占比重较多的安装工程按年计划产值的15%左右拨付。实际工作中，预付款的数额，可以根据各工程类型、合同工期、承包方式和供应体制等不同条件确定。例如，工业项目中钢结构和管道安装占比重较大的工程，其主要材料所占比重比一般安装工程要高，因而预付款数额也要相应提高；材料由施工单位自行购买的比由建设单位供应的要高。

3. 工程预付款的扣回

发包方拨付给承包方的预付款属于预支性质，在工程实施中，随着工程所需主要材料储备的逐渐减少，应以抵充工程价款的方式陆续扣回。扣款的方式如下：

1）可以从未施工工程尚需要的主要材料及构件的价值相当于备料款数额时起扣，从每次结算工程价款中，按材料比重扣抵工程价款，竣工前全部扣清。其基本表达公式为：

$$T = P - M/N$$

式中 T——起扣点，即预付款开始扣回时的累计完成工作量金额；

M——预付款的限额；

N——主材所占比重；

P——承包工程价款总额。

2）预付的工程款也可以在承包方完成金额累计达到合同总价的一定比例后，由承包人开始向发包人还款，发包人从每次应付给的金额中，扣回工程预付款，发包人至少在合同规定的完工期前3个月将工程预付款的总计金额按逐次分摊的办法扣回。当发包人一次付给承包方的余额少于规定扣回的金额时，其差额应该转入下一次支付中作为债务结转。

在实际工程管理中，情况比较复杂，有些工程工期较短，就无需分期扣回。有些工程工期较长，如跨年度施工，预付备料款可以不扣或少扣，并于次年按应预付款调整，多退少补。具体地说，跨年度工程，预计次年承包工程价值大于或相当于当年承包工程价值时，可以不扣回当年的预付备料款；如小于当年承包工程价值时，应按实际承包工程价值进行调整，在当年扣回部分预付备料款，并将未扣回部分，转入次年，直到竣工年度，再按上述办法扣回。

采取何种方式扣回预付的工程款，必须在合同中约定，并在工程进度款中进行抵扣。

9.1.3 工程进度款的支付

建筑安装企业在施工过程中，按每月形象进度或控制界面等完成的工程数量计算各项费用，向建设单位（业主）办理工程进度款的支付（即中间结算）。

1. 工程进度款的支付步骤

以按月结算为例，现行的中间结算办法是，施工企业在月中或旬末向建设单位提出预支账单，预支半月或一旬的工程款，月终再提出工程款结算账单和已完工程月报表，收取当月工程价款，并通过银行进行结算。按月进行结算，并对现场已完工程逐一进行清点，有关资料提出后要交监理工程师和建设单位审查签证。多数情况下是以施工企业提出的统计进度月报表为支取工程款的凭证，即通常所称的工程进度款。

2. 工程进度款支付应遵循的要求

工程进度款支付过程中，需遵循以下要求：

（1）工程量计算

按照国家财政部、建设部关于《建设工程价款结算暂行办法》（财建【2004】369号）的规定：

1）承包人应按合同约定的方法和时间，向发包人提交已完工程量的报告。发包人接到报告后14d内核实已完工程量（以下称计量），并在计量前1d通知承包人，承包人为计量提供便利条件并派人参加。承包人收到通知后不参加计量，以发包人计量的工程量作为工程价款支付的依据。发包人不按约定时间通知承包人，致使承包人未能参加计量，则计量结果无效。

2）发包人收到承包人报告后14d内未进行计量，从第15d起，承包人报告中开列的工程量即视为已被确认，作为工程价款支付的依据，双方合同另有约定的，按合同执行。

3）发包人对承包人超出设计图样（含设计变更）范围和（或）因承包人原因造成返工的工程量，发包人一律不予计量。

（2）合同收入组成

国家财政部制定的《企业会计准则——建造合同》中对合同收入的组成内容进行了解释。合同收入包括两部分内容：

1）合同中规定的初始收入。即建造承包人与客户在双方签订的合同中最初商定的合同总金额，它构成了合同收入的基本内容。

2）追加收入。因合同变更、索赔、奖励等构成的收入，这部分收入并不构成合同双方在签订合同时已在合同中商订的合同总金额，而是在执行合同过程中由于合同变更、索赔、奖励等原因而形成的追加收入。

（3）工程进度款支付时限

按照国家财政部、建设部关于《建设工程价款结算暂行办法》（财建【2004】369号）的规定：

1）根据确定的工程计量结果，承包人向发包人提出支付工程进度款申请14d内，发包人应按不低于工程价款的60%，不高于工程价款的90%向承包人支付工程进度款。按约定时间发包人应扣回的预付款，与工程进度款同期结算。

2）发包人超过约定的支付时间不支付工程进度款，承包人应及时向发包人发出要求付款的通知，发包人收到承包人通知后仍不能按要求付款，可与承包人协商签订延期付款协议，经承包人同意后可延期支付，协议应明确延期支付的时间和从工程计量结果确认后第15d起计算应付款的利息（利率按同期银行贷款利率计）。

3）发包人不按合同约定支付工程进度款，双方又未达成延期付款协议，导致施工无法进行，承包人可停止施工，由发包人承担违约责任。

9.1.4 竣工结算及其审查

1. 竣工结算审查期限

单项工程竣工后，承包人应在提交竣工验收报告的同时，向发包人递交竣工结算报告及完整的结算资料，发包人应按表9-1规定时限进行核对（审查）并提出审查意见。

表9-1 工程竣工结算审查期限表

工程竣工结算报告金额	审查时间
500万元以下	从接到竣工结算报告和完整的竣工结算资料之日起20d
500万元~2000万元	从接到竣工结算报告和完整的竣工结算资料之日起30d
2000万元~5000万元	从接到竣工结算报告和完整的竣工结算资料之日起45d
5000万元以上	从接到竣工结算报告和完整的竣工结算资料之日起60d

建设项目竣工总结算在最后一个单项工程竣工结算审查确认后15d内汇总，送发包人后30d内审查完成。

2. 工程竣工价款结算

发包人收到承包人递交的竣工结算报告及完整的结算资料后，应根据《建设工程价款结算暂行办法》（财建【2004】369号）规定的期限（合同约定有期限的，从其约定）进行核实，给予确认或者提出修改意见。发包人根据确认的竣工结算报告向承包人支付工程竣工结算价款，保留5%左右的质量保证（保修）金，待工程交付使用一年质保期到期后清算（合同另有约定的，从其约定），质保期内如有返修，发生费用应在质量保证（保修）金内扣除。

发包人收到竣工结算报告及完整的结算资料后，在本办法规定或合同约定期限内，对结算报告及资料没有提出意见，则视同认可。

承包人如未在规定时间内提供完整的工程竣工结算资料，经发包人催促后14d内仍未提供或没有明确答复，发包人有权根据已有资料进行审查，责任由承包人自负。

根据确认的竣工结算报告，承包人向发包人申请支付工程竣工结算款。发包人应在收到申请后15d内支付结算款，到期没有支付的应承担违约责任。承包人可以催告发包人支付结算价款，如达成延期支付协议，发包人应按同期银行贷款利率支付拖欠工程价款的利息。如未达成延期支付协议，承包人可以与发包人协商将该工程折价，或申请人民法院将该工程依法拍卖，承包人就该工程折价或者拍卖的价款优先受偿。

在实际工作中，当年开工、当年竣工的工程，只需办理一次性结算。跨年度的工程，在年终办理一次年终结算，将未完工程结转到下一年度，此时竣工结算等于各年度结算的总和。办理工程价款竣工结算的一般公式为：

竣工结算工程款 = 预算（或合同价款）+ 施工中预算（或合同价款调整额）
－ 预付及已结算工程价款 － 保修金

3. 工程竣工结算的审查

工程竣工结算是反映工程项目的实际价格，最终体现工程造价系统控制的效果。要有效控制工程项目竣工结算价，严格审查是竣工结算阶段的一项重要工作。经审查核定的工程竣工结算是核定建设工程造价的依据，也是建设项目验收后编制竣工决算和核定新增固定资产价值的依据。因此，建设单位、监理公司以及审计部门等，都十分重视竣工结算的审核把关。

1）核对合同条款。应核对竣工工程内容是否符合合同条件要求，竣工验收是否合格，只有按合同要求完成全部工程并验收合格才能列入竣工结算。还应按合同约定的结算方法、计价定额、主材价格、取费标准和优惠条款等，对工程竣工结算进行审核，若发现不符合合同约定或有漏洞，应请建设单位与施工单位认真研究，明确结算要求。

2）检查隐蔽验收记录。所有隐蔽工程均需进行验收，是否有工程师的签证确认；审核时应该对隐蔽工程施工记录和验收签证，做到手续完整，工程量与竣工图一致方可列入竣工结算。

3）落实设计变更签证。设计修改变更应由原设计单位出具设计变更通知单和修改图样，设计、校审人员签字并加盖公章，经建设单位和监理工程师审查同意、签证；重大设计变更应经原审批部门审批，否则不应列入竣工结算。

4）按图核实工程量。应依据竣工图、设计变更单和现场签证等进行核算，并按国家统一规定的计算规则计算工程量。

5）核实单价。结算单价应按现行的计价原则和计价方法确定，不得违背。

6）各项费用计取。建筑安装工程的取费标准应按合同要求或项目建设期间与计价定额配套使用的建筑安装工程费用定额及有关规定执行，要审核各项费率、价格指数或换算系数的使用是否正确，价差调整计算是否符合要求，还要核实特殊费用和计算程序。

7）检查各种计算误差。工程竣工结算子目多、篇幅大，往往有计算误差。所以应认真核算，防止因计算误差多计或少算。

实践证明，通过对工程项目结算的审查，一般情况下，经审查的工程结算较编制的工程结算的工程造价资金相差在10%左右，有的高达20%，对于控制投入、节约资金起到很重要的作用。

【例9-1】 某工程项目业主与承包商签订了工程施工承包合同。合同中估算工程量为5300m^3，全费用单价为180元/m^3。合同工期为6个月。有关付款条款如下：

1）开工前业主应向承包商支付估算合同总价20%的工程预付款。

2）业主自第一个月起，从承包商的工程款中，按5%的比例扣留质量保证金。

3）当累计实际完成工程量超过（低于）估算工程量的10%时，可进行调价，调价系数为0.9（1.1）。

4）每月支付工程款最低金额为15万元。

5）工程预付款从承包商获得累计工程款超过估算合同价的30%以后的下一个月起，至第五个月均匀扣除。

承包商每月实际完成并经签证确认的工程量见表9-2。

表9-2 每月实际完成工程量 （单位：m^3）

月 份	1	2	3	4	5	6
完成工程量	800	1000	1200	1200	1200	500
累计完成工程量	800	1800	3000	4200	5400	5900

问题：1）估算合同价为多少？

2）工程预付款为多少？工程预付款从哪个月起扣留？每月应扣工程预付款为多少？

3）每月工程量价款为多少？业主应支付给承包商的工程款为多少？

【解】 问题1：估算合同总价为：$5300m^3 \times 180$ 元/m^3 =95.4 万元

问题2：工程预付款金额为：95.4 万元×20% =19.08 万元

工程预付款应从第三个月起扣，因为第一、二两个月累计工程款为：

$1800m^3 \times 180$ 元/m^3 =32.4 万元>95.4 万元×30% =28.62 万元

每月应扣工程预付款为：19.08 万元/3 =6.36 万元

问题3：① 第一个月工程量价款为：$800m^3 \times 180$ 元/m^3 =14.40 万元

应扣留质量保证金为：14.40 万元×5% =0.72 万元

本月应支付工程款为：14.40 万元 -0.72 万元 =13.68 万元<15 万元

第一个月不予支付工程款。

② 第二个月工程量价款为：$1000m^3 \times 180$ 元/m^3 =18.00 万元

应扣留质量保证金为：18.00 万元×5% =0.9 万元

本月应支付工程款为：18.00 万元 -0.9 万元 =17.10 万元

13.68 万元 +17.1 万元 =30.78 万元>15 万元

第二个月业主应支付给承包商的工程款为30.78 万元。

③ 第三个月工程量价款为：$1200m^3 \times 180$ 元/m^3 =21.60 万元

应扣留质量保证金为：21.60 万元×5% =1.08 万元

应扣工程预付款为：6.36 万元

本月应支付工程款为：21.60 万元 -1.08 -6.36 万元 =14.16 万元<15 万元

第三个月不予支付工程款。

④ 第四个月工程量价款为：$1200m^3 \times 180$ 元/m^3 =21.60 万元

应扣留质量保证金为：21.60 万元×5% =1.08 万元

应扣工程预付款为：6.36 万元

本月应支付工程款为：21.60 万元 -1.08 -6.36 万元 =14.16 万元

14.16 万元 +14.16 万元 =28.32 万元>15 万元

第四个月业主应支付给承包商的工程款为28.32 万元。

⑤ 第五个月累计完成工程量为 $5400m^3$，比原估算工程量超出 $100m^3$，但未超出估算工程量的10%，所以仍按原单价结算。

本月工程价款为：$1200m^3 \times 180$ 元/m^3 =21.60 万元

应扣留质量保证金为：21.60 万元×5% =1.08 万元

应扣工程预付款为：6.36 万元

本月应支付工程款为：21.60 万元 -1.08 -6.36 万元 =14.16 万元<15 万元

第五个月不予支付工程款。

⑥ 第六个月累计完成工程量为：$5900m^3$，比原估算工程量超出 $600m^3$，已超出估算工程量的10%，对超出部分应调整单价。

应按调整后的单价结算的工程量为：$5900m^3 - 5300m^3 \times$（1+10%）$=70m^3$

本月工程价款为：$70m^3 \times 180$ 元/$m^3 \times 0.9$ +（500 -70）$m^3 \times 180$ 元/m^3 =

8.874 万元

应扣留质量保证金为：8.874 万元 ×5% =0.444 万元

本月应支付工程款为：8.874 万元 -0.444 万元 =8.43 万元

第六个月业主应支付给承包商的工程款为：14.16m^3 +8.43m^3 =22.59 万元

9.2 竣工决算

9.2.1 竣工决算的概念及内容

1. 建设项目竣工决算的概念

建设项目竣工决算是竣工验收交付使用阶段，建设单位按照国家有关规定对新建、改建和扩建工程建设项目，从筹建到竣工投产或使用全过程编制的全部实际支出费用的报告。竣工决算是以实物数量和货币指标为计量单位，综合了反映竣工项目的建设成果和财务情况，是竣工验收报告的重要组成部分。竣工决算是正确核定新增固定资产价值，考核分析投资效果，建立健全经济责任制的依据，是反映建设项目实际造价和投资效果的文件。

2. 建设项目竣工决算的作用

1）建设项目竣工决算采用实物数量、货币指标、建设工期和各种技术经济指标综合、全面地反映建设项目自筹建到竣工为止的全部建设成果和财物状况。它是综合、全面地反映竣工项目建设成果及财务情况的总结性文件。

2）建设项目竣工决算是竣工验收报告的重要组成部分，也是办理交付使用资产的依据。建设单位与使用单位在办理交付资产的验收交接手续时，通过竣工决算反映交付使用资产的全部价值，包括固定资产、流动资产、无形资产和递延资产的价值。同时，它还详细提供了交付使用资产的名称、规格、型号、价值和数量等资料，是使用单位确定各项新增资产价值并登记入账的依据。

3）建设项目竣工决算是分析和检查设计概算的执行情况，考核投资效果的依据。竣工决算反映了竣工项目计划、实际的建设规模、建设工期以及设计和实际的生产能力，反映了概算总投资和实际的建设成本，同时还反映了建设项目所达到的主要技术经济指标。通过对这些指标计划数、概算数与实际数进行对比分析，不仅可以全面掌握建设项目计划和概算执行情况，而且可以考核建设项目投资效果，为今后制订基建计划，降低建设成本，提高投资效果提供必要的资料。

3. 建设项目竣工决算的内容

大型、中型和小型建设项目的竣工决算包括建设项目从筹建开始到项目竣工交付生产使用为止的全部建设费用。基本建设项目竣工财务决算的内容，主要包括以下四个部分：竣工财务决算说明书、竣工财务决算报表、工程竣工图和工程造价对比分析。除此以外，还可以根据需要，编制结余设备材料明细表、应收应付款明细表、结余资金明细表等，将其作为竣工决算表的附件。

（1）竣工财务决算说明书

竣工财务决算说明书概括了竣工工程建设成果和经验，是对竣工决算报表进行分析和补充说明的文件，是全面考核分析工程投资与造价的书面总结，也是竣工决算报告的重要组成部分，其主要内容包括：

1）基本建设项目概况。

2）会计财务的处理、财产物资情况及债权债务清偿情况。

3）基建结余资金等分配情况。

4）主要经济技术指标的分析、计算情况。

5）基本建设项目管理及决算中存在的问题及建议。

6）决算与概算的差异和原因分析。

7）需要说明的其他事项。

（2）竣工财务决算报表

根据国家财政部颁发的关于《基本建设财务管理规定》（财建【2002】394号）的通知，建设项目竣工决算报表包括：建设项目竣工财务决算审批表、基本建设项目概况表、基本建设项目竣工财务决算表、基本建设项目交付使用资产总表、基本建设项目交付使用资产明细表。有关表格形式分别见表9-3～表9-7。

1）建设项目竣工财务决算审批表见表9-3。

表9-3　建设项目竣工财务决算审批表

建设项目法人（建设单位）		建设性质	
建设项目名称		主管部门	
开户银行意见： （盖章） 年　月　日			
专员办审批意见： （盖章） 年　月　日			
主管部门或地方财政部门审批意见： （盖章） 年　月　日			

该表作为竣工决算上报有关部门审批时使用，其格式是按照中央级小型项目审批要求设计的，地方级项目可按审批要求作适当修改，大、中、小型项目均要按照下列要求填报此表：

① 表中“建设性质”按照新建、改建、扩建、迁建和恢复建设项目等分类填写。

② 表中“主管部门”是指建设单位的主管部门。

③ 所有建设项目均须经过开户银行签署意见后，按照有关要求进行审批。中央级小型

项目由主管部门签署审批意见；中央及大、中型建设项目报所在地财政监察专员办事机构签署意见后，再由主管部门签署意见报财政部审批；地方级项目由同级财政部门签署审批意见。

④ 已具备竣工验收条件的项目，3 个月内应及时填报审批表。如 3 个月内不办理竣工验收和固定资产移交手续的视同项目已经正式投产，其费用不得从基本建设投资中支付，所实现的收入作为经营收入，不得作为基本建设收入管理。

2）基本建设项目概况表见表 9-4。

表 9-4　基本建设项目概况表

<table>
<tr><td>建设项目（单项工程）名称</td><td colspan="3"></td><td>建设地址</td><td></td><td rowspan="8">基建支出</td><td>项　目</td><td>概算/元</td><td>实际/元</td><td>备注</td></tr>
<tr><td>主要设计单位</td><td colspan="3"></td><td>主要施工企业</td><td></td><td>建筑安装工程</td><td></td><td></td><td></td></tr>
<tr><td rowspan="2">占地面积</td><td>设计</td><td>实际</td><td rowspan="2">总投资/万元</td><td>设计</td><td>实际</td><td>设备、工具器具</td><td></td><td></td><td></td></tr>
<tr><td></td><td></td><td></td><td></td><td>待摊费用
其中：建设单位管理费</td><td></td><td></td><td></td></tr>
<tr><td rowspan="2">新增生产能力</td><td colspan="3">能力（效益）名称</td><td>设计</td><td>实际</td><td>其他投资</td><td></td><td></td><td></td></tr>
<tr><td colspan="3"></td><td></td><td></td><td>待核销基建支出</td><td></td><td></td><td></td></tr>
<tr><td rowspan="2">建设起、止时间</td><td>设计</td><td colspan="4">从　年　月　日开工至　年　月　日竣工</td><td>非经营项目转出投资</td><td></td><td></td><td></td></tr>
<tr><td>实际</td><td colspan="4">从　年　月　日开工至　年　月　日竣工</td><td>合计</td><td></td><td></td><td></td></tr>
<tr><td>设计概算批准文号</td><td colspan="10"></td></tr>
<tr><td rowspan="3">完成主要工程量</td><td colspan="5">建 设 规 模</td><td colspan="5">设备（台、套、t）</td></tr>
<tr><td colspan="3">设　计</td><td colspan="2">实　际</td><td colspan="2">设　计</td><td colspan="3">实　际</td></tr>
<tr><td colspan="3"></td><td colspan="2"></td><td colspan="2"></td><td colspan="3"></td></tr>
<tr><td rowspan="4">收尾工程</td><td colspan="3">工程项目、内容</td><td colspan="2">已完成投资额</td><td colspan="2">尚需投资额</td><td colspan="3">完成时间</td></tr>
<tr><td colspan="3"></td><td colspan="2"></td><td colspan="2"></td><td colspan="3"></td></tr>
<tr><td colspan="3"></td><td colspan="2"></td><td colspan="2"></td><td colspan="3"></td></tr>
<tr><td colspan="3">小计</td><td colspan="2"></td><td colspan="2"></td><td colspan="3"></td></tr>
</table>

该表综合反映了建设项目的概况，内容包括该项目总投资、建设起止时间、新增生产能力、完成主要工程量及基本建设支出情况，为全面考核和分析投资效果提供依据。

可按下列要求填写：

① 建设项目名称、建设地址、主要设计单位和主要施工单位，要按全称填列。

② 表中各项目的设计指标，根据批准的设计文件的数字填列。

③ 表中所列新增生产能力、完成主要工程量的实际数据，根据建设单位统计资料和施工单位提供的有关资料填列。

④ 表中基建支出是指建设项目从开工起至竣工为止发生的全部基本建设支出，包括形

成资产价值的交付使用资产，如固定资产、流动资产、无形资产、递延资产的支出，还包括不形成资产价值、按照规定应核销的非经营项目待核销基建支出和转出投资。上述支出，应根据国家财政部门历年批准的“基建投资表”中的有关数据填列。

⑤ 表中“初步设计和概算批准日期、文号”，按最后经批准的日期和文件号填列。

⑥ 表中收尾工程是指全部工程项目验收后尚遗留的少量收尾工程，在表中应明确填写收尾工程内容、完成时间，这部分工程的实际成本可根据实际情况进行估算并加以说明，完工后不再编制竣工决算。

3）基本建设项目竣工财务决算表见表9-5。

表9-5　基本建设项目竣工财务决算表　（单位：元）

资金来源	金额	资金占用	金额
一、基建拨款		一、基本建设支出	
1. 预算拨款		1. 交付使用资产	
2. 基建基金拨款		2. 在建工程	
其中：国债专项资金拨款		3. 待核销基建支出	
3. 专项建设基金拨款		4. 非经营项目转出投资	
4. 进口设备转账拨款		二、应收生产单位投资借款	
5. 器材转账拨款		三、拨付所属投资借款	
6. 煤代油专用基金拨款		四、器材	
7. 自筹资金拨款		其中：待处理器材损失	
8. 其他拨款		五、货币资金	
二、项目资本金		六、预付及应收款	
1. 国家资本金		七、有价证券	
2. 法人资本金		八、固定资产	
3. 个人资本金		固定资产原价	
4. 外商资本金		减：累计折旧	
三、项目资本公积金		固定资产净值	
四、基建借款		固定资产清理	
其中：国债转贷		待处理固定资产损失	
五、上级拨入投资借款			
六、企业债券资金			
七、待冲基建支出			
八、应付款			
九、未交款			
1. 未交税金			
2. 其他未交款			
十、上级拨入资金			
十一、留成收入			
合计		合计	

该表反映竣工的大中型建设项目从开工到竣工为止全部资金来源和资金运用情况，它是考核和分析投资效果，落实节余资金，并作为报告上级核销基本建设支出和基本建设拨款的

依据。在编制该表前，应先编制出项目竣工年度财务决算，根据编制出的竣工年度财务决算和历年财务决算编制项目的竣工财务决算。此表采用平衡表形式，即资金来源合计等于资金支出合计。

① 资金来源包括基建拨款、项目资本金、项目资本公积金、基建借款、上级拨入投资借款、企业债券资金、待冲基建支出、应付款和未交款以及上级拨入资金和企业留成收入等。

（a）项目资本金是指经营性项目投资者按国家有关项目资本金的规定，筹集并投入项目的非负债资金，在项目竣工后，相应转为生产经营企业的国家资本金、法人资本金、个人资本金和外商资本金。

（b）项目资本公积金是指经营性项目对投资者实际缴付的出资额超过其资金的差额（包括发行股票的溢价净收入）、接受捐赠的财产、外币资本折算差额等，在项目建设期间作为资本公积金、项目建成交付使用并办理竣工决算后，相应转为生产经营企业的资本公积金。

（c）基建收入是基建过程中形成的各项工程建设副产品变价净收入、负荷试车的试运行收入以及其他收入。表中基建收入以实际销售收入扣除销售过程中所发生的费用和税后的实际纯收入填写。

② 表中“交付使用资产”、“预算拨款”、“自筹资金拨款”、“其他拨款”、“项目资本金”、“基建投资借款”等项目，是指自工程项目开工建设至竣工止的累计数，上述有关指标应根据历年批复的年度基本建设财务决算和竣工年度的基本建设财务决算中资金平衡表相应项目的数字进行汇总填写。

③ 表中其余项目费用办理竣工验收时的结余数，根据竣工年度财务决算中资金平衡表的有关项目期末数填写。

④ 资金支出反映建设项目从开工准备到竣工全过程资金支出的情况，内容包括基建支出、应收生产单位投资借款、库存器材、货币资金、有价证券、预付及应收款、拨付所属投资借款和库存固定资产等，表中资金支出总额应等于资金来源总额。

⑤ 补充材料的“基建投资借款期末余额”反映竣工时尚未偿还的基本投资借款额，应根据竣工年度资金平衡表内的“基建投资借款”项目期末数填写；“应收生产单位投资借款期末数”，根据竣工年度资金平衡表内的“应收生产单位投资借款”项目的期末数填写；“基建结余资金”反映竣工的结余资金，根据竣工决算表中有关项目计算填写。

⑥ 基建结余资金可以按下列公式计算：

基建结余资金 = 基建拨款 + 项目资本 + 项目资本公积金 + 基建投资借款 + 企业债券基金 + 待冲基建支出 − 基本建设支出 − 应收生产单位投资借款

4）基本建设项目交付使用资产总表见表9-6。

表9-6　基本建设项目交付使用资产总表　（单位：元）

单项工程项目名称	总计	固定资产				流动资产	无形资产	递延资产
		合计	建筑安装工程	设备	其他			

支付单位盖章　年　月　日　　　　接收单位盖章　年　月　日

基本建设项目交付使用资产总表反映建设项目建成后新增固定资产、流动资产、无形资产和递延资产的情况和价值，作为财产交接、检查投资计划完成情况和分析投资效果的依据。注意表中各栏目数据根据“交付使用明细表”的固定资产、流动资产、无形资产、递延资产的各相应项目的汇总数分别填写，表中总计栏的总计数应与竣工财务决算表中的交付使用资产的金额一致。

5）基本建设项目交付使用资产明细表见表9-7。

表 9-7 基本建设项目交付使用资产明细表

单项工程名称	建筑工程			设备、工具、器具、家具						流动资产		无形资产		递延资产	
	结构	面积/m^2	价值/元	名称	规格型号	单位	数量	价值/元	设备安装费/元	名称	价值/元	名称	价值/元	名称	价值/元

该表用来反映交付使用资产的详细内容，即交付使用的固定资产、流动资产、无形资产和递延资产及其价值的明细情况，是办理资产交接的依据和接收单位登记资产账目的依据，是使用单位建立资产明细账和登记新增资产价值的依据。编制时要做到齐全完整，数字准确，各栏目价值应与会计账目中相应科目的数据保持一致。建设项目交付使用资产明细表具体编制方法是：

① 表中“建筑工程”项目应按单项工程名称填列其结构、面积和价值。其中“结构”是指项目按钢结构、钢筋混凝土结构、混合结构等结构形式填写；面积则按各项目实际完成面积填列；价值按交付使用资产的实际价值填写。

② 编制时固定资产部分要逐项盘点填列；工具、器具和家具等低值易耗品，可分类填列。

③ 表中“流动资产”、“无形资产”、“递延资产”项目应根据建设单位实际交付的名称和价值分别填列。

（3）工程竣工图

工程竣工图是真实地记录各种地上、地下建筑物、构筑物等情况的技术文件，是工程进行交工验收、运行维护、改建和扩建的依据，是国家的重要技术档案。按照国家规定：各项新建、扩建、改建的基本建设工程，特别是基础、地下建筑、结构、管线、井巷、桥梁、隧道、港口、水坝以及设备安装等隐蔽部位，都要编制竣工图。为了确保竣工图质量，必须在施工过程中（不能在竣工后）及时做好隐蔽工程检查记录，整理好设计变更文件。

其具体要求有：

1）根据原施工图未变动的，由施工单位（包括总包和分包施工单位，下同）在原施工图上加盖“竣工图”标志后，作为竣工图。

2）在施工过程中，尽管发生了一些设计变更，但能将原施工图加以修改补充作为竣工图的，可以不重新绘制，由施工单位负责在原施工图（必须是新蓝图）上注明修改的部分，并附以设计变更通知单和施工说明，加盖“竣工图”标志后作为竣工图。

3）凡结构形式改变、工艺改变、平面布置改变、项目改变以及有其他重大改变时，不宜再在原施工图上修改、补充者，应重新绘制改变后的竣工图。属于原设计原因造成的，由设计单位负责重新绘制；属于施工原因造成的，由施工单位负责重新绘图；属于其他原因造成的，由建设单位自行绘制或委托设计单位绘制。施工单位负责在新图上加盖“竣工图”标志，并附以有关记录和说明，作为竣工图。

4）为了满足竣工验收和竣工决算需要，应绘制反映竣工工程全部内容的工程设计平面示意图。

（4）工程造价对比分析

对施工中控制工程造价所采取的措施、效果及其动态变化应进行认真地比较对比，总结经验教训。批准的概算是考核建设工程造价的依据。分析时，可先对比整个项目的总概算，然后将建筑安装工程费、设备、工器具费和其他工程费用逐一与竣工决算表中所提供的实际数据和相关资料及批准的概算、预算指标，实际的工程造价进行对比分析，以确定竣工项目总造价是节约还是超支，并在对比分析的基础上，总结先进经验，找出节约或超支的原因，提出改进措施。一般应主要分析以下内容：

1）主要实物工程量的变化。对于实物工程量出入比较大的情况，必须查明原因。

2）主要材料的消耗量。考核主要材料消耗量，要按照竣工决算表中所列明的三大材料实际超概算的消耗量，查明是在工程的哪个环节超出量最大，再进一步查明超耗的原因。

3）建设单位管理费、规费要按照国家和各地的有关规定的标准及所列的项目进行取费。根据竣工决算报表中所列的建设单位管理费与概预算所列的建设单位管理费数额进行比较，依据规定查明是否存在多列或少列的费用项目，确定其节约或超支的数额，并查明原因。

9.2.2　竣工决算的编制

1. 竣工决算的编制依据

1）建设项目计划任务书和有关文件。

2）建设项目总概算书及单项工程综合概算书。

3）建设项目设计施工图样，包括总平面图、建筑工程施工图、安装工程施工图以相关资料。

4）设计交底或图样会审纪要。

5）招投标文件、工程承包合同以及工程结算资料。

6）施工纪录或施工签证以及其他工程中发生的费用纪录，例如工程索赔报告和纪录、停（交）工报告等。

7）竣工图样及各种竣工验收资料。

8）设备、材料调价文件和相关纪录。

9）历年基本建设资料和财务决算及其批复文件。

10）国家和地方主管部门颁布的有关建设工程竣工决算的文件。

2. 竣工决算的编制要求

为了严格执行建设项目竣工验收制度，正确核定新增固定资产价值，考核分析投资效果，建立健全经济责任制，所有新建、扩建和改建等建设项目竣工后，都应及时、完整、正确地编制好竣工决算。建设单位要做好以下工作：

1）按照有关规定组织竣工验收并及时编制竣工决算。

2）积累、整理竣工项目资料，保证竣工决算的完整性。

3）认真清理、核对各项账目，保证竣工决算的正确性。

按照规定竣工决算应在竣工项目办理验收交付手续后一个月内编好，并上报主管部门，相关财务成本部分还应送经办行审查签证。主管部门和财政部门对报送的竣工决算审批后，建设单位即可办理决算调整和结束有关工作。

3. 竣工决算的编制步骤

1）收集、整理和分析工程资料。收集和整理出一套较为完整的资料，是编制竣工决算的前提条件。在工程进行过程中，就应注意保存和搜集、整理资料，在竣工验收阶段则要系统地整理出所有工、料结算的技术资料、经济文件、施工图样和各种变更与签证资料，并分析它们的准确性。

2）清理各项财务、债务和结余物资。在收集、整理和分析工程有关资料中，应特别注意建设工程从筹建到竣工投产（或使用）的全部费用的各项账务，债权和债务的清理，做到工程完毕账目清晰。即要核对账目，又要查点库有实物的数量，做到账与物相等、相符。对结余的各种材料、工器具和设备，要逐项清点核实、妥善管理，并按规定及时处理、收回资金。对各种往来款项要及时进行全面清理，为编制竣工决算提供准确的数据和结果。

3）核实工程变动情况。重新核实各单位工程、单项工程造价，将竣工资料与原设计图样进行查对、核实，确认实际变更情况。根据经审定的承包人竣工结算原始资料，按照有关规定对原预算进行增减调整，重新核对建设项目实际造价。

4）填写竣工决算报表。按照建设项目竣工决算报表的内容，完成所有报表的填写，这是编制竣工决算的主要工作。

5）编制建设工程竣工决算说明书。

6）进行工程造价对比分析。

7）清理、装订竣工图。

8）上报主管部门审查。

以上编写的文字说明和填写的表格经核对无误，可装订成册，即作为建设工程竣工决算文件，并上报主管部门审查，同时把其中财务成本部分送交开户银行签证。竣工决算在上报主管部门的同时，抄送有关设计单位。大、中型建设项目的竣工决算还应抄送国家财政部、建设银行总行和省、市、自治区的财政局和建设银行分行各一份。建设工程竣工决算的文件，由建设单位负责组织人员编写，在竣工建设项目办理验收使用一个月之内完成。

【例 9-2】 某一大中型建设项目 2002 年开始建设，2004 年底有关财务核算资料如下：

1）已经完成部分单项工程，经验收合格后，已经交付使用的资料包括：固定资产价值 75540 万元。为生产准备的使用期限在一年以内的备用物件、工具、器具等流动资产价值 30000 万元，期限在一年以上，单位价值在 1500 元以上的工具 60 万元。建造期间的购置专利权、非专利技术等无形资产 2000 万元，摊销期 5 年。

2）基本建设支出的未完成项目包括：建筑安装工程支出16000万元。设备、工器具投资44000万元。建设单位管理费、勘察设计费等待摊投资2400万元。通过出让方式购置的土地使用权形成的其他投资110万元。

3）非经营发生的待核销的基建支出50万元。

4）应收生产单位投资借款1400万元。

5）购置需要安装的器材50万元，其中待处理器材16万元。

6）货币资金470万元。

7）预付工程款及应收有偿调出器材款18万元。

8）建设单位自有固定资产原值60550万元，累计折扣10022万元。

9）反映在“资金平衡表”上的各类资金来源的期末余额是：预算拨款52000万元；自筹资金拨款58000万元；其他拨款440万元；建设单位向商业银行借入的借款110000万元；建设单位当年完成交付生产单位使用的资产价值中，200万元属于利用投资借款形成的待冲基建支出；应付器材销售商40万元贷款和尚未支付的应付工程款1916万元；未交税金30万元。

根据上述有关资料编制该项目竣工决算表。

【解】 该项目竣工财务决算表见表9-8。

表9-8　大中型建设项目竣工财务决算表

资金来源	金额/万元	资金占用	金额/万元
一、基建拨款	110440	一、基本建设支出	170160
1. 预算拨款	52000	1. 交付使用资产	107600
2. 基建基金拨款		2. 在建工程	62510
其中：国债专项资金拨款		3. 待核销基建支出	50
3. 专项建设基金拨款		4. 非经营项目转出投资	
4. 进口设备转账拨款		二、应收生产单位投资借款	1400
5. 器材转账拨款		三、拨付所属投资借款	
6. 煤代油专用基金拨款		四、器材	50
7. 自筹资金拨款	58000	其中：待处理器材损失	16
8. 其他拨款	440	五、货币资金	470
二、项目资本金		六、预付及应收款	18
1. 国家资本金		七、有价证券	
2. 法人资本金		八、固定资产	50528
3. 个人资本金		固定资产原价	60550
4. 外商资本金		减：累计折旧	10022
三、项目资本公积金		固定资产净值	50528
四、基建借款	110000	固定资产清理	
其中：国债转贷		待处理固定资产损失	
五、上级拨入投资借款			
六、企业债券资金			

（续）

资 金 来 源	金额/万元	资 金 占 用	金额/万元
七、待冲基建支出	200		
八、应付款	1956		
九、未交款	30		
1. 未交税金	30		
2. 其他未交款			
十、上级拨入资金			
十一、留成收入			
合计	222626	合计	222626

9.2.3 竣工项目新增资产的核定

1. 新增资产的分类

按照新的财务制度和企业会计准则，新增资产按资产性质可分为固定资产、流动资产、无形资产、递延资产和其他资产等五大类。

（1）固定资产

固定资产是指使用期限超过一年，单位价值在规定标准以上，并且在使用过程中保持原有实物形态的资产，包括房屋、建筑物、机电设备、运输设备、工器具等。不同时具备以上两个条件的资产为低值易耗品，应列入流动资产范围内，如企业自身使用的工具、器具、家具等。

（2）流动资产

流动资产是指可以在一年内或者超过一年的营业周期内变现或者耗用的资产。它是企业资产的重要组成部分。流动资产按资产的占用形态可分为现金、存货（指企业的库存材料、在产品、产成品、商品等）、银行存款、短期投资、应收账款及预付账款。

（3）无形资产

无形资产是指为企业所控制的，不具有实物形态，对生产经营长期发挥作用且能带来经济利益的资产。主要包括专利权、著作权、非专利技术、商标权、商誉、土地使用权等。

（4）递延资产

递延资产是指不能全部计入当年损益，应在以后年度内较长时期摊销的其他费用支出，包括开办费、经营租赁租入、固定资产改良支出、固定资产大修理支出等。

（5）其他资产

其他资产是指具有专门用途，但不参加生产经营的经国家批准的特种物资，银行冻结存款和冻结物资、涉及诉讼的财产等。

2. 新增资产价值的确定方法

（1）新增固定资产的确定方法

新增固定资产亦称交付使用的固定资产，是投资项目竣工投产后所增加的固定资产，是以价值形态表示的固定资产投资最终成果的综合性指标。其内容主要包括：已经投入生产或交付使用的建筑安装工程造价；达到固定资产标准的设备工器具购置费用；增加固定资产价值的其他费用，有土地征用及迁移补偿费、联合试运转费、勘察设计费、项目可行性研究费、施工机构迁移费、报废工程损失费、建设单位管理费等。

新增固定资产价值是以独立发挥生产能力的单项工程为对象的。单项工程建成后，经有关部门验收鉴定合格，正式移交生产或使用，即应计算新增固定资产价值。一次性交付生产或使用的工程一次计算新增固定资产价值，分期分批交付生产或使用的工程，应分期分批计算新增固定资产价值。

新增固定资产的其他费用，如果是属于整个建设项目或两个以上单项工程的，在计算新增固定资产价值时，应在各单项工程中按比例分摊。在分摊时，何种费用应由工程负担应按具体规定执行。一般情况下，建设单位管理费按建筑工程、安装工程、需安装设备分类，价值总额按比例分摊；而土地征用费、勘察设计费等费用则按建筑工程造价分摊。

【例9-3】某工业建设项目及其装配车间的建筑工程费、安装工程费，需安装设备费以及应摊入费用见表9-9，计算总装车间新增固定资产价值。

表9-9　分摊费用计算表　（单位：万元）

项目名称	建筑工程	安装工程	需安装设备	建设单位管理费	土地征用费	勘察设计费
建设单位竣工决算	2000	800	1200	60	120	50
装配车间竣工决算	400	200	400			

【解】应分摊的建设单位管理费 = (400 + 200 + 400)/(2000 + 800 + 1200) × 60 万元
= 15 万元

应分摊的土地征用费 = 400/2000 × 120 万元 = 24 万元

应分摊的勘察设计费 = 400/2000 × 50 万元 = 10 万元

装配车间新增固定资产价值 = (400 + 200 + 400) 万元 + (15 + 24 + 10) 万元 = 1049 万元

（2）新增流动资产的确定方法

流动资产是指可以在一年内或者超过一年的一个营业周期内变现或者运用的资产，包括现金、短期投资、存货等。

1）货币资金。货币资金是指现金、各种银行存款及其他货币资金。其中现金是指企业的库存现金，包括企业内部各部门用于周转使用的备用金；各种存款是指企业的各种不同类型的银行存款；其他货币资金是指除现金和银行存款以外的其他货币资金，根据实际入账价值核定。

2）应收及预付款项。应收账款是指企业因销售商品、提供劳务等应向购货单位或受益单位收取的款项；预付款项是指企业按照购货合同预付给供货单位的购货定金或部分货款。应收及预付款包括应收票据、应收款项、其他应收款、预付货款和待摊费用。一般情况下，应收款项及预付款项按企业销售商品、产品或提供劳务时的成交金额入账核算。

3）短期投资包括股票、债券、基金。股票和债券根据是否可以上市流通分别采用市场法和收益法确定其价值。

4）存货。存货是指企业的库存材料、在产品、产成品等。各种存货应当按照取得时的实际成本计价。存货的形成主要有外购和自制两个途径。外购的存货，按照买价加运输费、装卸费、保险费、途中合理损耗、入库前加工、整理及挑选费用以及应缴纳的税金等计价；自制的存货，按照制造过程中的各项实际支出计价。

(3) 新增无形资产的确定方法

根据我国2001年颁布的《资产评估准则—无形资产》规定，无形资产是指企业所控制的，不具有实物形态，对生产经营长期发挥作用且能够带来经济利益的资源。

1）投资者按无形资产作为资本金或者合作条件投入时，按评估确认或合同协议约定的金额计价。遵循以下计价原则：

① 购入的无形资产，按照实际支付的价款计价。

② 企业自创并依法申请取得的，按开发过程中的实际支出计价。

③ 企业接受捐赠的无形资产，按照发票账单所持金额或者同类无形资产市价作价。

④ 无形资产计价入账后，应在其有效使用期内分期摊销。

2）无形资产按照以下的方法计价：

① 专利权的计价。专利权分为自创和外购两类。自创专利权的价值为开发过程中的实际支出，主要包括专利的研制成本和交易成本。研制成本包括直接成本和间接成本：直接成本是指研制过程中直接投入发生的费用（主要包括材料费用、工资费用、专用设备费、资料费、咨询鉴定费、协作费、培训费和差旅费等）；间接成本是指与研制开发有关的费用（主要包括管理费、非专用设备折旧费、应分摊的公共费用及能源费用）；交易成本是指在交易过程中的费用支出（主要包括技术服务费、交易过程中的差旅费及管理费、手续费、税金）。由于专利权是具有独占性并能带来超额利润的生产要素，因此，专利权转让价格不按成本估价，而是按照其所能带来的超额收益计价。

② 非专利技术的计价。非专利技术具有使用价值和价值，使用价值是非专利技术本身应具有的，非专利技术的价值在于非专利技术的使用所能产生的超额获利能力，应在研究分析其直接和间接获利能力的基础上，准确计算出其价值。对于外购非专利技术，应由法定评估机构确认后再进行估价，其方法往往通过能产生的收益采用收益法进行估价。如果非专利技术是自创的，一般不作为无形资产入账，自创过程中发生的费用，按当期费用处理。

③ 商标权的计价。如果商标权是自创的，尽管商标设计、制作、注册、广告宣传等都发生一定的费用，但其一般不作为无形资产入账，而是直接作为销售费用计入当期损益。只有当企业购入或转让商标时，才需要对商标权计价。商标权的计价一般根据被许可方新增的收益确定。

④ 土地使用权的计价。根据取得土地使用权方式的不同，计价有以下几种方式：当建设单位向土地管理部门申请土地使用权并为之支付一笔出让金时，土地使用权作为无形资产核算；当建设单位获得土地使用权是通过行政划拨的，这时土地使用权就不能作为无形资产核算，只有在将土地使用权有偿转让、出租、抵押、作价入股和投资，按规定补交土地出让价款时，才作为无形资产核算。

(4) 递延资产价值的确定方法

1）开办费是指在筹集期间发生的费用，主要包括筹建期间人员工资、办公费、员工培训费、差旅费、印刷费、注册登记费以及不计入固定资产和无形资产购建成本的汇兑损益、利息支出等。根据现行财务制度规定，企业筹建期间发生的费用，不能计入固定资产或无形资产价值的费用，应先在长期待摊费用中归集，并于开始生产经营起当月起一次计入开始生产经营当期的损益。企业筹建期间开办费的价值可按其账面价值确定。

2）以经营租赁方式租入的固定资产改良支出，是指企业已经支出，但摊销期限在一年以上的以经营、租赁方式租入的固定资产改良，应在租赁有限期内摊入制造费用或管理费用。

3）固定资产大修理支出的计价，指企业已经支出，但摊销期限在一年以上的固定资产大修理支出，应当将发生的大修理费用在下一次大修理前平均摊销。

（5）其他资产价值的确定方法

其他资产包括特准储备物资、银行冻结存款等，按实际入账价值核算。

小　结

工程竣工结算是指施工企业按照合同规定的内容全部完成所承包的工程，经验收质量合格，并符合合同要求之后，向发包单位进行的最终工程价款的结算。

工程预付款是建设项目施工合同订立后由发包方按照合同约定，在正式开工前预先支付给承包商的工程款。它是施工准备和购买所需要材料、结构件等流动资金的主要来源，国内习惯上又称为预付备料款。按照财建【2004】369号的规定：包工包料的工程预付款按合同约定拨付，原则上预付的比例不低于合同金额的10%，不高于合同金额的30%，对重大工程项目，按年度工程计划逐年预付。工程预付款属于预支性质，在工程实施中，随着工程所需主要材料储备的逐渐减少，应以抵充工程价款的方式陆续扣回。采取何种方式扣回预付的工程款，必须在合同中约定。

现行的中间结算办法是（以按月结算为例）：施工企业在月中或旬末向建设单位提出预支账单，预支半月或一旬的工程款，月终再提出工程款结算账单和已完工程月报表，收取当月工程价款，并通过银行进行结算。

建设项目竣工决算是竣工验收交付使用阶段，建设单位按照国家有关规定对新建、改建和扩建工程建设项目，从筹建到竣工投产或使用全过程编制的全部实际支出费用的报告。竣工决算是竣工验收报告的重要组成部分。大型、中型和小型建设项目的竣工决算包括建设项目从筹建开始到项目竣工交付生产使用为止的全部建设费用。基本建设项目竣工财务决算的内容，主要包括以下四个部分：竣工财务决算说明书、竣工财务决算报表、工程竣工图和工程造价对比分析。根据财建【2002】394号的通知，建设项目竣工决算报表包括：建设项目竣工财务决算审批表、基本建设项目概况表、基本建设项目竣工财务决算表、基本建设项目交付使用资产总表、基本建设项目交付使用资产明细表。

思考题

9-1　我国目前工程价款的结算方式有哪几种？

9-2　竣工结算审查的内容有哪些？

9-3　什么叫竣工决算？编制依据有哪些？

9-4　新增资产按性质分为哪几类？

9-5　建设项目竣工决算的作用主要有哪些？

9-6　某建设项目由甲、乙、丙三个单项工程组成，其中：建设单位管理费160万元，勘察设计费200万元，建设项目建筑工程费6000万元、安装工程费1000万元、设备费9000万元，甲工程建筑工程费2500万元、安装工程费500万元、设备费4000万元，则甲单项工程新增固定资产价值是多少？

9-7　某工程业主与承包商签订了施工合同，合同中含有两个子项工程，估算工程量A项为2500m^3，B

项为3600m^3，经协商，合同价A项为200元/m^3，B项为180元/m^3。合同还规定：开工前业主应向承包商支付合同价20%的预付款；业主自第一个月起，从承包商的工程款中，按5%的比例扣留保修金；当子项工程实际工程量超过估算工程量10%时，可进行调价，调整系数为0.9；根据市场情况规定价格调整系数平均按1.2计算；工程师签发月度付款最低金额为30万元；预付款在最后两个月扣除，每月扣50%。承包商每月实际完成并经工程师签证确认的工程量见表9-10。求：预付款、从第二个月起每月工程量价款、工程师应签证的工程款、实际签发的付款凭证金额各是多少？

表9-10 承包商每月实际完成并经工程师签证确认的工程量 （单位：m^3）

月份	1月	2月	3月	4月
A项	500	800	850	650
B项	700	900	950	700

参 考 文 献

［1］全国造价工程师职业资格考试培训教材编审委员会．工程造价管理基础理论与相关法规［M］．北京：中国计划出版社，2007.

［2］全国造价工程师职业资格考试培训教材编审委员会．工程造价计价与控制［M］．北京：中国计划出版社，2007.

［3］全国造价工程师职业资格考试培训教材编审委员会．工程造价案例分析［M］．北京：中国计划出版社，2007.

［4］国家标准．GB/T 50353—2005 建筑工程建筑面积计算规范［S］．北京：中国计划出版社，2005.

［5］国家标准．GJD—101—1995 全国统一建筑工程基础定额［S］．北京：中国计划出版社，1995.

［6］国家标准．GJD_{GZ}—101—1995 全国统一建筑工程预算工程量计算规则：土建工程［S］．北京：中国计划出版社，1995.

［7］国家标准．全国统一建筑工程基础定额编制说明：土建工程［S］．哈尔滨：黑龙江科学技术出版社，1997.

［8］杨会民．土木工程预算［M］．北京：科学技术出版社，2005.

［9］黄伟典．建设工程计量与计价［M］．北京：中国环境科学出版社，2007.

［10］北京广联达慧中软件技术有限公司．建筑工程钢筋工程量的计算与软件应用［M］．北京：中国建材工业出版社，2005.

［11］国家标准．GB 50500—2008 建设工程工程量清单计价规范．［S］．北京：中国计划出版社，2008.

［12］宋景智，郑俊耀．建筑工程概预算定额与工程量清单计价实例应用手册［M］．北京：中国建筑工业出版社，2006.

［13］郭婧娟，刘伊生．工程造价管理［M］．北京：清华大学出版社，北京交通大学出版社，2005.

［14］李剑锋，等．工程计价与造价管理［M］．北京：中国电力出版社，2005.

［15］张凌云．工程造价控制［M］．北京：中国建筑工业出版社，2004.

［16］尹贻林，龚维丽．工程造价计价与控制［M］．北京：中国计划出版社，2003.

［17］郭树荣，王红平，等．工程造价案例分析［M］．北京：中国建筑工业出版社，2007.

［18］马楠．建筑工程预算与报价［M］．3 版．北京：科学出版社，2005.

［19］夏清东，刘钦．工程造价管理［M］．北京：科学出版社，2004.

［20］张月明，赵乐宁，王明芳，等．工程量清单计价及示例［M］．北京：中国建筑工业出版社，2004.

参考文献